四川盆地须家河组
致密砂岩气藏成藏机理与勘探实践

《四川盆地须家河组致密砂岩气藏成藏机理与勘探实践》编写组　编

石油工业出版社

内 容 提 要

本书从四川盆地晚三叠世构造演化及盆地结构出发，分析须家河组含油气系统与成藏组合特征，结合烃源岩、储层、古构造、裂缝以及区内典型油气藏地质特征等因素，探讨了须家河组优质储层形成机制与油气成藏耦合关系，揭示了四川盆地须家河组致密砂岩气藏成藏模式及有利勘探区带。

本书可供地学科研、生产人员以及石油地质类院校相关专业师生参考。

图书在版编目（CIP）数据

四川盆地须家河组致密砂岩气藏成藏机理与勘探实践 /《四川盆地须家河组致密砂岩气藏成藏机理与勘探实践》编写组编. -- 北京：石油工业出版社，2024.12.
ISBN 978-7-5183-7264-5

Ⅰ. P618.13

中国国家版本馆 CIP 数据核字第 2024KG2198 号

出版发行：石油工业出版社
（北京市朝阳区安华里二区1号楼　100011）
网　　址：www.petropub.com
编辑部：（010）64523602
图书营销中心：（010）64523633
经　　销：全国新华书店
印　　刷：北京九州迅驰传媒文化有限公司

2024年12月第1版　　2024年12月第1次印刷
787毫米×1092毫米　开本：1/16　印张：16
字数：380千字

定价：128.00元
（如发现印装质量问题，我社图书营销中心负责调换）
版权所有，翻印必究

《四川盆地须家河组致密砂岩气藏成藏机理与勘探实践》编写组

组 长：文 龙　罗 冰

副组长：邱玉超　许 强　郑 超

成 员：金值民　张奥博　白 桦　洪海涛　王小娟

　　　　李明秋　关 旭　杨 强　赵正望　贾 敏

　　　　李子渊　袁 纯　白 蓉　戴隽成

前言

四川盆地须家河组致密砂岩气藏的勘探大致经历了三阶段：

(1) 20世纪70年代，在盆地中西部发现以中坝、八角场、隧南等气藏为代表的构造圈闭气藏。

(2) "十一五"期间，在前陆盆地、岩性油气藏勘探新理论的指导下，对川西前陆盆地须家河组的勘探和认识获得重大突破。在川中地区前陆隆起带与斜坡带，先后发现了广安须四段、须六段气藏以及合川、潼南、安岳须二段气藏，累计获得探明储量 $6921.83\times10^8 m^3$、三级储量 $13906.57\times10^8 m^3$，形成了川中地区须家河组近万亿规模大气区。

(3) 2012年以来，以致密砂岩气引领勘探思路的转变，从前陆隆起带扩展至斜坡带和坳陷带，从主探须二段、须四段、须六段岩性气藏，转变为须家河组多类型气藏立体勘探。随着勘探开发的不断深化，有关四川盆地构造演化、须家河组沉积充填过程的基本地质问题也不断凸现，制约了下一步致密气藏勘探工作的开展。

前人通过盆地充填特征和沉积物源分析，广泛接受上三叠统须家河组是盆地西侧龙门山造山带控制前陆盆地沉积的观点。结合勉略洋闭合过程、周缘造山带构造变形时序以及盆地物源体系，发现除靠近秦岭造山带的龙门山北段外上三叠统须家河组沉积时代均早于龙门山全面隆升时间，且须家河组的物源体系主要来自北侧秦岭造山带的隆升剥蚀，因而把晚三叠世四川盆地归因于华南—华北自东向西穿时碰撞形成的周缘前陆盆地。扬子西南缘沉积序列揭示了金沙江—哀牢山洋闭合形成的三江造山带也控制了四川盆地西南缘的沉积充填过程，进一步把晚三叠世四川盆地的性质归因于扬子南北大陆碰撞控制复合周缘前陆盆地。因此，上扬子四川盆地构造属性和充填过程是认识东特提斯中生代大陆聚合造山过程的关键，也是认识含油气盆地构造—沉积—成藏过程的关键。

为此，中国石油西南油气田分公司勘探开发研究院联合西南石油大学等科研机构进行了一系列研究——"四川盆地晚三叠世构造演化与须家河组沉积体系物源特征的研究""川中—川西地区须家河组有利砂体类型及分布规律研究""四川盆地上三叠统须家河组烃源岩再认识与生烃潜力评价""川中—川西过渡带须家河组优质储层形成机制与成藏地质条件研究"。本书是在上述研究项目成果基础上编写而成的。

在本书的编写过程中，得到了成都理工大学林良彪教授团队、中国石油杭州地质研究院厚刚福团队、中国石油勘探开发研究院王志宏和崔俊峰团队的大力支持，在此表示衷心的感谢。

由于编者水平有限，书中错漏之处在所难免，敬请读者不吝批评指正。

目录

第一章 四川盆地晚三叠世盆地性质及演化历史 ················· 1
第一节 四川盆地上三叠统构造—地层层序 ················· 2
第二节 四川盆地地层特征 ················· 9
第三节 四川盆地晚三叠世物源体系 ················· 24
第四节 四川盆地晚三叠世原型盆地及其构造—沉积演化 ················· 41

第二章 四川盆地须家河组沉积相和沉积体系平面展布特征 ················· 45
第一节 沉积相标志和沉积相划分 ················· 45
第二节 沉积体系平面展布特征 ················· 63

第三章 四川盆地须家河组烃源岩及生烃潜力评价 ················· 70
第一节 烃源岩有机质丰度特征 ················· 70
第二节 烃源岩厚度分布预测 ················· 88
第三节 烃源岩母质特征及形成环境 ················· 112
第四节 烃源岩生烃潜力评价 ················· 125

第四章 四川盆地须家河组优质储层形成机制 ················· 137
第一节 储层特征 ················· 137
第二节 储层物性主控因素 ················· 168
第三节 优质储层形成机制 ················· 189

第五章 四川盆地须家河组致密砂岩气藏成藏地质条件 ················· 190
第一节 成岩相研究 ················· 190
第二节 储层致密化研究 ················· 204
第三节 典型油气藏解剖 ················· 211
第四节 气藏成藏主控因素 ················· 223
第五节 天然气富集主控因素分析 ················· 231

第六章 四川盆地须家河组有利勘探区带预测 ················· 235

参考文献 ················· 238

第一章

四川盆地晚三叠世盆地性质及演化历史

四川盆地位于上扬子西北部，是华南板块最大的一个次级构造单元。以褶皱冲断带为界，盆地北部、东北部以米仓山—大巴山构造带接秦岭造山带；盆地东南部以齐岳山为界，南部被川西南褶皱带和康滇古陆围限；西部以龙门山构造带为界过渡至碧口地块和松潘—甘孜地块。盆地内部以华蓥山为界，分为川西坳陷带、川中隆起带和川东褶皱带（图1-1）。

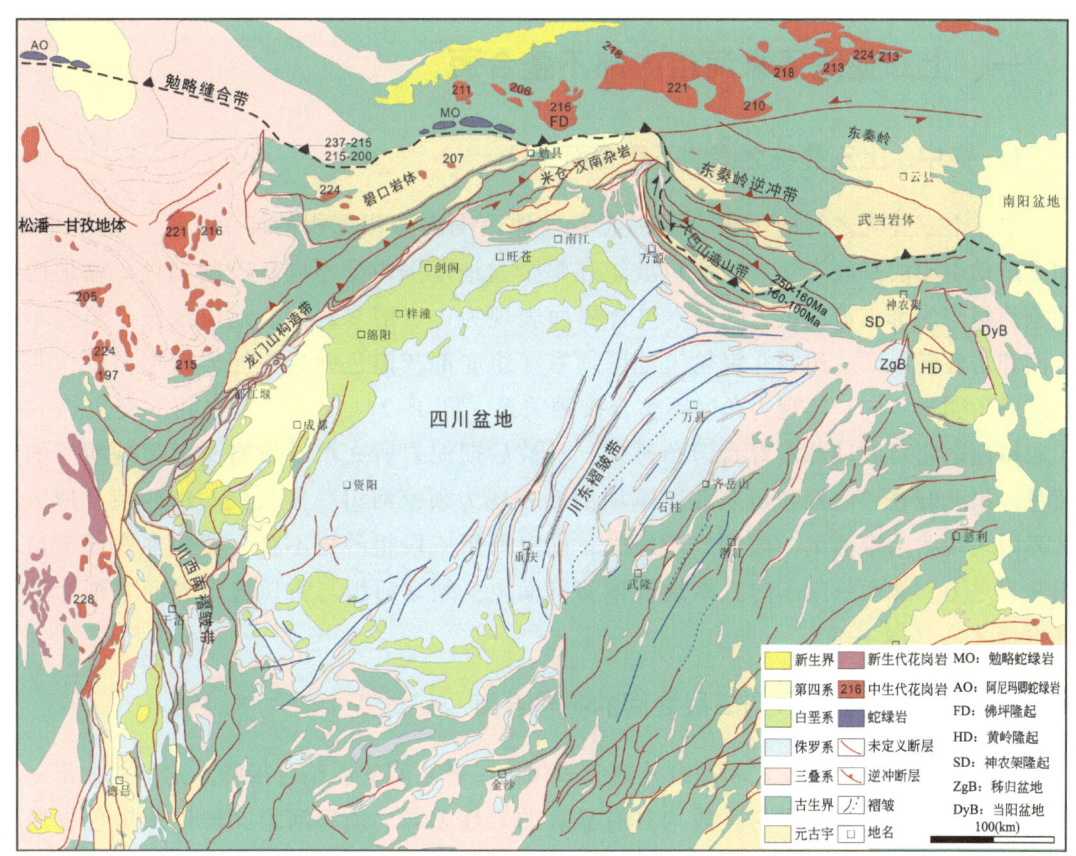

图1-1 扬子地块西北部四川盆地及邻区大地构造位置

四川盆地是发育在扬子克拉通之上的构造多旋回叠合盆地，发育了多期构造伸展—挤压转换。冈瓦纳超大陆旋回期，四川盆地经历了震旦纪南华裂谷（伸展）盆地向早古生代前陆盆地系统的转换；加里东期构造隆升剥蚀向海西期被动大陆边缘伸展盆地；印支期随着古特提斯洋的闭合和基梅里大陆的碰撞，四川盆地进入晚三叠世构造挤压和陆相盆地演化阶段。因此，晚三叠世是四川盆地构造和沉积转换的关键时期，形成了由海相向海陆过渡相和陆相碎屑沉积的转变。本章通过对四川盆地上三叠统须家河组野外露头以及区域地震剖面、连井剖面、等时地层格架等资料，分析四川盆地上三叠统须家河组构造—地层层序、地层展布特征及物源分析，揭示四川盆地晚三叠世原型盆地以及构造演化历史。

第一节　四川盆地上三叠统构造—地层层序

四川盆地位于上扬子板块西北区域，属于扬子板块最大的次级构造单元，漫长的沉积过程中，受到构造运动的影响，不同时期地层展布有所不同，因此准确划分四川盆地上三叠统等时地层格架对厘定关键构造事件尤为重要。

一、上三叠统须家河组内部不整合面

（一）中、上三叠统之间的不整合面

中、上三叠统之间的不整合面标志着盆地范围内海相沉积的结束。中三叠统早期，印支运动引起的基底隆升导致雷口坡组在整个盆地范围内受不同程度的剥蚀。盆地内部须家河组与底部雷口坡组之间的不整合界面表现为古岩溶暴露面、地层缺失、角度不整合面和岩性转换面。川西北宝轮镇地区须家河组底部灰黑色砂岩夹泥岩地层与下伏灰岩地层倾角明显不同，表现为角度不整合接触关系［图1-2(a)］，二者之间的交角约15°。工农镇地区雷口坡顶部发育膏溶角砾岩，且被后期泥岩所充填导致露头上呈现明显的灰黄色。川北旺苍、南江和川东北固军坝剖面表现为须家河组一段缺失。川西荣县地区二者界限表现为须家河组一段和二段缺失，须家河组三段粗砂岩不整合覆盖在底部雷口坡组灰岩之上。北西—南东向二维地震偏移剖面上，须家河组与雷口坡组界面表现为连续强振幅波峰（图1-3）。

（二）须家河组二段与三段之间的不整合面

须家河组二段与三段之间在野外露头表现为二者之间的假整合接触。盆地西北部—北部—东北部须家河组二段与三段均具有显著的岩性差异。须家河组二段以灰黑色岩屑砂岩为主，向上泥岩含量增加，顶部为细砂岩与泥岩互层，须家河组三段主要为粗砂岩，见碳酸盐岩砾石沉积。同时，川东北固军坝剖面局部存在须家河组二段和三段之间的微角度不整合接触关系。同时，地震剖面上显示须家河组三段底部表现为下超的结构特征（图1-3）。

第一章 四川盆地晚三叠世盆地性质及演化历史

图1-2 四川盆地北部上三叠统典型构造界面

(三) 须家河组三段与四段之间的不整合面

王金琪将发生在诺利期和瑞替期之间的一次造山运动称为"安县运动"。该运动在川西北地区表现最为强烈，造成了须家河组三段和四段之间的构造不整合界面，主要表现为微角度不整合面和岩性转换面。在川西北地区宝轮镇剖面上可发现该界面为微角度不整合面，下伏碳酸盐岩砾石被须家河组四段厚层石英岩砾石不整合覆盖［图1-2（b）、（c）］。工农镇地区该界面同样表现为岩性转换面，界面凹凸不平，上覆须家河组四段石英岩砾石不整合覆盖在三段细粒岩屑砂岩之上［图1-2（d）］。川北旺苍、南江地区和川东北万源地区须家河组三段顶部为薄层灰黑色泥岩夹粉砂岩，上覆四段为一套厚层石英砾岩，均表现为明显的岩性转换面。该界面在地震剖面上显示明显，须家河组三段底部表现为削截的结构特征，须家河组四段底部表现为上超特征（图1-3）。

(四) 上三叠统与侏罗系之间的不整合面

下侏罗统与上三叠统之间的不整合面在露头上表现为地层缺失和角度不整合界面。川西北地区宝轮镇和工农镇须家河组四段顶部与上覆白田坝组呈角度不整合接触关系，并且缺失须家河组五段和六段。川北旺苍和南江缺失须家河组六段，同时可见旺苍地区须家河组五段与上覆侏罗系地层呈角度不整合。川东北万源地区须家河组地层出露完整，与上覆白田坝组呈显著角度不整合关系[图1-2(e)]。地震剖面上，地层自西向东逐渐出露须家河组五段和六段，且须家河组顶部表现为削截结构特点（图1-3）。

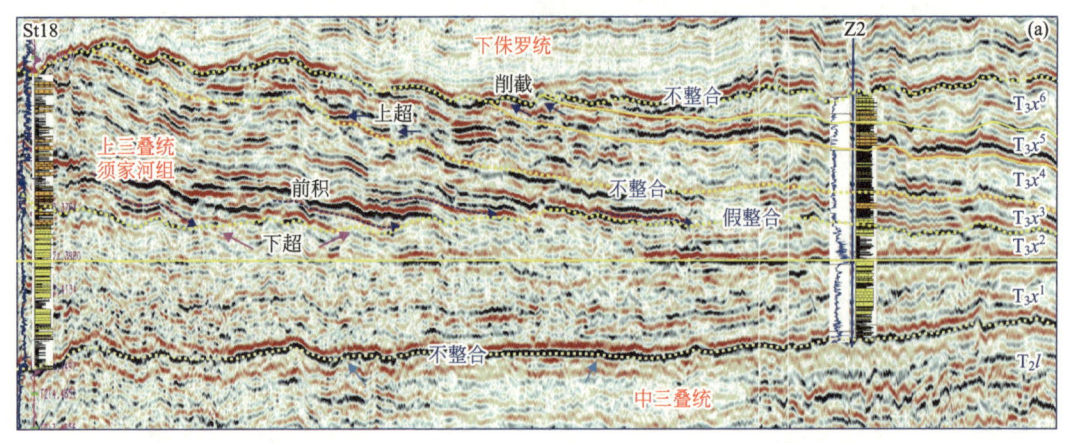

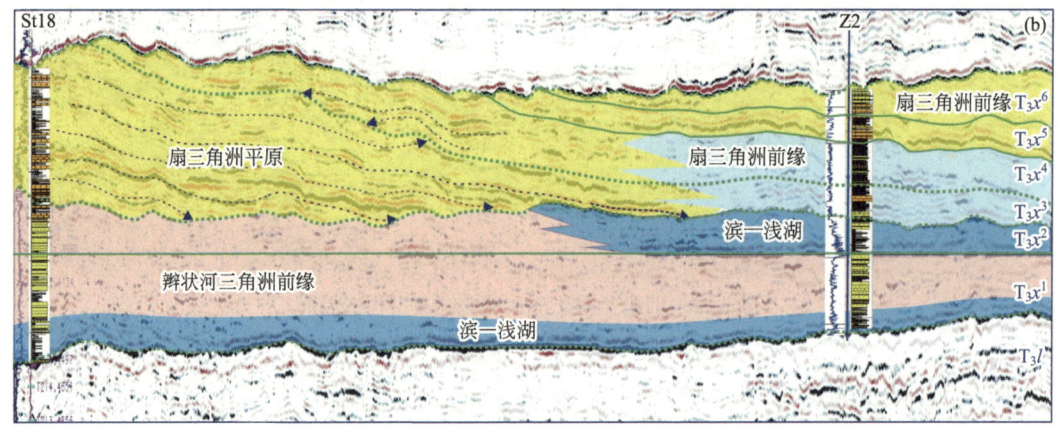

图1-3 四川盆地北西部地震剖面及其构造（a）和沉积相（b）解释

二、上三叠统须家河组等时地层的识别

四川盆地须家河组地层沉积多为砂岩和泥岩的相互叠置，通过岩性突变来划分地层界面并不能完全与等时地层对应，因此需要对地震资料、测井曲线、野外露头剖面以及岩性组合等资料综合分析，达到精确划分层位的目的。

德探1井电测解释图（图1-4）显示，须家河组开始沉积时测井曲线形态突变，由低自然伽马迅速转变为高自然伽马，同时须家河组底部在地震剖面上的响应表现为连续强振幅波峰特征，下伏界面不连续杂乱反射反映了雷口坡组岩溶特征（图1-5），表明岩性上由雷口坡组碳酸盐岩向上转变为须家河组发育的泥岩和砂岩。该岩性不整合面可作为须家河组与雷口坡组之间的等时界面。

第一章 四川盆地晚三叠世盆地性质及演化历史

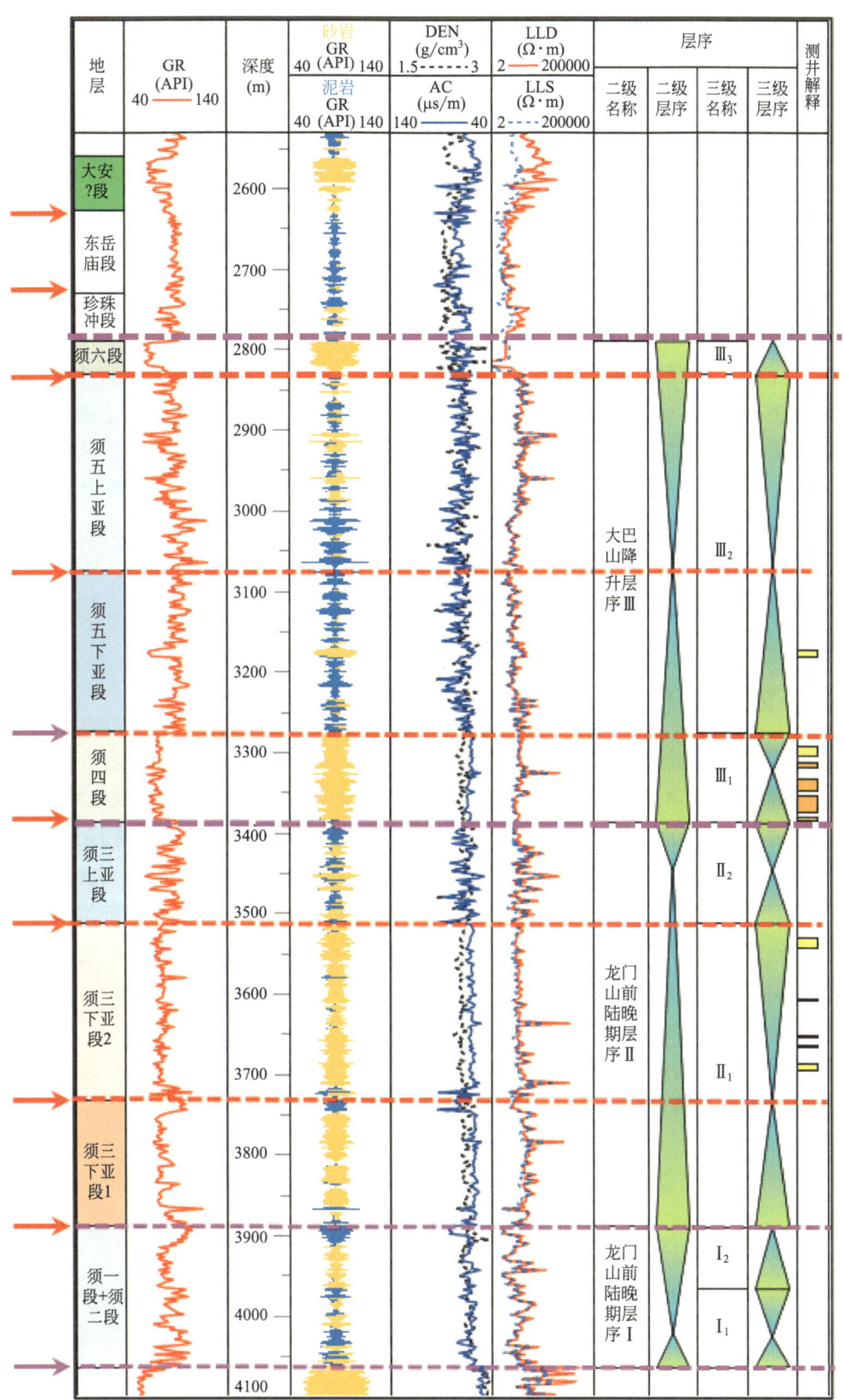

图 1-4 德探 1 井电测解释图

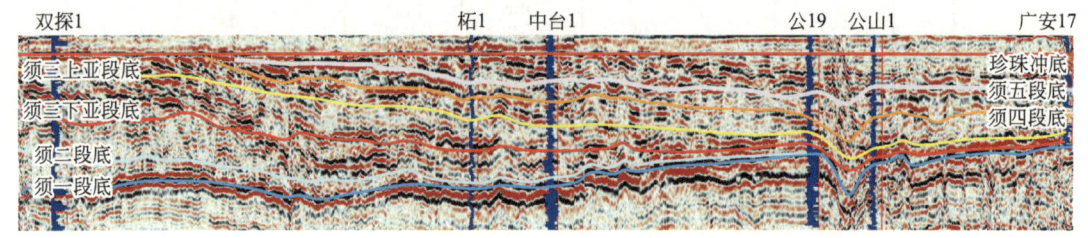

图 1-5 双探 1—柘 1—中台 1—公 19—公山 1—广安 17 井地震格架剖面图

须家河组三段沉积时期，岩性、测井曲线和地震同相轴均发生改变，且在盆地内部显示出区域性特征。在川中和川西北地区，须家河组三段底部测井曲线（图 1-6、图 1-7）具有区域性低自然伽马特征，曲线呈现箱型对应砂岩沉积。而川西和川西南地区自然伽马曲线在界面处突变不明显，仍表现为泥岩底，与区域性岩性特征相对应。地震剖面上须三段表现出连续强波峰特征，地层界面显示出微角度不整合特征（图 1-5、图 1-8）。

须家河组四段开始出现石英质砾岩沉积，主要发育在须四段底部，且集中分布在川西北—川北地区。川中、川西、川西北地区测井曲线发生突变，而在川西南地区，曲线过渡显得更加平滑。四川盆地内部，须四段底部部分测井曲线表现为低自然伽马、砂岩底箱型特征。川西南地区表现为厚层泥岩底（图 1-4、图 1-6、图 1-7），地震剖面上整体表现为较弱波峰。

三、四川盆地上三叠构造层划分及构造层序特征

根据地质剖面测量和地震反射剖面确定了四川盆地中三叠统—下侏罗统存在四个不整合界面，即雷口坡组/须家河组、须家河组二段/三段、须家河组三段/四段以及须家河组/珍珠冲组之间的不整合界面。以四川盆地双探 1—广安 17 连井地层剖面划分（图 1-5、1-6）为例，结合盆地尺度的构造运动，建立四川盆地须家河组等时地层格架，将四川盆地须家河组沉积时发生的三次幕式印支运动作为等时地层格架的识别标志层，并将须家河组划分为三个构造层，分别为构造层序Ⅰ（须家河组一段—二段）、构造层序Ⅱ（须家河组三段）和构造层序Ⅲ（须家河组四段—六段）。

构造层序Ⅰ底界以不整合在中三叠统雷口坡组膏溶角砾岩之上，代表印支运动Ⅰ幕的产物，该幕式运动的识别标志包括海相沉积到陆相沉积的转变、层间不整合面、测井曲线突变，表现为高自然伽马值、低视电阻率的特征，地震剖面上表现为同相轴强波峰特征。

构造层序Ⅱ以须家河组三段碳酸盐岩砾石的出现为标志，代表印支运动Ⅱ幕的产物，整体上表现为岩性突变，测井曲线表现为低自然伽马特征，地震剖面整体上为连续强波峰特征。

构造层序Ⅲ底界以须家河组四段石英岩砾石的出现为标志，顶界与下侏罗统珍珠冲组之间的角度不整合处终止，代表印支运动Ⅲ幕的产物。厚层砂岩的发育导致测井曲线表现为低自然伽马特征，地震剖面上表现为较弱波峰。

第一章 四川盆地晚三叠世盆地性质及演化历史

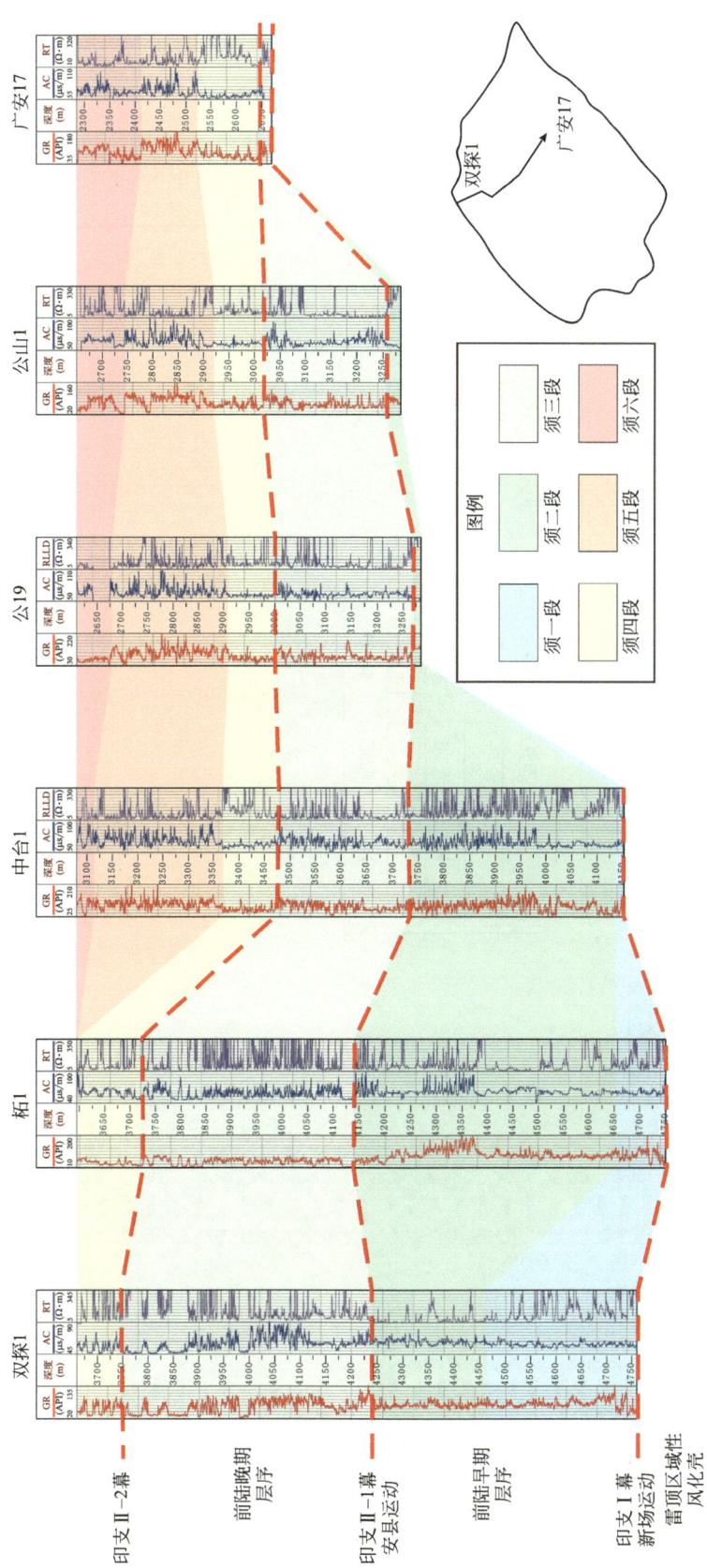

图1-6 双探1—柘1—中台1—公19—公山1—广安17井连井地层柱状剖面图

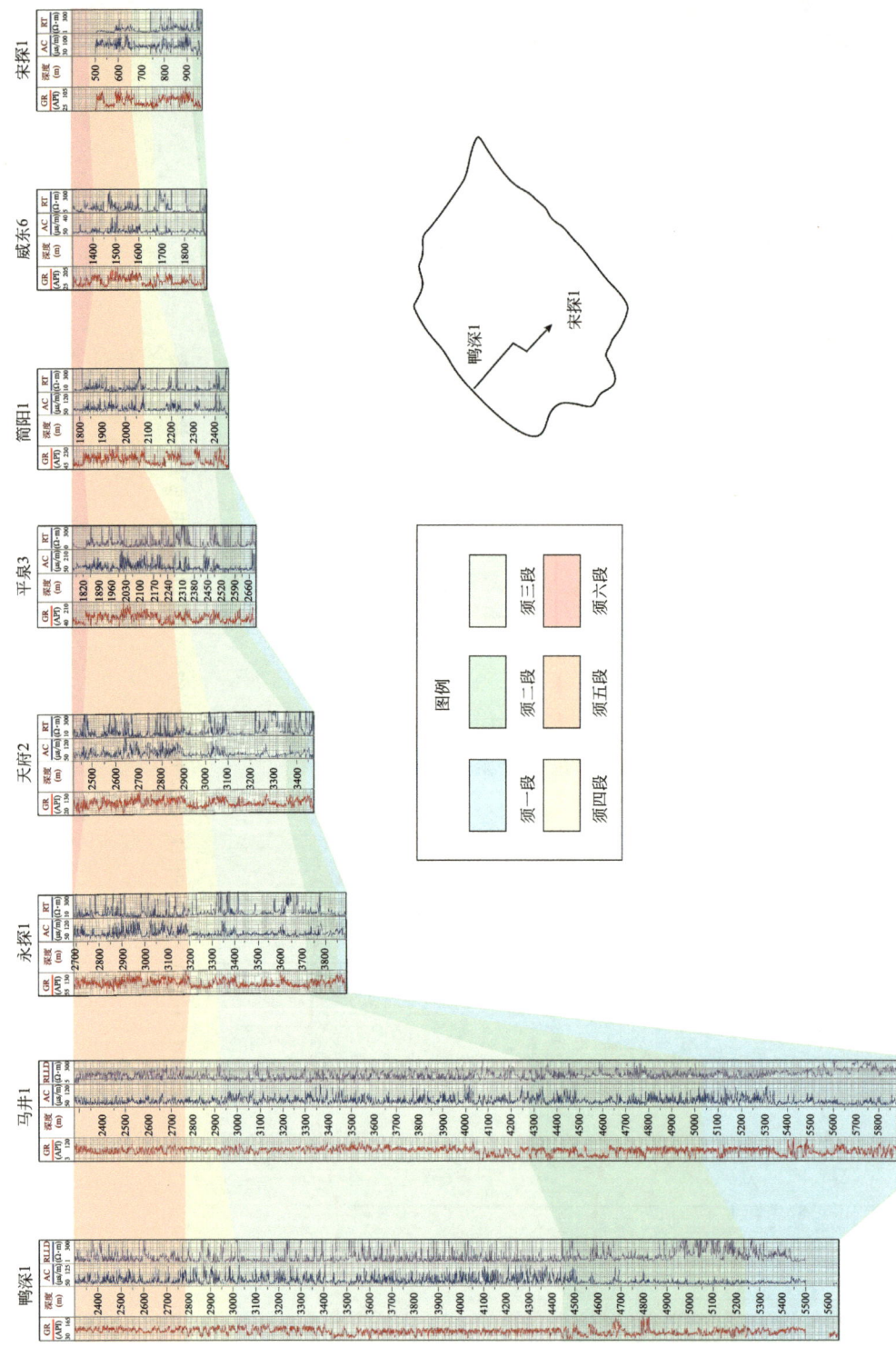

图 1-7　鸭深 1—马井 1—永探 1—天府 2—平泉 3—简阳 1—威东 6—宋探 1 井连地层柱状剖面图

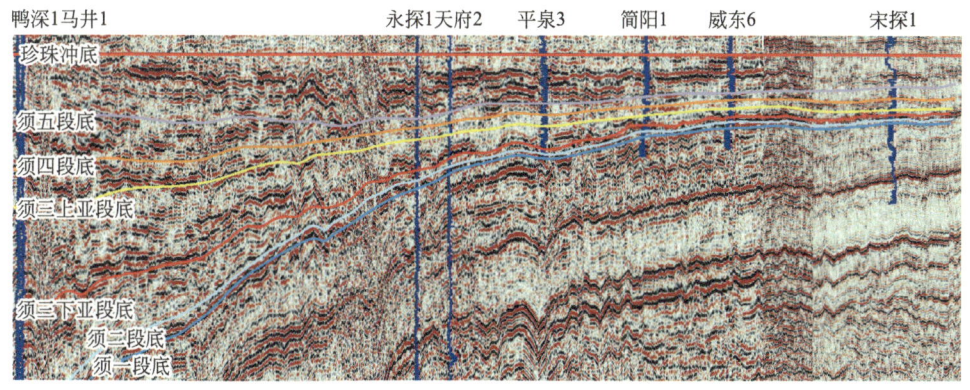

图 1-8 鸭深 1—马井 1—永探 1—天府 2—平泉 3—简阳 1—威东 6—宋探 1 井地震格架剖面图

第二节

四川盆地地层特征

早三叠世晚期至中三叠世，四川盆地以蒸发和碳酸盐岩台地环境为主，中三叠世早期印支运动引起的基底隆升导致雷口坡组在整个盆地范围内受不同程度的剥蚀。晚三叠世，四川盆地沉积体系由残余海相逐渐演化为湖相三角洲沉积，主要为一套碳酸盐岩、砾岩、含砾砂岩、砂岩、粉砂岩、泥岩夹煤层的沉积建造。沉积地层从龙门山前厚度大于 5km 向川中隆起厚度小于 200m 减薄，并广泛发育自显生宙以来以卡尼期—瑞替期须家河组为代表的第一套陆源碎屑沉积地层。卡尼期，四川盆地北西部以浅水碳酸盐岩沉积为主，向上逐渐过渡为细粒碎屑沉积，盆地由海相沉积转变为海陆过渡相沉积（须一段），盆地北部海陆过渡相（三角洲）砂岩角度不整合于遭受强烈剥蚀的中三叠统雷口坡组之上，盆地西南部与雷口坡组呈整合接触。诺利期—瑞体期受盆地周缘多幕式构造活动的影响，盆地内沉积须二段至须六段砂岩和泥岩交替沉积。

一、盆地北缘沿秦岭造山带地层发育特征

（一）单剖面地层特征

1. 宝轮镇剖面特征

宝轮镇剖面位于广元市利州区紫兰坝水电站附近，出露须家河组一段—四段地层（图 1-9）。须家河组一段发育以中层中—细粒砂岩与薄层粉砂岩夹泥岩互层为主，厚约 60m，底部与雷口坡组灰黑色石灰岩呈角度不整合接触。须家河组二段下部砂岩成分增加，以中层灰白色岩屑石英砂岩为主，上部发育薄层粉砂岩夹泥岩。须家河组三段和四段发育两套截然不同的砾岩沉积，须家河组三段厚约 130m，底部以粗砂岩为主，顶部为一套碳酸盐岩砾石夹砂岩透镜体，砾石粒径主要分布于 2mm~10cm，叠瓦状排列的砾石所反映的古水流指向北西—南东方向。须家河组四段主要为一套厚层石英岩和硅质岩砾石，约 25~40m，

粒径主要分布于1~5cm，古水流方向指向南—北方向。

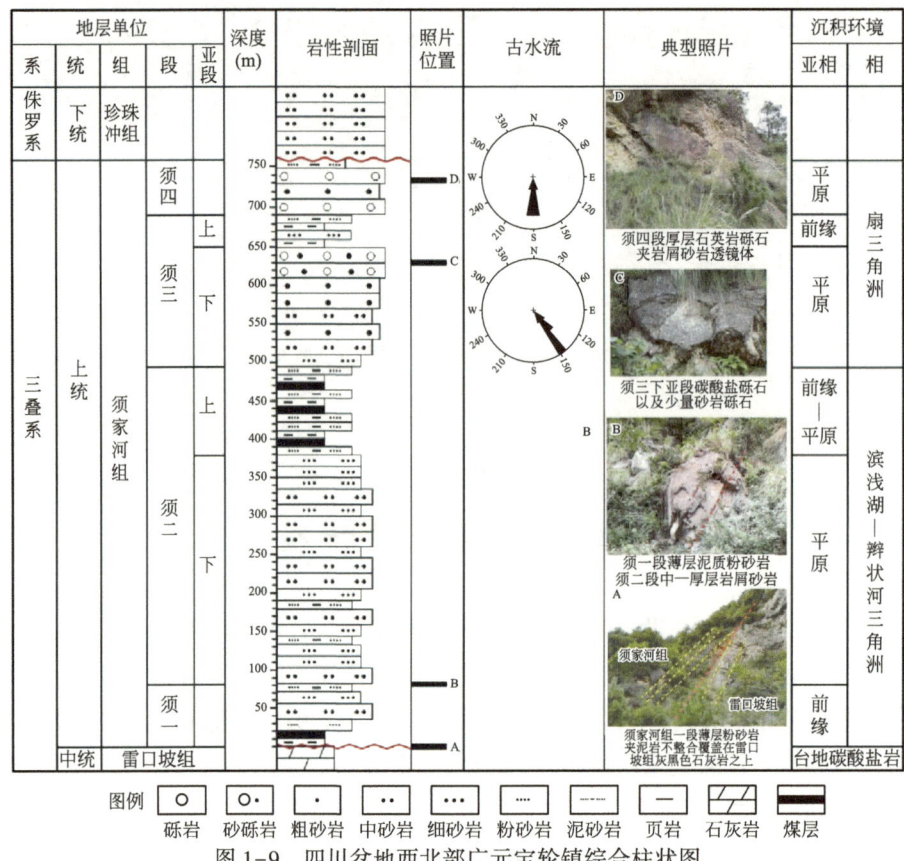

图1-9 四川盆地西北部广元宝轮镇综合柱状图

2. 广元工农镇剖面特征

工农镇剖面位于广元市工农镇小塘子村（图1-10），该区发育须家河组一段—四段，厚约750m。须家河组底部与雷口坡组灰白色白云岩呈不整合接触。工农镇须家河组一段相对宝轮镇厚度更厚，约110m，以含炭屑薄层粉砂质泥岩和中厚层中粒石英砂岩频繁叠置组成。须二段厚约350m，下部以中粗粒砂岩为主，偶夹薄层泥质粉砂岩和泥岩，见明显河道叠置迁移特征；上部以黑色泥岩和泥质粉砂—细砂岩为主。须三下亚段为一套粗粒岩屑砂岩和砂质砾岩，砾岩成分主要为碳酸盐岩砾石，厚约170m，上部发育细砂夹粉砂质泥岩，厚约60m。与宝轮镇相同，工农镇地区须四段为灰黄色石英砾岩。

3. 旺苍立溪岩剖面特征

立溪岩剖面位于广元市旺苍县，须家河组整体厚约700m，须一段相对较薄，以细粒灰黄色岩屑石英砂岩为主，须二段相对较厚，约290m，总体以中粒岩屑石英砂岩为主，可见大型斜层理。须三下亚段砾岩较薄，整体以中—粗砂岩为主，为扇三角洲相，须三上亚段比宝轮镇和工农镇略厚，约60m厚，以炭质泥岩为主。须四段发育约20~30m灰黑色石英岩砾石以及硅质岩砾石。该地区开始出现须五段，并发育大量炭质泥岩和煤，含少量中粒岩屑石英砂岩（图1-11）。

第一章 四川盆地晚三叠世盆地性质及演化历史

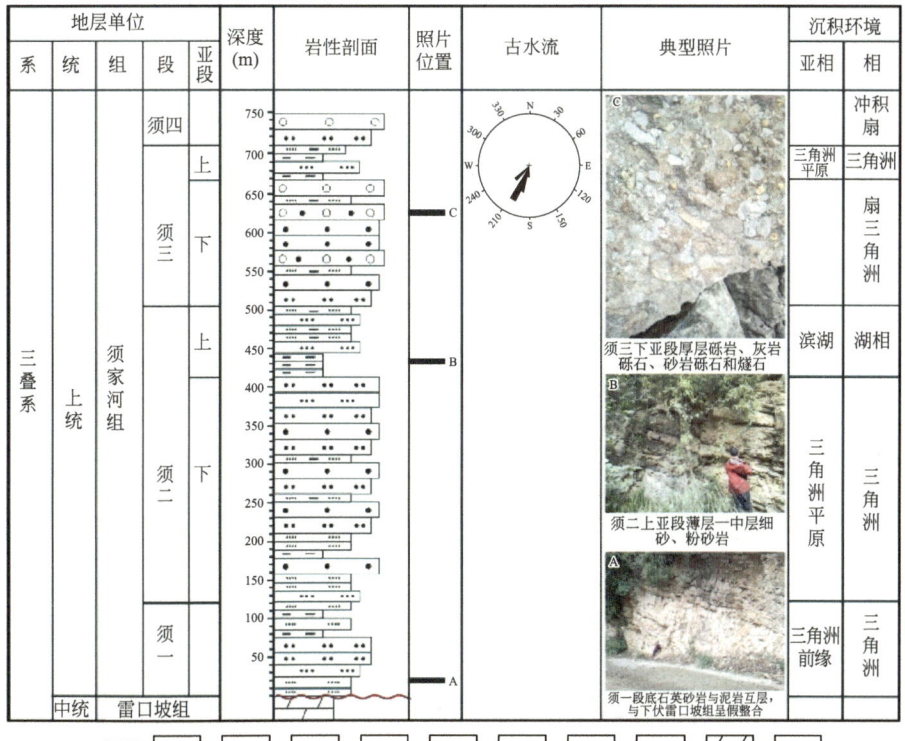

图 1-10 四川盆地西北部广元工农镇综合柱状图

图 1-11 四川盆地北部旺苍立溪岩综合柱状图

4. 南江剖面特征

南江剖面位于巴中市南江县。南江剖面须家河组出露厚度约510m，可见须二段—须五段，须一段缺失，须五段由于房屋遮挡未见顶（图1-12）。须二段下部以灰黄色中厚层中—粗岩屑砂岩为主，约150m，上部以中砂—粉砂岩为主，厚约100m，总体发育小型交错层理。须三下亚段可见大量碳酸盐岩砾石以及少量碎屑岩及燧石角砾，次棱角—次圆状磨圆，厚度约30~40m。须四段以粗砂岩夹石英砾岩为主，砾石粒径比须三下亚段砾岩大，甚者相差10倍以上，砾石反映古水流的方向。须五段相对较细，为灰黑色粉砂岩夹泥岩。

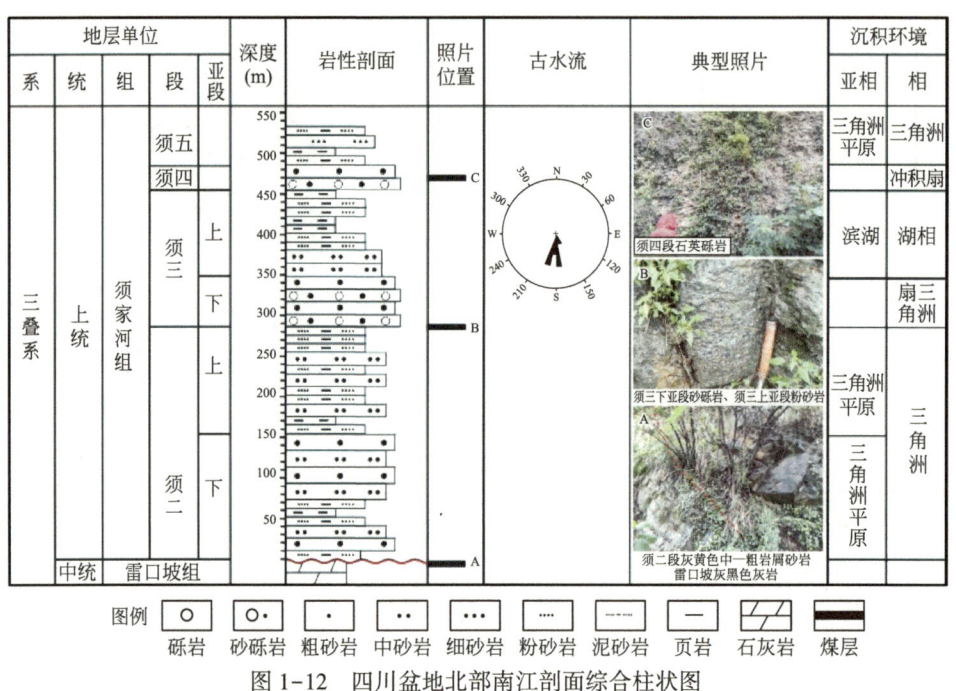

图1-12 四川盆地北部南江剖面综合柱状图

5. 固军坝剖面特征

固军坝剖面位于达州万源市固军镇，发育须家河组二段—六段。须二段相对西北边的剖面更薄，须二下亚段以中—厚层灰白色粗—中粒岩屑砂岩和细粒岩屑石英砂岩为主，正粒序、厚约120m。须二上亚段粒度相对较细，见粉粒岩屑砂岩和泥岩，发育平行层理。该区须三下亚段未见砾岩，发育一套中粒—细粒的正粒序岩屑砂岩，厚约75m。须三上亚段发育薄层粉砂质泥岩，约25~30m。须四段底部为一套石英砾岩夹粗粒砂岩，向上逐渐发育中层中—细粒岩屑砂岩，见平行层理和斜层理，正粒序。砾岩成分以石英砾岩为主，砾径在5cm以上，顶部见一套底砾岩向上的正粒序变化，整个须四段厚约110m，远比西北部的剖面厚。须五段中下部为大套的泥岩夹煤—细粒岩屑石英砂岩，偶见中—粗粒岩屑砂岩，厚约120m，上部为正粒序岩屑砂岩，见小型交错层理。此剖面可见须六段，整体以薄—中层细—中粒岩屑砂岩为主，见平行层理和小型交错层理，厚约170m（图1-13）。

第一章 四川盆地晚三叠世盆地性质及演化历史

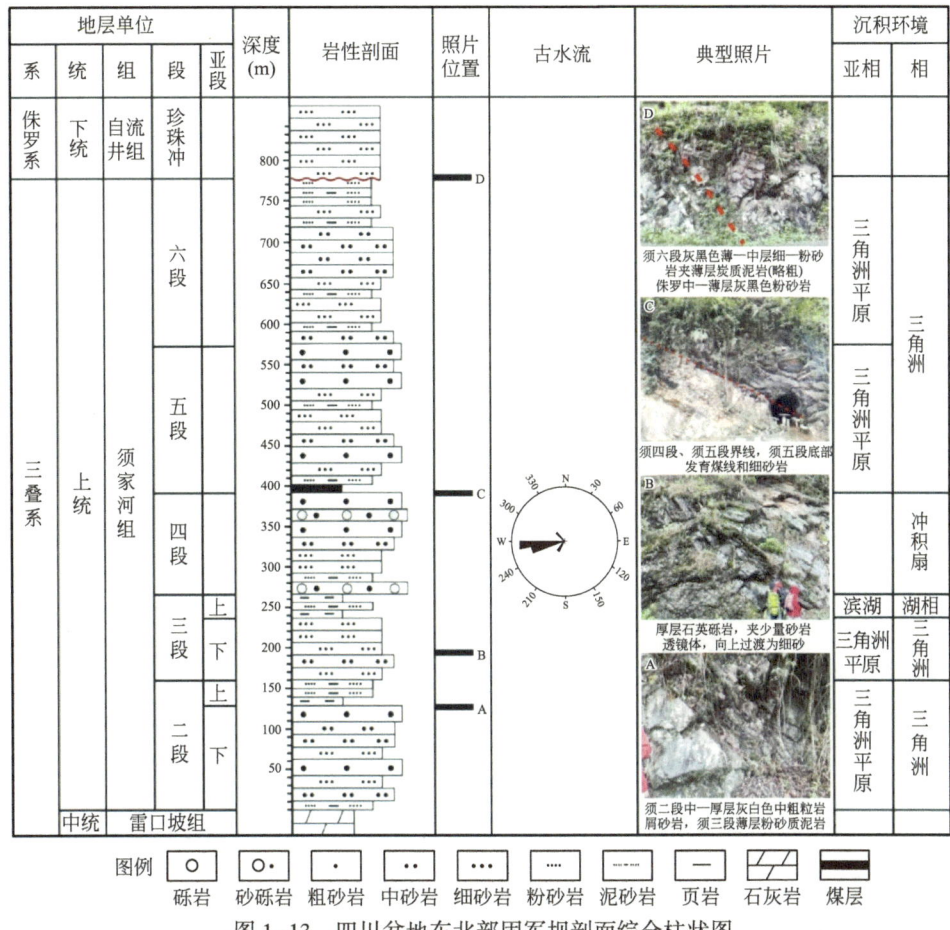

图1-13 四川盆地东北部固军坝剖面综合柱状图

（二）盆地北缘整体地层发育特征

沿秦岭造山带展布的广元宝轮镇-工农镇-旺苍-南江-万源固军坝剖面，须家河组沉积充填呈"跷跷板"模式，沉积地层有序向东变厚，沉积中心从北西向北东迁移，南江岇溪坝剖面须家河组地层厚度最薄，处于"跷跷板"的支点位置。同时，须家河组沉积中心发生转变，须家河组一段在旺苍立溪岩地区最薄甚至缺失，须家河组四段在广元地区表现为剥蚀特征，从北西至北东方向上须家河组四段整体变厚，并依次出露须家河组五段和六段，万源固军坝地区须家河组五段和六段最厚（图1-14）。

二、盆地西缘沿龙门山构造带地层发育特征

龙门山北段以北川—安县一线为界，北沿青川—广元一线被米仓山截切，以发育轿子顶基底杂岩、唐王寨推覆体和前缘叠瓦状冲断系为典型特征。龙门山北段现今地貌海拔相对于中段和北段明显较低，盆—山过渡的地形梯度相对也较小。

龙门山中段表现为多条逆冲断裂特征。茂县—汶川断裂以西为松潘甘孜褶皱带，东部校场—理县一带为弧形构造带，安县—灌县断裂以东为四川盆地西部弱变形带。沿着龙门山前

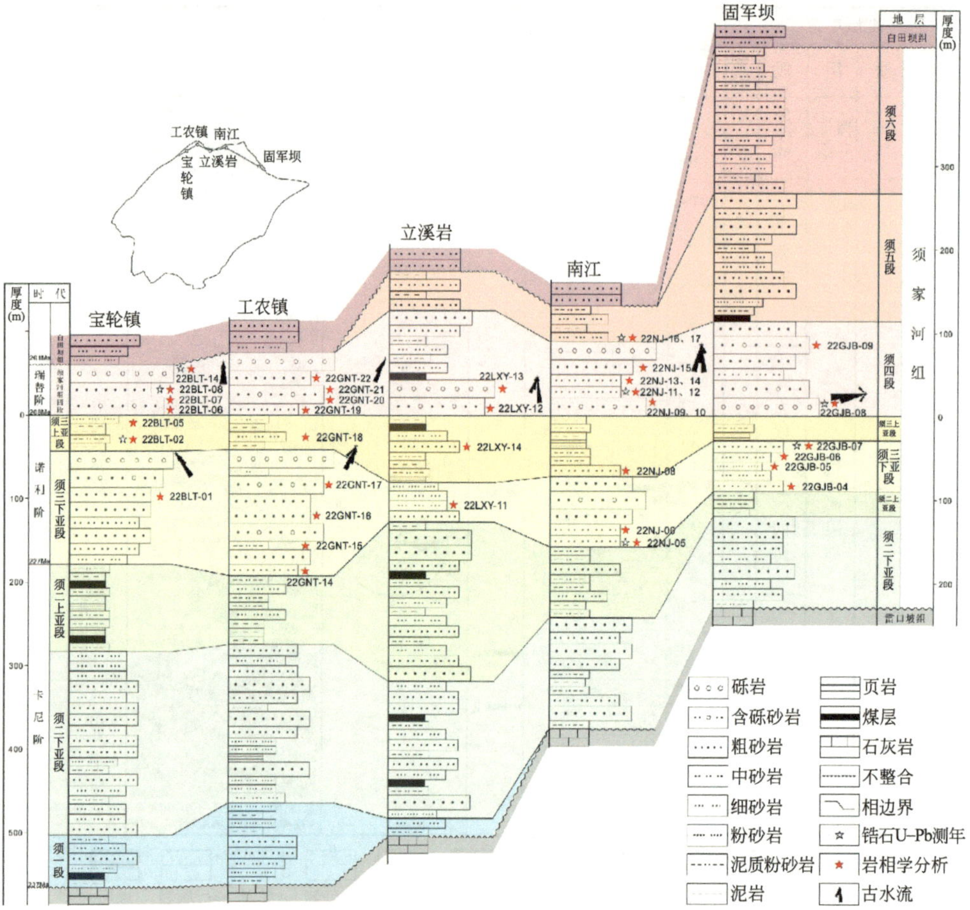

图1-14 广元宝轮镇—工农镇—旺苍立溪岩—南江—万源固军坝剖面特征
GNT—工农镇；BLT—宝轮镇；NJ—南江；LXY—立溪岩；GJB—固军坝

缘的大部分地段，前震旦纪基底彭灌杂岩体直接和上三叠统须家河组接触，而在龙门山与龙泉山之间的川西前陆盆地主体内部，基本无明显的断褶变形。盆地内部从西部到东部，由于受到地层抬升作用，地层沉积厚度减薄，基本不存在明显的褶皱变形（图1-15）。

龙门山南段南东侧以较宽的断褶带向川西前陆盆地过渡（图1-16）。此段后山带由基底杂岩体及其上覆地层，沿断裂向南东逆冲于前山带宝兴背斜北西翼的泥盆系之上。前山带厚皮构造和薄皮构造以小关子断裂为界分别位于其北西侧和南东侧。小关子断裂以南东，须家

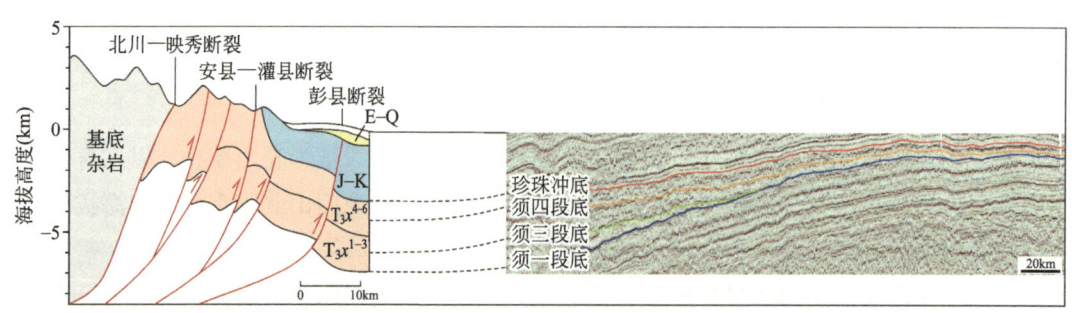

图1-15 龙门山中段冲断带和前陆盆地剖面图

河组碎屑岩大片出露且以中高倾为主，褶皱和叠瓦状逆冲断层均造成不同程度的重复。相对于龙门山中段而言，龙门山南段向前陆扩展的程度和范围明显要大，即川西前陆盆地也广泛卷入了变形，并在垂向上展现出明显的变形分层性。盆内受到多期次构造运动影响，在盆内西部和东部边界发育一系列断层。

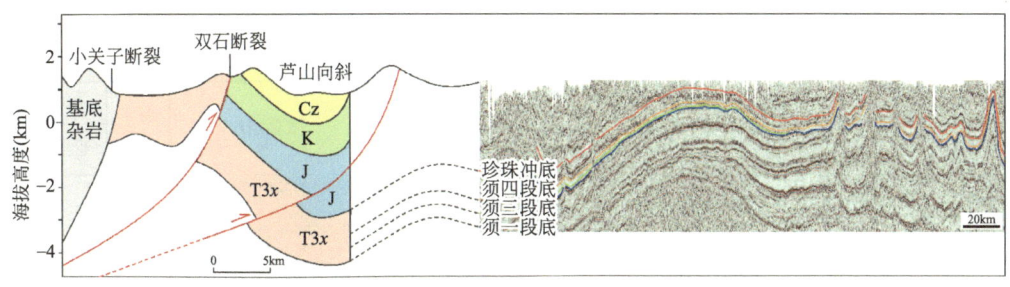

图 1-16 龙门山南段冲断带和前陆盆地剖面图

（一）单剖面地层特征

1. 马鞍塘剖面

马鞍塘剖面整体发育须家河组一段—二段地层，底部与天井山呈平行不整合接触，须家河组二段地层未见顶部。马鞍塘组岩性变化较大，下部发育泥岩，向上转变为含生屑石灰岩。小塘子组沉积以石英砂岩为主，分选好，成熟度极高。须家河组二段以细—中粒岩屑砂岩为主，岩屑类型以碳酸盐岩岩屑和碎屑岩岩屑为主，成熟度低（图 1-17）。

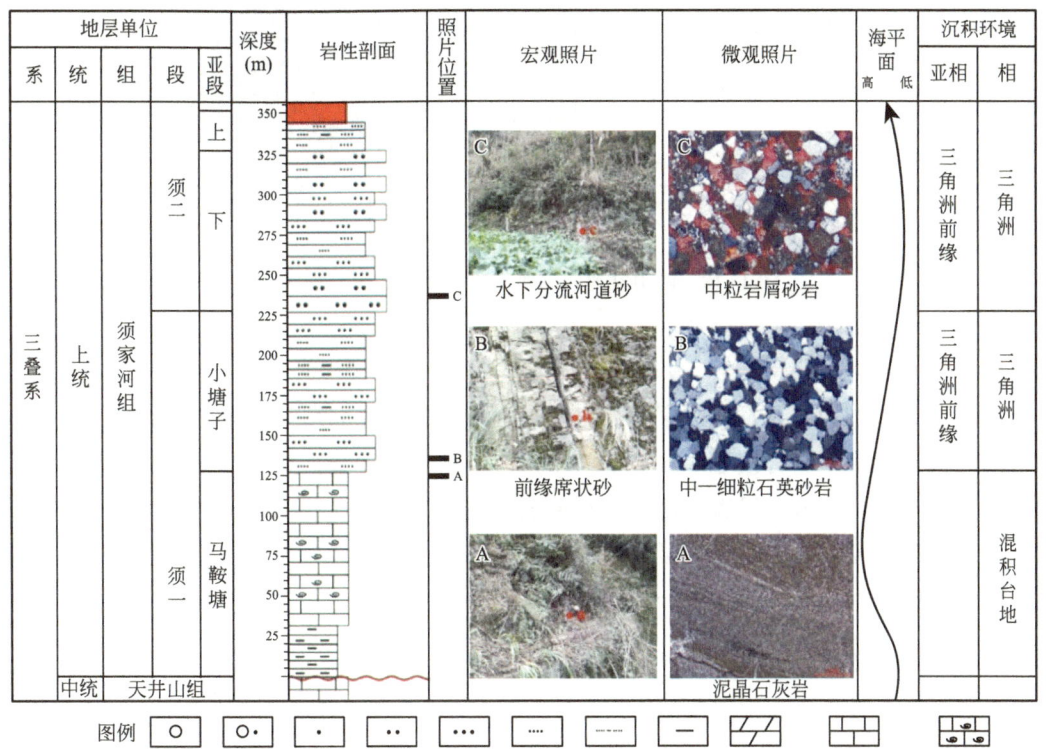

图 1-17 四川盆地西部马鞍塘剖面综合柱状图

2. 雎水罐子滩剖面

雎水罐子滩剖面整体发育须家河组一段—二段地层，底部与雷口坡组呈平行不整合接触，未见顶（图1-18）。马鞍塘组下部发育鲕粒石灰岩，上部发育生物礁石灰岩。小塘子组沉积以黑色泥岩为主，夹少量灰黑色泥灰岩。须二下亚段岩性为一细粒岩屑砂岩，粒度向上变粗，岩屑类型仍以变质岩岩屑和碎屑岩岩屑为主，成熟度低。

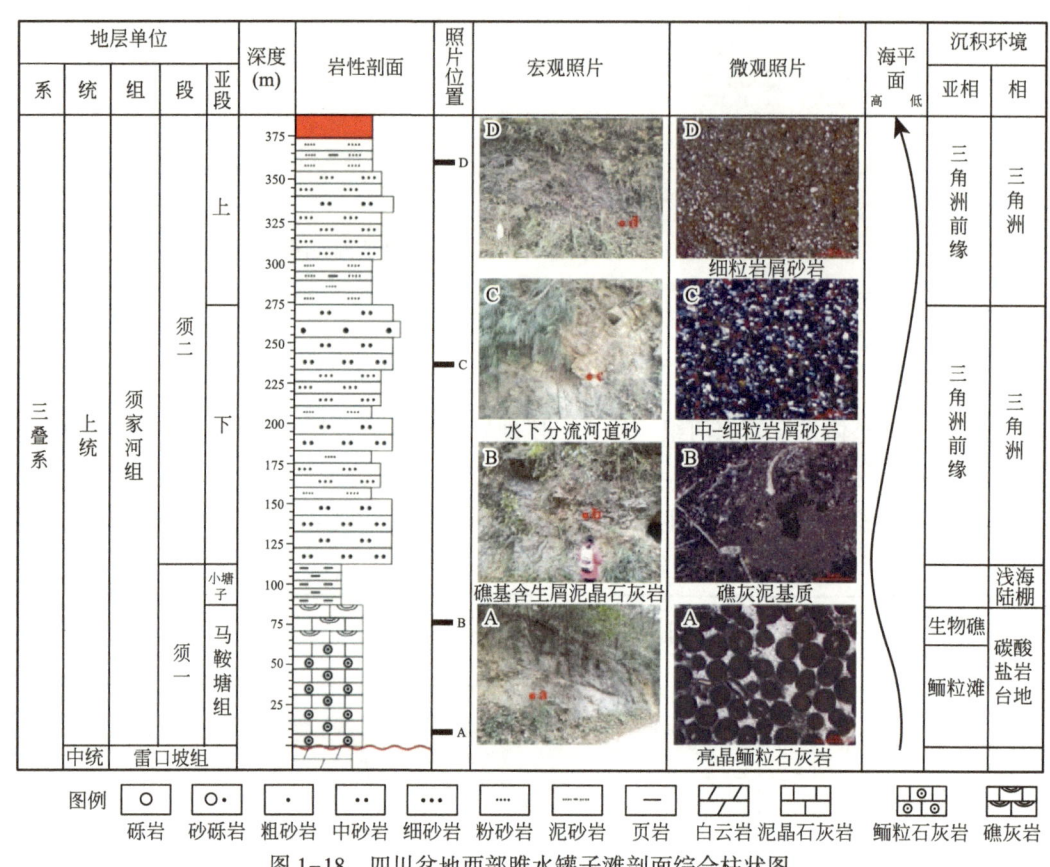

图1-18 四川盆地西部雎水罐子滩剖面综合柱状图

3. 大邑花水湾剖面

大邑花水湾剖面整体发育须家河组二段—六段地层，底部须家河组一段地层缺失，与雷口坡组之间表现为不整合接触。须二下亚段为厚层粗—中砂岩，夹薄层煤层。须三下亚段可见砾质粗砂岩，砾石成分以碳酸盐岩和碎屑岩为主。须四段为厚层粗—中砂岩夹黑色泥岩，须五段以粉砂质泥岩为主，夹煤层。须六段以厚层中粒岩屑砂岩为主，与上覆白田坝组粗砂岩呈假整合接触（图1-19）。

4. 荣县剖面

荣县剖面整体发育须三段—须六段地层，缺失须家河组一段—二段地层，与下伏雷口坡组呈角度不整合接触。须三下亚段主要为中厚层岩屑细砂岩，可见正粒序双凸透镜状黄棕色岩屑细砂岩。须四段以灰黑色中—厚层岩屑细砂岩为主，须五段以灰黄色中—薄层岩屑细砂

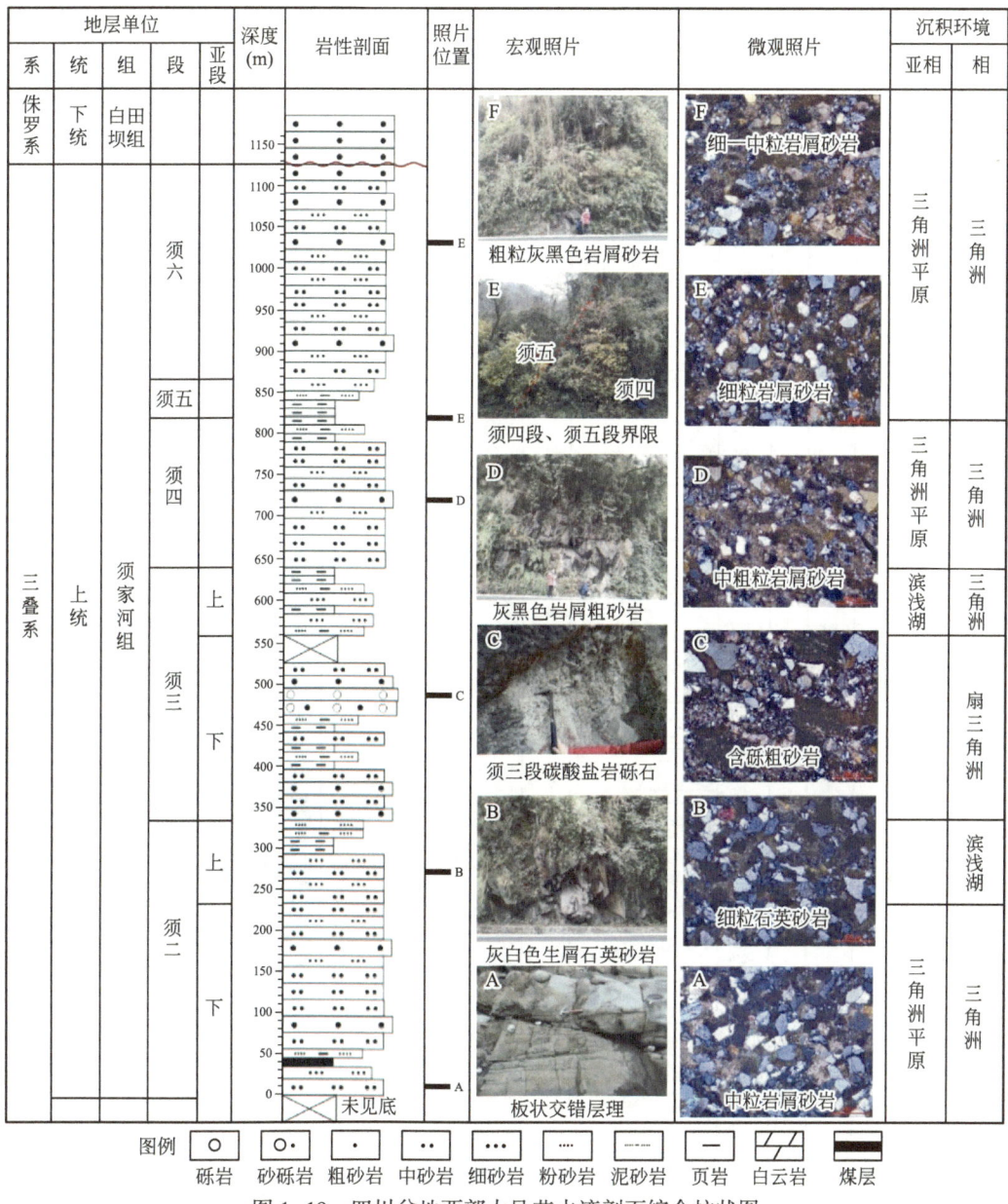

图 1-19 四川盆地西部大邑花水湾剖面综合柱状图

岩,见逆粒序顶凸底平的透镜状岩屑砂岩。须六段以中—粗粒长石岩屑砂岩为主,见小型交错层理(图 1-20)。

(二) 盆地西缘整体地层特征

沿龙门山北段野外实测剖面工农镇—宝轮镇马鞍塘—雎水—汉旺岩性剖面显示,盆地西缘大部分地区仅仅出露须一段—须二段。宝轮镇和工农镇两个地区须一段均为碎屑岩沉积,其余三个剖面须一段向南西方向厚度减薄,且为泥岩和碳酸盐岩沉积。须二下亚段整体以海退沉积为主,向南西方向粒度逐渐减小。须二上亚段整体以海侵序列为主,沉积粒度较下亚段更细（图1-21）。

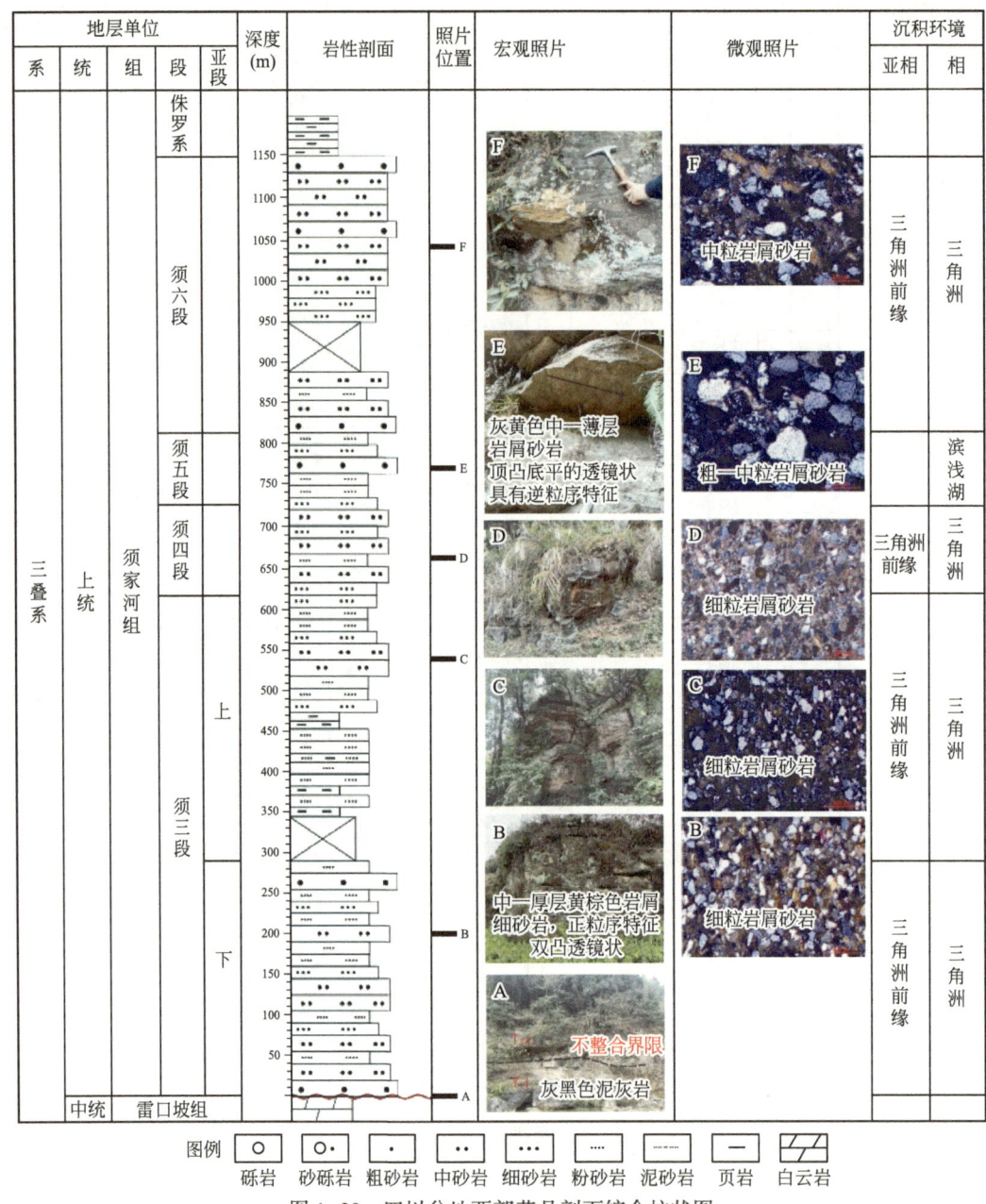

图1-20 四川盆地西部荣县剖面综合柱状图

沿白马8—龙探2方向的地震剖面显示，须一段与二段总厚度从200m增大至1800m（图1-22、图1-23），岩性自下而上为泥岩—砂岩—泥岩相互叠置。高庙3井和彰明1井厚度相近，约为630m，岩性组合也为泥岩—砂岩—泥岩。中深1井厚度增大，约为770m，岩性主要沉积泥岩上部夹砂岩。青林1井与龙探2井间的地层厚度无变化，约为520m，下部发育泥岩，上部发育砂岩。须一段+二段地层厚度自南向北变化不大，而在马井1井与高庙3井之间由于发育凹陷，沉积地层变厚。

第一章 四川盆地晚三叠世盆地性质及演化历史

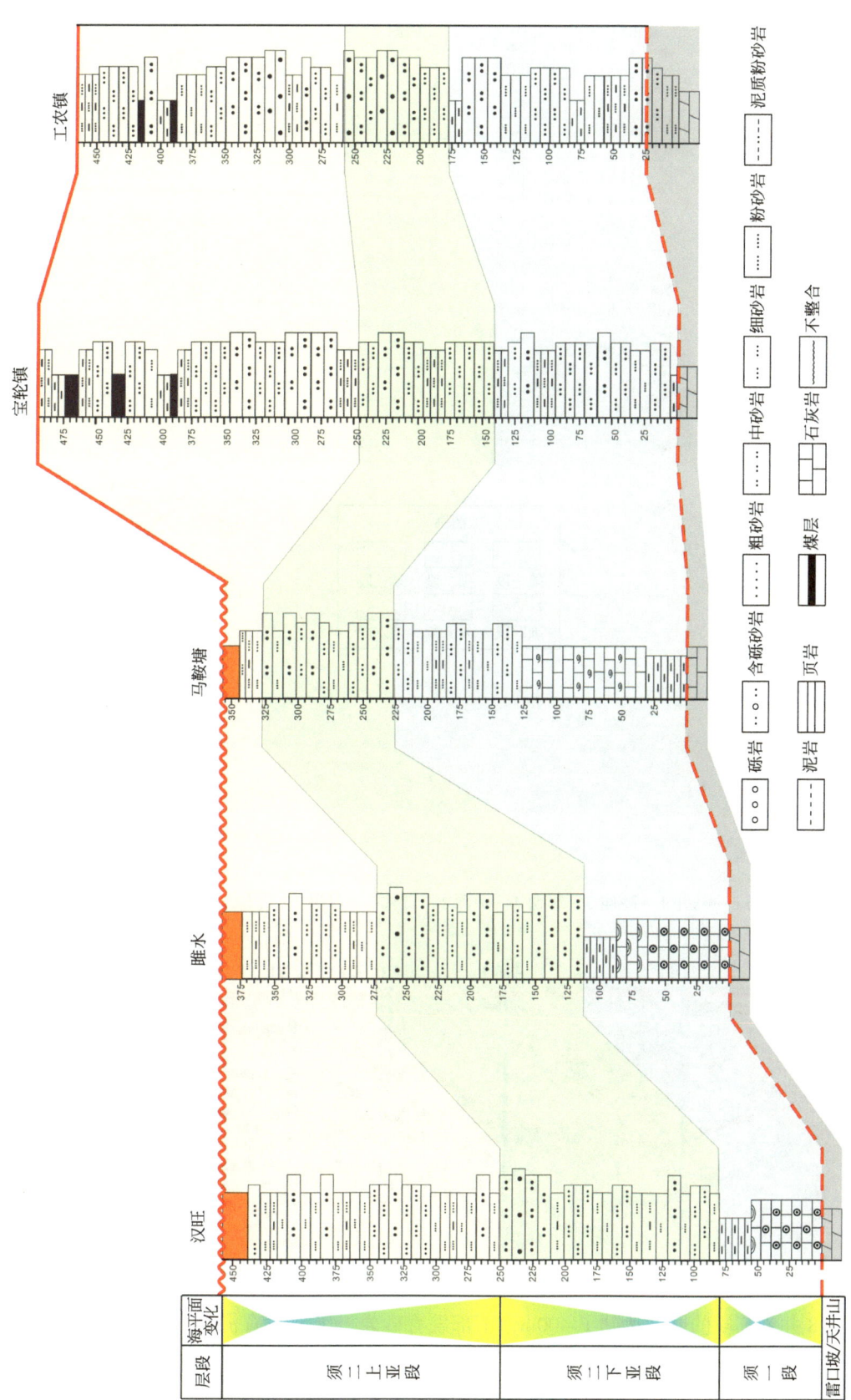

图 1-21 广元宝轮镇—工农镇—马鞍塘—雎水—汉旺剖面特征

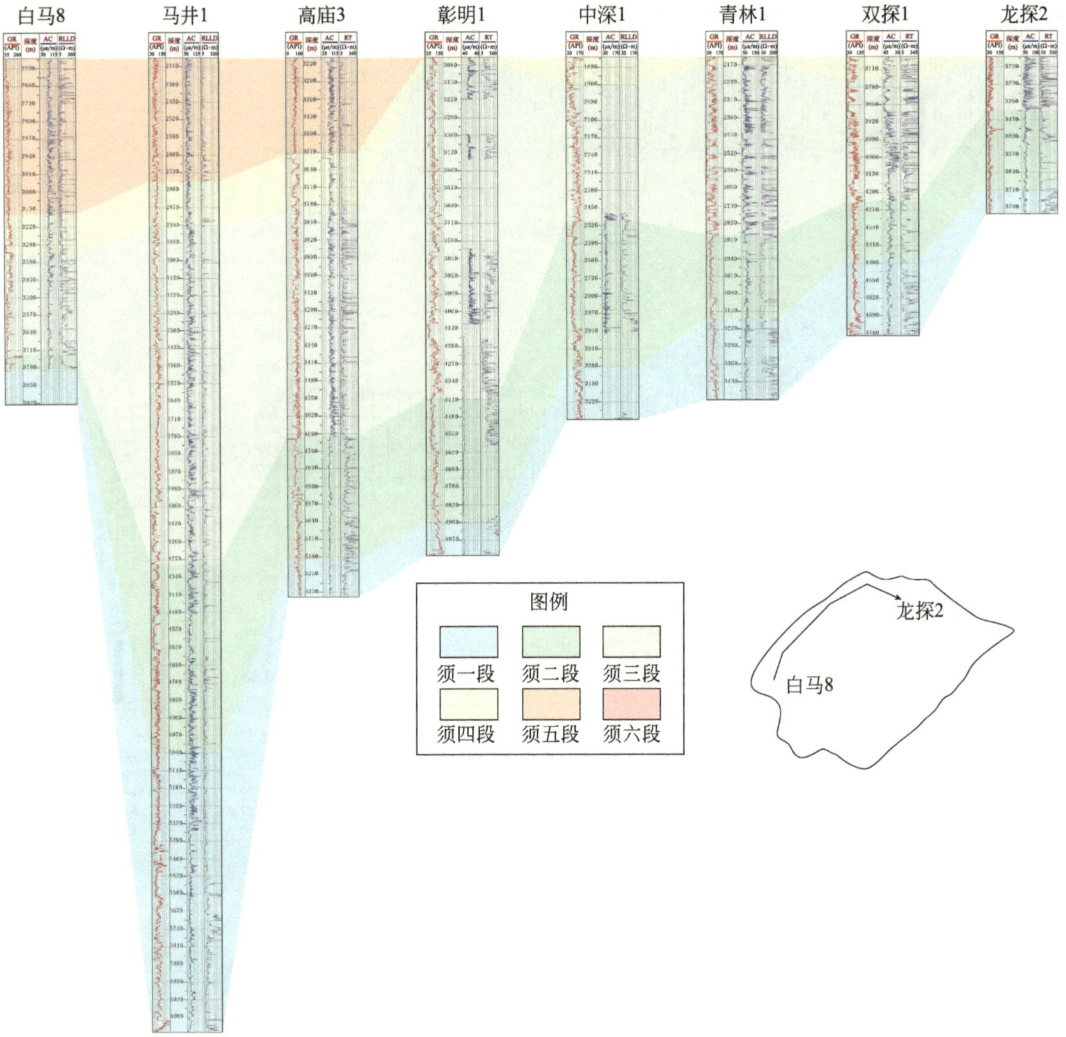

图 1-22　白马 8—马井 1—高庙 3—彰明 1—中深 1—青林 1—双探 1—龙探 2 井连井地层剖面图

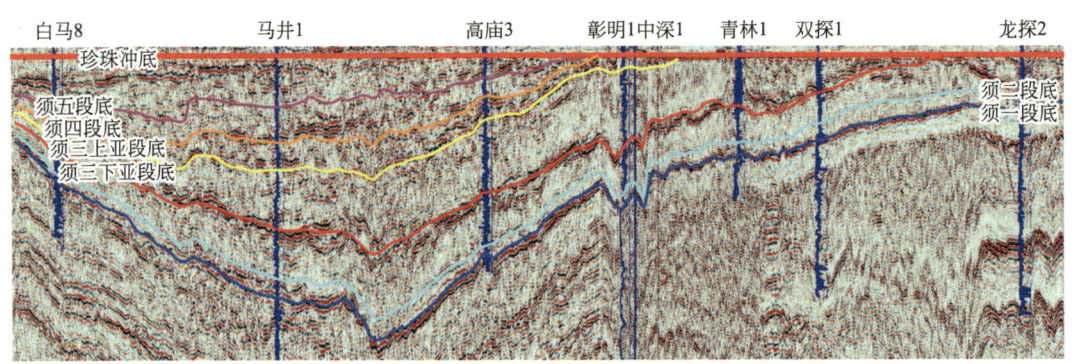

图 1-23　白马 8—马井 1—高庙 3—彰明 1—中深 1—青林 1—双探 1—龙探 2 井地震格架剖面图

白马 8 井须三段的厚度达到了 400m，下部发育砂岩，上部发育泥岩。马井 1 井地层厚度最大，约为 1360m，岩性由砂岩转变为泥岩。高庙 3 井到彰明 1 井，地层厚度从约 900m 过渡到 1300m，下部发育砂岩，中上部发育泥岩。向北推进至中深 1 井，地层厚度开始减小，但青林 1 井地层厚度增加，厚度约为 670m，发育厚层砂岩，上部夹薄层泥岩，薄互层特征发育。龙探 2 井地层最薄，厚度约为 220m，中下部发育砂岩，顶部发育泥岩。须三段厚度从南到北逐渐变薄，但是彰明 1 井地层厚度增加。

须四段至须六段地层，白马 8 井厚度约为 630m，主要发育砂岩，向北地层逐渐变薄。彰明 1 井地层厚度仅有 30m。向北地层厚度增加，厚度在 40~140m 区间内，中深 1 井发育高自然伽马值的泥岩。龙探 2 井缺失须四段—须六段地层，须三段与上覆珍珠冲组呈不整合接触。须四段—须六段地层从南到北先变薄再增厚，继续向北东推进方向，地层逐渐被剥蚀。

三、盆内地层发育特征

通过研究北东—南西向的周公 1—五宝浅 1 井、近东西向的德探 1—合川 1 井格架线剖面以及盆地北缘—内部的龙探 2—角探 1 井及其对应的连井地层柱状剖面刻画盆内地层发育特征。

周公 1—五宝浅 1 井剖面显示（图 1-24、图 1-25），从须家河组开始沉积时，须一段+须二段地层总厚度总体变薄，向北东至广探 1 井、永深 1 井和五宝浅 1 井，须一段—须二段地层基本缺失。须一段和须二段总厚度约为 60~70m，总体表现为底部发育高自然伽马值的泥岩，上部叠置一套低自然伽马值的砂岩。在须三段沉积过程中，周公 1 井至广探 1 井地层厚度分别为 150m、140m、220m、210m 和 175m，均表现为下部沉积一套低自然伽马值的砂岩，上部发育一套高自然伽马值的泥岩的特征。水深 1 井须三段厚度约为 210m，下部沉积泥岩，中部夹一套较低自然伽马值的厚层砂岩，上部发育一套高自然伽马值的泥岩。五宝浅 1 井地层厚度为 300m，主体上发育较低自然伽马值的砂岩。从南西向北东方向地层逐渐变厚，经过川中地区时，地层厚度减小。须四段—须六段地层总厚度由南西向北东方向从 560m 减薄至 300m。总体表现为低自然伽马值的砂岩与高自然伽马值的泥岩互层，砂岩含量高于泥岩的特征。

近东西方向的德探 1—合川 1 井剖面显示（图 1-26、图 1-27），中江 2 井须一段与须二段地层厚度之和最厚约为 230m，岩性表现为砂岩和泥岩互层，以发育低自然伽马值的砂岩为主。向东西两侧厚度逐渐减薄，至合川 1 井逐渐消失。须三段地层厚度变化较大。从西到东地层厚度由德探 1 井的 500m 减薄至合川 1 井的 140m。须三段下部以低自然伽马值的砂岩为主，上部发育一套高自然伽马值的泥岩。须四段—须六段地层特征与须三段相似，总体表现为西北沉积厚度大，向东南侧沉积厚度变薄的特征。不同的是，须六段向盆地内部逐渐变厚。

沿龙探 2—角探 1 井方向剖面显示（图 1-28、图 1-29），须一段—须二段地层由北向南在盆地内侧逐渐变薄。而须三段沉积厚度为自北向南逐渐变厚，尤其在中台 1 井处，地层显著增厚。龙探 2 井须四段至六段地层发生抬升，被完全剥蚀。龙岗 62 井须四段与珍珠冲组底界直接接触，地层厚度约为 60m，主体沉积低自然伽马值的砂岩。思依 1 井发育须四段和须五段地层，累计厚度约为 300m，须四段底发育砂岩，中上部过渡为泥岩—砂岩—泥岩相叠置。中台 1 井和角探 1 井地层厚度变化不大，厚度约为 400m，须四段底部沉积低自然伽马值的砂岩，上部发育一套高自然伽马值的泥岩。总体上地层从南向北逐渐减薄，表明思依 1 井至龙岗 62 井地层开始受到不同程度的剥蚀。

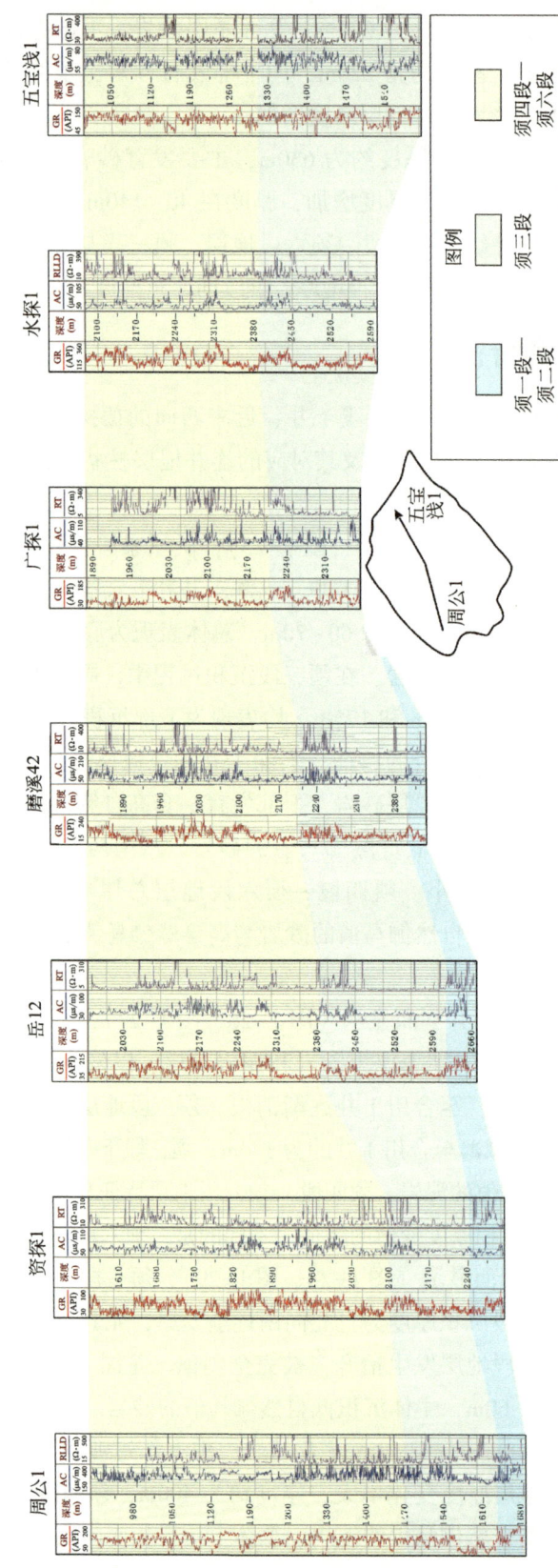

图1-24 周公1—资探1—岳12—磨溪42—广探1—水探1—五宝浅1井连井地层柱状剖面图

第一章　四川盆地晚三叠世盆地性质及演化历史

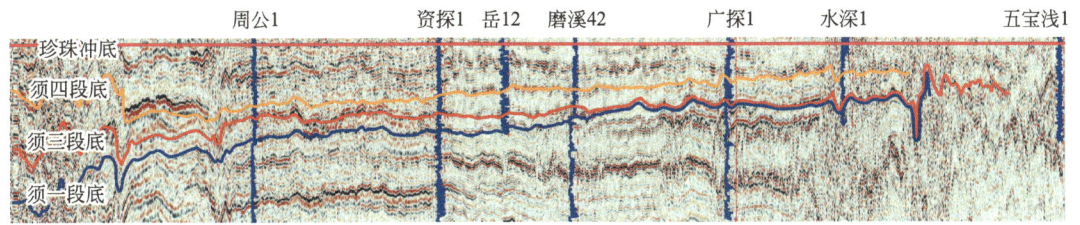

图 1-25　周公 1—资探 1—岳 12—磨溪 42—广探 1—水深 1—五宝浅 1 井地震格架剖面图

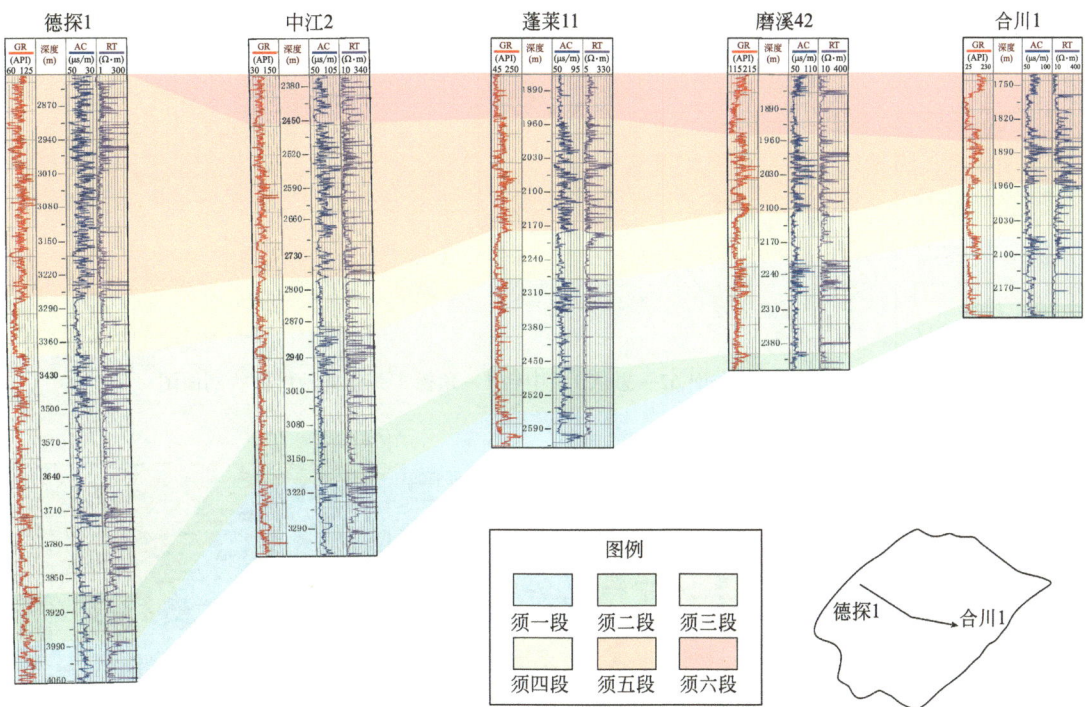

图 1-26　德探 1—中江 1—蓬莱 11—磨溪 42—合川 1 井连井地层柱状剖面图

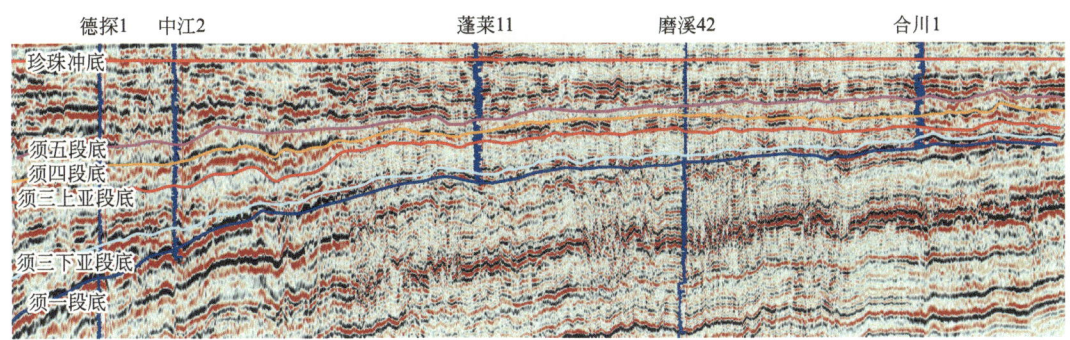

图 1-27　德探 1—中江 1—蓬莱 11—磨溪 42—合川 1 井地震格架剖面图

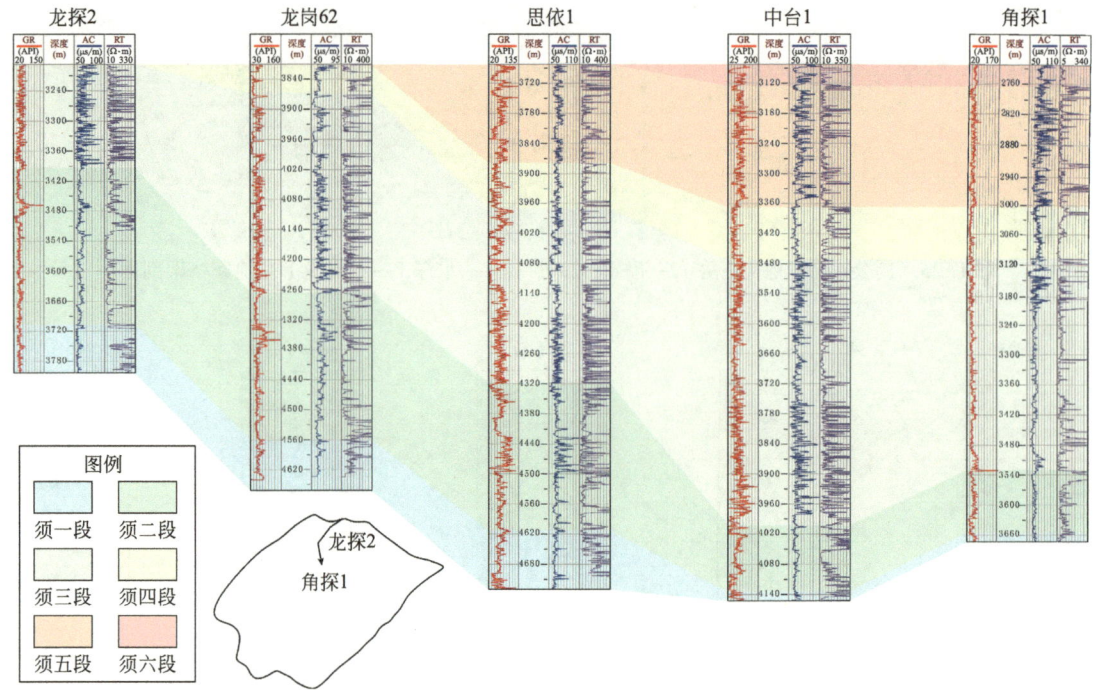

图 1-28　龙探 2—龙岗 62—思依 1—中台 1—角探 1 井连井地层柱状剖面图

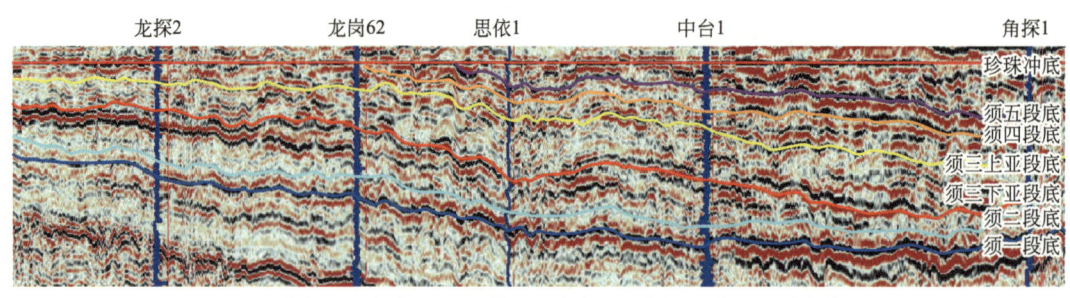

图 1-29　龙探 2—龙岗 62—思依 1—中台 1—角探 1 井地震格架剖面图

第三节

四川盆地晚三叠世物源体系

位于上扬子北缘的四川盆地现今被北部的秦岭造山带、西侧的龙门山构造带、南部的滇黔构造带和东侧的雪峰山造山带所围绕，这些造山带都被认为是四川盆地晚三叠世盆地充填的潜在物源区。

一、四川盆地上三叠统须家河组源区特征

（一）秦岭造山带物源体系

秦岭造山带位于华南板块和华北板块之间，是古特提斯勉略洋在两个地块之间呈剪刀状

缝合的复杂陆相造山带。秦岭造山带锆石年龄分布区间主要为 900—670Ma、520—390Ma 和 250—140Ma 三个年龄段，分别对应三期超大陆旋回：罗迪尼亚大陆聚合和裂解，商丹洋的打开、闭合与碰撞，勉略洋的打开、闭合与碰撞。因此晚三叠世秦岭造山带可能会为盆地内部提供大量的沉积盖层和基底剥蚀的物质，成为最主要的物源体系之一。

（二）南秦岭—碧口—龙门山

龙门山构造带位于松潘—甘孜地块与四川盆地之间，北段连接秦岭造山带，与晚三叠世碰撞西缘的碧口岩体相接。龙门山的热年代学数据表明，其北段早在 240Ma 时就开始活跃，并在 180Ma 于宝兴地区向东南方向扩展。碧口岩体位于龙门山褶皱推覆带与秦岭西部造山带的结合部位，经历了 237—225Ma 和 224—219Ma 两个阶段的变形演化，将秦岭、碧口和扬子板块相继合并在一起。早年研究认为，龙门山造山带以及向外过渡的松潘—甘孜地块可能是须家河组沉积时期盆地西部的主要物源。然而近些年来通过低温热年代学技术对龙门山隆升时限的精细刻画，学者们逐渐意识到龙门山在须家河沉积时期的隆升是十分有限的，而主要隆升时期为新生代由青藏高原向东挤出引起。

（三）江南造山带

江南造山带是在中元古代扬子板块与华夏地块聚合期间形成，具有完整的蛇绿岩、岛弧火山岩、高压变质岩、同碰撞岩浆岩、造山磨拉石、碰撞后及造山后岩浆岩，后又经加里东期及印支期造山运动，形成中—新元古代浅变质岩系及新元古代花岗岩和少量镁铁质岩。虽然江南造山带距离四川盆地东缘较远，但其对四川盆地物质来源具有长期影响作用，印支期对须家河组供源作用有所加强。通过该地区岩体碎屑锆石 U-Pb 年龄统计发现，主要存在 740—870Ma 以及少量 210—250Ma 的锆石年龄，分别对应新元古代扬子板块与华夏板块的俯冲碰撞以及印支期雪峰山再次活化事件。

（四）康滇古陆—义敦岛弧—羌塘地块

康滇古陆自古生代以来长期处于构造高地，分别以甘孜—理塘和金沙江缝合带为界分隔义敦岛弧和羌塘地块。这两条缝合带最终形成于晚三叠世，代表了古特提斯洋的闭合。康滇古陆主要由新元古代基底组成，主要包含 830—740Ma 的岩体，代表了与原特提斯洋俯冲或罗迪尼亚超大陆裂解有关的火山岩。因此在须家河组沉积期间康滇古陆—义墩岛弧—羌塘地块可能成为盆地物质来源。

二、须家河组不同构造层物源体系

须家河组沉积时期盆地呈现多源供给的特征，且不同物源影响范围难以界定。结合盆地周缘以及盆内岩石学、岩相学特征、古水流方向以及碎屑锆石 U-Pb 年龄、地震反射特征等方法，对须家河组不同构造层物源体系进行综合分析。

(一) 岩石学特征

1. 须一段—须二段

须一段—须二段主要发育在川西盆地，沿龙门山逆冲推覆带出露，向四川盆地中部地层厚度逐渐减薄直至尖灭。

1) 岩石类型

(1) 川西南地区。该区岩性主要为长石岩屑砂岩和岩屑砂岩，颗粒分选好—中等，磨圆多为次圆状。粒度以中粒为主，石英含量较低，单晶石英含量在60%左右，长石含量一般为10%~20%，砂岩成熟度低—中等。岩屑多见浅变质岩岩屑和碎屑岩岩屑。碳酸盐岩岩屑仅在个别井位出现，但在野外剖面中常见。

(2) 川西北地区。该区总体以中—细粒岩屑石英砂岩和长石岩屑石英砂岩为主，包含少量石英砂岩（图1-30）。岩相学分析反映，须一段碎屑颗粒磨圆及分选较差，反映近源的快速堆积。石英含量60%~70%，其中75%为单晶石英，多晶石英含量不超过10%，大部分单晶石英受挤压应力作用表现为波状消光。长石含量一般为5%~15%，多为斜长石，见聚片双晶。须二段石英含量约为55%，较须一段有所减少，长石含量约10%，多见斜长石聚片双晶和钾长石格子双晶，岩屑含量升高，约24%，常见钙质胶结，颗粒分选和磨圆较须一段好，为次棱角状。

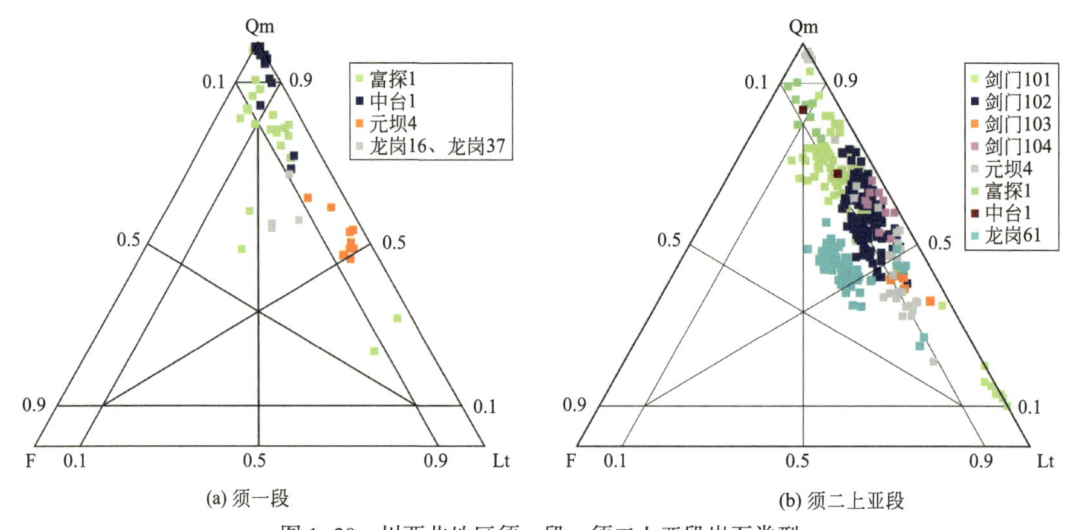

图1-30 川西北地区须一段、须二上亚段岩石类型

2) 轻碎屑成分及分布特征

(1) 川西南地区。该区须一段和须二段岩屑类型主要为碳酸盐岩岩屑和碎屑岩岩屑（图1-31），邛崃地区见少量硅质岩岩屑，雅安地区见少量变质岩岩屑，蓬莱地区沉积岩岩屑大于90%，见少量火成岩岩屑。

(2) 川西北地区。川西北地区须一段岩屑主要以碎屑岩岩屑和碳酸盐岩岩屑为主，变质岩岩屑次之，火成岩岩屑最少（图1-31）。川西北北部变质岩岩屑含量整体高于南部地区，最高达到40%。

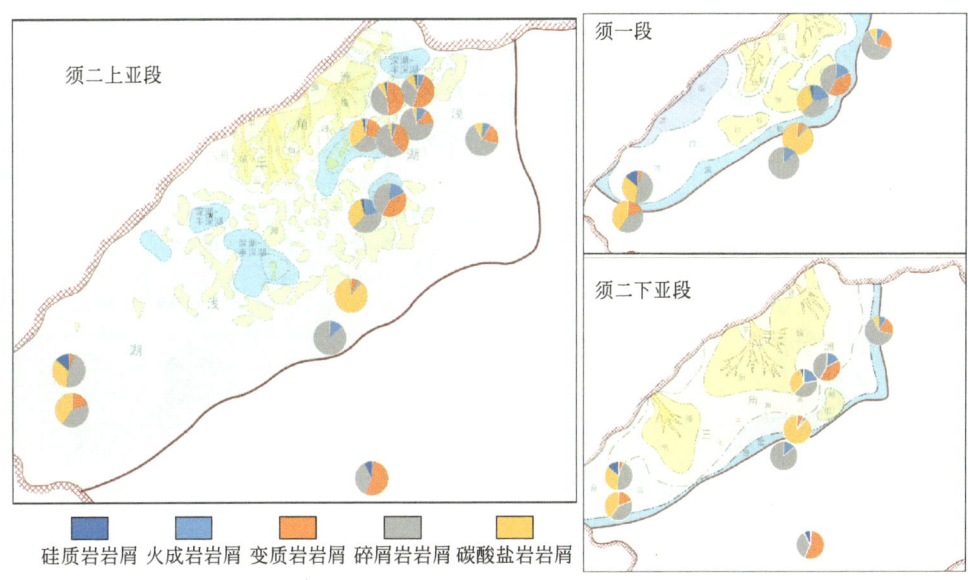

硅质岩岩屑　火成岩岩屑　变质岩岩屑　碎屑岩岩屑　碳酸盐岩岩屑

图1-31　川西地区须一段、须二段岩屑类型

2. 须三段

1）岩石类型

（1）川中地区。该区须三段岩性主要以中粒长石岩屑石英砂岩以及岩屑石英砂岩为主（图1-32、图1-33）。整体上石英含量较高，约65%，岩屑含量约18%，长石含量15%～

合川001井，2138.40m，川中，细一中粒岩屑砂岩，火成岩岩屑和变质岩岩屑，×80+

蓬莱11井，2360m，川中，中粒长石岩屑砂岩，见变质岩岩屑和火成岩岩屑，×20+

平7井，3808.51m，川西南，中粒岩屑砂岩，见硅质岩岩屑，×20+

邛西4井，3553.71m，川西南，中粒岩屑砂岩，见碎屑岩岩屑，×20+

梓潼2井，3845.84m，川西北中粒岩屑砂岩，见大量碳酸盐岩岩屑，×40+

万源固军坝，川东北，粗中粒岩屑砂岩，见碎屑岩岩屑和变质岩岩屑，×20+

图1-32　四川盆地须三段岩石类型以及岩屑类型

30%。分选中等,次圆—次棱角状。

(2) 川西南地区。该区须三段岩石类型以长石岩屑石英砂岩、岩屑长石石英砂岩、岩屑石英砂岩、岩屑砂岩为主(图1-32、图1-33)。整体来说,须三段石英含量较须二段减少,岩屑和长石含量增多,石英含量约60%,大多数为单晶石英,多晶石英很少。岩屑含量约18%,长石约15%。长石多为钾长石,后期易受风化。分选中等—差,磨圆多为次棱角状。常见钙质胶结。

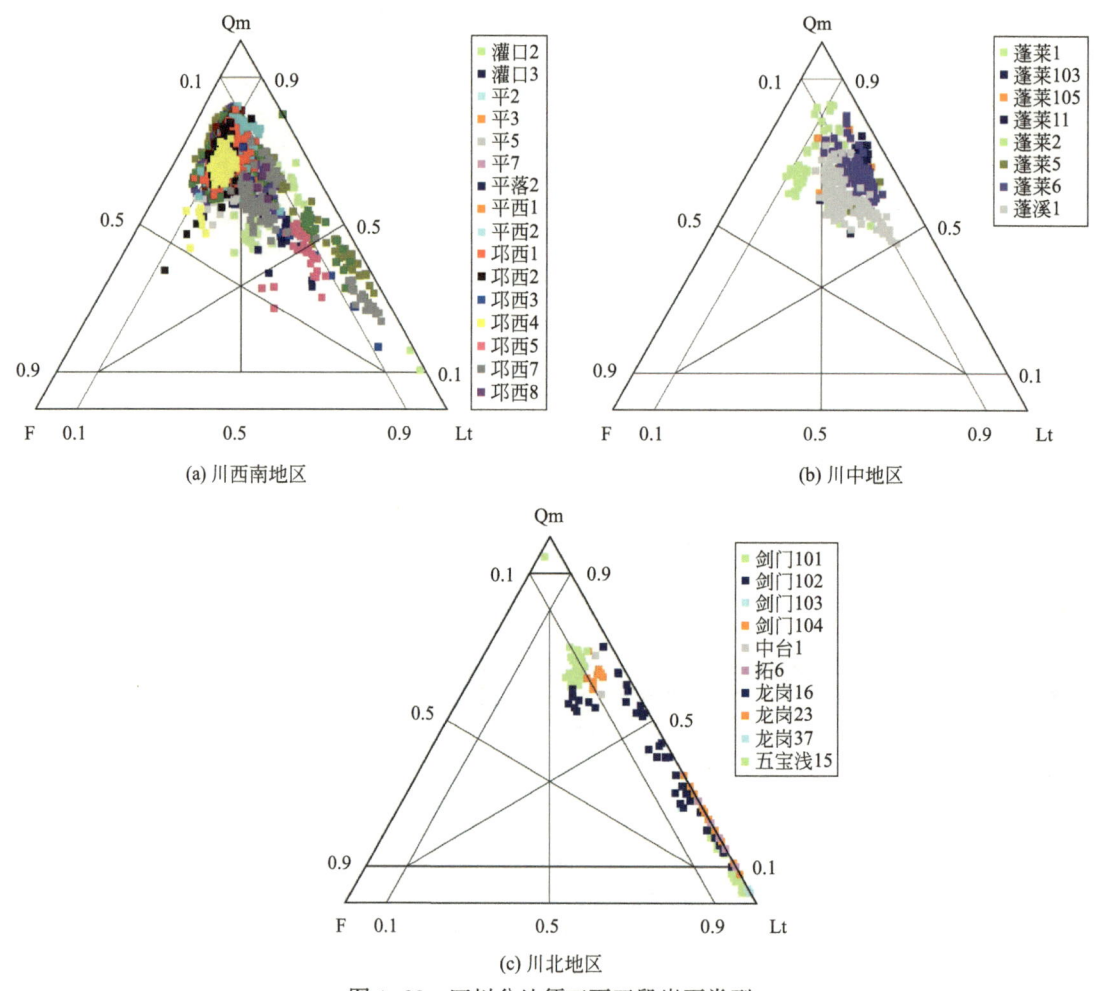

图1-33 四川盆地须三下亚段岩石类型

(3) 川北地区。川北地区岩石类型以岩屑砂岩和岩屑石英砂岩为主(图1-32、图1-33),长石含量一般为5%~10%,粒度以中粒为主,次为粗粒、细粒,各砂组成分成熟度低—极低。

2) 轻碎屑成分及分布特征

(1) 川中地区。川中地区须三下亚段岩屑类型主要以变质岩岩屑、碎屑岩岩屑和火成岩岩屑为主,分别为40%、45%和15%左右,部分地区火成岩岩屑含量达50%以上,而碳酸盐岩岩屑极少(图1-34)。川中地区北部以碎屑岩+硅质岩+火成岩高含量区为特征;西部以变质岩+碎屑岩为特征；中部以变质岩+碎屑岩+火成岩为特征。须三上亚段岩屑类型以碎屑岩岩屑和碳酸盐岩岩屑为主，变质岩岩屑次之，硅质岩岩屑和火成岩岩屑较少。川北中部须三下亚段以碎屑岩岩屑和变质岩岩屑为主，东南部以碎屑岩岩屑和硅质岩岩屑为主。

（2）川西南地区。川西南地区须三段主要岩屑类型包括变质岩岩屑、碎屑岩岩屑和硅质岩岩屑（图1-34）。须三下亚段北部和南部主要以变质岩岩屑和碎屑岩岩屑为主，分别占岩屑总量的55%和45%。中部以碎屑岩岩屑和硅质岩岩屑为主，含少量变质岩岩屑，分别占岩屑总量的60%、35%和5%。川西南地区须三上亚段以碎屑岩岩屑为主，次为碳酸盐岩岩屑，含少量变质岩岩屑和硅质岩岩屑，分别占岩屑总量的70%、20%和10%，岩屑组合特征较须一段和须二段无明显变化。

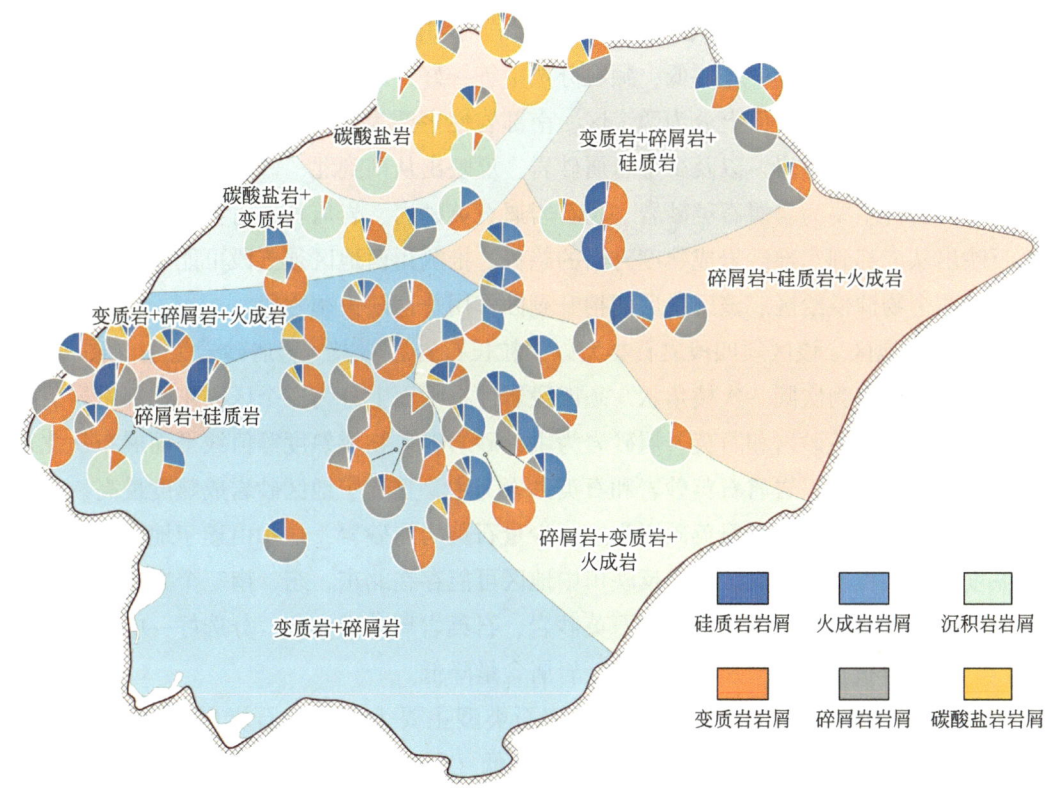

图1-34 四川盆地须三下亚段岩屑类型

（3）川西北地区。川西北地区须三段岩屑分布规律与须一段、须二段相比变化较大，总体来说，碳酸盐岩岩屑含量升高，变质岩岩屑含量降低（图1-34）。该区须三下亚段岩屑种类以碳酸盐岩岩屑和变质岩岩屑为主，次为碎屑岩岩屑，含极少量火成岩岩屑。该区南部以碳酸盐岩岩屑、变质岩岩屑及少量硅质岩岩屑为主，含量分别为55%、35%和10%。硅质岩岩屑和变质岩岩屑含量较须一段、须二段显著升高。该区北部以碳酸盐岩岩屑为主，含量约95%，硅质岩岩屑和变质岩岩屑含量很低甚至不出现。该区须三上亚段以碎屑岩岩屑和碳酸盐岩岩屑为主，南部少见变质岩岩屑和硅质岩岩屑，而北部变质岩岩屑含量升高，该变化规律与须一段、须二段类似。

（4）川北—川东北地区。川北地区须三下亚段主要岩屑类型包括变质岩岩屑、碎屑岩岩屑和硅质岩岩屑（图1-34），分别占岩屑总量的30%、40%和30%；川东北地区须三上亚段岩屑类型以碎屑岩岩屑、硅质岩岩屑和火成岩岩屑为主，含少量变质岩岩屑，分别占岩屑总量的45%、25%、20%和10%。须三上亚段无明显规律。

（5）其他地区。蜀南地区须三下亚段主要以变质岩岩屑和碎屑岩岩屑为主（图1-34），各占50%左右。须三上亚段岩屑类型和含量较须三下亚段无明显变化。川东地区须三下亚段以变质岩岩屑和火成岩岩屑为主，上亚段无明显规律。

3. 须四段—须六段

1）岩石类型

（1）川西南地区。该区须四段岩石类型以中粒长石岩屑砂岩和岩屑石英砂岩为主（图1-35），长石含量20%左右，岩屑以硅质岩岩屑和碎屑岩岩屑居多，次为变质岩岩屑和火成岩岩屑，成分成熟度中等—低，颗粒分选中等—好，磨圆多为次棱角状。

须五段砂岩岩性在平面上分为两个区，南部岩性主要为岩屑石英砂岩，北部主要为岩屑石英砂岩、石英岩屑砂岩，以及少量岩屑砂岩，反映出从南到北，砂岩成熟度不断降低的趋势。而东部岩性主要为岩屑石英砂岩、长石岩屑石英砂岩、岩屑长石石英砂岩及少量石英砂岩，反映出从南部到东部砂岩成熟度升高的趋势。推测川西地区须五段可能有来自北东向和南西向的两个物源供给区。该区受后期抬升剥蚀作用普遍缺失须六段。

（2）川中地区。该区须四段岩石类型以中粒长石岩屑砂岩、岩屑砂岩为主（图1-35），分选中等，磨圆多为次圆—次棱角状。须四段岩性在平面上分为三个区，东北部以岩屑石英砂岩、长石岩屑石英砂岩和石英岩屑砂岩为主，砂岩轻矿物成熟度等值线平面展布从北东向南西方向升高。中部以岩屑石英砂岩和石英砂岩为主，且遂宁地区砂岩成熟度最高。南部和东部地区岩性都以长石岩屑石英砂岩为主，少量石英岩屑砂岩，显示由遂宁地区向两个方向上成熟度有不同程度的降低。初步反映川中地区可能存在北东、东、南三个方向的物源供给区。须五段—须六段岩性以中粒岩屑石英砂岩、石英岩屑砂岩为主，分选好—中等，磨圆多为次圆—次棱角状。石英含量逐渐增多，岩屑含量降低。

（3）川北—川东北地区。该区须四段岩石类型主要为中粒长石岩屑砂岩、岩屑砂岩，长石含量一般为10%~30%，成分成熟度中等—低（图1-35）。相比须四段，须五段岩屑含量升高，长石和石英含量降低。分选好，磨圆多为次圆状。须六段岩性主要为岩屑石英砂岩和石英岩屑砂岩，岩屑含量升高，长石含量降低，且分选和磨圆进一步变好，不稳定岩石类型含量较高，反映该区距离主要物源较近。

（4）蜀南地区。蜀南地区须四段主要岩性为长石岩屑砂岩、岩屑砂岩，长石含量一般为10%~30%，粒度以中粒为主，次为粗粒、细粒，各砂组成分成熟度中等—低。

2）轻碎屑成分及分布特征

须四段砂岩岩屑类型在平面上可分为七个区（图1-36）。须四段川西北地区北部以碎屑岩岩屑和硅质岩岩屑为主，含量分别为55%和45%。川西北中部岩屑类型包括变质岩岩屑

第一章 四川盆地晚三叠世盆地性质及演化历史

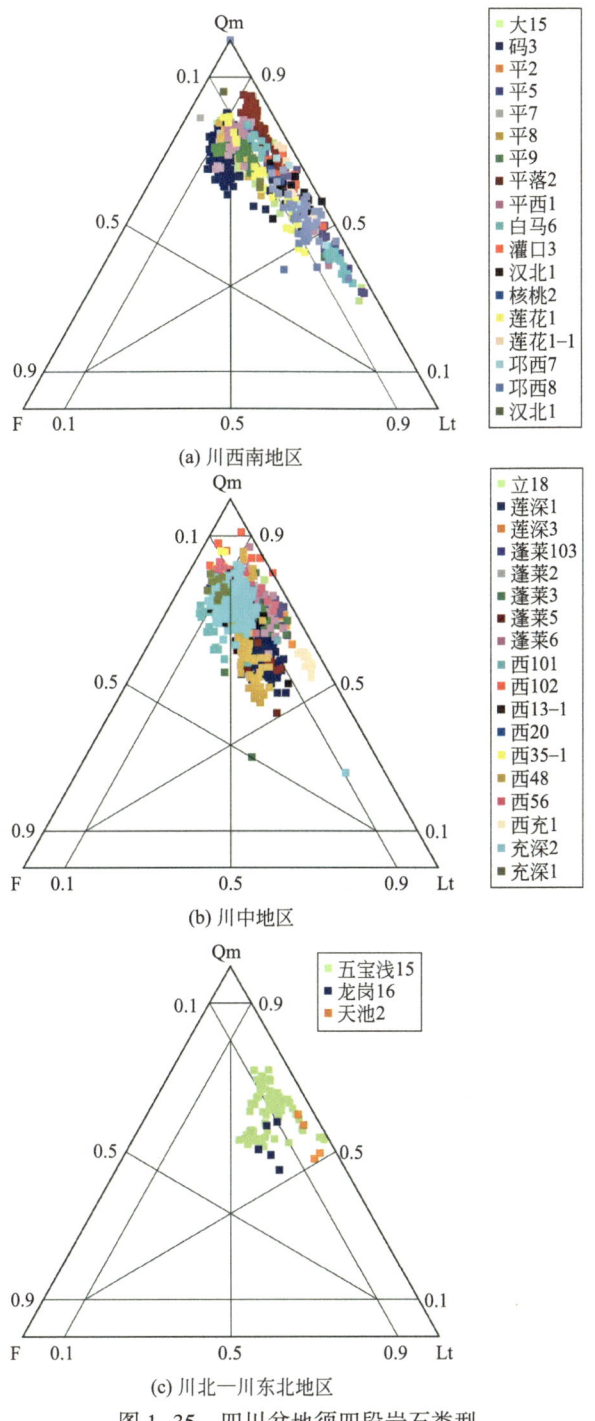

图 1-35 四川盆地须四段岩石类型

和碎屑岩岩屑，且以碎屑岩岩屑为主。川西南地区主要以碎屑岩岩屑和变质岩岩屑为主，局部地区出现硅质岩岩屑特征。川北地区以变质岩岩屑和硅质岩岩屑为主，川东北地区以碎屑岩岩屑、火成岩岩屑和变质岩岩屑为主。蜀南地区主要以变质岩岩屑和碎屑岩岩屑为主，占岩屑含量的 45% 左右，见少量硅质岩岩屑和变质岩岩屑。川东南地区岩屑类型以变质岩岩

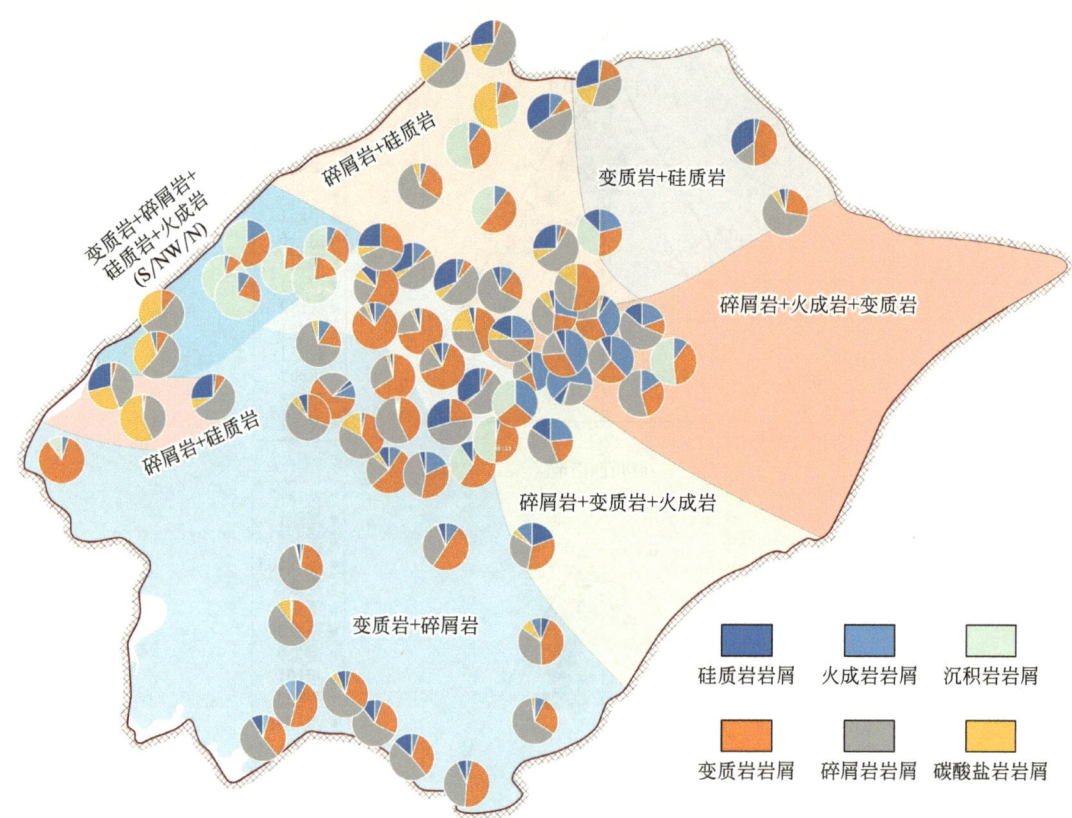

图 1-36　四川盆地须四段岩屑类型

屑和火成岩岩屑为主。须五段和须六段总体继承了须四段岩屑分布特征。分析表明，须四段—须六段存在 5 个方向的物源体系，即北北东部米仓山、北东部大巴山、南部康滇古陆、西南部峨眉古陆和东南部江南造山带。

（二）古水流特征

地质剖面测制盆缘砾石最大扁平面方向以及交错层理所反映的古水流方向，同时通过录井地质成像测井资料，识别出各层段存在的交错层理并进行原始地层矫正，参考前人资料，获得大量四川盆地古水流信息。

须三段盆地西缘（沿龙门山构造带）存在多个方向的古水流（图 1-37）。川西北部主要以北东—南西向为主；川西南部以南—北向为主；而川西中部存在近北—南向以及北—南向的古水流，表明同时存在两个物源体系。同时可见川南峨眉地区存在一组以南西—北东向为主的古流向，表明南部物源主要来自盆地南部的康滇黔古陆。盆地内部特征与盆缘古水流具有良好的一致性（图 1-38），整体为南东—北西向，为来自江南造山带的物源。核心建产区内部为各向混合物源，南部天府地区以南东—北西向、东—西向物源为主，指示南部康滇黔古陆和东部江南造山带物源；北部金华、西充等地区以南东、北西向为主的江南造山带物源；秋林地区则更多以北西—南东向古流向为主，受摩天岭地区物源影响。

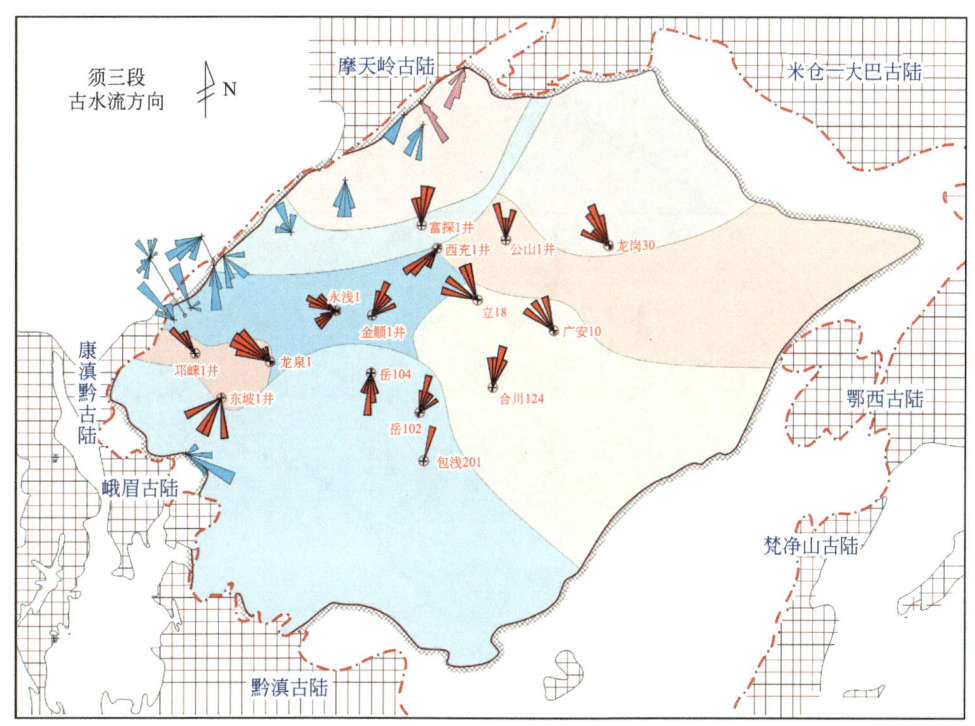

图 1-37 四川盆地须三段古水流方向（玫瑰花图表示古水流方向，蓝色据：余世花，2016；Mu et al., 2019; Bi and Zhang, 2019; Zhang et al., 2022；红色为成像测井解释结果；粉色为野外露头观测结果）

须四段—须六段，盆地西北缘、北缘主要存在北西—南东向、北东—南西向古流向（图 1-38），物源主要从南秦岭造山带摩天岭古陆、米仓—大巴古陆搬运而来。东北缘存在北北西、南南东的古流向，表明盆地东北部存在北向大巴山地区的物源输入。盆地东缘主要存在南东—北西向的古流向，指示东部江南造山带物源。南部以南东—北西、南西—北东向古流向为主，意味着物源来源于康滇黔古陆一线，川西中部物源古流向呈多向特征，主要以南—北向、北—南向古流向为主，兼具有东向和西向古流向，反映了盆地北部和盆地南部为主要供源方向，少量东向和西向物源。须四段盆地内部古水流大体继承了须三段的特征，但可见古水流整体调整为以沿盆地延伸方向，从北东向南西，南西向北东输入碎屑物质居多。

须三段—须四段古水流向特点反映了须家河组沉积时期南北两大构造体系主导下的多源混合特征逐渐展露，碎屑物质主体由南、北边向盆地内部沉积，范围更大，至须四段有所减弱。

(三) 碎屑锆石 U-Pb 年龄

碎屑锆石 U-Pb 年龄不仅可以提供沉积物源区和地壳演化的信息，最年轻的锆石年龄也限制了地层最大沉积时代。在四川盆地北西—北东地区上三叠统须家河组采集了一系列样品来进行碎屑锆石 U-Pb 测试分析。

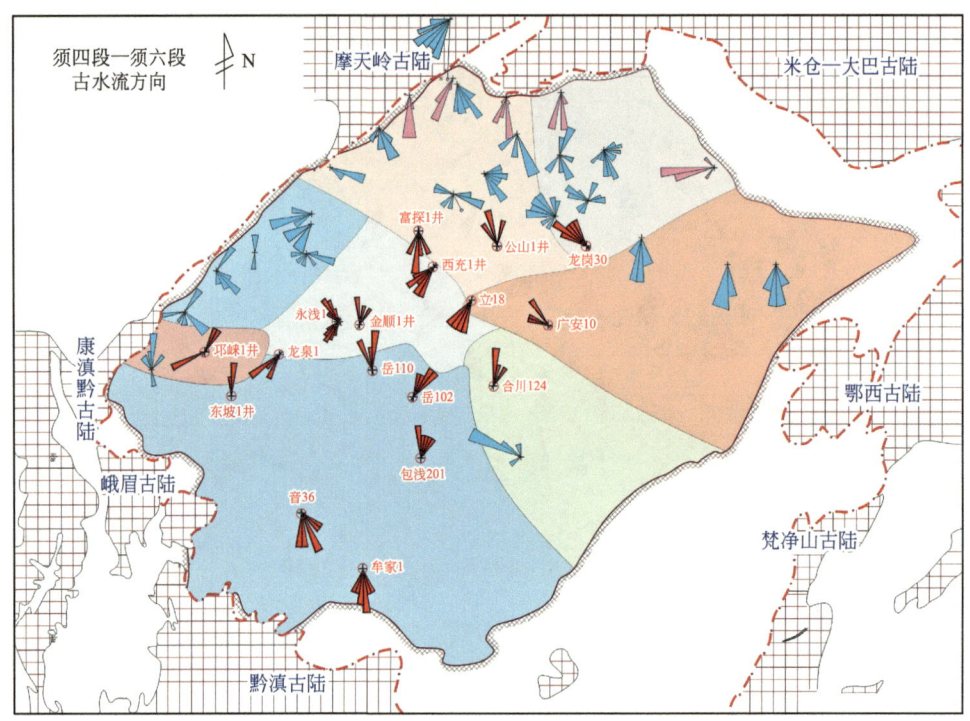

图 1-38 四川盆地须四段—须六段古水流方向（玫瑰花图表示古水流方向，蓝色据：余世花，2016；Mu et al.，2019；Bi and Zhang.，2019；Zhang et al.，2022；红色为成像测井解释结果；粉色为野外露头观测结果）

锆石年龄谱显示，川西北地区主要存在 220—250Ma、400—440Ma、750—1000Ma、1750—1900Ma 四个碎屑锆石年龄范围，从卡尼期—诺利期—瑞替期，锆石年龄范围并没有发生明显的变化（图 1-39、图 1-40、图 1-41）。结合上述分析可知 1750—1900Ma、750—1000Ma 广泛存于扬子板块，在盆地各地区的碎屑锆石年龄谱中均大量出现，代表扬子基底向盆地的大范围供源。400—440Ma 代表了商丹洋的俯冲、闭合及华南板块加里东期陆内造山运动，盆地北部该年龄段的碎屑锆石主要来自秦岭造山带。220—250Ma 的碎屑锆石年龄与勉略洋俯冲闭合有关，对比周缘造山带地区碎屑锆石年龄发现与南秦岭地区具较好相似性。

川北地区碎屑锆石年龄变化范围为 210—250Ma、400—460Ma、700—1000Ma、1750—1900Ma（图 1-39、图 1-40、图 1-41），与川西北地区碎屑锆石年龄相似，表明两者的主要物质来源并没有发生变化，皆以秦岭造山带物源为主。

川西南地区主要锆石年龄为 240—290Ma、400—460Ma、700—800Ma、900—1000Ma、1750—1900Ma（图 1-39、图 1-40、图 1-41）。400—460Ma 的碎屑锆石代表康滇黔古陆加里东期陆内造山年龄；240—290Ma 为川西南部地区独有的碎屑锆石年龄区间，代表哀牢山岩浆弧和碰撞岩浆年龄，同时该峰值年龄具有卡尼期—瑞替期逐渐年轻的特征，可能指示着河流向剥蚀区不断溯源侵蚀的过程。

川西中部碎屑锆石年龄主要分布于 220—290Ma、400—440Ma、500—600Ma、700—

第一章 四川盆地晚三叠世盆地性质及演化历史

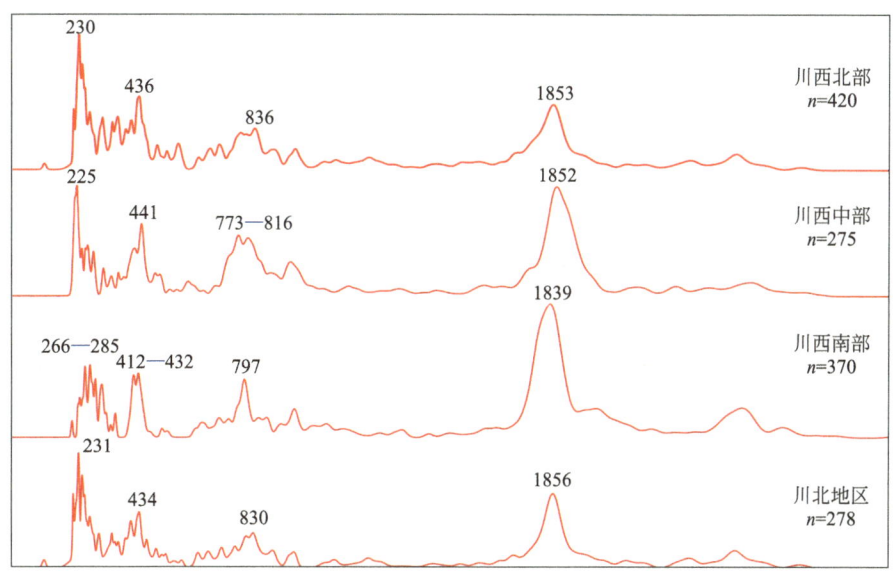

图 1-39 四川盆地须家河组卡尼期碎屑锆石 U-Pb 年龄

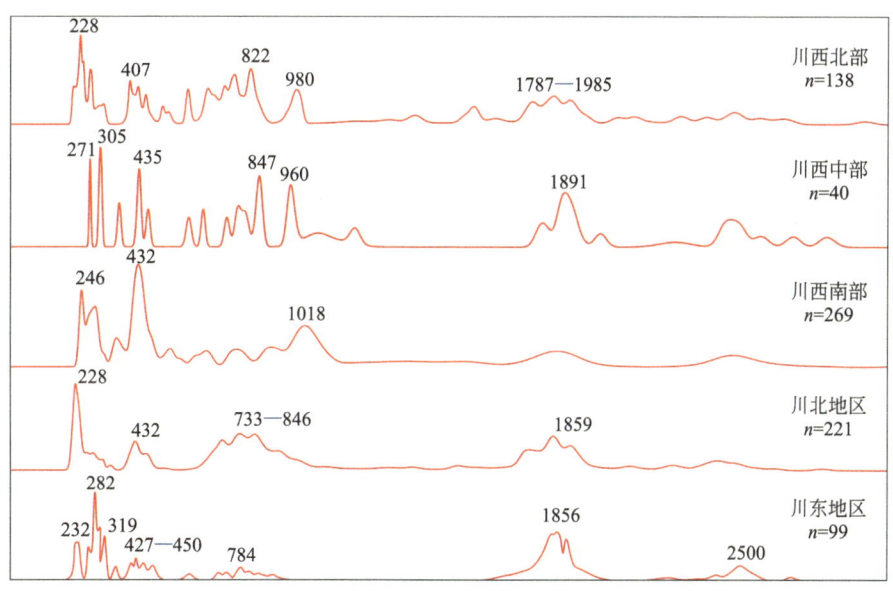

图 1-40 四川盆地须家河组诺利期碎屑锆石 U-Pb 年龄

850Ma、900—1000Ma、1750—1900Ma。将其与川西北部和川西南部地区碎屑锆石年龄谱对比发现，卡尼期川西北部地区与川西中部碎屑锆石年龄具有相似性，瑞替期川西南部与川西中部具有良好的相似性。推测川西中部地区早期物源来源于川西北部，晚期物源来源于义敦羌塘等南部地区经川西南部搬运至川西中部。

川东地区碎屑锆石年龄主要分布于 220—290Ma、410—450Ma、750—850Ma、1750—1900Ma；蜀南地区碎屑锆石年龄主要分布于 220—270Ma、410—450Ma、750—850Ma、1750—1900Ma（图 1-39、图 1-40、图 1-41）。川东地区 440Ma 和 232Ma 的年龄峰值代表着江南造山带加里东期陆内造山和印支期造山运动，282Ma 的峰值代表华南南部二叠纪陆缘弧，意味着川东地区的碎屑物质主要来源于东部江南造山带（雪峰山古陆、梵净山古陆）。

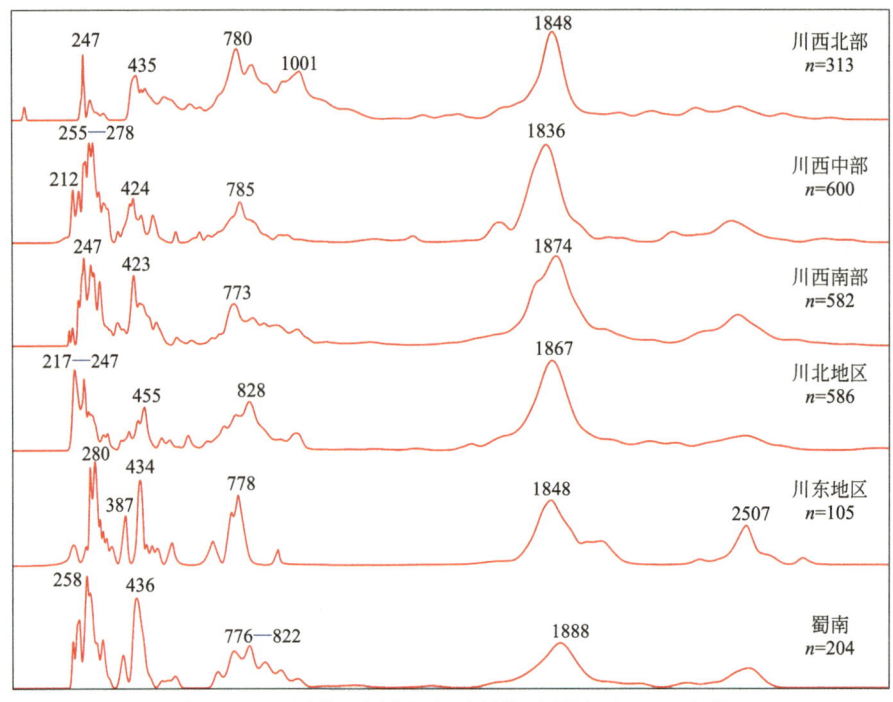

图1-41 四川盆地须家河组瑞替期碎屑锆石U-Pb年龄

三、各物源砂体碎屑成分在连井剖面上的响应

川中地区北东—南西向蓬莱5—鲜渡1井连井剖面图显示，须四段沉积时期存在东北部物源持续向盆内供砂，广安1井、鲜渡1井、立18井主要受同一物源影响，为南秦岭和江南造山带双向供源，而蓬莱5井主要受南部的碰撞造山带物源影响（图1-42）。须三下亚段沉积时期东北部物源表现出南秦岭和江南造山带双向供源特征，为再旋回造山带和火成岩双向混合物源。蓬莱5井为碰撞造山带混合物源，与东北部碎屑物质存在显著区别，立18井为来自东部的物源，岩屑组分以碎屑岩岩屑、变质岩岩屑和火成岩岩屑为主（图1-43）。

近东西向平西1—合川125井连井剖面图显示，平西1井和大兴15井表现为碰撞缝合带及褶皱—冲断带物源特征，该物源向东推进至合川106井表现为火山弧造山带物源类型，表明该地区存在不同物源（图1-44）。碎屑物源投图显示须三下亚段西南部平落坝及大兴场井区为碰撞褶皱冲断带物源，东部合川地区已转变为来自江南造山带的火成岩和混合物源，两个区域的物质来源存在明显差异，永浅7井受南部物源影响以碎屑岩和变质岩岩屑为主（图1-45）。

第一章 四川盆地晚三叠世盆地性质及演化历史

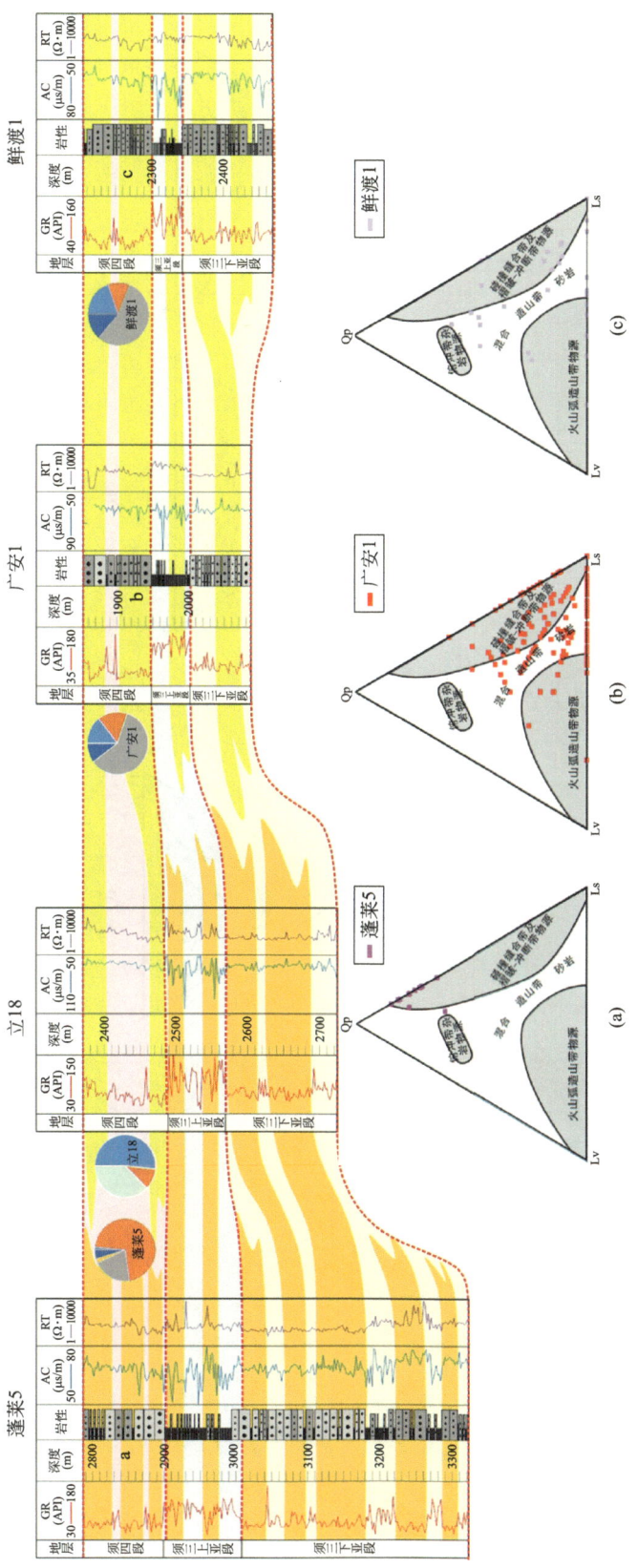

图1-42 须四段蓬莱5—鲜渡1井物源分区图

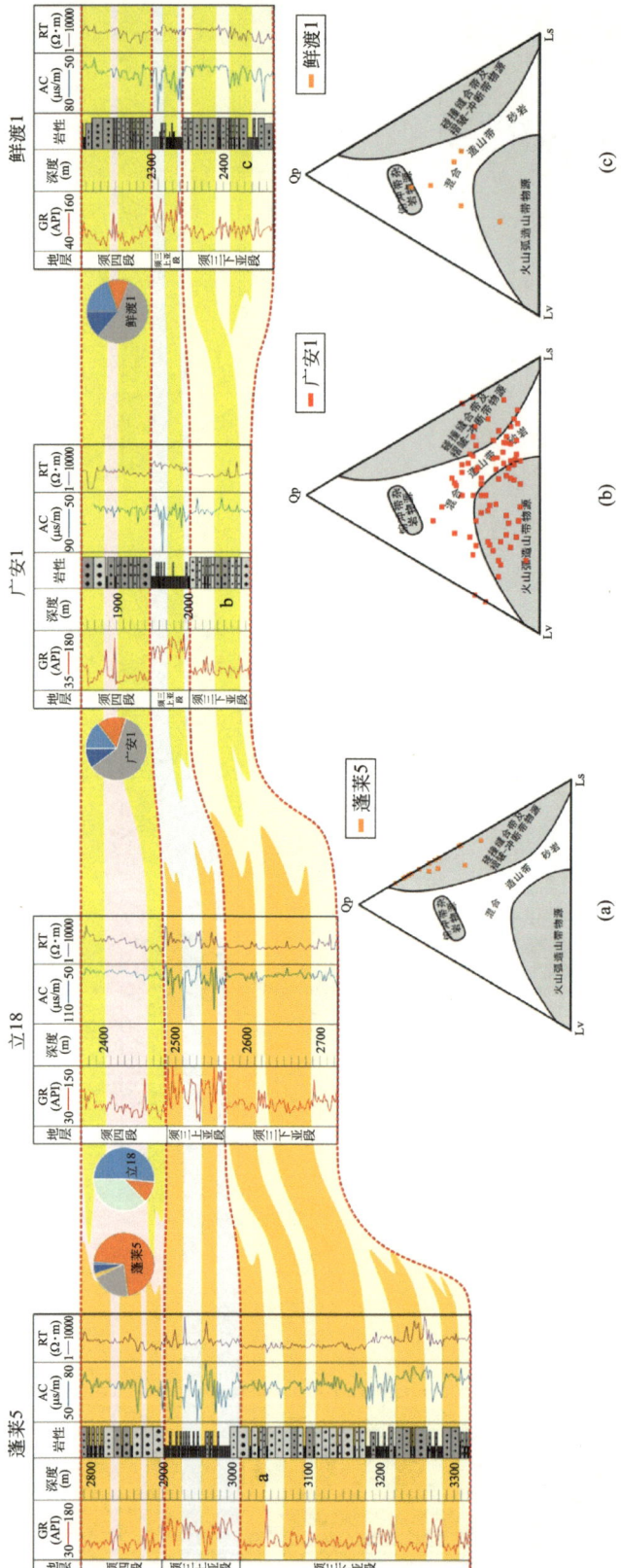

图 1-43 须三下亚段蓬莱 5—鲜渡 1 井物源分区图

第一章 四川盆地晚三叠世盆地性质及演化历史

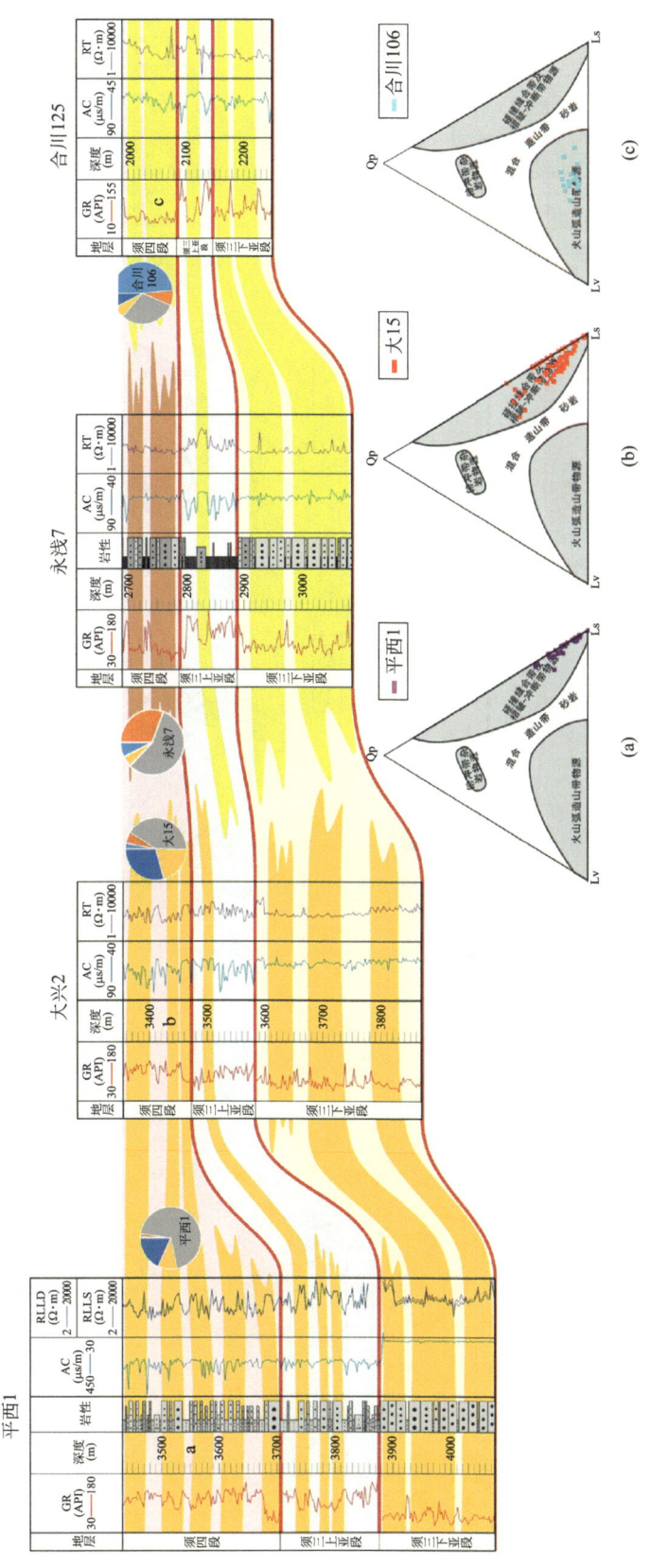

图 1-44 须四段平西 1—合川 125 井物源分区图

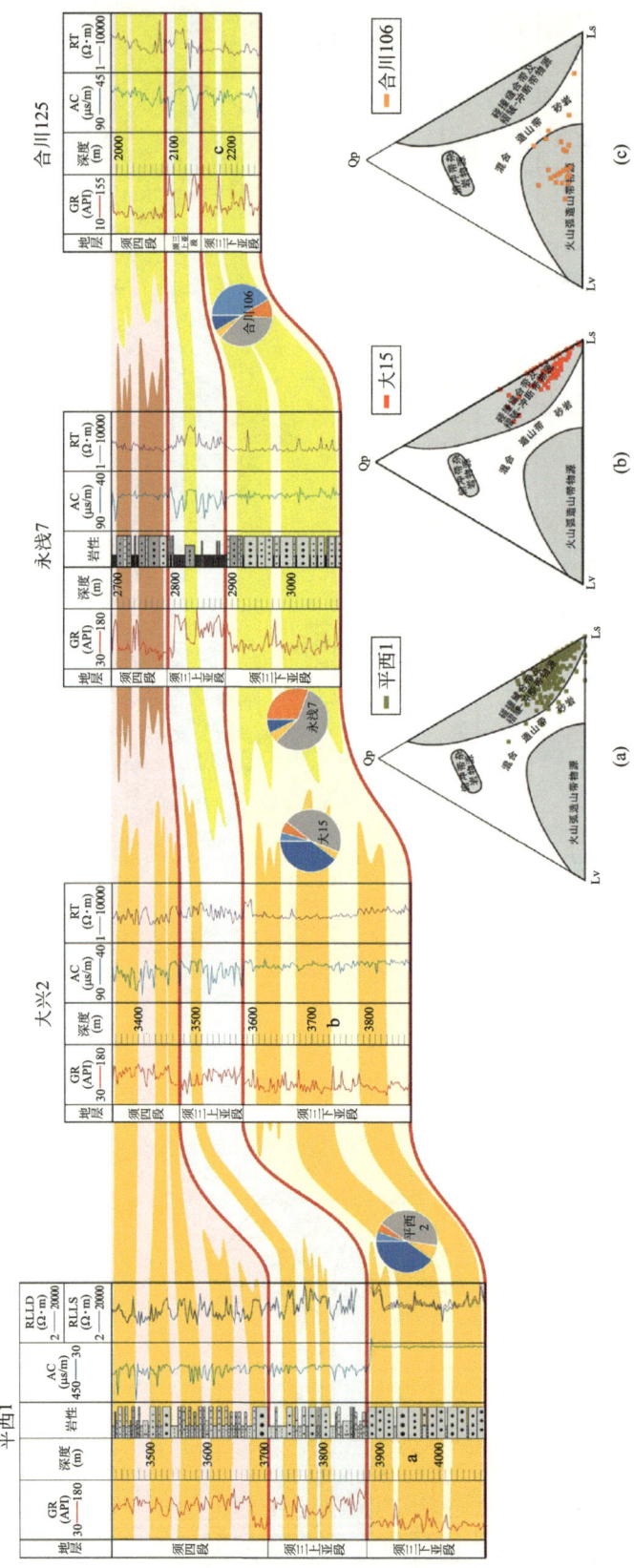

图1-45 须三下亚段平西1—合川125井物源分区图

四、盆地物源体系转变过程

四川盆地上三叠统须家河组沉积时期经历了海相—陆相沉积环境的转变，以须三下亚段和须四段为研究重点，结合岩石学、岩相学、古水流年代学以及地震资料，阐明须家河组物源体系的转变。四川盆地晚三叠世存在五个物源体系，摩天岭古陆、米仓—大巴古陆、康滇黔古陆及峨眉古陆、盆地东南部江南造山带以及盆地南部黔滇古陆。

整体上，须家河组早期砂体呈西北厚、东南薄的特点；中期西北部砂体厚度向盆地内部收缩，盆地东南部砂体厚度增大；晚期则各方向砂体规模一致、均衡分布。该沉积规律是周缘造山带幕式构造活动的响应。

须家河组沉积早期，秦岭造山带构造活动强烈，盆地北部广元—万源一带发生挠曲沉降，物源供给充分，岩屑类型以碎屑岩岩屑和变质岩岩屑为主。而盆地东南部构造运动相对平静，物源供给不足。须三段沉积时期，秦岭造山带强烈构造运动使盆地西北部构造隆升并遭受剥蚀，在构造应力和沉积载荷的共同作用下，前渊凹陷带挠曲下降；与此同时，盆地东南部造山带大幅度隆升，盆地北部砂体规模增大。须四段沉积时期，盆地发育五大砂体，盆地南部和东南部砂体范围进一步扩大，龙门山北—中段砂体厚度增加，但分布范围减小。北部米仓—大巴古陆控制盆地北部构造格局；西部康滇古陆和峨眉古陆供源稳定，但作为次要物源，为川西北南段提供大量硅质岩岩屑，影响范围较小；川南地区的变质岩岩屑和碎屑岩岩屑则主要由黔滇古陆提供；东部江南造山带向川东中部地区提供大量火成岩岩屑、变质岩岩屑和碎屑岩岩屑。须五段，盆地南部和东南部砂体规模持续增大，主要呈现向西北方向减薄的趋势。但总体上规模一致，均衡分布。须六段沉积时期，盆地东南部砂体进一步增大，而西部构造活动强烈导致砂体范围明显缩小，总体上须五段、须六段继承了须四段物源体系。

第四节

四川盆地晚三叠世原型盆地及其构造—沉积演化

一、原型盆地性质

晚古生代—早中生代期间，亚洲东部经历了古特提斯洋闭合和潘吉亚大陆聚合的重大地质事件。三叠纪扬子板块北部勉略洋和南部金沙江—哀牢山洋相继向北俯冲消亡，导致扬子板块分别与华北板块和羌塘—印支等基梅里地块群相继碰撞拼合，并分别引起秦岭造山带、三江造山带和夹持其间的龙门山造山带开始大规模隆升及相应的前陆盆地的发育。上扬子地区由早—中三叠世被动大陆边缘海相沉积转变为晚三叠世以陆相碎屑为主的前陆盆地沉积。上三叠统须家河组是上扬子地区（四川盆地）发育的一套由早期海相沉积向晚期陆相沉积过渡的一套沉积体系，总体表现为向上变粗的层序。下部以局限分布于龙门山一带的晚三叠世早期的台地相生屑滩和泥坪沉积（须一段）向上过渡到晚期的砂岩—泥岩陆相湖盆沉积

（须二段至须六段）。前人通过盆地充填特征和沉积物源分析，广泛接受晚三叠世须家河组是盆地西侧龙门山造山带控制前陆盆地沉积的观点。但构造年代学分析发现，除龙门山北段外上三叠统须家河组沉积时代均早于龙门山全面隆升时间。详细的盆地充填过程和锆石年代学分析，进一步明确须家河组的物源体系主要来自北侧秦岭造山带的隆升剥蚀，因而把晚三叠世四川盆地归因于华南—华北自东向西穿时碰撞形成的周缘前陆盆地。扬子西南缘沉积序列揭示金沙江—哀牢山洋的闭合形成的三江造山带也控制了四川盆地西南缘的沉积充填过程，进一步把晚三叠世四川盆地的性质归因于扬子南北大陆碰撞控制复合周缘前陆盆地。

二、卡尼期原型盆地形成与演化

须一段—须二段沉积早期，受松潘—甘孜地块双向俯冲的影响，川西盆地边缘沿龙门山一线地势相对西边的深水复理石相较高，以碳酸盐岩相和泥岩相为主，为一个混积台地边缘相，隔挡盆地内外产生物质交换而产生沉积分异。相对较深的地方以泥岩沉积为主，沉积厚度厚，隆起区发育碳酸盐台地相，沉积厚度变薄，过渡带则以混积特征为主（图1-46）。西侧为巨厚的复理石深水相，东侧为滨浅海相，以砂泥岩沉积为主，沉积水体深度变深，沉积厚度由东向西逐渐变厚，由砂泥互层—碳酸盐岩—深水浊积岩过渡。须一段—须二段沉积中—晚期是一个逐渐湖侵的过程，海相碳酸盐岩沉积基本退出舞台，继而是砂岩的增加，盆地内部明显开始北部秦岭造山带的砂体供给，沉积展布特征与古水流特征一致，呈南北向向盆地内输送碎屑物质。随着湖盆范围逐渐扩张，川西地区以滨浅湖相沉积为主，地势高点存在部分点沙坝沉积。川中—川东地区由于泸州古隆起基本未接受沉积，沉积范围窄，秦岭造山带碎屑物质还未推进至盆地内部。因此须一段—须二段以滨浅湖相沉积为主，局部发育少量砂体（图1-46）。

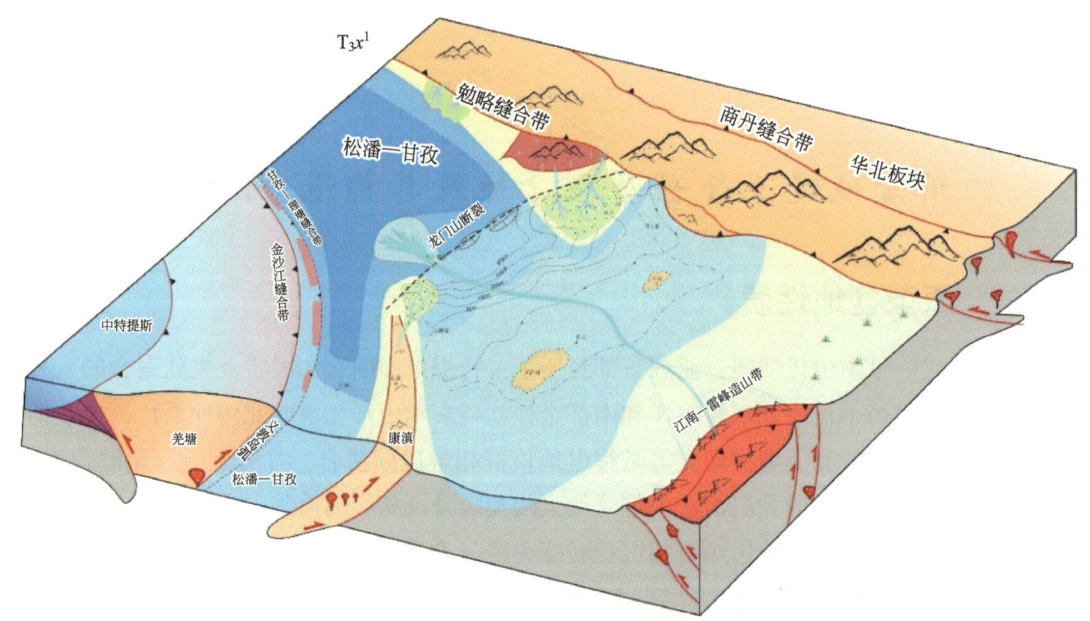

图1-46 四川盆地晚三叠世卡尼期构造—沉积演化

三、诺利期原型盆地形成与演化

须三段沉积期盆地由于多向的构造应力作用,由早期的深水—浅水变化的湖盆过渡为一个宽浅型湖盆,盆地沉积范围变大,川中及川东地区同样也开始接受陆相碎屑沉积(图1-47)。须三下亚段—须三上亚段整体为一个湖退—湖侵的变化,广元—南江地区以巨厚的扇三角洲沉积为主,向盆地内部过渡为滨浅湖相,扇三角洲分布范围小,推进距离近,地震相前积特征明显,随着湖平面的上升,扇体范围缩小,发育中砂—粗砂的三角洲前缘相,但整体仍以砂泥互层沉积为主。川北及川东北地区存在一定的物源输入,前期存在三角洲平原—前缘向沉积,东北部相对北部砂体延伸范围更远,可延伸至营山及西充一带。随着湖平面的上升水体范围扩大,北部三角洲前缘相退积至盆地外缘,东北部三角洲仍可推进至盆地内部,但沉积范围缩小,整体表现为完整的构造活跃—安静期的变化趋势。川东及川中地区地势上为一个由西向东的逐渐增高的斜坡,因而前缘相由东向西推进距离远,沉积范围大,蜀南地区砂体面积在须三下亚段沉积时期可推进至安岳地区,但随着湖侵的进行,三角洲沉积皆向盆地外缘后退(图1-47)。

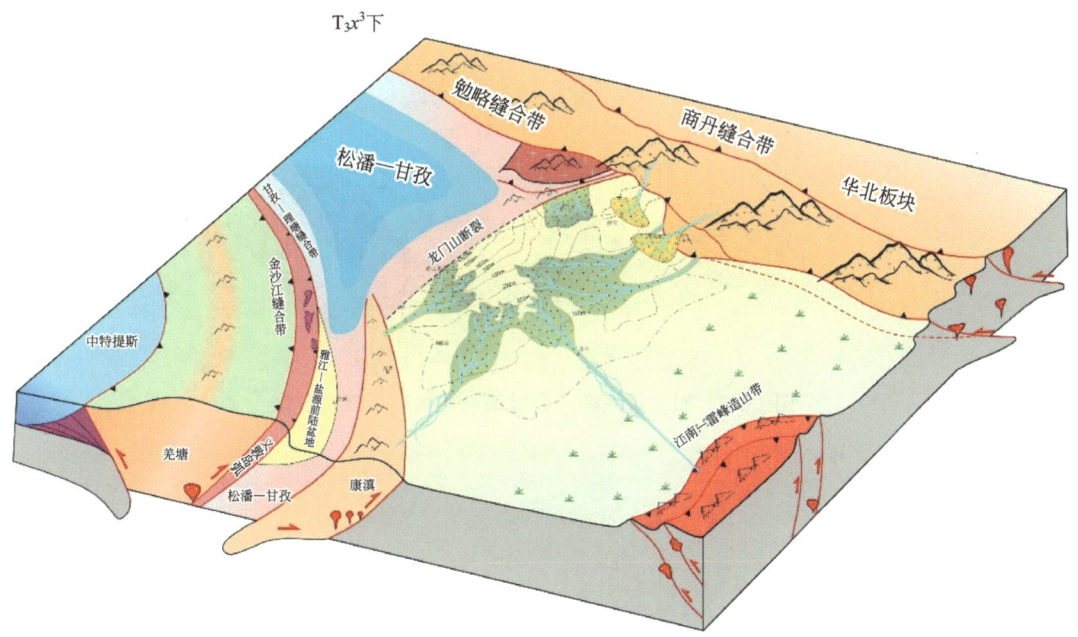

图1-47 四川盆地晚三叠世诺利期构造—沉积演化

四、瑞替期原型盆地形成与演化

须家河组沉积晚期再次进入构造相对活跃期,且影响规模相较诺利期更大。须四段沉积期,盆缘川西北—川北—川东北一线皆发育一套以石英砾岩为主的砾岩冲积扇沉积,虽沉积厚度仅20~40m,但较须三段碳酸盐岩砾石粒径大,且沉积范围广,说明地势的高陡更靠近山前(图1-48)。盆地内,随着剑阁古隆起的缓慢抬升,川西北局部地区开始遭受剥蚀,残留以扇三角洲沉积为主,且厚度相对较薄,在地震剖面和测井解释上难以与须三段的砾岩沉积区分。川中地区基本继承了须三段的沉积格局。川北万源地区三角洲砂体影响范围更大，在广安、营山、蓬莱一带形成大范围的三角洲前缘沉积。蜀南地区三角洲前缘逐渐前积，推进到安岳—乐至—眉山一带。川东地区主要在合川—潼南—遂宁地区沉积充填三角洲前缘相砂体。须五段沉积时期存在短暂的湖侵，但湖侵规模有限，滨浅湖面积小。须家河组沉积晚期川西沉积中心德阳和川中营山—西充以及个别小范围地区沉积砂质泥岩，旺苍—万源地区三角洲呈现不同程度的退积。在地震剖面上，可识别出不同程度的削截。沉积中心自西向东的迁移在须家河沉积晚期已经初具雏形，须四段—须六段川东及蜀南一带沉积厚度明显增厚，厚层砂体主要集中于广安—大足一线，湖退使得前三角洲和滨浅湖相范围缩小至川西南一带。

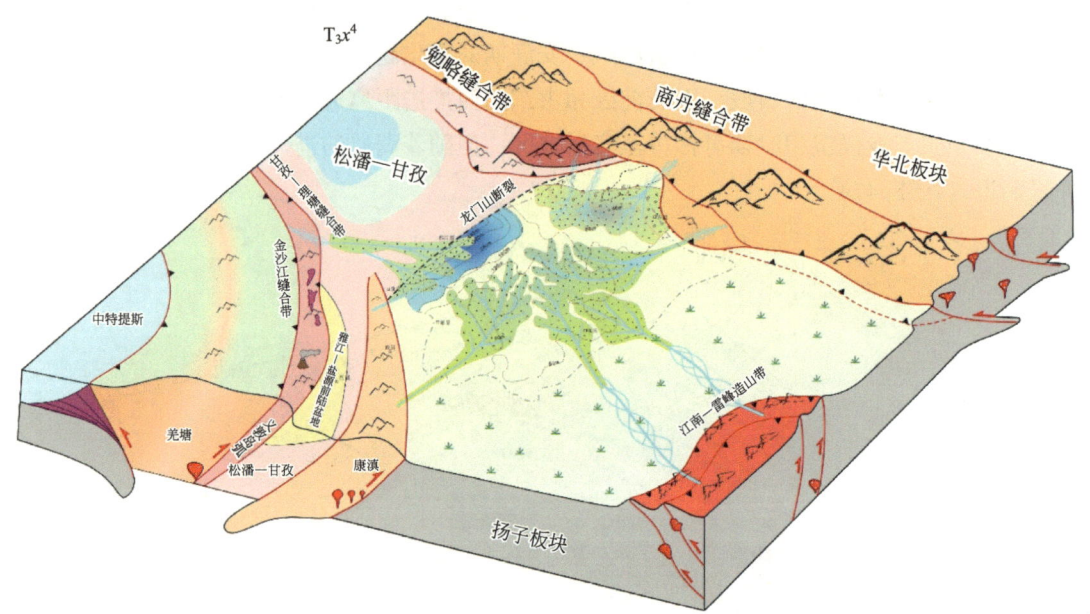

图 1-48　四川盆地晚三叠世诺利期构造—沉积演化

第二章

四川盆地须家河组沉积相和沉积体系平面展布特征

从沉积环境看，晚三叠世是四川盆地由以海相沉积为主向以陆相沉积为主重要的转折时期；从盆地性质看，晚三叠世以前，四川盆地是扬子地台的组成部分，以台地沉积为主，晚三叠世是川西前陆盆地形成的重要时期。因此，研究晚三叠世盆地沉积、构造特征以及构造与沉积的关系，具有十分重要的意义。

晚三叠世沉积总体表现为水退沉积序列，早期以海相为主，晚期以陆相沉积为主，因而沉积类型多。盆地沉积受物源控制明显，砂体展布、沉积相类型及分布与物源供给系统具有十分明显的相关性。

晚三叠世四川盆地以三角洲及湖泊沉积体系为主，在构造相对活跃期，三角洲体系广布盆地，而构造相对平静期盆地以湖泊沉积为主。川中地区的大型缓坡地貌有利于发育大型三角洲沉积体系，而由于物源供给系统的相对稳定，形成了三角洲体系分布具有相对稳定的特征，为须家河组多层、立体勘探奠定了基础。

第一节

沉积相标志和沉积相划分

一、沉积相标志

综合四川盆地内150余口井的录井资料，掌握了其所能反映的沉积学信息，运用识别沉积相的岩石颜色、岩石结构、沉积构造及古生物化石等沉积学标志和不同测井曲线特征的测井地质学标志，明确了四川盆地上三叠统须家河组主要的沉积相类型。

（一）岩石颜色

岩石颜色，特别是泥岩的原生色，可以作为判断该岩层形成时的气候状况、水介质氧化—还原条件和烃源岩品质等的直接标志。上三叠统须家河组地层是四川盆地特有的"煤系地层"，反映了晚三叠世诺利期—瑞替期四川盆地具有温暖潮湿的气候条件和还原环境特征。野外剖面和钻井均揭示，须家河组发育深灰色、黑色炭质泥岩、炭质页岩，含大量保存较完整的植物化石,反映须家河组沉积期总体为还原沉积环境(图2-1),与须家河组上覆的侏罗系红色地层所反映的氧化环境有较大差别。

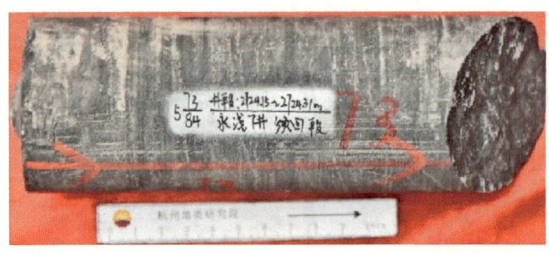
永浅7井,2724.15m,须四段,深灰色粉砂质泥岩

永浅7井,2724.46m,须四段,黑灰色粉砂质泥岩

永浅7井,2485.06m,须五段,灰色泥质粉砂岩

永浅7井,2487.40m,须五段,深灰色炭质泥岩夹灰色粉砂岩条带

图2-1 须家河组典型泥岩照片

(二)岩石结构

岩石的结构特征是沉积时介质水动力条件的直接反映。不同介质水动力条件下形成的沉积物具有不同的结构特征,即使是在同种介质条件下形成的沉积物,随着水动力条件由强变弱,沉积物粒度也会出现由粗到细的变化。另外,沉积速度的快慢、遭受改造时间的长短等因素在沉积物结构方面也有所反映。粒度是岩石结构的主要特征之一,包括颗粒的大小、分选性、磨圆度和分布状况等,可反映沉积环境的水动力条件以及碎屑颗粒搬运的距离。根据川中—川西地区取芯资料发现,须四段和须三下亚段以中—细粒长石岩屑砂岩为主,砂岩分选较好,磨圆度较高,砾石含量较低,反映砂岩经过了长距离搬运,可能为辫状河三角洲前缘亚相水下分流河道和河口坝微相沉积产物。

(三)沉积构造

沉积构造是沉积岩的重要特征之一,指沉积物沉积时或沉积后,由于物理作用、化学作用及生物作用,在沉积物内部或表面形成的各种构造,包括原生沉积构造和次生沉积构造。其中原生沉积构造可提供有关沉积时的沉积介质性质和能量条件等方面的信息。沉积构造的发育状况与沉积速度、水流作用方式和介质条件直接相关,因此,原生沉积构造及其组合或序列已成为判别沉积环境和进行沉积相、亚相和微相划分最重要的标志。通过地表露头剖面和岩心观察,四川盆地上三叠统须家河组中发育的原生沉积构造主要有底冲刷构造、层理构造以及同生变形构造等（图 2-2）。

冲刷面，之上见大量泥砾，秋林22井，3564.23～　　　褐灰色中粗砂岩，块状层理，秋林22井，3561.34～
3564.49m，须四段　　　　　　　　　　　　　　　　　3561.54m，须四段

 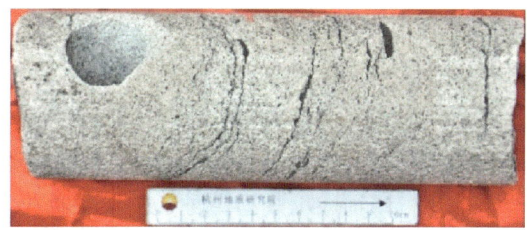

灰色平行层理中砂岩，永浅7井，2719.94～2720.14m，须四段　　槽状交错层理，发育黑色煤线，永浅7井，2717.50～
2717.75m，须四段

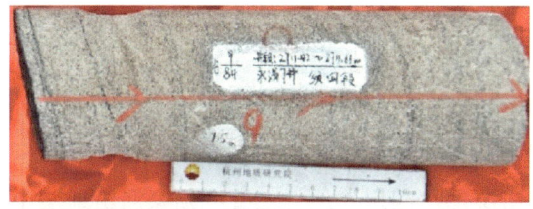

灰色板状交错层理中砂岩，永浅7井，2711.42～2711.66m，须四段　　灰色斜层理中砂岩，永浅7井，2722.40～2722.65m，须四段

泥质撕裂屑，变形层理，永浅101井，2778.05～2778.25m，须四段　　漂浮状、扁平状泥砾，永浅101井，2774.05～2774.25m，须四段

图 2-2　须家河组砂岩中典型沉积构造

1. 底冲刷构造

底冲刷构造的发育与水动力条件突发性地由弱变强的过程有关，冲刷面之上的水动力条件较其下显著增强，故在冲刷面发育之前堆积的沉积物往往遭到程度不同的侵蚀改造。底冲刷面表现为一个不平整的冲刷面和岩性突变面，代表不同程度的侵蚀间断，冲刷面上部的岩石粒度明显粗于下部，或含有来自下伏岩层的泥砾。在四川盆地上三叠统须家河组地层中，位于扇三角洲、辫状河三角洲中进积型辫状分流河道砂砾岩沉积的底部冲刷面极其发育。

2. 层理构造

层理是由于岩石性质沿沉积物堆积方向的变化（物质成分、颜色、结构和构造等）而形成的层状构造。它是沉积物或沉积岩最重要的外貌特征之一，也是沉积岩区别于岩浆岩和部分变质岩的主要标志。根据层理细层的形态与层系界面的关系可分为水平层理、平行层理、波状层理、交错层理等。在四川盆地上三叠统须家河组地层中主要发育平行层理和交错层理构造。

1）平行层理

平行层理是在较强的水动力条件下，高流态中由平坦的床沙迁移，床面上连续滚动的砂粒产生粗细分离而形成的水平细层，沿层面易剥开，常与大型交错层理共生。在扇三角洲和辫状河三角洲的分流河道砂岩中普遍发育。

2）交错层理

交错层理又称斜层理，是由一系列与沉积层面斜交的内部纹层所组成的沉积单位，主要发育于碎屑岩中，其形成的水动力能量一般较强。在四川盆地上三叠统须家河组地表露头剖面和钻井岩心的砂岩中非常发育，主要有板状斜层理、楔状斜层理和浪成沙纹层理等。

板状斜层理和楔状斜层理均形成于强水动力条件下，在四川盆地上三叠统须家河组中主要发育于辫状河三角洲和扇三角洲辫状分流河道沉积中。板状斜层理的细层面形状呈平面，而且彼此相互平行，各单位的纹层倾向相同，大致反映了单向水流的运动方向。楔状斜层理由两组或两组以上彼此呈低角度相交的平行细层组成，下伏细层组往往被上覆细层组冲刷切割成楔状。因楔状交错层理主要系辫状（分流）河道主水流方向和位置频繁变化而形成，楔状交错层理就成为识别辫状（分流）河道砂体最有效的标志之一。

浪成沙纹层理是由浪成沙纹迁移形成的交错层理。四川盆地上三叠统须家河组地层中的浪成沙纹层理主要发育于辫状河三角洲前缘的河口坝和远沙坝沉积中，其层系界面呈不规则起伏的波状，前积纹层成组排列成束状层系。由于受分流河道远端（河口坝）不稳定水流的影响，浪成沙纹不时被河口坝快速堆积的沉积物所冲断而呈不连续状，或表现为下部浪成沙纹层被上部沙纹层截切而表现出相邻层系前积层倾向相反的人字形构造。

3. 同生形变构造

沉积物沉积后，在固结成岩之前发生的形变为同生形变构造。在须家河组地层中发育的同生形变构造主要有火焰构造、包卷构造和滑塌构造，大多为辫状河三角洲前缘河口坝—远沙坝粉—细砂岩快速堆积而形成，具很好的沉积环境标志特征。

(四) 古生物化石

沉积物或地层中的生物化石不仅可用以鉴定地层的地质年代、划分和对比地层，而且也是进行沉积环境分析的重要标志之一。目前古生物标志的应用主要在划分大的环境方面起重要作用，如大量植物化石（特别是植物根茎），以及炭质泥岩和煤层的出现则反映其沉积的大陆环境。在川西坳陷中部的彭州狮山剖面和什邡金河剖面，米仓山—大巴山前缘的南江阮家湾剖面和通江平溪剖面以及钻井岩心中上三叠统须家河组地层中普遍产有植物茎干化石（硅化木）和可采煤层，充分说明晚三叠世须家河组沉积时期川西坳陷中段为湿润温暖的陆相气候环境。

(五) 测井相标志

在含油气盆地的钻井地质研究中，非取心段的钻井测井曲线为沉积相和层序地层分析的主要对象，因而建立和分析不同沉积相和层序类型的测井相模型至关重要。电测曲线的幅度、形态类型、接触关系和组合特征，作为判别非取心段地层的岩性、岩相组合及沉积相和层序特征的主要依据，但这种判别必须建立在取心段的岩—电转换模型基础上，由此所确定的测井曲线变化规律和测井相模型，可非常准确地反映地层岩性、粒度变化、接触关系及垂向沉积层序等特征。据已有测井资料的岩—电转换对比关系分析，以自然伽马曲线和视电阻率曲线的测井相分析结果，与取心段的地层岩性、岩相组合和沉积相序列的分析结果拟合最好。对核心建产区不同沉积微相所对应的自然伽马曲线特征进行了总结，须四段常见三种类型的测井相，具体特征如下：叠置漏斗形曲线的自然伽马曲线数值自下而上呈多期由高值逐渐变小的特征，幅度则表现为下部偏低，上部较高的特点。该种曲线代表了中—低能量的沉积环境，反映了由下往上多期沉积物源供给逐渐增强，并且沉积物分布上也表现为多期上粗下细呈反韵律的特征。在川中地区该类型曲线常指示辫状河三角洲前缘的河口坝沉积序列[图2-3(a)]。齿化箱形曲线的自然伽马曲线值表现为较低值，且幅度较高，其曲线值由下向上齿化作用较为显著，表现为多个规模较小的箱形曲线叠置，该曲线主要代表了高能量的水动力条件，但水体的能量存在稳定—震荡的变化过程，也反映出沉积物源的供给充分、沉积物的粒度较粗的特征，在川中地区一般为辫状河三角洲前缘中的多期河道叠置冲刷沉积的特征[图2-3(b)]。低幅齿形曲线的自然伽马曲线值呈现出高值特征，而幅度较低并具有齿化现象明显。该类型曲线代表水体能量较弱且相对稳定的沉积环境，反映了沉积物源供给弱、沉积物粒度较细的特征，在研究区中通常代表分流间湾、浅湖泥等低能沉积环境[图2-3(c)]。

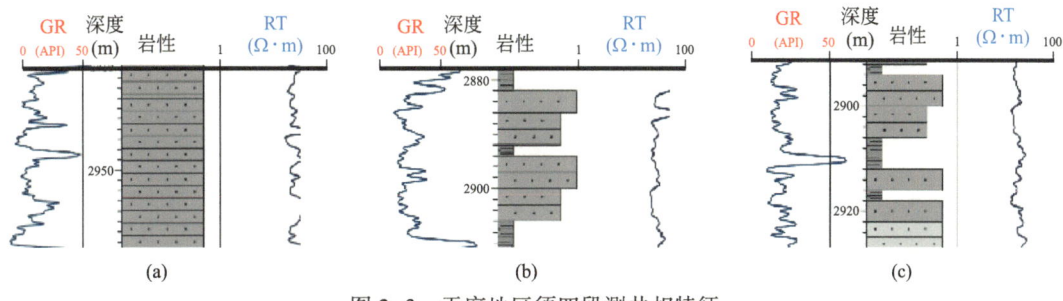

图2-3 天府地区须四段测井相特征

(六) 地震相标志

核心建产区须四段地震相特征可分为三大类：其中Ⅰ类地震相在整个须四段时期相对一致，反射同相轴表现为亚平行、连续性中等、强振幅、中等频率等特点，反映了强水动力条件下的高能沉积环境，对应辫状河三角洲前缘河道沉积（图2-4）；Ⅱ类地震相在须四段时期表现为振幅逐渐增强的特点，地震反射同相轴振幅相对较弱，表现为中振幅、高频率，同相轴连续性较差，内部反射较杂乱，对应辫状河三角洲前缘河口坝沉积砂体（图2-4）。须四段沉积时期，反射同相轴振幅逐渐增强，连续性变好，频率有所降低，同相轴表现为较稳定的亚平行特征，对应滨浅湖的沉积环境。

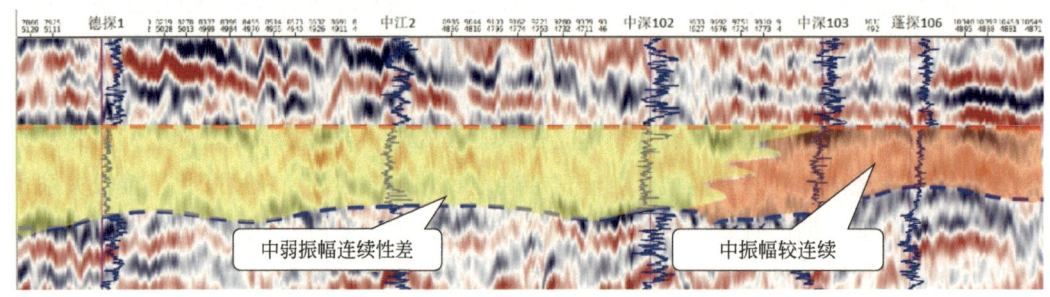

图 2-4　天府地区须四段地震相特征

二、沉积相类型及特征

川中—川西地区须家河组沉积相类型主要有辫状河三角洲、扇三角洲和湖泊等三种沉积相类型。根据录井、测井和地震相特征，辫状河三角洲相可进一步划分为辫状河三角洲平原、辫状河三角洲前缘和前辫状河三角洲等三种亚相类型。其中辫状河三角洲平原亚相可进一步识别出辫状分流河道、河漫滩、决口扇、天然堤等微相，辫状河三角洲前缘可进一步识别出水下分流河道、水下天然堤、分流间湾、河口坝、远沙坝、前缘席状砂等微相。扇三角洲相可进一步划分为扇三角洲平原、扇三角洲前缘和前扇三角洲等三种亚相类型。其中扇三角洲平原亚相可进一步识别出泥石流、辫状分流河道、分流间洼地、分流间沼泽等微相；扇三角洲前缘可进一步识别出碎屑流沉积、水下辫状分流河道、水下天然堤、分流间湾等微相。湖泊可识别出浅湖和滨湖亚相，可进一步识别出滨浅湖泥和滩坝砂微相（表 2-1）。

表 2-1　川中—川西地区上三叠统须家河组沉积相类型

相	亚相	微相
辫状河三角洲	辫状河三角洲平原	辫状分流河道、河漫滩、决口扇、天然堤
	辫状河三角洲前缘	水下分流河道、分流间湾、河口坝、远沙坝、席状砂
	前三角洲	
扇三角洲	扇三角洲平原	泥石流、辫状分流河道、分流间洼地、分流间沼泽
	扇三角洲前缘	碎屑流、水下分流河道、分流间湾、水下天然堤
	前扇三角洲	
湖泊	滨浅湖	滨浅湖泥、沙坝

（一）辫状河三角洲相

辫状河三角洲沉积体系主要发育于四川盆地周缘的上三叠统须家河组须三下亚段与须四

段地层中。其形成主要与出山口的河流在经过冲积平原后仍以辫状河的方式直接入湖有关，它的粒度明显粗于曲流河三角洲沉积，为近源粗碎屑三角洲。据辫状分流河道由陆入湖，以湖岸线为界，进一步将辫状河三角洲相划分为平原和前缘两个亚相，在辫状河三角洲前缘末端，随着水下辫状分流河道的消失和河口坝—远沙坝的形成而逐渐进入前三角洲亚相沉积。各亚相又可进一步细分为若干微相。

1. 辫状河三角洲平原亚相

辫状河三角洲平原是辫状河三角洲的陆上沉积部分，由辫状分流河道、河漫滩、决口扇、天然堤等微相组成。该亚相沉积环境因地形仍较陡，分流河道水浅流急，侧向迁移、分流汇合和底冲刷作用频繁，因而如同辫状河沉积体系或扇三角洲沉积体系的平原部分一样，也以保存辫状分流河道沉积记录为主，每个分流河道都为正韵律沉积序列，底部发育有底冲刷构造，之上为砾质或含砾砂岩，主体以中—粗粒砂岩为主，发育大型斜层理和平行层理，向上过渡为具流水沙纹层理或波状层理的天然堤或决口扇微相的粉砂岩，或者直接被分流间洼地微相的粉砂质泥岩、炭质泥岩覆盖。与扇三角洲沉积体系平原部分的区别主要表现为广泛出现与辫状分流河道密切伴生的天然堤或决口扇等微相为代表的堤泛沉积粉砂岩。

2. 辫状河三角洲前缘亚相

辫状河三角洲前缘是辫状河三角洲的水下沉积部分，由水下分流河道、分流间湾、河口坝、远沙坝和席状砂等微相组成。其中以水下分流河道、分流间湾和河口坝沉积为主。

水下分流河道：水下分流河道为三角洲平原水上分流河道的水下延伸部分，因此两者无论在岩性上，还是在沉积构造或是粒度分布特征方面都很相似，一般由中—细粒砂岩组成（图2-5、图2-6）。伴随水下分流河道的多级次分流作用增强，粒度逐渐变细。在沉积构造上，大型交错层理和平行层理发育，具有冲刷面沉积构造，尤以辫状分流河道的改道迁移、相互截切而留下的楔状斜层理为显著特色，明显区别于曲流河三角洲沉积体系。在相序上，与三角洲前缘河口坝、远沙坝密切共生，在测井曲线上所表现的特征也与三角洲平原分流河道相似，即无论是在自然电位曲线上还是在自然伽马曲线上都表现为钟形、齿化钟形或箱形。

水下分流河道具有以下特征：(1) 岩性多为浅灰色、浅绿灰色细—中粒长石石英砂岩，或岩屑长石石英砂岩，少夹粉砂岩、泥岩，但可夹泥质条带。(2) 砂体底部可见底冲刷面，有泥砾岩，或泥砾砂岩，具正粒序或块状层理、平行层理、板状层理，砂岩中常见泥砾和炭块。(3) 砂岩细层间常见泥质纹层或炭屑纹层，但很少见泥岩夹层。因辫状河道上部细粒泥质沉积物少，又常被冲刷掉，只剩下下部粗粒砂质沉积物。(4) 水下分流河道在剖面上和平面上常与河口坝相邻，自然伽马曲线常成钟形。

分流间湾：水下分流河道之间与湖水相通的低洼地区即为分流间湾。岩性主要为一套细粒悬浮成因的泥岩、粉砂质泥岩，少量粉砂岩或泥质粉砂岩，发育小型板状交错层理、浪成沙纹层理、水平层理，可见浪成波痕，钙质结核及虫管普见。测井曲线为低幅锯齿形。

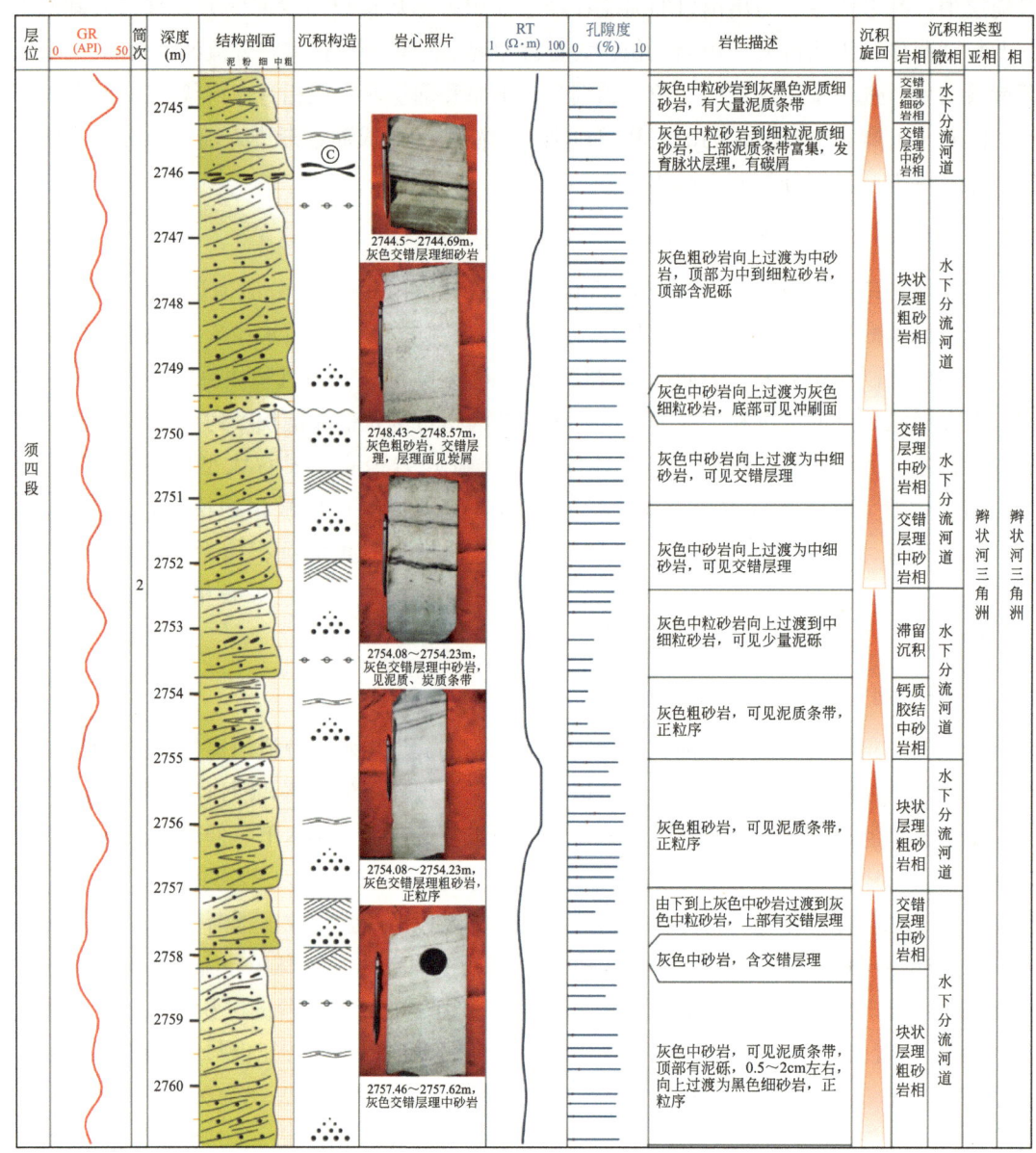

图 2-5 永浅 101 井须四段岩心素描图

河口坝：河口坝是三角洲前缘亚相中最为典型的微相，是河流注入水体时，由于河口地形条件及湖水对入湖流的遏制作用，河流流速大减，从而河流携带的大量载荷快速堆积下来而形成的。由于湖浪的充分簸叠作用，泥质被淘汰，而分选好、质纯的砂和粉砂得以保留，所形成的砂岩、粉砂岩的孔隙度、渗透率常较好，可成为好的储集砂体。河口坝的主要特征有（图 2-7、图 2-8）：（1）见各类交错层理（如板状、楔状等），逆粒序层理及滑塌变形、包卷层理等，并见枕状构造。测井曲线为齿化箱形、漏斗形。幅度自下而上由中幅变为高幅，反映出下细上粗的逆粒序剖面结构特征。（2）岩性常见灰色中—细粒长石石英砂岩，粉砂岩，可夹泥岩条带和薄层。（3）沉积构造可见底冲刷、泥砾、炭块、块状、平行、楔形、波状及砂纹层理，湖浪改造的板状层理，变形及包卷层理（砂球砂，砂枕构造），常见

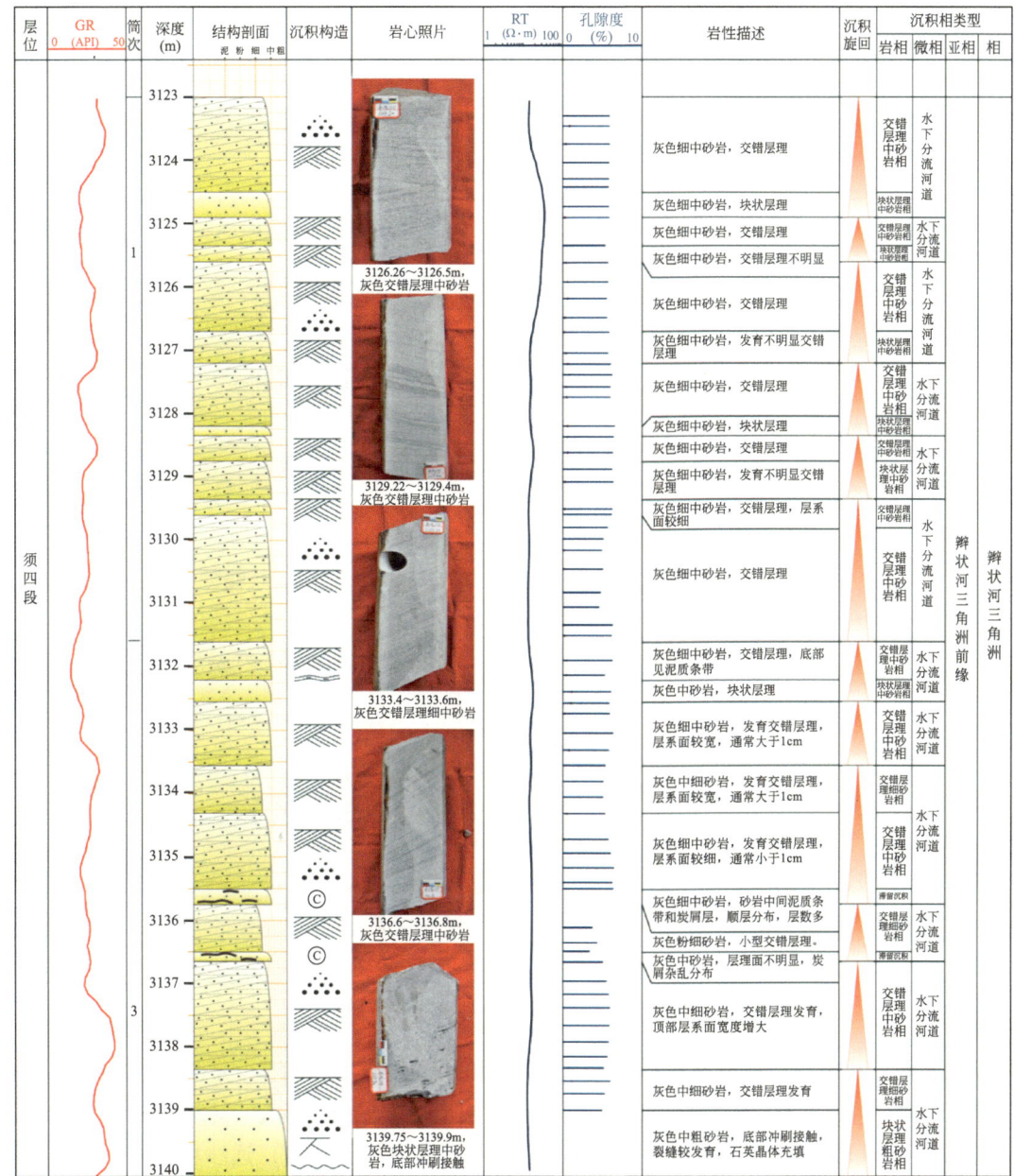

图 2-6　永浅 104 井须四段岩心素描图

虫孔等。(4) 砂岩细层常夹泥质纹层，少见炭屑纹层。(5) 砂岩中常见粒间孔、粒间溶孔，具较好的储集空间。

远沙坝：远沙坝是由河流所携带的细粒沉积物在三角洲前缘河口坝与浅湖过渡地带所形成的坝状沉积体，位于三角洲前缘亚相最前端，所以又称为末端沙坝。远沙坝是由比河口坝更细的物质在洪水期越过河口坝堆积于其前方而形成的，主要由粉砂、泥质及细砂组成，只有在洪水期才有更多的砂质碎屑沉积，并可显示粒度韵律层理，因为位于三角洲前缘斜坡部位，有一定坡度，也可形成滑移变形构造。其特征如下：(1) 岩性多半为深灰色泥质粉砂

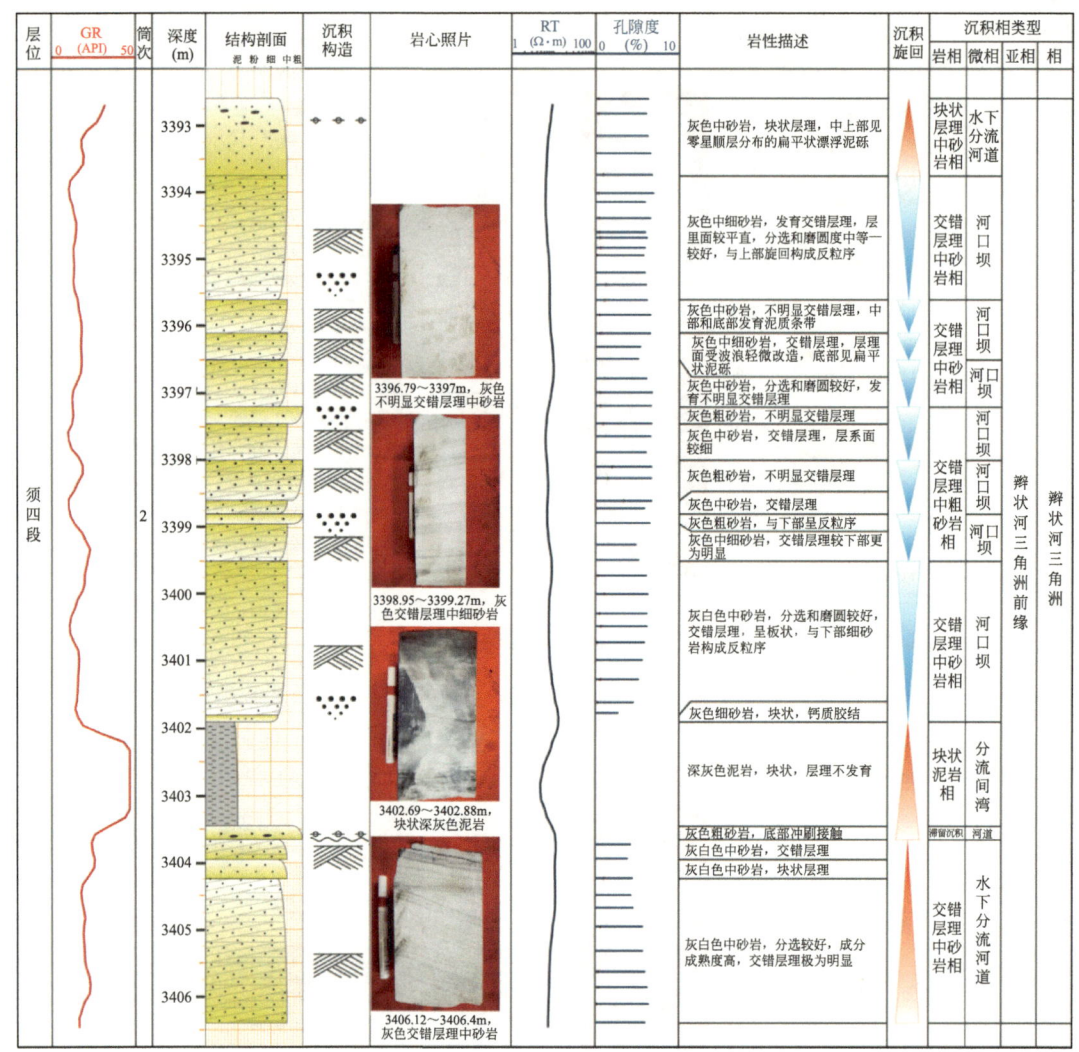

图 2-7　永浅 102 井须四段岩心素描图

岩夹泥岩薄层或条纹，或泥质粉砂岩夹于浅湖相的黑色泥岩中。（2）常见沉积构造有波状或沙纹层理、水平层理及变形式包卷层理，火焰构造也常见虫孔构造。（3）粉砂岩粒度细，又与泥岩互层（呈纹层状互层），孔隙少，一般不能成为储层。（4）远沙坝微相常夹于浅湖亚相中，总体特征与河口坝微相类似，在相序上与河口坝沉积、席状砂或前三角洲泥共生，测井曲线为齿化漏斗形或低幅指形。

席状砂：河口坝及远沙坝的砂在侧向迁移过程中，借助湖浪改造而形成位于其前方的席状砂体，称为席状砂微相。它常垂直于河流流向和平行湖岸线分布，沉积物更细、分选更好。其特点是分布面积广泛，厚度较薄，砂质较纯。由于湖浪改造作用较弱，因此，区内席状砂沉积相对不发育，多由细粉砂组成，其间为薄层泥所隔开。粉砂岩中可见沙纹层理，在相序上与河口坝、远砂坝、前三角洲泥或浅湖泥共生，在测井曲线上表现为低幅度的微齿化曲线。特征如下：（1）岩性为深灰色泥质粉砂岩，夹深灰色粉砂泥岩薄层或条带。（2）沉积构造有水平、波状、沙纹层理，常见虫孔构造。（3）席状砂更常与浅湖泥岩亚相互层产出。

第二章 四川盆地须家河组沉积相和沉积体系平面展布特征

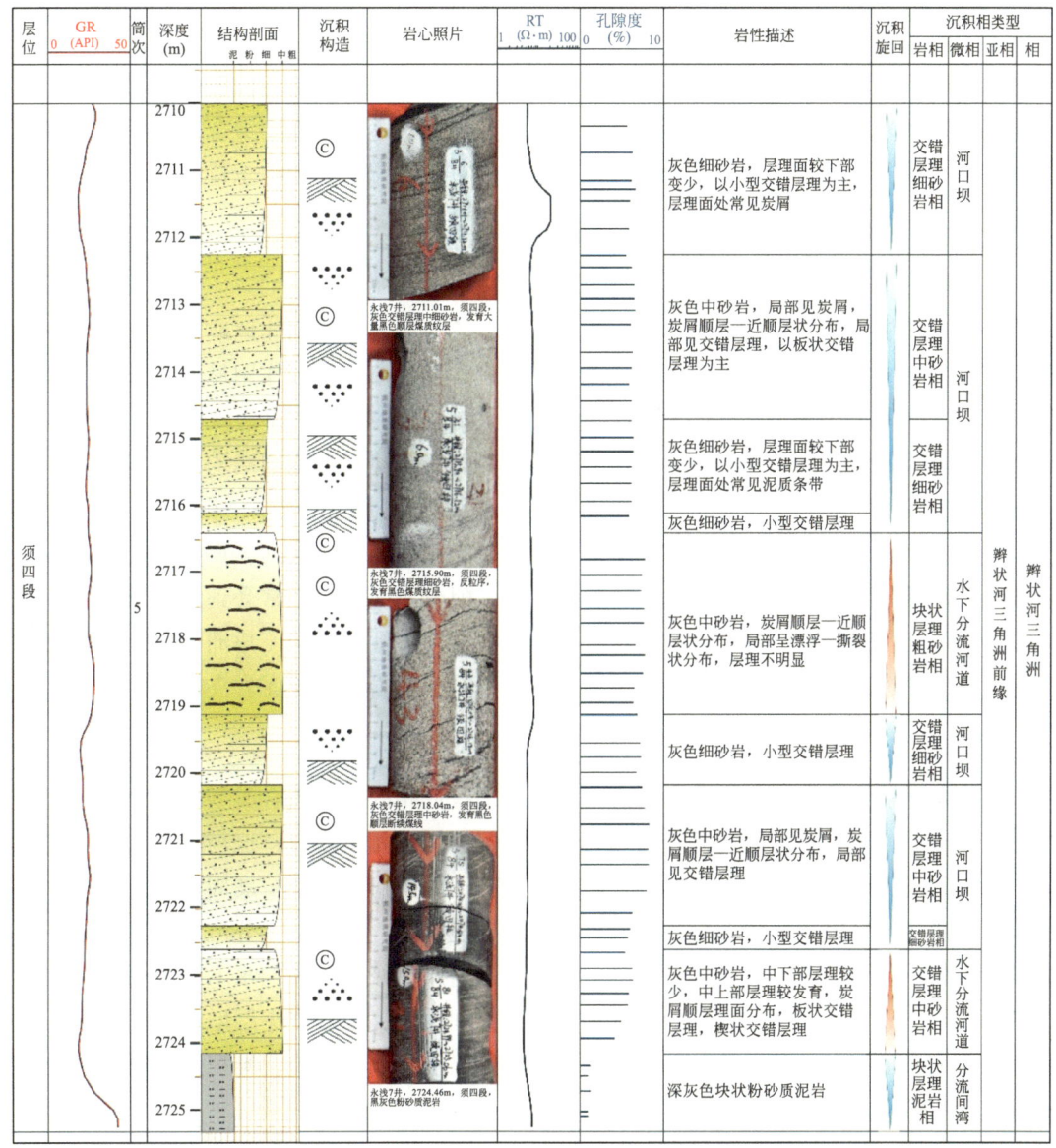

图 2-8 永浅 7 井须四段岩心素描图

3. 前三角洲亚相

前三角洲位于湖泊较深水部分,沉积界面处于浪基面之下,水动力条件弱,主要受湖水作用形成的以泥为主的沉积物,沉积速率高,堆积厚度大,但粒度细,岩性以暗色泥、页岩为主,可夹少量薄层砂、粉砂物质,浅湖泥中夹薄层的席状砂,也可能认为是前三角洲亚相,总体上该亚相与浅湖泥呈过渡关系,二者难以区分,其沉积物组成主要为黑灰色的粉砂质泥岩、泥岩,并可夹少许薄层粉砂岩,水平层理、沙纹层理发育,见钙质结核及虫管。在相序上与席状砂或远沙坝互层,在测井曲线上表现为泥岩基线,多平直或呈弱齿状。

(二) 扇三角洲相

在四川盆地上三叠统须家河组四段地层中，沿龙门山和米仓山—大巴山前缘以发育扇三角洲沉积体系为主。岩性为砾岩、砂砾岩、砂岩及泥岩的不等厚互层组合，以砾岩和砂砾岩为主，成因与出山口的冲积扇直接或很快伸入浅湖有关。按主要相标志特征，可划分为扇三角洲平原、扇三角洲前缘、前扇三角洲三个亚相以及众多的微相类型。

1. 扇三角洲平原亚相

扇三角洲平原主要发育有泥石流沉积、辫状分流河道和分流间洼地或沼泽三个微相。由于扇三角洲平原发育区地形较陡，水浅流急，冲刷作用频繁，侵蚀作用显著，因而主体以发育泥石流沉积和辫状分流河道微相沉积为主，而且辫状分流河道的多级次分流、汇合和侧向迁移活动极为频繁，每个分流河道沉积的砂体都具有正韵律沉积旋回结构，底部都发育有底冲刷构造，其上为砾岩、砂质砾岩，再往上逐渐过渡为砾质砂岩或中—粗粒砂岩组合，砂、砾岩体中普遍发育有块状层理、递变层理、大型板状和槽状交错层理，再向上过渡为具沙纹或波状层理的分流间粉砂岩、粉砂质泥岩及泥岩，但分流间沉积经常受到上覆分流河道的下切侵蚀作用而保存很差，甚至侵蚀殆尽。因此，在宏观特征上，扇三角洲平原往往表现为大套连续叠置的透镜状砂、砾岩体夹薄层粉砂岩、粉砂质泥岩及炭质泥岩夹煤线的组合。

2. 扇三角洲前缘亚相

扇三角洲前缘是扇三角洲的主体。扇三角洲前缘亚相的微相组合类型较多，但以水下分流河道夹碎屑流沉积和分流间湾等微相为主，而河口坝微相不发育，这与水下分流河道中频繁出现的碎屑流的快速堆积作用不时打断水下分流河道的稳定性和扩展周期有关。其中水下分流河道砂体的粒度相对水上平原中的分流河道明显变细，除水下主分流河道以含砾中粗粒砂岩为主外，一般为中—细粒砂岩和粉—细粒砂岩组成多级次分流的水下分流河道，分流河道间湾或水下天然堤、决口扇沉积强度加大，砂体间泥岩、粉砂岩夹层增多，泥岩较富有机碳组分而大多呈深灰—灰黑色，部分呈杂色。总体显示了分选较差、堆积速度较快和改造欠充分的近物源环境特点。

碎屑流沉积：碎屑流沉积是洪水期形成的冲积扇泥石流继续向湖盆方向搬运而形成的水下重力流沉积，以砾岩为主，具块状构造，局部发育递变层理，主要发育在须四段下部。以思依1井须四段底部取心段为例，碎屑流沉积主要由灰色砾岩组成，砾石含量为60%～70%，以细—中砾为主，砾径一般在6～20mm之间，成分以碳酸盐岩为主，次为石英岩，少量燧石，磨圆中—较好，分选差，多呈互不接触状悬浮在填隙物中。填隙物主要为中—粗粒石英和岩屑碎屑，泥质组分较少，钙质胶结。砾岩颜色多为较暗的灰色，说明其形成于水下弱还原环境而有别于氧化环境的冲积扇（或扇三角洲平原）红层砾岩。又据其砾石较细、磨圆度中—较好，且填隙泥质组分含量较少和不具备牵引流形成的沉积构造特征来看，说明其具有碎屑流沉积性质，并距离物源有一定的距离。其自然伽马曲线为高幅齿化箱形或圣诞树形，显示强烈的进积特征。

水下分流河道：此微相在研究区须四段广泛发育，为扇三角洲平原辫状分流河道延伸到水下而形成的惯性流水道沉积。以思依1井须四段上部取心段为例，水下分流河道主要由灰色、浅灰色（含砾）砂岩组成，块状和平行层理、板状和槽状斜层理以及底冲刷构造和滞留泥砾岩都极其发育，部分岩心沿平行层理的细层面破裂为薄饼状。其自然伽马曲线为高幅微齿钟形或圣诞树形。

分流间湾：此微相分布在水下分流河道之间的相对低洼区，与浅湖相通，植物生长繁盛，但水流相对闭塞，局部沼泽化。在孝泉—新场—合兴场地区以沉积黑色炭质泥页岩夹薄煤层、煤线为主，夹少量由洪水期泛滥沉积的薄层粉—细粒砂岩。泥页岩中水平层理发育，富含植物化石。粉—细粒砂岩中浪成沙纹层理发育，并往往伴生有同生变形的火焰构造。其自然伽马曲线主要表现为低幅齿形。

从总体上看，上述碎屑流与牵引流并存的双重沉积特征为扇三角洲沉积体系有别于辫状河流和辫状河三角洲沉积体系的显著标志。另外，孝泉—新场—合兴场地区须四段黑色页岩夹层广泛发育的特征，也有别于暗色泥岩相对不发育的辫状河流和扇三角洲平原，可作为扇三角洲前缘沉积的另一佐证。

3. 前扇三角洲亚相

前扇三角洲亚相占据河口前方的浅—半深湖位置，以沉积暗色泥岩为主，与浅—半深湖相沉积非常相似，区别在于前扇三角洲位于河口的正前方，为洪水流携入湖泊的泥、粉砂质悬移载荷主要堆积场所，不仅沉积速率高，厚度大，富含有机质，通常为发育优质烃源岩的有利相带位置，而且与具备良好储集岩条件的河口坝和分流河道砂体形成完好的生、储、盖配置关系。

（三）湖泊相

湖泊沉积体系主要是指远离三角洲的常年覆水的盆地沉积环境。四川盆地上三叠统须家河组各层位均有发育，但以须三段和须五段沉积时期最发育、湖域面积最大。按各类相标志确定的水深变化，四川盆地内的湖泊沉积体系主要包括滨湖、浅湖两个亚相。滨湖亚相主要发育于四川盆地东南缘的须三段地层中，发育面积较局限。而浅湖在四川盆地上三叠统须家河组各段地层中均发育，但其分布范围主要为川西坳陷、川东北坳陷以及川东南克拉通坳陷内，其中川西坳陷分布范围最广，延续的地质时期最长，浅湖亚相占据的地层厚度比例最大。其微相主要由浅湖泥和浅湖沙坝微相组成。

1. 浅湖泥微相

四川盆地上三叠统须家河组的浅湖泥微相由岩性非常单一的泥、页岩，局部夹少量薄层粉砂岩组成，发育水平层理和生物扰动构造。湖相泥、页岩以富含植物化石和有机质组分的灰黑色和黑色为主，并以频繁夹有薄煤层和煤线为特色，反映湖泊水体相对较浅和时常发生堰塞和沼泽化作用，为有利的成煤环境，也有利于大套煤层气型烃源岩的发育，亦为非常有利烃源岩发育的沉积环境。

2. 浅湖沙坝微相

四川盆地上三叠统须家河组产出的浅湖沙坝主要位于川中古隆起范围内，其成因与湖浪对前期由三角洲或辫状河带入盆地内的沉积物进行簸选和再搬运作用有关。垂向剖面上，浅湖沙坝与浅湖泥相间互层发育，砂体单层厚度多为数分米至数米不等，分布面积大小不一。岩性以薄—中层状粉—细砂岩为主，夹少量泥质粉砂岩，成层性较好，粉砂岩中发育浪成沙纹层理，为一类较为重要的储集砂体类型。

三、单井沉积相特征

通过四川盆地内100余口钻井的录井资料，掌握了其所能反映的沉积学信息，运用识别沉积相的沉积学标志，综合不同测井曲线特征的测井地质学标志，对研究区内典型井进行了单井沉积体系分析。

在测井相、地震相分析的基础上，对天府地区11口井单井相进行了系统划分，明确了天府地区须四段、须三下亚段主要沉积微相类型及特征。须四段在天府含气区主要发育辫状河三角洲前缘亚相。以永浅1井须四段为例（图2-9），须四段可识别出4种沉积

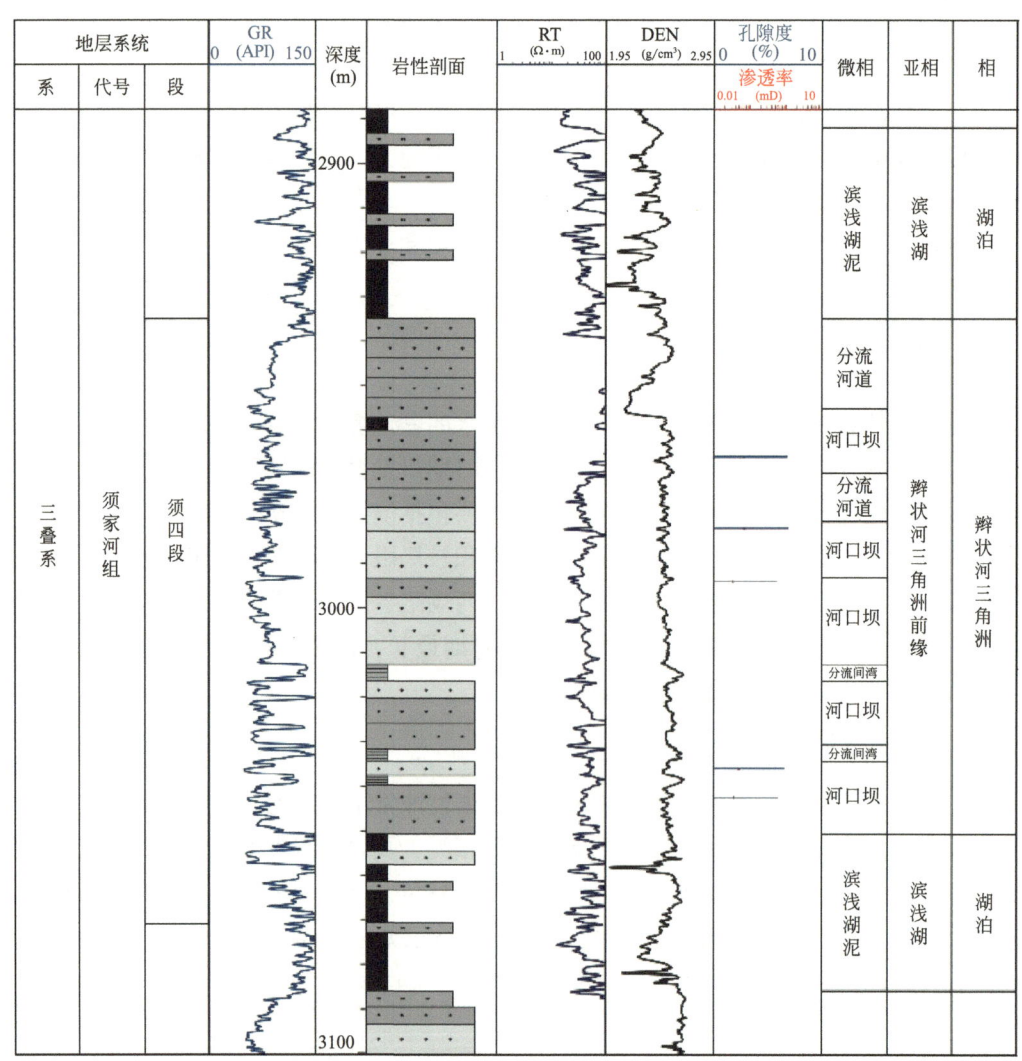

图2-9 永浅1井须四段沉积相综合柱状图

微相，包括水下分流河道、河口坝、席状砂和分流间湾微相，在垂向上，4 种微相类型相变频繁，水下分流河道砂体以细砂岩、中砂岩为主，单期水下分流河道砂体厚度通常大于 10m，在垂向上呈正粒序，测井自然伽马曲线呈钟形或箱型，反映水下分流河道砂体向上逐渐变细的沉积旋回。受河道频繁迁移改道的影响，水下分流河道向上逐渐相变为分流间湾或者河口坝微相；河口坝微相粒度同样较粗，以中砂岩和细砂岩为主，单期河口坝砂体厚度通常大于 5m，在垂向上呈反粒序，测井自然伽马曲线呈漏斗形，或多期漏斗形叠置，反映河口坝砂体向上逐渐变粗的沉积特征；分流间湾微相是水下分流河道之间或湖平面上升晚期河道顶部沉积的较细粒的沉积物，岩性较细，常为灰色粉砂质泥岩和泥岩，分流间湾微相在测井曲线上幅度较低，具有弱齿化现象，垂向上与水下分流河道或者河口坝砂体共同构成正旋回或者反旋回。席状砂微相在须四段发育较少，仅局部可见，以薄层粉砂岩或者泥质粉砂岩为主，测井自然伽马曲线表现为指状，齿化特征较为明显。

四、连井剖面相特征

在天府气区单井沉积相分析的基础上，建立了 6 条格架剖面（图 2-10 至图 2-15），对须四段、须三下亚段连井剖面相特征进行了分析。

（一）须四段

从天府气区东西向过德探 1—中江 2—中深 102—中深 103—蓬探 106 井须四段沉积相剖面图可以看出，天府气区主要发育河口坝、水下分流河道和分流间湾微相，沉积微相分布明显受坡折控制，在中深 102 井和中深 103 井之间发育坡折，坡折之上主要发育水下分流河道微相，坡折之下主要发育水下分流河道与河口坝复合砂体。坡折之下水下分流河道横向连通性好，多数与坡折之上的水下分流河道砂体彼此连通，坡折之下河口坝砂体多期次叠置连片分布，与水下分流河道砂体交替发育，单期河口坝砂体厚度变化较大，但非均值性强，中间夹多期分流间湾微相泥岩。从东西向过天府 101—天府 102—天府 2—平泉 2—施探 1 井须四段沉积相剖面图可以看出，天府气区主要发育河口坝、水下分流河道和分流间湾微相，沉积微相分布明显受坡折控制，在天府 2 井和平泉 2 井之间发育坡折，坡折之上主要发育水下分流河道微相，坡折之下主要发育水下分流河道与河口坝复合砂体。坡折之下水下分流河道横向连通性好，多数与坡折之上的水下分流河道砂体彼此连通；坡折之下河口坝砂体多期次叠置连片分布，与水下分流河道砂体交替发育，单期河口坝砂体厚度变化较大，但非均值性强，中间夹多期分流间湾微相泥岩。从南北向过天府 101—中江 1—永浅 1—中江 2—中深 101 井连井沉积相对比剖面图可以看出，该 5 口井均位于坡折带之下，须四段主要发育水下分流河道、河口坝与分流间湾微相，大面积叠置连片发育，垂向上相变较快，非均质性强，具备形成规模岩性气藏的有利条件。

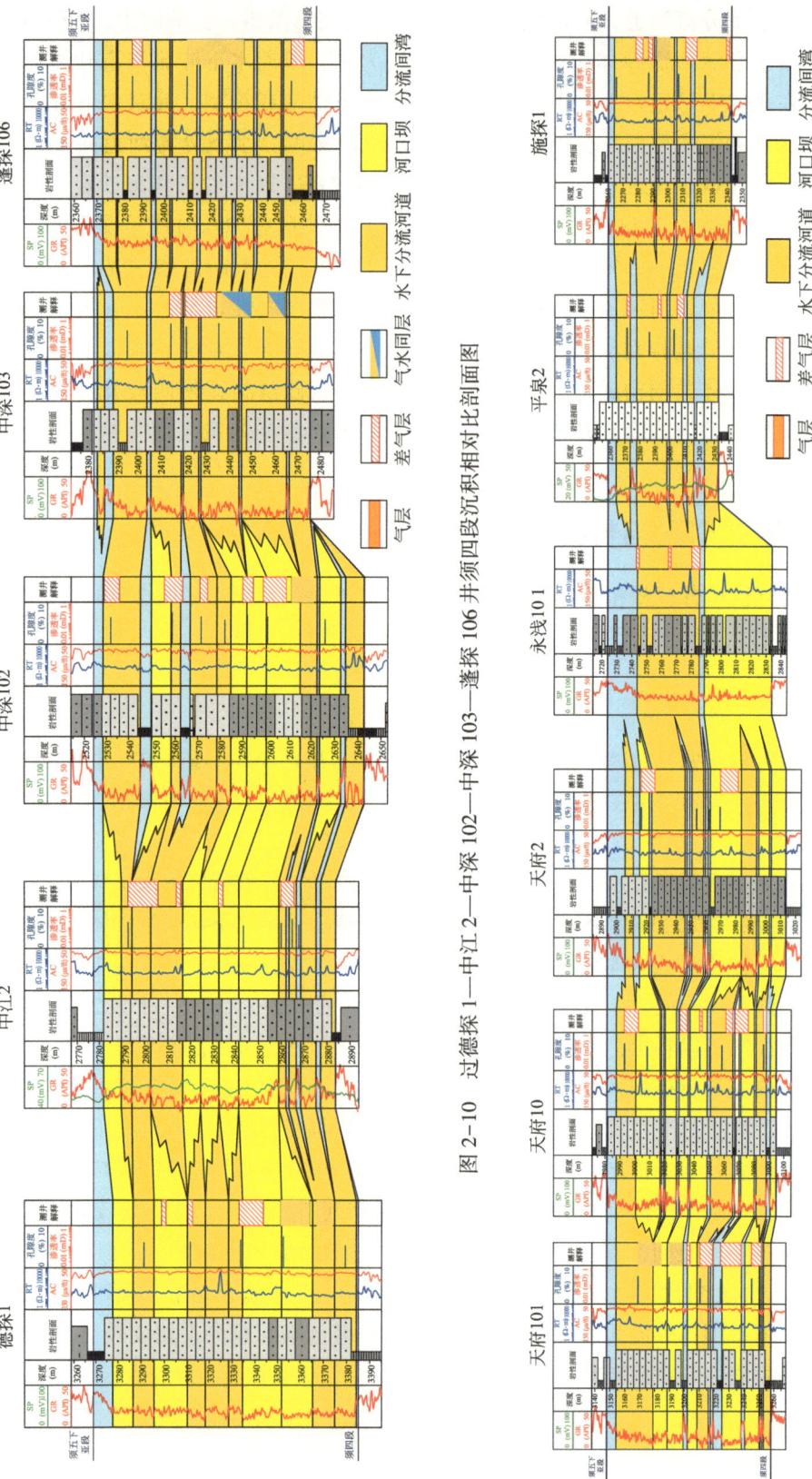

图 2-10 过德探 1—中江 2—中深 102—中深 103—蓬探 106 井须四段沉积相对比剖面图

图 2-11 过天府 101—天府 102—天府 2—平泉 1 井须四段沉积相对比剖面图

第二章 四川盆地须家河组沉积相和沉积体系平面展布特征

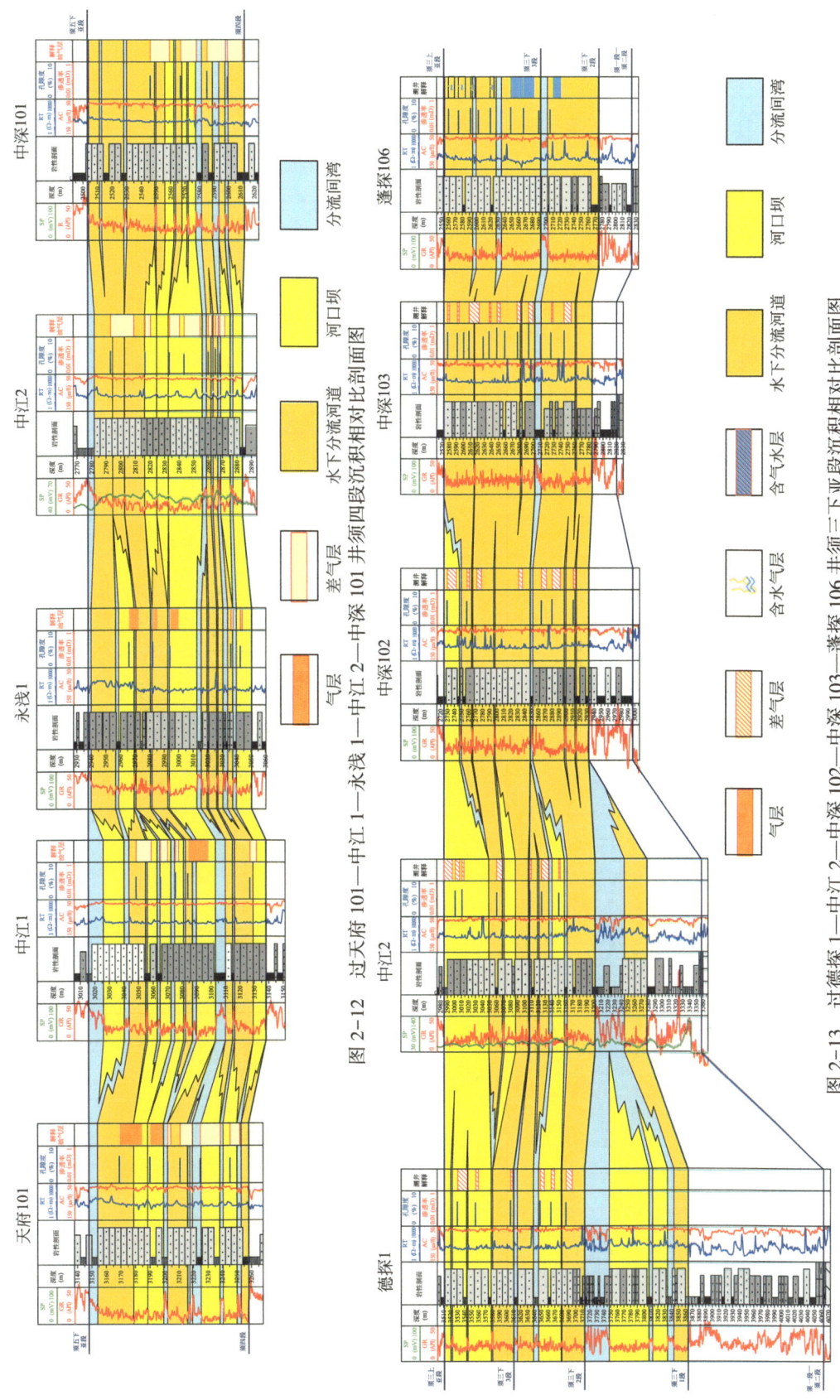

图 2-12 过天府 101—中江 2—中深 101 井须四段沉积相对比剖面图

图 2-13 过德探 1—中江 2—中深 102—中深 103—蓬探 106 井须三下亚段沉积相对比剖面图

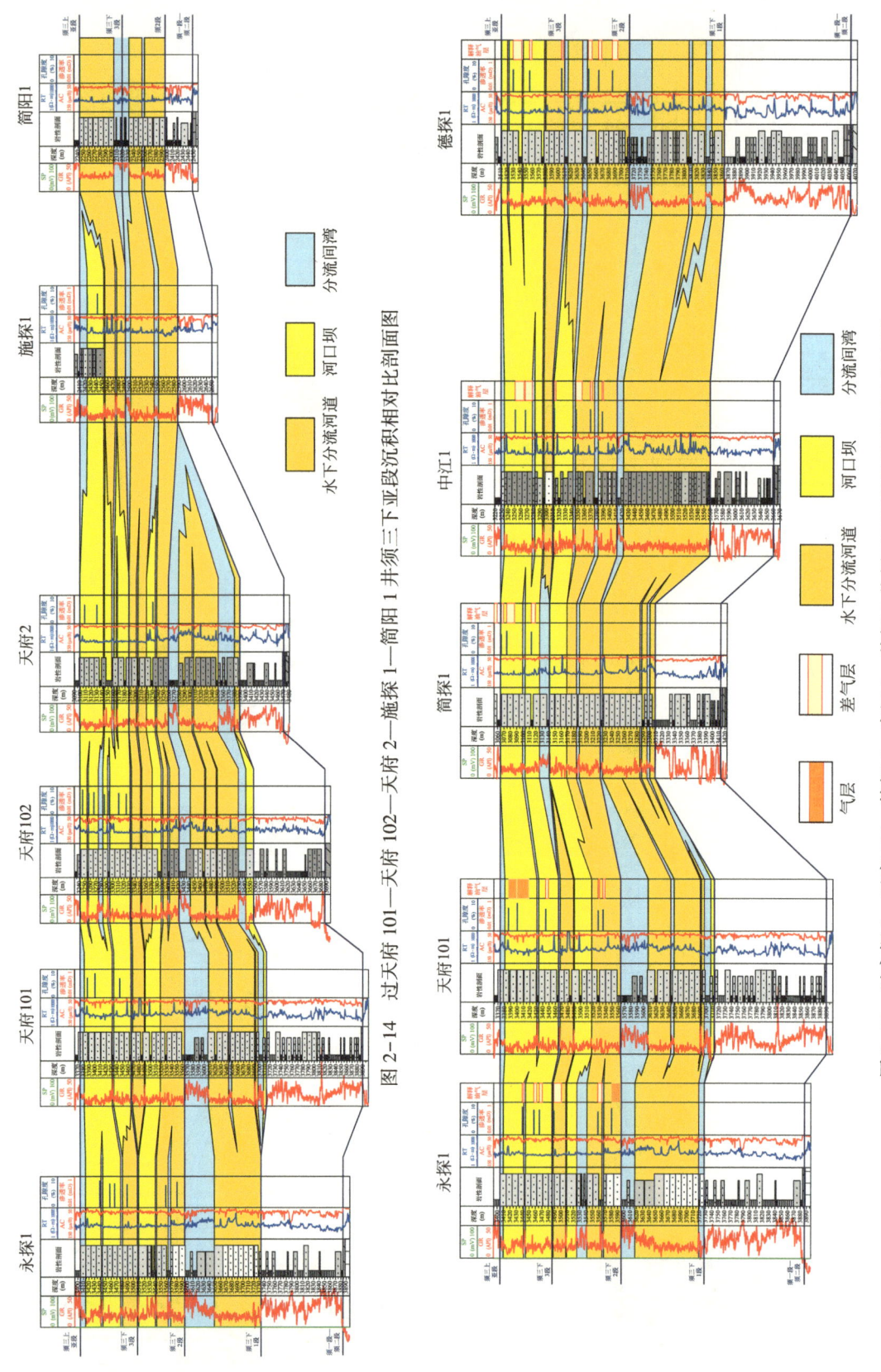

图 2-14 过天府 101—天府 102—天府 2—施探 1—简阳 1 井须三下亚段沉积相对比剖面图

图 2-15 过永探 1—天府 101—简探 1—中江 2—德探 1 井须三下亚段沉积相对比剖面图

（二）须三下亚段

从天府气区东西向过德探1—中江2—中深102—中深103—蓬探106井须三下亚段沉积相剖面图可以看出，天府气区主要发育河口坝、水下分流河道和分流间湾微相，沉积微相分布明显受坡折控制，在中深102井和中江2井之间发育坡折，坡折之上主要发育水下分流河道微相，坡折之下主要发育水下分流河道与河口坝复合砂体。坡折之下水下分流河道横向连通性好，多数与坡折之上的水下分流河道砂体彼此连通；坡折之下河口坝砂体多期次叠置连片分布，与水下分流河道砂体交替发育，单期河口坝砂体厚度变化较大，但非均值性强，中间夹多期分流间湾微相泥岩。从东西向过天府101—天府102—天府2—施探1井—简阳1井须三下亚段沉积相剖面图可以看出，天府气区主要发育河口坝、水下分流河道和分流间湾微相，沉积微相分布明显受坡折控制，在天府2井和平泉2井之间发育坡折，坡折之上主要发育水下分流河道微相，坡折之下主要发育水下分流河道与河口坝复合砂体。坡折之下水下分流河道横向连通性好，多数与坡折之上的水下分流河道砂体彼此连通；坡折之下河口坝砂体多期次叠置连片分布，与水下分流河道砂体交替发育，单期河口坝砂体厚度变化较大，但非均值性强，中间夹多期分流间湾微相泥岩。从南北向过永探1—天府101—简探1—中江1—德探1井连井沉积相对比剖面图可以看出，该5口井均位于坡折带之下，须三下亚段主要发育水下分流河道、河口坝与分流间湾微相，大面积叠置连片发育，垂向上相变较快，非均质性强，具备形成规模岩性气藏的有利条件。

第二节 沉积体系平面展布特征

晚三叠世沉积相的展布与多重地质因素相关，其中与物源供给系统的脉动性（周期性）供源强度有十分明显的关系。由于周缘山系（物源系统）的活动强度直接影响到盆地内沉积相类型及其分布，而周缘山系的不均衡运动，使同一类型的沉积体系在盆地内不同地区的发育规模差异性较大。总体来讲，须一期、须三上亚期、须五期，盆地以相对平静为特征，周缘山系的供源强度低，盆地内以滨浅湖沉积体系相对发育，三角洲体系、河流体系退缩至盆地边缘，这一时期的冲积扇不发育，是须家河组烃源岩形成的主要时期。须三下亚期、须四期和须六期，周缘山系活动加剧，供源充分，盆地处于过饱和状态，冲积扇广布于盆地西北部、北部。同时，三角洲体系及河流体系相对发育，湖泊沉积体系仅仅分布在盆地西南部。这一时期是储层发育的主要时期。

须三下亚段：须三下亚段沉积期，沉降中心位于川西坳陷，发育滨浅湖背景下扇三角洲和辫状河三角洲沉积体系，砂体分布面积广，累计厚度大，通常介于160~200m，最大可达250m，其分布主要受坡折带控制，坡折带之下砂体累计厚度大，坡折带之上砂体厚度相比坡折之下变小，但累计厚度仍然可达120m以上（图2-16）。从砂地分布来看，坡折之下的平台区与坡折之上的沟谷分布区，砂地比值高，通常在80%以上，而在沟谷之间和平台区

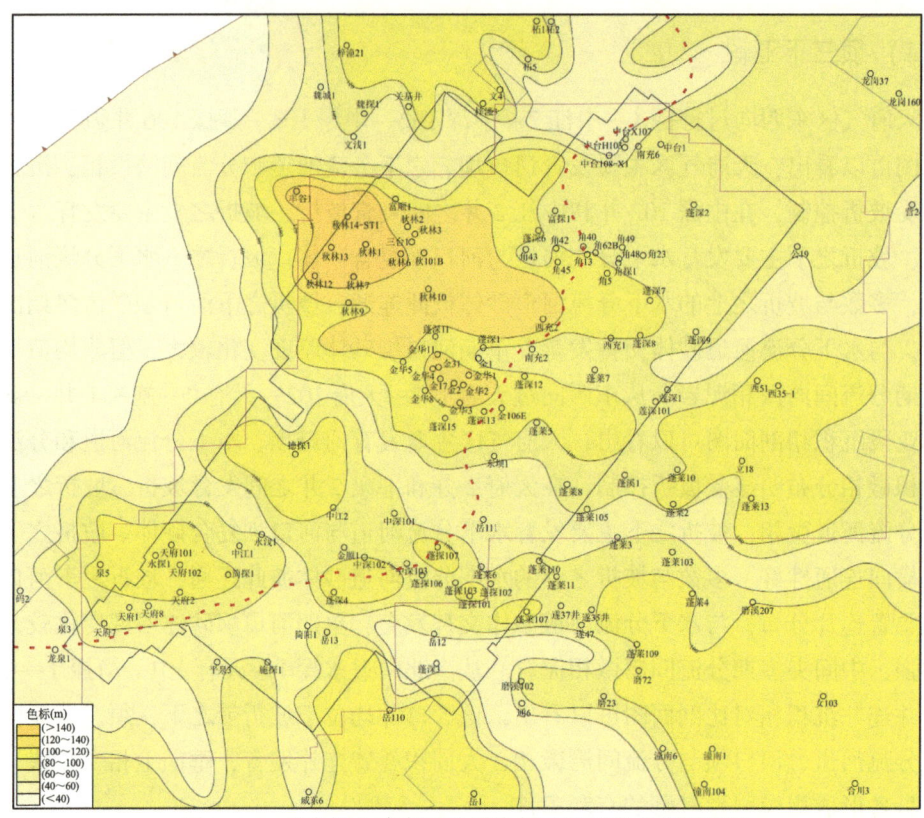

图 2-16 川中核心建产区及周缘须三下亚段砂岩厚度图

主砂体卸载区之外，砂地比值相对较低，通常介于 60%~80%（图 2-17）。与须二段相比，这一时期的三角洲前缘规模得到极大地发展，分布面积大为扩张。其中川西地区主要发育扇三角洲沉积体系，受沉降中心分布范围影响，扇体总体延伸范围小。东部和南部发育大型辫状河三角洲沉积体系，三角洲延伸距离远，分布面积广（图 2-18）。可进一步划分为三大辫状河三角洲沉积体系，分别为营山—广安辫状河三角洲、潼南—合川三角洲以及南部的宜宾—威远三角洲。三角洲规模均较大，自东部、北部和南部不断进积至湖盆坳陷区，延伸距离可达 400km。在宜宾—大足—邻水—梁平—宣汉—通江—南江一线以东、以北地区，主要发育辫状河三角洲平原亚相，而在该线以西直至川西地区，主要发育辫状河三角洲前缘亚相。辫状河三角洲前缘亚相可进一步细分为三角洲内前缘带和三角洲外前缘带。三角洲内前缘带主要分布于雅安—威远—安岳—潼南—南充—旺苍一线以东，以多期次叠置的水下分流河道微相砂体为主；该线以西主要发育辫状河三角洲外前缘带，以水下分流河道和河口坝微相复合砂体为主。

须四段：联系到盆地西部的松潘—甘孜海槽的发展演化，由于松潘—甘孜海槽的褶皱回返，波及四川盆地，使盆缘山系活动加强，物源供给充分，特别是盆地西北部的物源供给系统发生重大变化。这一时期的安县运动可能是松潘—甘孜海槽褶皱回返运动在盆地的局部构造运动，因此，安县运动对四川盆地而言是一次相对较大的构造运动。而对上扬子地区或四川地区，归宗于松潘—甘孜海槽的构造运动可能更确切一些——松潘—甘孜海槽褶皱山系的东界即为龙门山北段。但无论如何，这次运动对盆地的影响是明显的，主要表现在以下几方面。

第二章 四川盆地须家河组沉积相和沉积体系平面展布特征

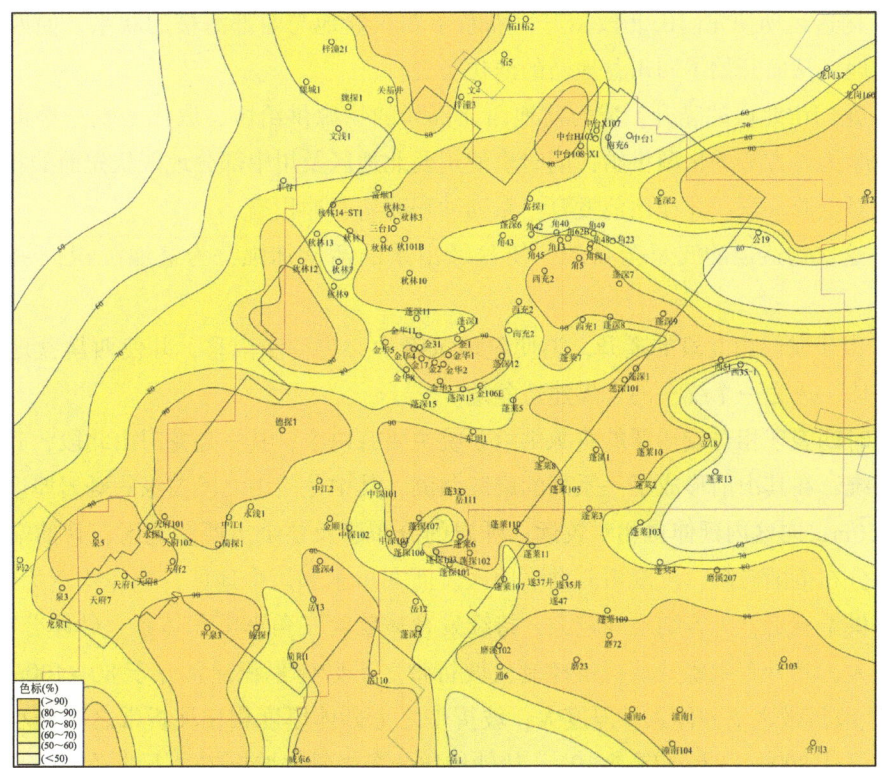

图 2-17 川中核心建产区及周缘须三下亚段砂地比图

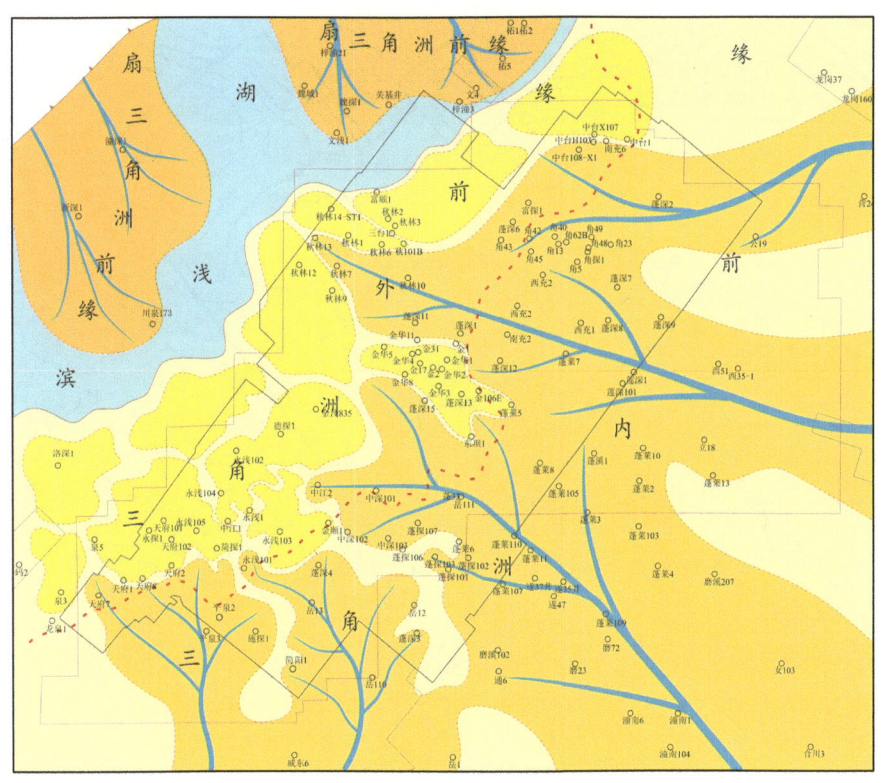

图 2-18 川中核心建产区及周缘须三下亚段沉积相图

（1）构造运动使龙门山北段抬升，隔断了四川盆地与西部海槽的联系，使四川盆地成为内陆盆地，从而开始了四川盆地新的演化历史。

（2）龙门山北段的隆升，成为盆地西北部新的物源供给区，取代了晚三叠世早中期秦岭山地及摩天岭古陆的物源供给，同时也使川西北地区及川中部分地区从先前的相对远源沉积变为相对近源沉积，并在山前发育一系列冲积联扇及冲积扇。

（3）这次构造运动波及全盆地，使盆缘山系的活动加强，为盆地沉积提供了充足的物源。

（4）由于龙门山北段的隆升，迫使盆地沉降中心进一步南移，并使西昌盆地与四川盆地联为一体，成为一个统一的含煤建造盆地。

这一时期表现相对较活跃的物源供给系统主要有两个，其一是龙门山北段，其二为大巴山物源系统，在其山前形成了一系列的扇三角洲，其中龙门山北段前缘的砾岩厚度的最大残厚可达260m，向盆内延伸也相对较远，砾岩的分布遍及整个川西北地区，其前端形成舌状分布，但分布范围有限，仅限川西坳陷地区。而在川东和川中地区，整体构造为斜坡背景，由于物源供给充足，可容纳空间较大，持续发育辫状河三角洲沉积体系。砂体分布面积广，累计厚度大，其分布主要受坡折带控制，坡折带之下砂体累积通常介于80~100m，最大可达140m，坡折带之下砂体累计厚度大，坡折带之上砂体厚度相比坡折带之下变小，但累计厚度仍然可达800m以上（图2-19）。从砂地比分布来看，坡折带之下的平台区与坡折带之

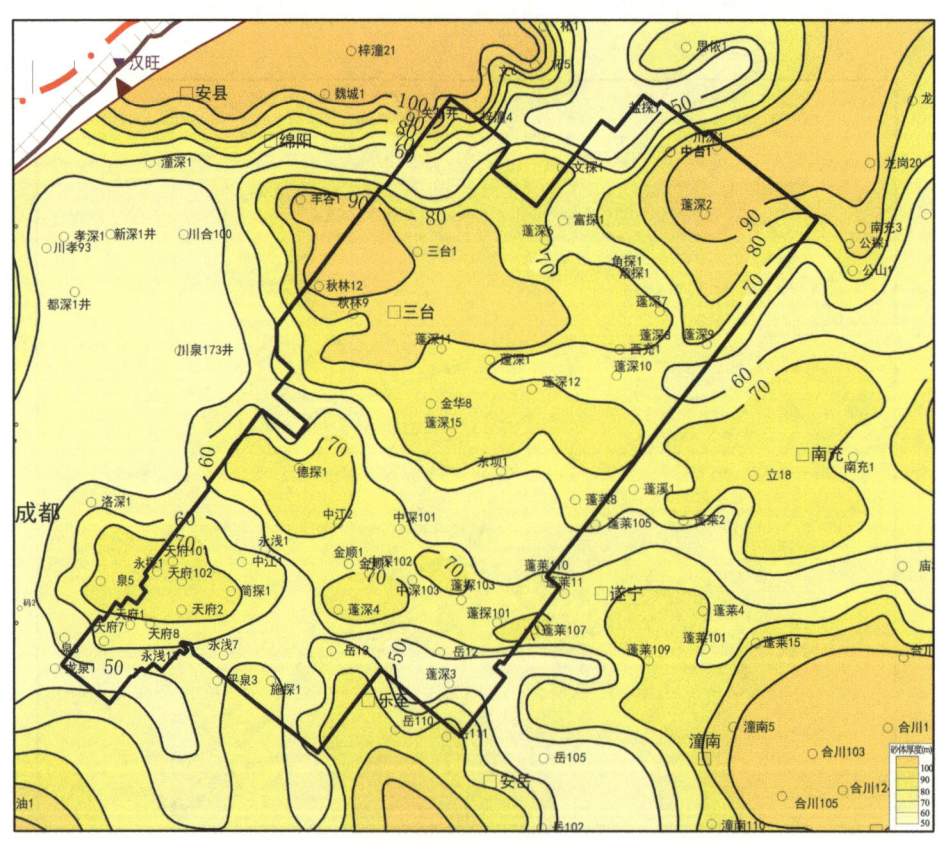

图2-19　川中核心建产区及周缘须四段砂体厚度图

上的沟谷分布区，砂地比值高，通常在80%以上，而在沟谷之间和平台区主砂体卸载区之外，砂地比值相对较小，通常介于60%~80%（图2-20）。

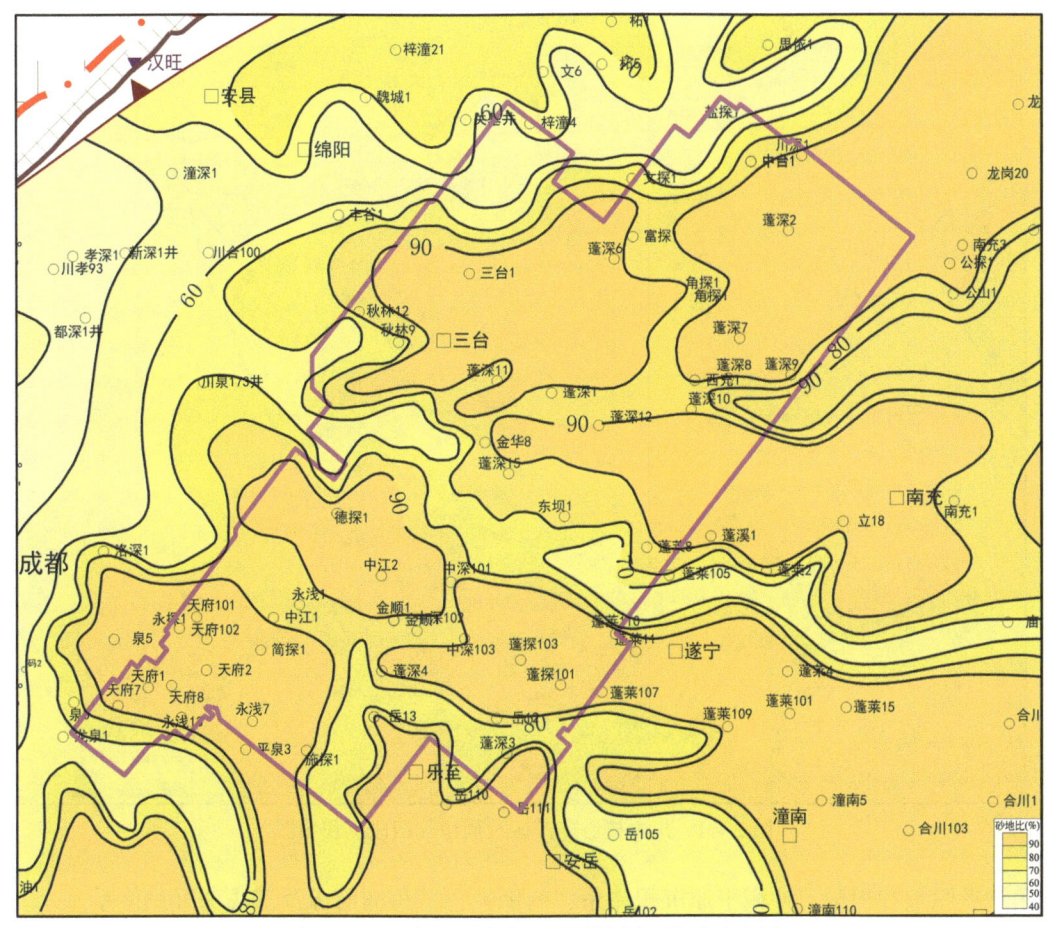

图2-20 川中核心建产区及周缘须四段砂地比图

三角洲由川北、川东和川南不断向川西沉降中心进积，共计发育四大辫状河三角洲沉积体系，分别为宜宾—威远三角洲、合川—潼南三角洲、达州—南充三角洲以及北部的巴中—八角场三角洲，这四大辫状河三角洲构成了盆地内部满凹富砂的沉积格局（图2-21），在马边—宜宾—泸州—重庆—长寿—梁平—平昌—巴中一线以南、以东和以北地区，主要发育三角洲平原沉积亚相，而向盆地内部，大面积发育三角洲前缘亚相，可细分为三角洲内前缘带和三角洲外前缘带。三角洲内前缘带主要分布于乐山—安岳—遂宁—南充以东，以多期次叠置的水下分流河道微相砂体为主；该线以西主要发育辫状河三角洲外前缘带，以水下分流河道和河口坝微相复合砂体为主。

大巴山前缘也形成了一系列冲积扇，其发育厚度虽不如川西北地区，但分布面较广，在山前的万源、开县、宣汉、达州一带均有厚度大于10m的砾岩，在华蓥山北段，其底部也发育一层砾岩，但厚度不大。此外，在南江地区也发育小规模的冲积扇。

由于供源充足，盆地可容纳空间较低，湖盆沉积水体范围变小，其水体边界位于什邡金河—川中金华—公山庙—营山—大竹—垫江—石龙峡—赤水—南广—马边一带，其外围发育

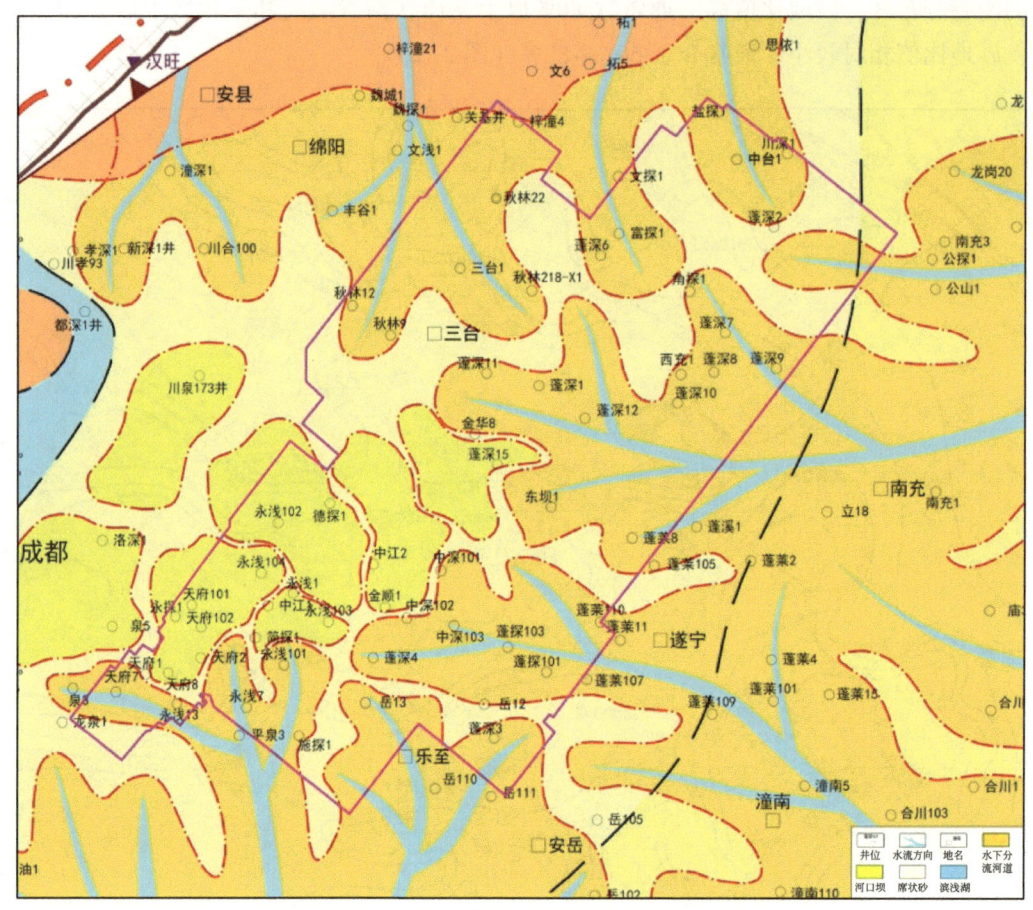

图 2-21　川中核心建产区及周缘须四段沉积相图

三角洲平原及冲积扇、冲积平原沉积体系，内侧发育三角洲前缘及滨浅湖沉积体系。

八角场三角洲体系是这一时期发育规模最大的三角洲体系，分布范围广，跨越川西和川中地区，分布在绵阳、中江、金堂、简阳、乐至、遂宁、南充、三台、盐亭、梓潼等地，其中三台以北地区为三角洲平原，以南为三角洲前缘。

广安三角洲体系分布在达州、宣汉、渠县、大竹、营山、广安、邻水等地，在大竹—渠县以北为三角洲平原，以南为三角洲前缘。

川中地区南部的三角洲体系表现为多分流河道及多分流河道间湾，反映了供源通道的多样性，但总体上物源系统为江南古陆。除螺观山—永川—合江一带为滨湖沉积外，其余在宜宾—泸州—江津—长寿—合川—安岳—威远等广大地区均为三角洲体系，至少发育四条较大规模的分流河道：宜宾—自贡—威远；古蔺—泸州—隆昌；綦江—重庆—大足；涪陵—长寿—合川。这四条分流河道向盆内的包界—潼南等地，合并叠置，平面上连成一片，形成大面积水下分流河道砂岩。

川中地区须四段纵向上可进一步划分出2个中期旋回，分别对应须四段上亚段和下亚段，并分别研究其沉积相变化。

川中地区须四下亚段以三角洲前缘相的水下分流河道占绝对优势，其中八角场三角洲体系主要分布在三台、盐亭、西充、蓬溪、遂宁、乐至等大范围，而荷包场三角洲体系分布在内江、大足、安岳、合川等地，有四个分支间湾夹于其中，广安三角洲体系分布在营山、渠县、广安等地，三个三角洲体系之间为河口坝微相。在西充以北、仪陇以南有小范围的滨湖相分布。在中江、乐至、资中、自贡一线以西为浅湖相分布区。

须四上亚段和下亚段相比，川中北部的三角洲体系略有缩小，而南部三角洲体系规模有所扩大，但沉积体系分布格局具有相似性。川中南部地区的三角洲前缘进一步向西发展，其前端延伸至资阳一带。

第三章
四川盆地须家河组烃源岩及生烃潜力评价

第一节
烃源岩有机质丰度特征

总有机碳（TOC）含量、热解参数是烃源岩地球化学特征中评价生烃潜力的重要参数指标，据前人研究，煤系地层烃源岩常具有较宽的 TOC 含量范围，常从 TOC 含量低于 0.5% 连续分布至优质煤的 TOC 含量最高值。就泥岩而言，TOC 含量的主要分布范围从 0.5% 至 30%（TOC 含量=30% 为煤的下限标准）。本次在前期研究基础上，新补充了 1125 个岩心（屑）样品，并对 19 口井进行了系统采样，通过实验分析得到 1500 多个 TOC 含量、热解等数据，以此为基础，开展了须家河组烃源岩地球化学特征综合研究。

钻井资料揭示须一段至须六段均发育烃源岩，主要为暗色泥岩，并夹有碳质泥岩和煤层，利用系统采样分析的 11 口单井，结合测井计算的 96 口井，分析了须家河组烃源岩有机质分布特征，总体上看，须一段—须二段、须三段、须五段烃源岩有机质丰度高，分布范围广，是主力烃源岩层段。须四段和须六段以砂体为主，部分地区发育泥岩或煤等较高丰度烃源岩，具有一定生气潜力，但厚度薄、分布范围小，是次要烃源岩层段。

一、典型单井地球化学剖面特征

（一）天府 101 井地球化学剖面特征

天府 101 井位于川西南部下斜坡带，不同层段 TOC 含量存在较大差异（图 3-1）。总体来看，须五段烃源岩较为发育，厚度大（284m），有机质丰度高（2.1%），且碳质泥岩发育，生烃潜力大，须三段、须一段—须二段次之。

须五段泥岩厚度 284m，TOC 含量为 0.32%~5.51%，平均 2.1%；碳质泥岩厚度 26m，平均 TOC 含量达 12.4%。须四段泥岩厚度 19m，平均 TOC 含量为 1.65%。须三上亚段泥岩厚度 92m，TOC 含量为 0.46%~4.0%，平均 1.36%；发育约 13m 碳质泥岩，平均 TOC 含量达 8.02%。须三下亚段泥岩厚度 64m，TOC 含量为 0.69%~4.77%，平均达 1.42%。须一段—须二段泥岩厚度约 78m，TOC 含量为 0.61%~1.74%，平均为 1.07%。整体上看，天府 101 井烃源岩标准达到中等—好。

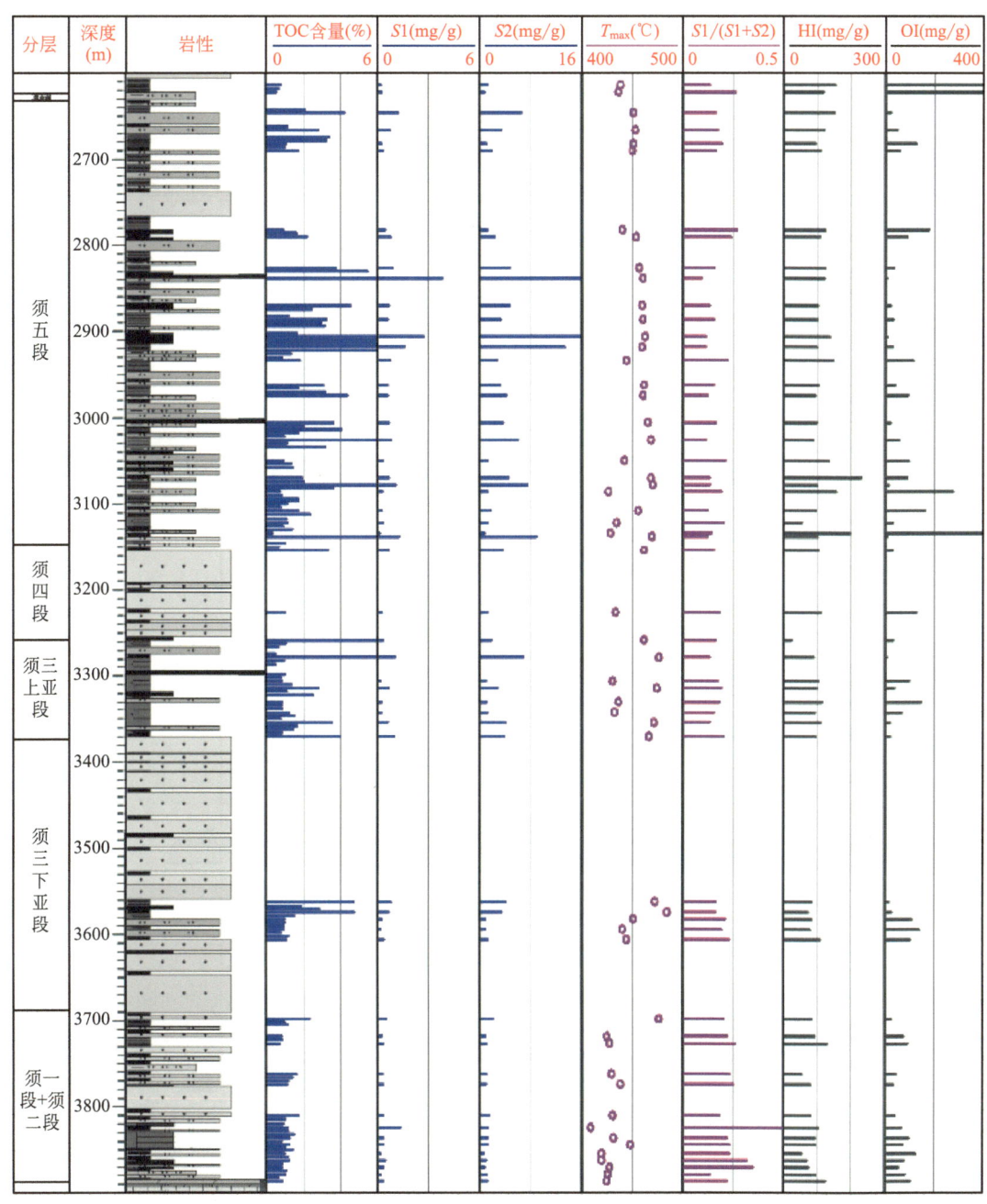

图 3-1 天府 101 井须家河组地球化学综合柱状图

（二）龙岗 20 井地球化学剖面特征

龙岗 20 井须一段—须二段泥岩丰度高（TOC 含量为 4.6%），且碳质泥岩较发育，生烃潜力大；其次为须五段（厚度为 112m，平均 TOC 含量约为 2.49%）和须三段（图 3-2）。须六段砂岩层中夹薄层泥岩，累计厚度 11m。须五段泥岩厚度约为 112m，TOC 含量为 0.47%~5.88%，平均为 2.49%；发育 10m 厚的碳质泥岩，平均 TOC 含量达 6.46%。须三上亚段泥岩厚度59m，TOC含量为0.71%~2.21%，平均为1.45%。须三下亚段泥岩厚32m，TOC含量为1.46%~3.14%，平均为2.5%。须一段—须二段泥岩厚度65m，TOC含量为1.79%~5.26%，平均为4.6%；发育厚22m碳质泥岩，平均TOC含量达14.08%。

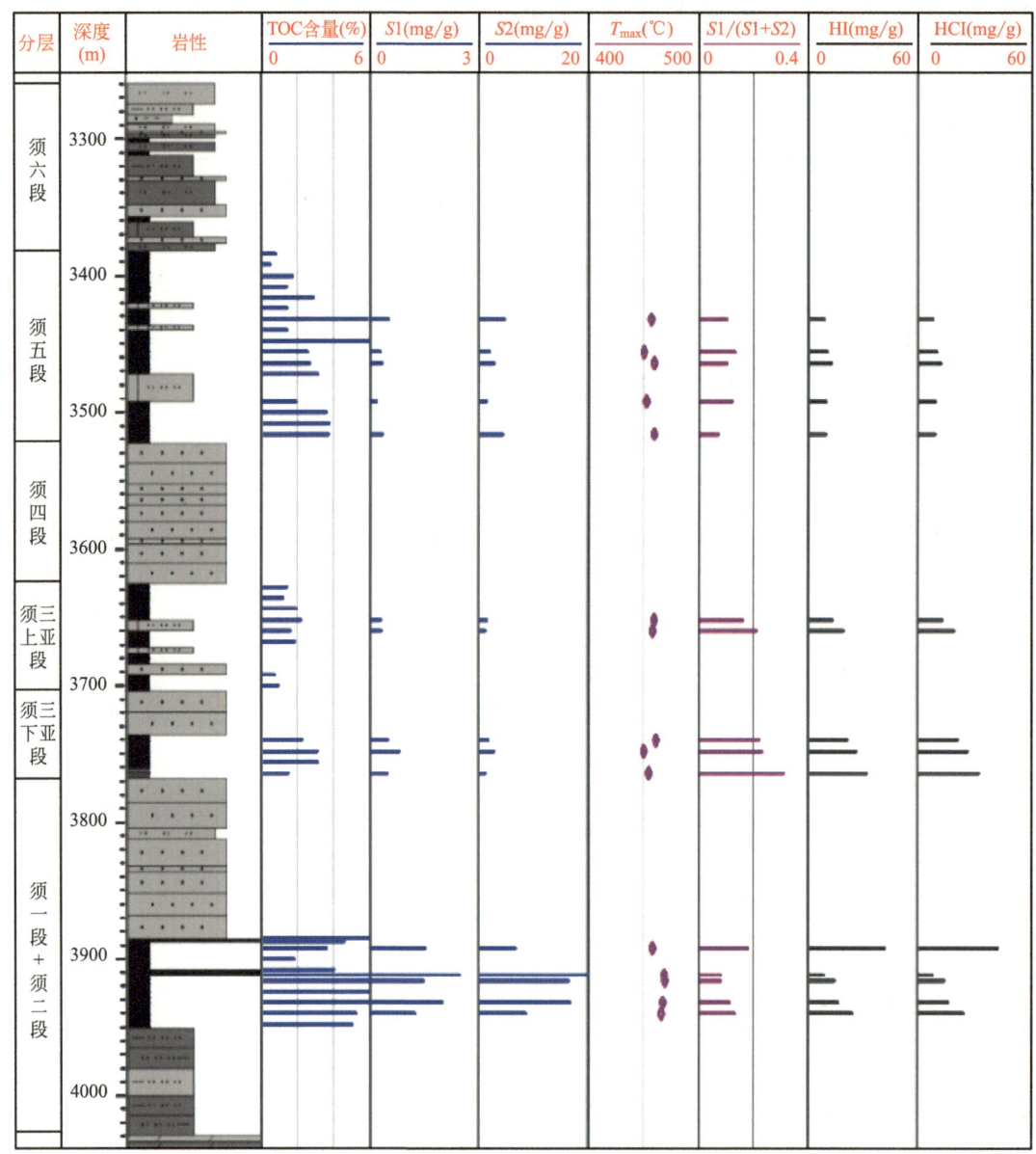

图 3-2　龙岗 20 井须家河组地球化学综合柱状图

（三）南充 6 井地球化学剖面特征

南充 6 井须五段烃源岩较为发育，厚度大约 121m，有机质丰度高（TOC 含量为 1.73%），生烃潜力大；须三段和须一段—须二段次之（图 3-3）。

须六段局部发育较高丰度烃源岩岩，累计厚度 18m，TOC 含量为 1.38%~5.52%，平均

第三章 四川盆地须家河组烃源岩及生烃潜力评价

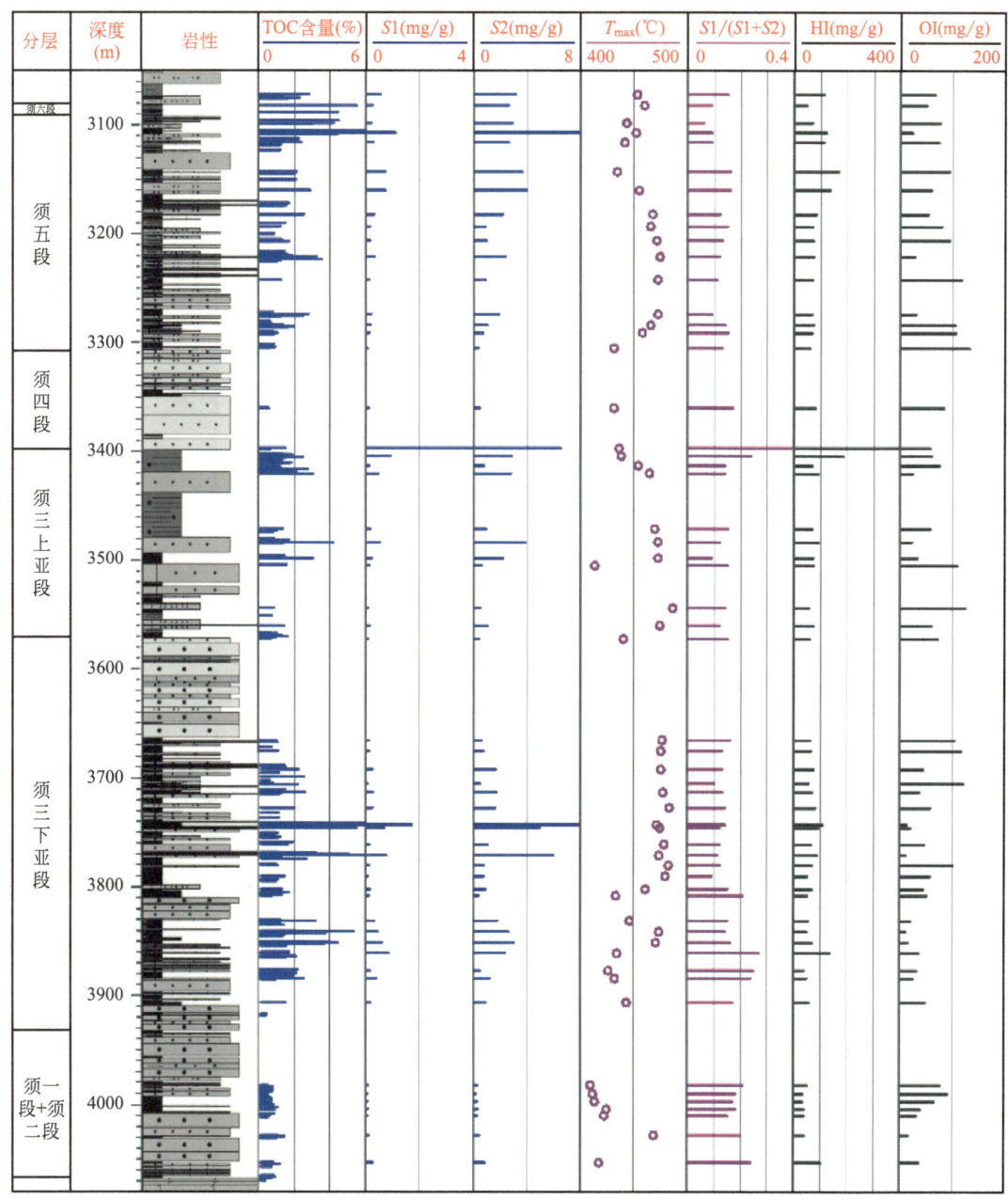

图 3-3　南充 6 井须家河组地球化学综合柱状图

为 3.0%。须五段泥岩厚度约为 118m，TOC 含量为 0.59%～4.5%，平均为 1.73%；碳质泥岩厚 8m，平均 TOC 含量约 7.3%。须四段泥岩厚度约为 8m，TOC 含量为 0.43%～1.5%，平均为 0.79%。须三上亚段泥岩厚度约为 101m；发育近 1m 厚的煤层，TOC 含量为 0.62～4.2%，平均为 1.51%。须三下亚段泥岩厚度为 146m，TOC 含量为 0.61%～2.58%，平均含量约 1.32%；碳质泥岩厚 12m，平均 TOC 含量为 8.8%。须一段—须二段泥岩厚度为 36m，TOC 含量为 0.38%～5.38%，平均约 1.34%。

(四) 角探 1 井地球化学剖面特征

角探 1 井区须五段烃源岩发育，厚度大（147m），有机质丰度高（TOC 含量为 1.8%），碳质泥岩发育，生烃潜力大；须三段和须一段—须二段次之（图 3-4）。

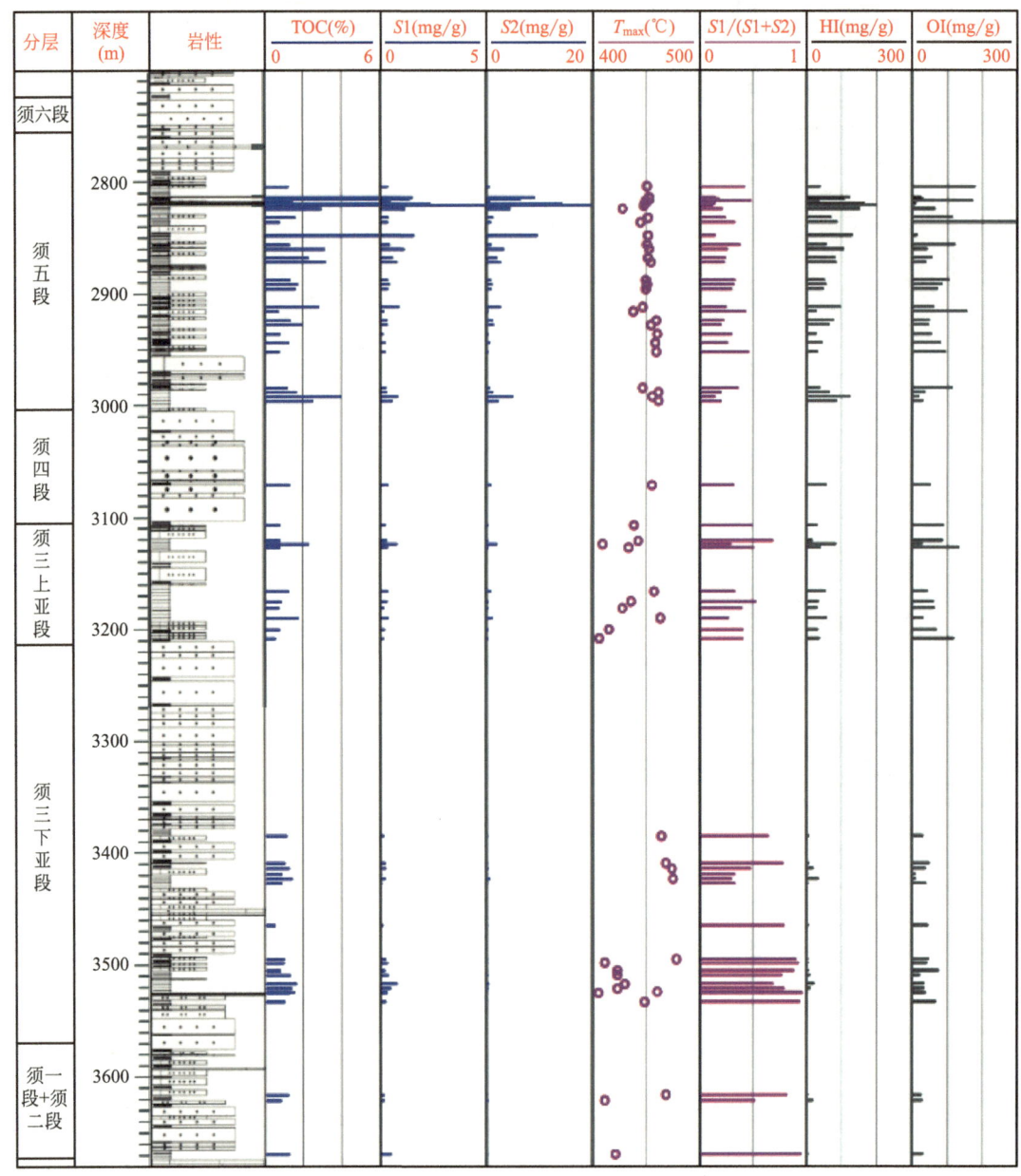

图 3-4　角探 1 井须家河组地球化学综合柱状图

须五段泥岩厚度为 147m，TOC 含量为 0.67%～3.95%，平均为 1.8%；碳质泥岩厚 11m，平均 TOC 含量为 10.1%。须四段砂层中夹薄层泥岩，累计厚度 10m，TOC 含量约为 1.2%。须三上亚段泥岩厚度约 62m，TOC 含量为 0.53%～2.31%，平均含量为 1.06%。须三下亚段泥岩厚约 94m，TOC 含量为 0.5%～1.65%，平均约 1.12%。须一段—须二段泥岩厚度为38m，TOC含量约为1.1%。

（五）天府1井地球化学剖面特征

天府1井须五段烃源岩较为发育（252m），平均TOC含量达1.73%，且碳质泥岩发育，须三下亚段烃源岩有机质丰度高（TOC含量达2.72%），须一段—须二段较低（图3-5）。

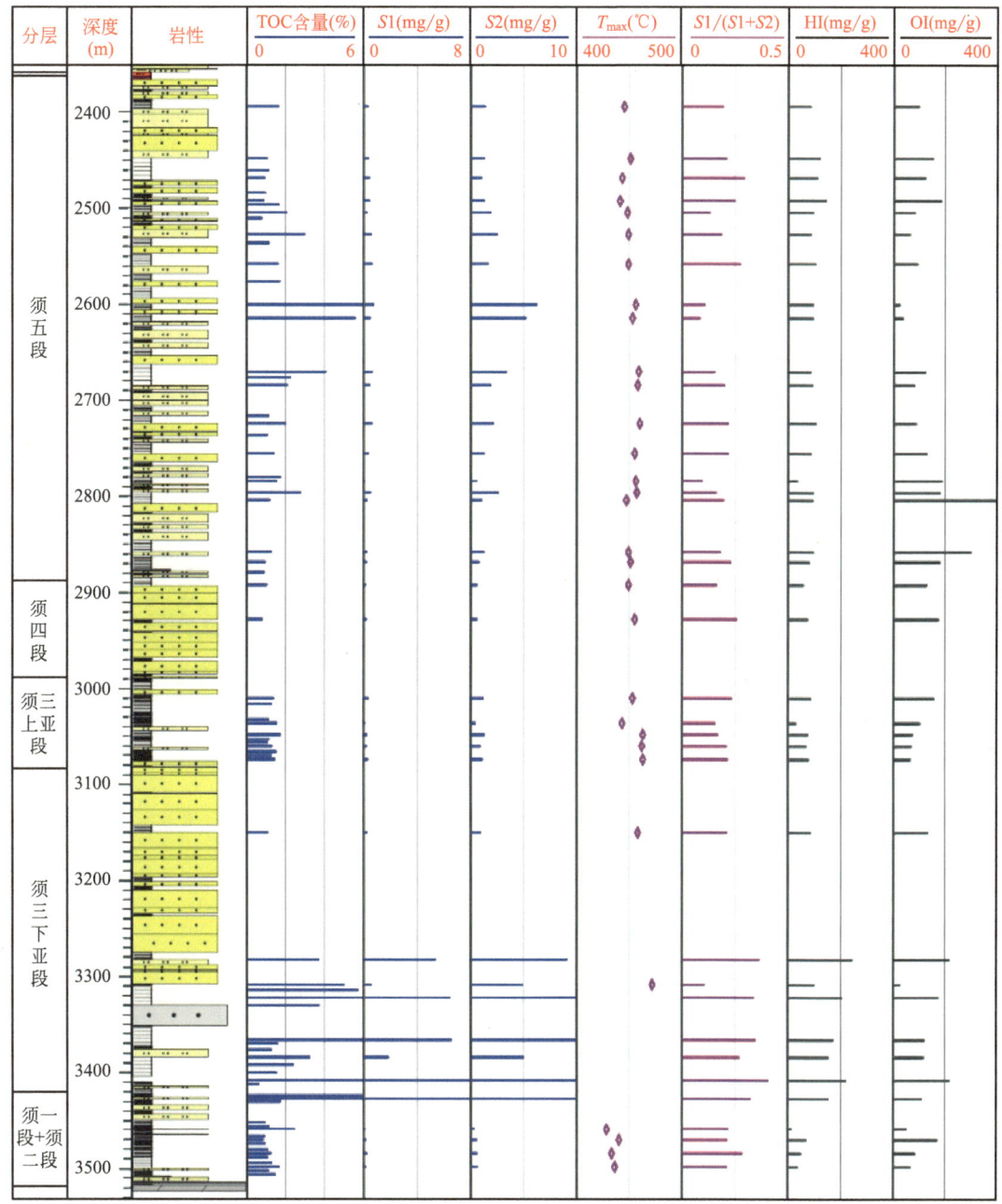

图3-5 天府1井须家河组地球化学综合柱状图

须五段泥岩厚度为252m，TOC含量为0.75%~5.63%，平均为1.73%；发育约14m碳质泥岩，平均TOC含量达9.85%。须四段砂岩中夹薄层泥岩，累计厚度约22m；TOC含量达0.91%。

须三上亚段泥岩厚度 77m，TOC 含量为 1.05%～1.73%，平均为 1.33%。须三下亚段泥岩厚度 87m；TOC 含量为 0.59%～5.76%，平均为 2.72%，发育厚 15m 的碳质泥岩，平均 TOC 含量达 9.85%。须一段—须二段泥岩厚度 78m，TOC 含量为 0.82%～2.46%，平均约 1.26%。

（六）平泉 3 井地球化学剖面特征

平泉 3 井须一段至须六段均有烃源岩发育，其中须五段烃源岩最为发育，有机质丰度较高（TOC 含量为 2.06%）；须一段—须二段发育碳质泥岩及煤层，有机质丰度高，但厚度相对较薄（图 3-6）。

须六段泥岩厚度约 86m，TOC 含量为 0.49%～3.3%，平均约 1.55%。须五段泥岩厚度

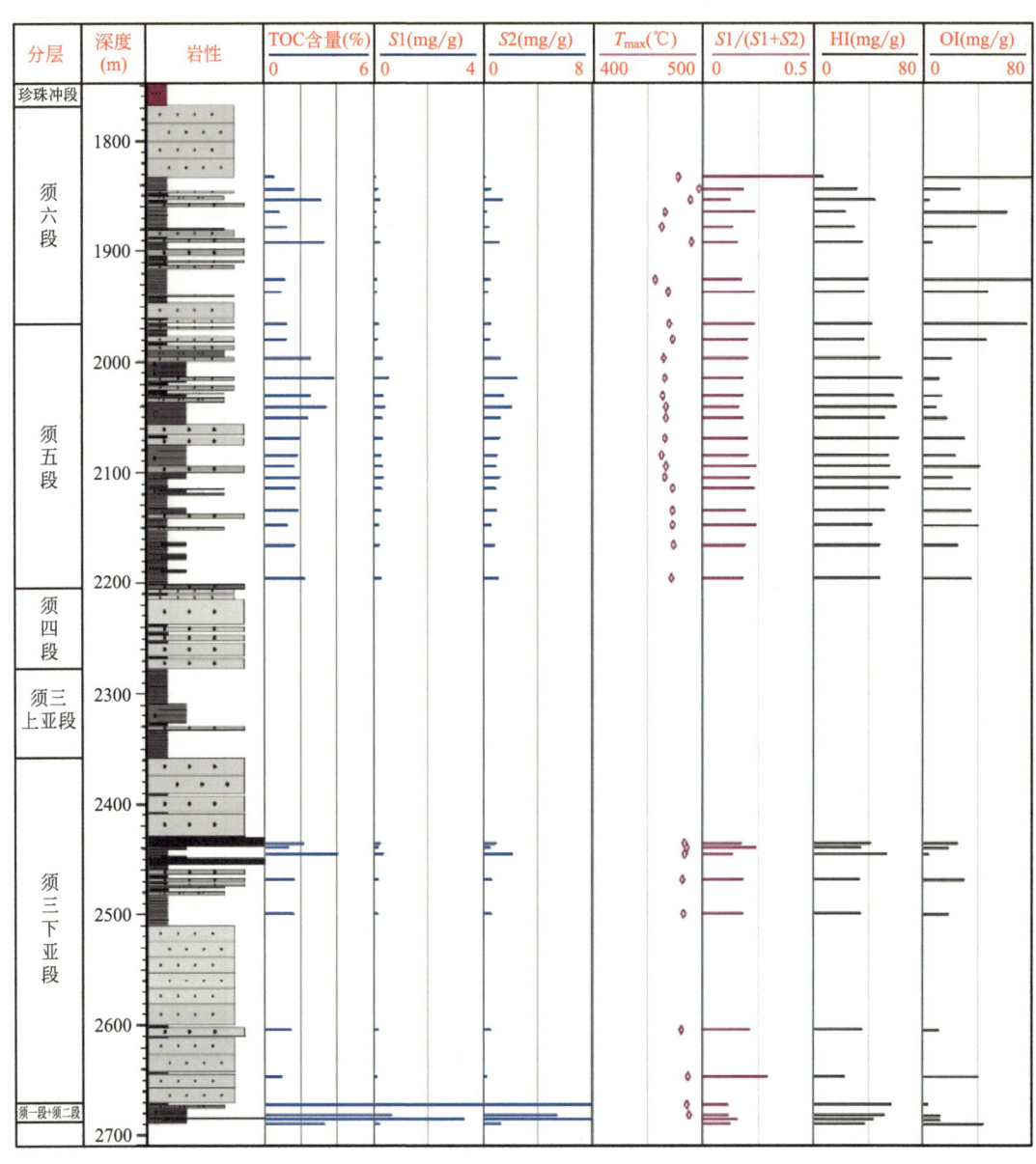

图 3-6　平泉 3 井须家河组地球化学综合柱状图

148m，TOC 含量为 1.18%~3.84%，平均约 2.06%。须四段砂岩夹薄层泥岩，累计厚度 11m。须三上亚段泥岩厚度为 78m，须三下亚段泥岩厚度 74m，TOC 含量为 0.9%~4.01%，平均约 1.86%。须一段—须二段主要发育煤层，厚度 11m，平均 TOC 含量达 32.1%。

（七）蓬莱 4 井地球化学剖面特征

蓬莱 4 井须三上亚段、须五段烃源岩厚度大，有机质丰度高，是该区主要供烃源岩层，须一段—须二段烃源岩不发育（图 3-7）。

须六段泥岩厚度 8m，TOC 含量为 0.65%~0.9%，平均为 0.78%。须五段泥岩厚度约

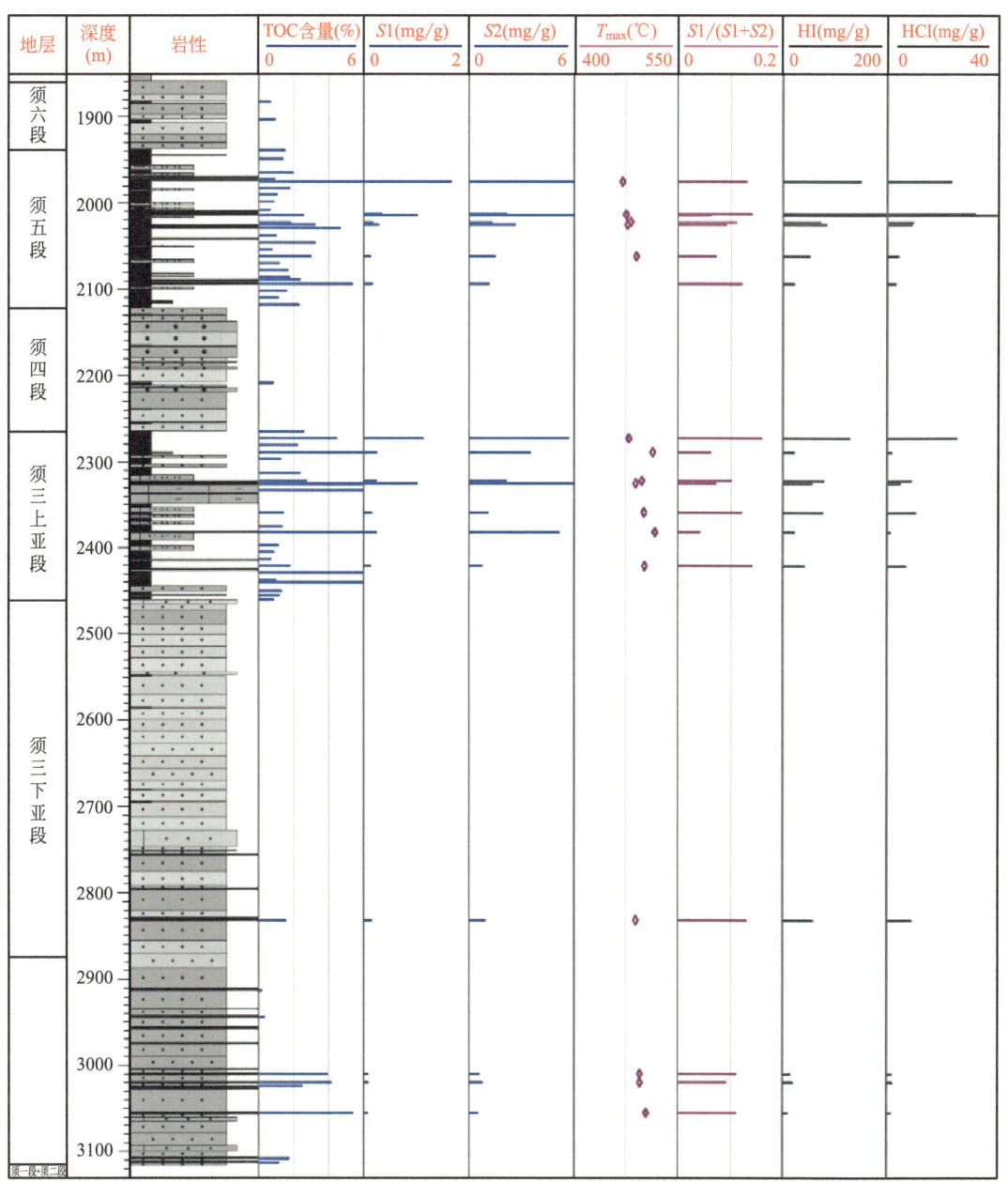

图 3-7 蓬莱 4 井须家河组地球化学综合柱状图

149m，TOC 含量为 0.61%~5.36%，平均为 1.96%；碳质泥岩发育，厚度 4m，平均 TOC 含量达 7.2%。须四段厚层砂岩中夹泥岩，累计厚度 11m，TOC 含量约 0.8%。须三上亚段泥岩厚度约为 122m，TOC 含量为 0.67%~4.46%，平均为 1.67%；碳质泥岩发育，厚度 9m，平均 TOC 含量达 14.98%。须三下亚段泥岩厚度 38m，TOC 含量为 0.12%~5.4%，平均为 2.3%。

（八）磨 208 井地球化学剖面特征

磨 208 井须一段至须六段均有烃源岩发育，须五段烃源岩厚度大（122m），且碳质泥岩发育，有机质丰度高（TOC 含量为 13.1%），生烃潜力大；须一段—须二段以及须三段均有高丰度烃源岩发育（图 3-8）。

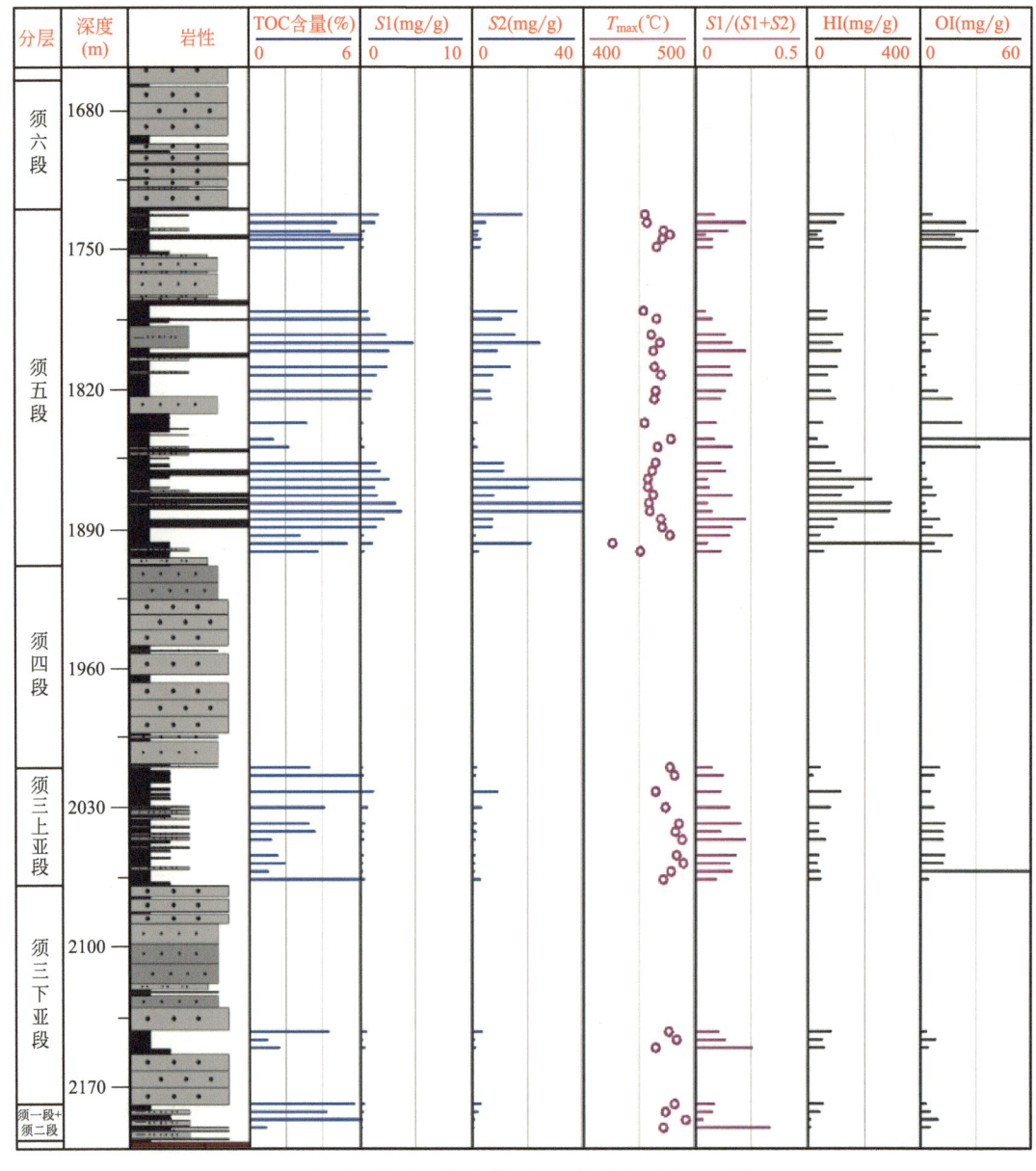

图 3-8　磨 208 井须家河组地球化学综合柱状图

须六段砂岩中夹薄层泥岩,累计厚度 9m。须五段泥岩厚度 122m,TOC 含量为 1.28%~5.31%,平均约 3.65%;碳质泥岩发育,厚度 28m,平均 TOC 含量达 13.1%。须四段砂岩中夹薄层泥岩,累计厚度 10.5m。须三上亚段泥岩厚度 49m,TOC 含量为 0.99%~4.0%,平均约 2.46%;发育厚 8m 碳质泥岩,平均 TOC 含量达 7.58%。须三下亚段泥岩厚度 19m,TOC 含量为 0.92%~5.7%,平均约 3.1%。须一段—须二段泥岩厚度 6m,TOC 含量约 2.52%;发育 2m 碳质泥岩,TOC 含量达 7.69%。

(九) 龙岗 163 井地球化学剖面特征

龙岗 163 井须一段至须六段均有不同程度烃源岩发育,但各段厚度均较薄,有机质丰度较低 (图 3-9)。

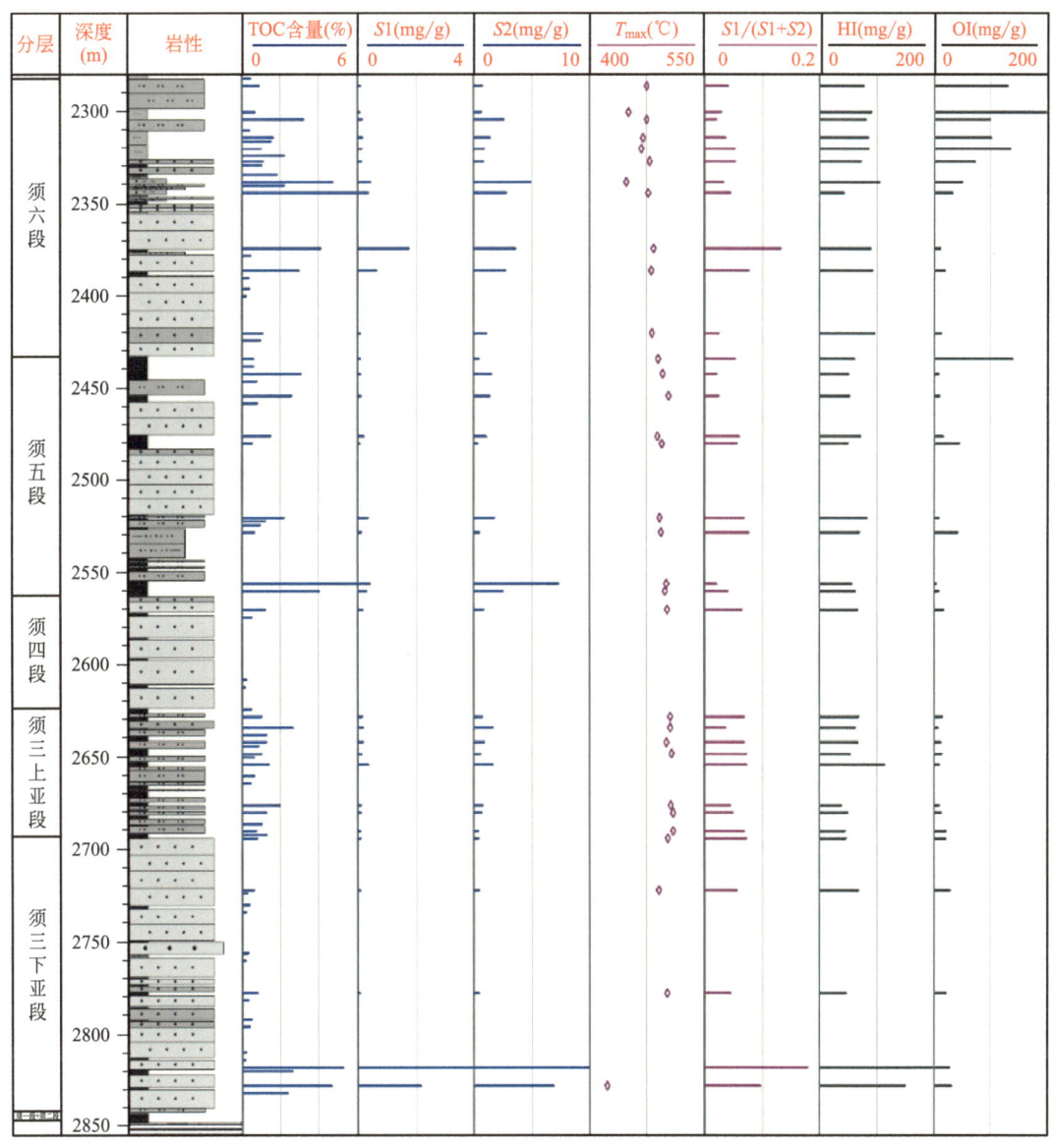

图 3-9　龙岗 163 井须家河组地球化学综合柱状图

须六段泥岩厚度31m，TOC含量为0.35%~4.72%，平均约1.62%。须五段泥岩厚度42m，TOC含量为0.51%~4.02%，平均为1.47%。须四段泥岩厚度6m，TOC含量为0.47%~1.17%，平均约0.82%。须三上亚段泥岩厚度30m，TOC含量为0.39%~2.64%，平均为1.08%。须三下亚段泥岩厚度15m，TOC含量为0.11%~5.26%，平均约1.13%。须一段—须二段发育5m厚泥岩。

（十）岳2井地球化学剖面特征

岳2井须五段烃源岩厚度大（110m），且碳质泥岩/煤层发育，生烃潜力大；须三段也有高丰度烃源岩发育，但总体厚度不大（图3-10）。

须六段泥岩厚度21m，TOC含量为0.21%~2.04%，平均为0.83%。须五段泥岩厚度

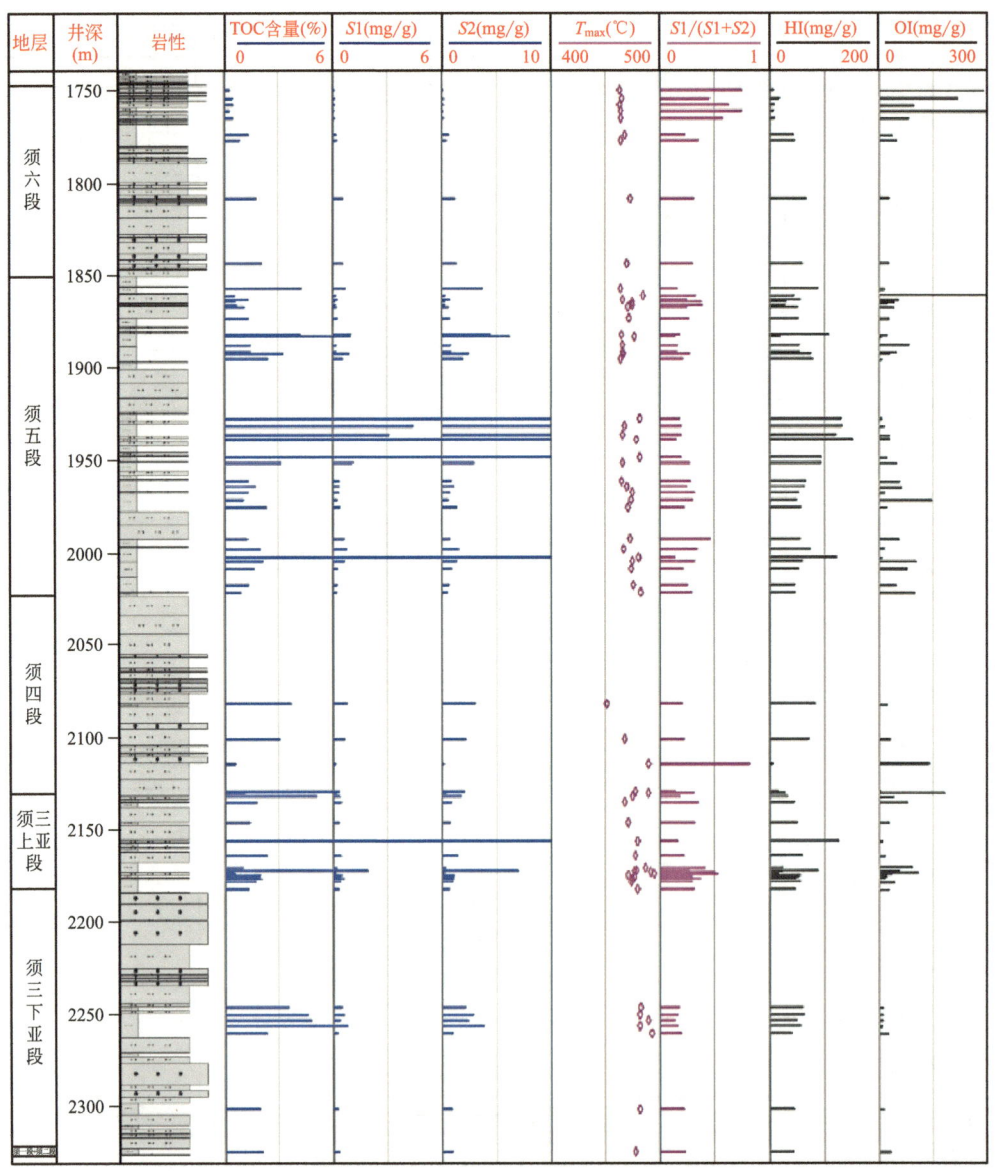

图3-10 龙岗163井须家河组地球化学综合柱状图

110m，TOC 含量为 0.51%~4.26%，平均为 1.73%；碳质泥岩发育，且夹薄煤层，厚度 22m，平均 TOC 含量高达 29.3%。须四段泥岩厚度为 2.5m，TOC 含量为 0.5%~3.68%。须三上亚段泥岩厚度为 23m，TOC 含量为 0.42%~5.13%，平均为 1.67%；发育 5m 厚碳质泥岩，夹薄煤层，平均 TOC 含量达 25.3%。须三下亚段泥岩厚度 26m，TOC 含量为 1.91%~4.77%，平均为 3.19%；发育 3m 厚碳质泥岩，TOC 含量为 6.8%。须一段—须二段发育 3m 厚泥岩。

(十一) 中深 1 井地球化学剖面特征

中深 1 井位于川西北部中坝构造上，须三上亚段烃源岩 TOC 含量为 0.57%~4.92%，平均约 1.91%。须三下亚段烃源岩 TOC 含量为 1.05%~3.65%，平均为 2.07%。须一段—须二段泥岩 TOC 含量为 0.53%~5.47%，平均为 1.17%；碳质泥岩平均 TOC 含量为 13.6%（图 3-11）。由于该井资料不全，未做厚度统计。

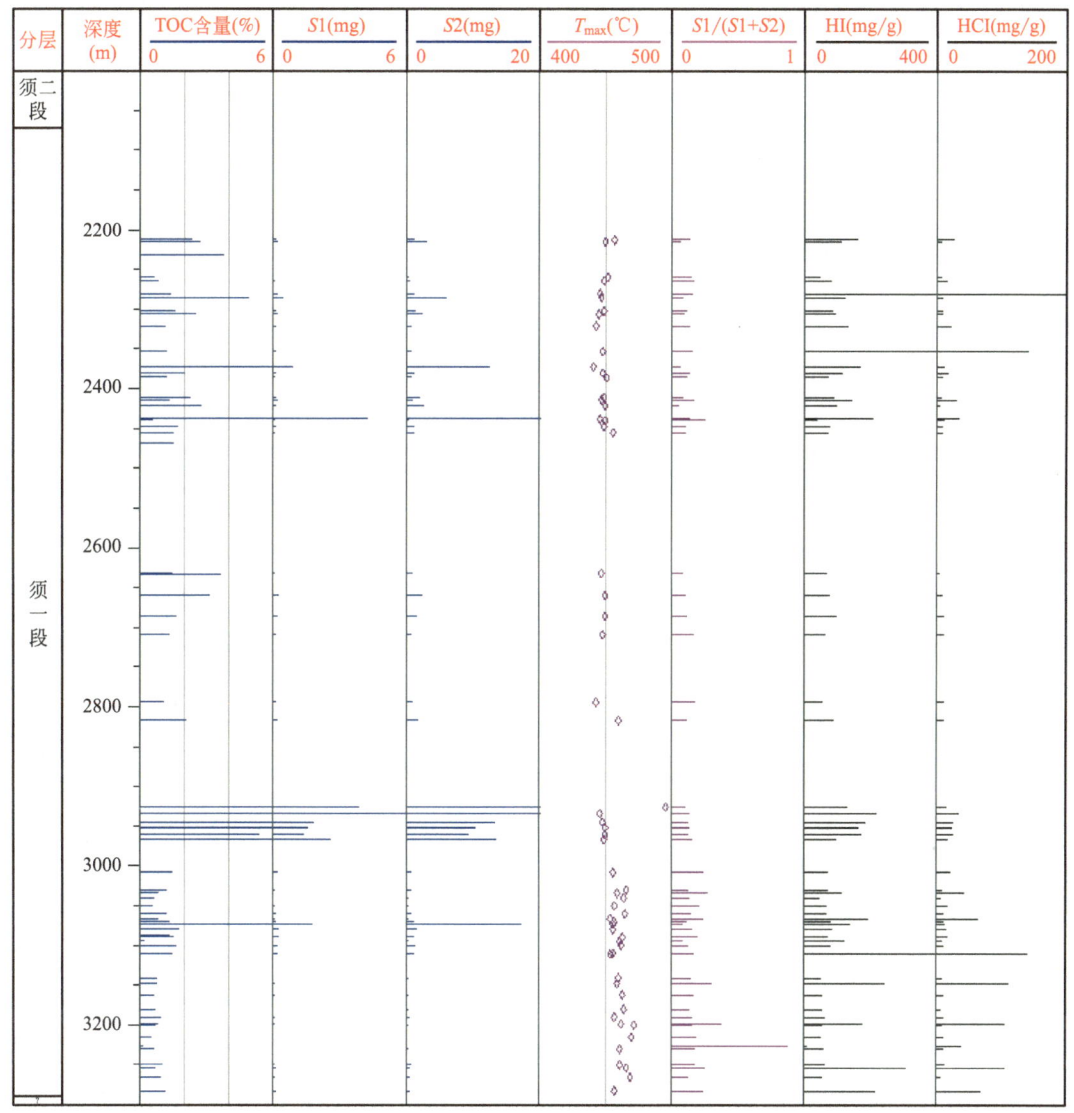

图 3-11　中深 1 井须家河组地球化学综合柱状图

二、连井地球化学综合剖面

兼顾不同构造区带，编制了 9 条连井地球化学剖面，从不同剖面中可以看出，须家河组各段均有烃源岩发育，不同地区不同层段发育程度存在较大差异。纵向上须五段烃源岩厚度大，有机质丰度较高，生烃潜力大。横向上坳陷地区及下斜坡区各层段均发育有较高丰度的烃源岩，该地区多发育安静沉积水体，如深湖、间湾等环境，有利于偏腐泥型烃源岩的形成。隆起区各段均发育高丰度烃源岩，烃源岩主要为煤层，主要形成于沼泽环境。斜坡带主体区，各层段烃源岩丰度较低，该区水动力较强，细粒沉积不发育。

从图 3-12 连井地球化学剖面图可以看出，纵向上，须五段泥岩较其他层系更厚，且有机质丰度也普遍较高，如三台 1 井须五段 TOC 含量平均为 1.8%，须三上亚段 TOC 含量平均为 1.01%，须三下亚段 TOC 含量平均为 1.51%，须一段—须二段 TOC 含量平均为 0.67%。横向上，下斜坡区的富顺 1 井须五段烃源岩 TOC 含量平均达 9.3%，须三上亚段烃源岩 TOC 含量平均达 2.7%，须三下亚段烃源岩 TOC 含量平均为 3.0%，须一段—须二段烃源岩 TOC 含量平均为 2.75%；隆起区立 18 井须五段烃源岩 TOC 含量平均为 1.36%，须三上亚段烃源岩 TOC 含量平均达 1.55%，须三下亚段烃源岩 TOC 含量平均为 1.36%，须一段—须二段烃源岩 TOC 含量平均为 0.88%。

三、各层段有机质丰度综合分析

总体来看，四川盆地须家河组烃源岩 TOC 含量主要分布于 0.5%~4%，最高可达 75% 以上，平均 2.83%；TOC 含量大于 1.0% 的烃源岩占 70%（图 3-13）。烃源岩岩性主要为湖相泥岩、碳质泥岩和煤，其含量分别为 90.8%、8.4% 和 0.8%。

纵向上，各层段烃源岩均有发育，自下而上有机质类型呈变好趋势，高丰度烃源岩占比呈上升趋势（图 3-14）。平面上，不同层段 TOC 含量存在明显差异，主要是由于沉积水体环境以及微生物种类的比例不同，从而导致烃源岩有机质丰度在平面分布上存在差异。

须一段—须二段 433 个样品 TOC 含量分布在 0.28%~75% 之间，平均值达 2.9%。其中 TOC 含量小于 0.5% 的样品占 5.1%，说明该层段部分泥岩不是有效烃源岩。TOC 含量在 0.5%~1%、1%~2%、2%~4% 之间以及大于 4% 的样品分布占 34.4%、33.9%、10.4% 以及 16.4%（图 3-14）。该层段煤层 TOC 含量一般在 31.97%~75% 之间，平均为 47%。局部发育碳质泥岩，其 TOC 含量一般在 6.2%~29.21% 之间，平均为 10.75%。

平面上须一段—须二段烃源岩 TOC 含量高值区主要分布在川西坳陷内，TOC 含量基本大于 2.0%，在剑阁、仪陇、川中磨 208 井区、川北局部地区存在多个高值区，TOC 含量大于 3.0%，但是分布范围较小。盆地内 TOC 含量大于 1.0% 的地层占地层分布范围的 80% 以上（图 3-15）。

须三下亚段 223 个样品 TOC 含量分布在 0.3%~31.9% 之间，平均值达到 1.64%。其中 TOC 含量小于 0.5% 的样品占 7.6%，说明须三下亚段有一定厚度的泥岩不是有效烃源岩。TOC 含量在 0.5%~1%、1%~2%、2%~4% 之间以及大于 4% 的样品分别占 22.4%、41.3%、16.6%、12.1%（图 3-14）。该亚段局部发育煤层，煤 TOC 含量平均为 31%。部分层段发育碳质泥岩，其 TOC 含量一般为 6.1%~17.61%，平均为 9.1%。

第三章 四川盆地须家河组烃源岩及生烃潜力评价

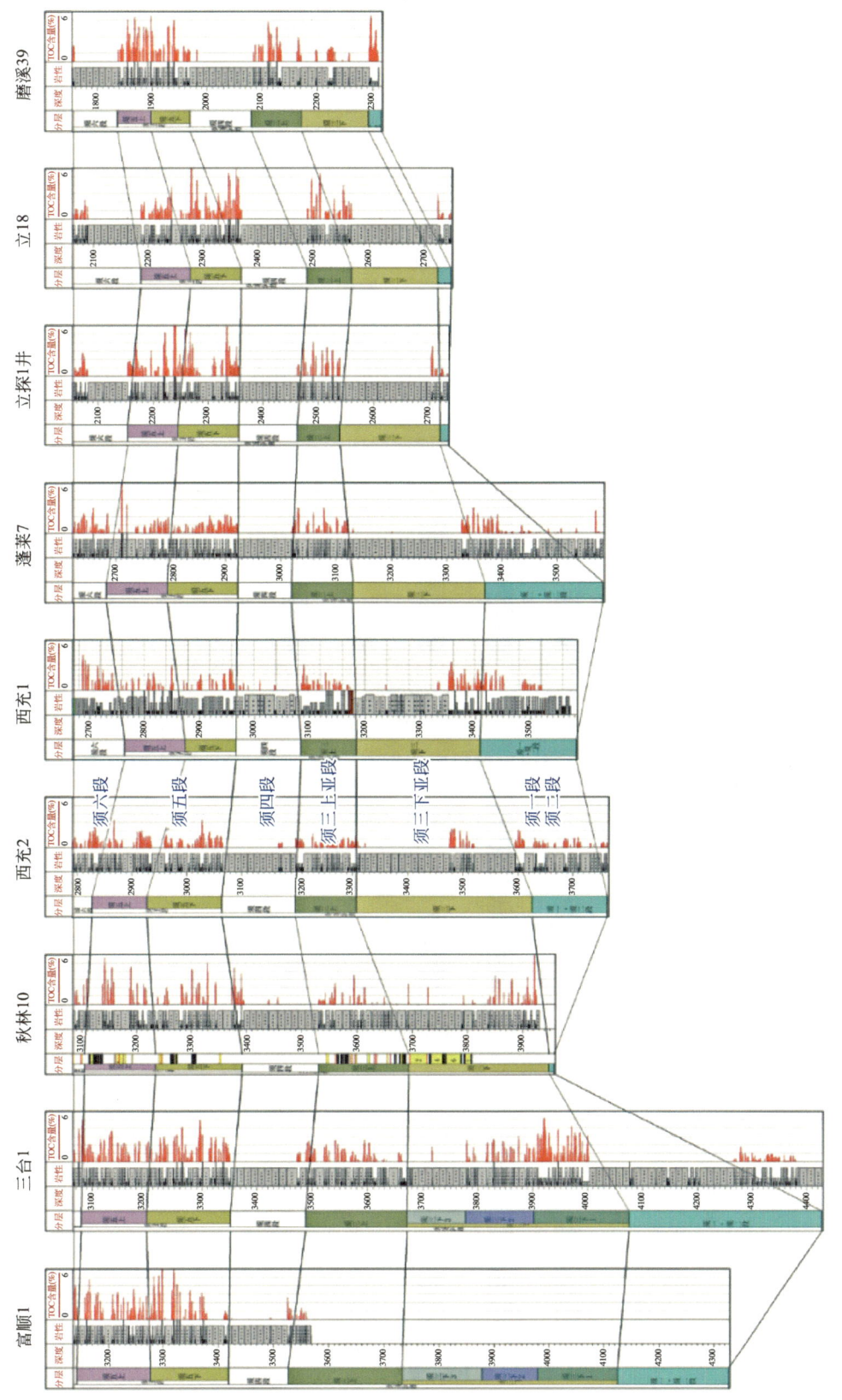

图 3-12 富顺 1—三台 1—秋林 10—西充 2—西充 1—蓬莱 7—立探 1—立 18—磨溪 39 井连井地球化学剖面图

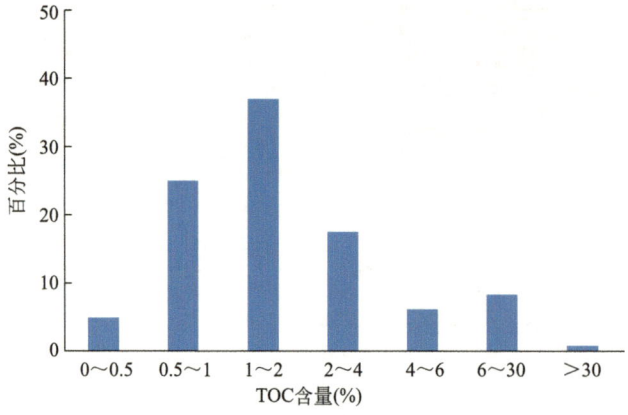

图 3-13 四川盆地须家河组烃源岩 TOC 含量统计直方图

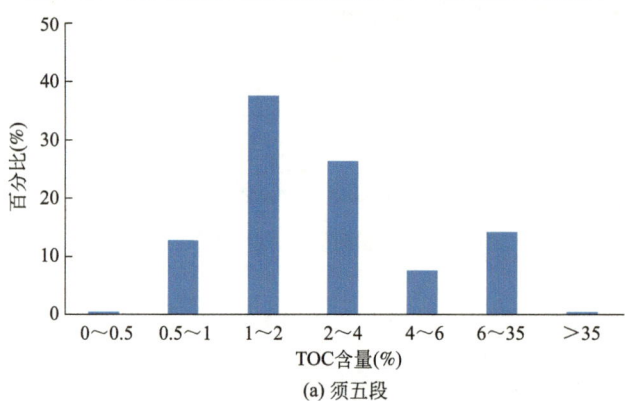

(a) 须五段

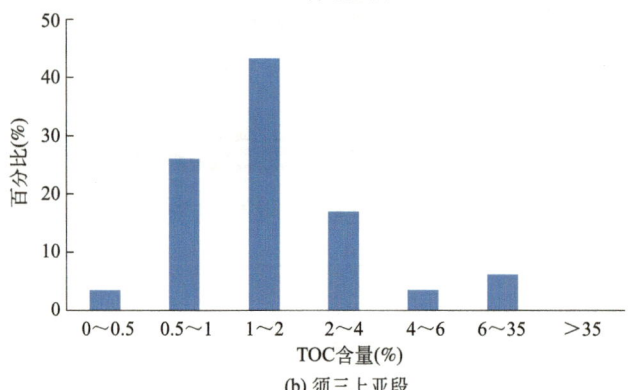

(b) 须三上亚段

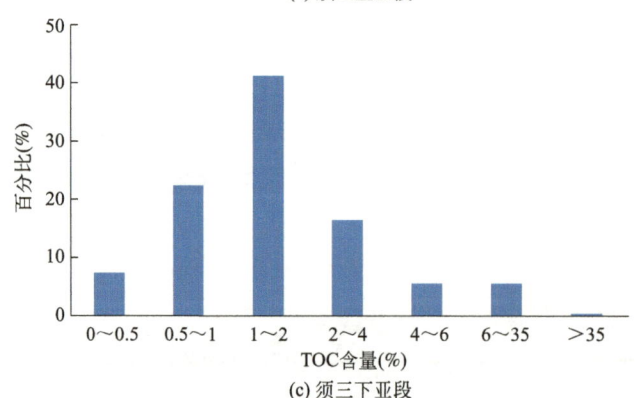

(c) 须三下亚段

(d)须一段—须二段

图 3-14 四川盆地须家河组重点层段烃源岩 TOC 含量统计直方图

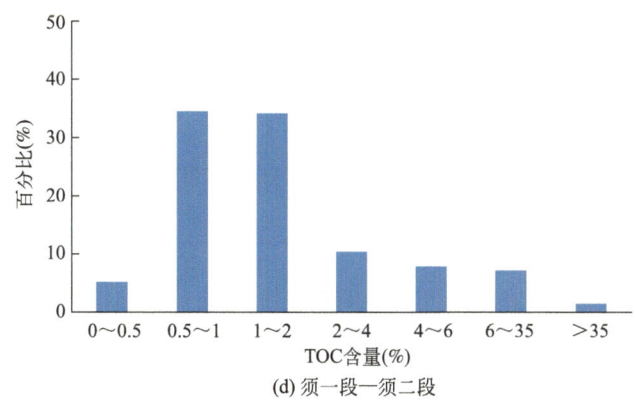

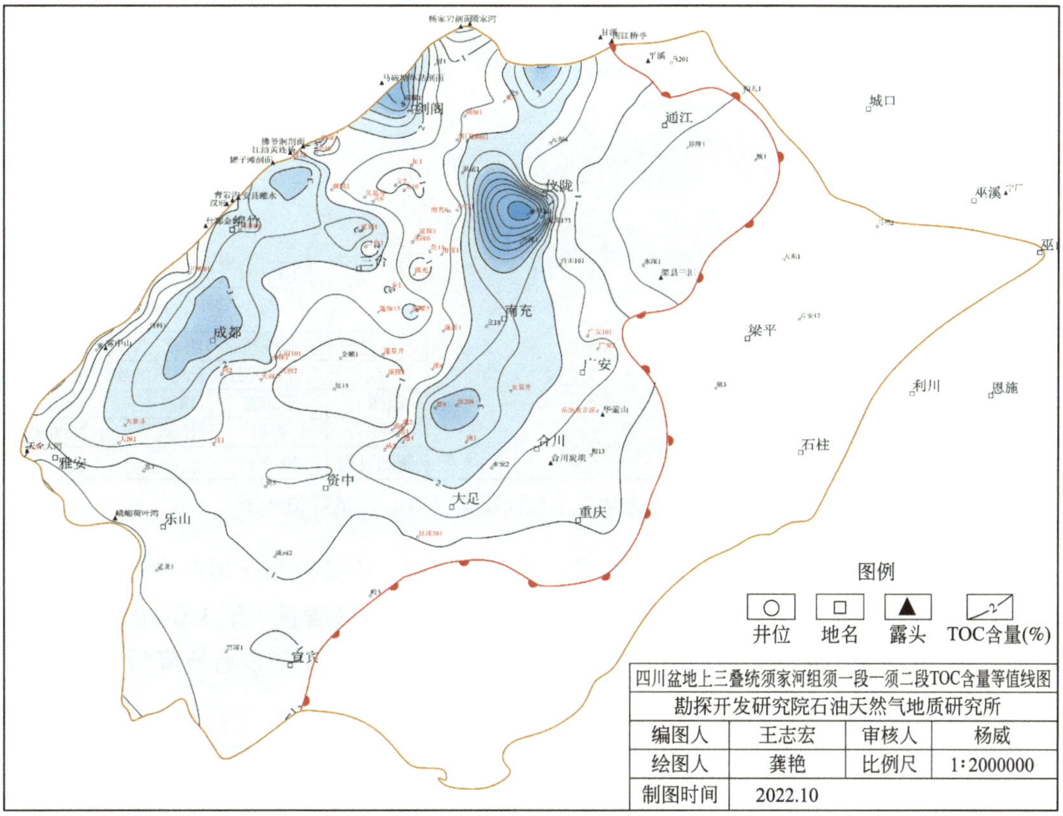

图 3-15 四川盆地须一段—须二段烃源岩 TOC 含量等值线图

平面上须三下亚段烃源岩 TOC 含量存在三个较大的高值区，主要分布在川西坳陷南部、川西北部及川北地区，大部分区域 TOC 含量大于 3.0%。此外，在川中广安、磨 8 井区、岳 2 井区存在多个点状高值区，TOC 含量大于 3.0% 的高值区分布范围较小。盆地内 TOC 含量大于 1% 的地层占地层分布范围的 70% 以上（图 3-16）。

须三上亚段 322 个样品 TOC 含量分布在 0.39%~71.4% 之间，平均值达 2.35%。其中 TOC 含量小于 0.5% 的样品占 3.4%，说明并非所有泥岩均为有效烃源岩。TOC 含量在 0.5%~1% 之间的样品占 25.9%，TOC 含量在 1%~2% 之间的样品占 43.3%，TOC 含量在 2%~4% 之间的样品占 17.1%，TOC 含量大于 4% 的样品占 10.3%。须三上亚段局部发育煤层，其 TOC 含量为 30%~71.4%，平均约 39.6%。部分层段发育碳质泥岩，TOC 含量一般为 6.2%~17.8%，平均为 9.4%。

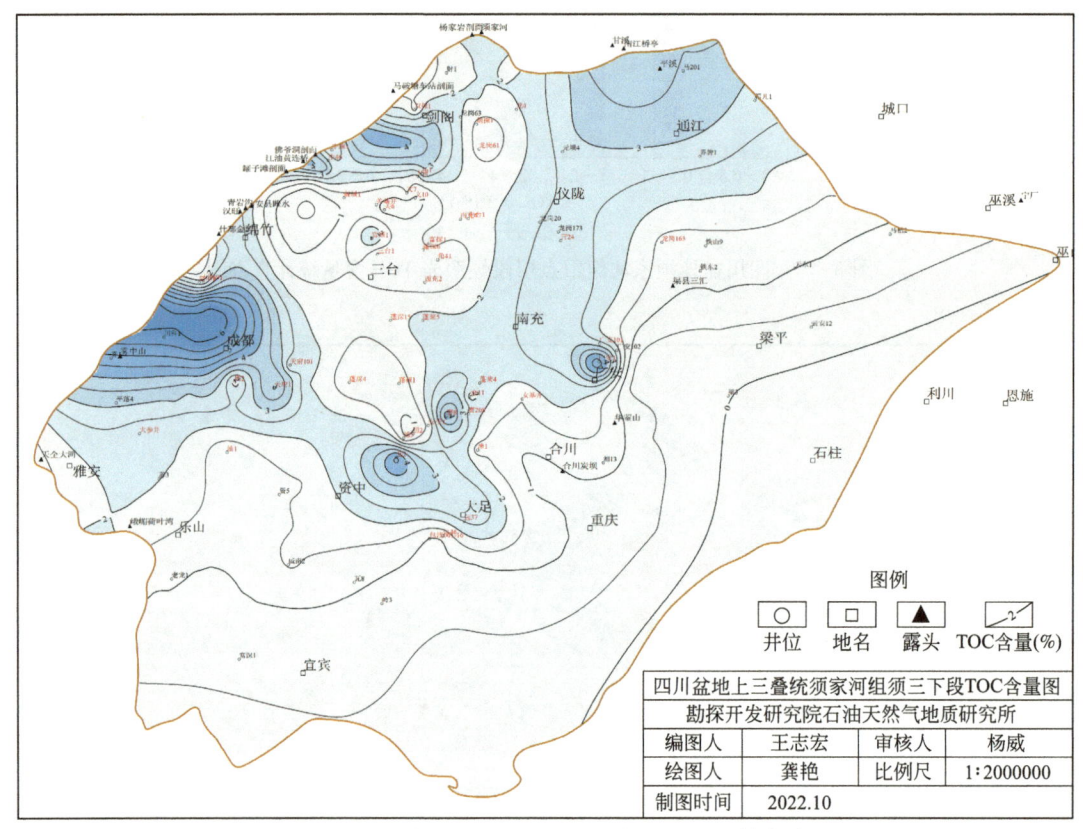

图 3-16　四川盆地须三下亚段烃源岩 TOC 含量等值线图

平面上须三上亚段烃源岩 TOC 含量存在多个高值区，主要分布在川西坳陷南部、川西北部地区以及华蓥山局部、蓬莱 4 井区、磨 208 井区，但 TOC 含量大于 3.0% 的烃源岩分布范围较小。盆地内 TOC 含量大于 1% 的烃源岩分布范围比须三下亚段有所降低，约为 65%（图 3-17）。

须五段 583 个样品 TOC 含量分布在 0.33%~45.2% 之间，平均值达到 3.63%。其中 TOC 含量小于 0.5% 的样品占 0.5%，说明仅有少部分泥岩不是有效烃源岩，大部分泥岩均是有效烃源岩，而且高丰度烃源岩占比明显增多。TOC 含量在 0.5%~1% 之间的样品占 12.9%，TOC 含量在 1%~2% 之间的样品占 37.7%，TOC 含量在 2%~4% 之间的样品占 26.4%，TOC 含量大于 4% 的样品占 22.5%（图 3-14）。须五段普遍发育碳质泥岩，TOC 含量一般为 6.15%~26.2%，平均为 11.6%。局部发育煤层，煤的 TOC 含量在 30%~45.2% 之间，平均为 36%。

平面上须五段烃源岩 TOC 含量存在多个高值区，川西坳陷大部分地区、川中及川北地区均有发育，TOC 含量大于 3.0% 的烃源岩分布范围大。盆地内 TOC 含量大于 1% 的烃源岩分布范围也比较大，占地层分布范围的 80% 以上（图 3-18）。

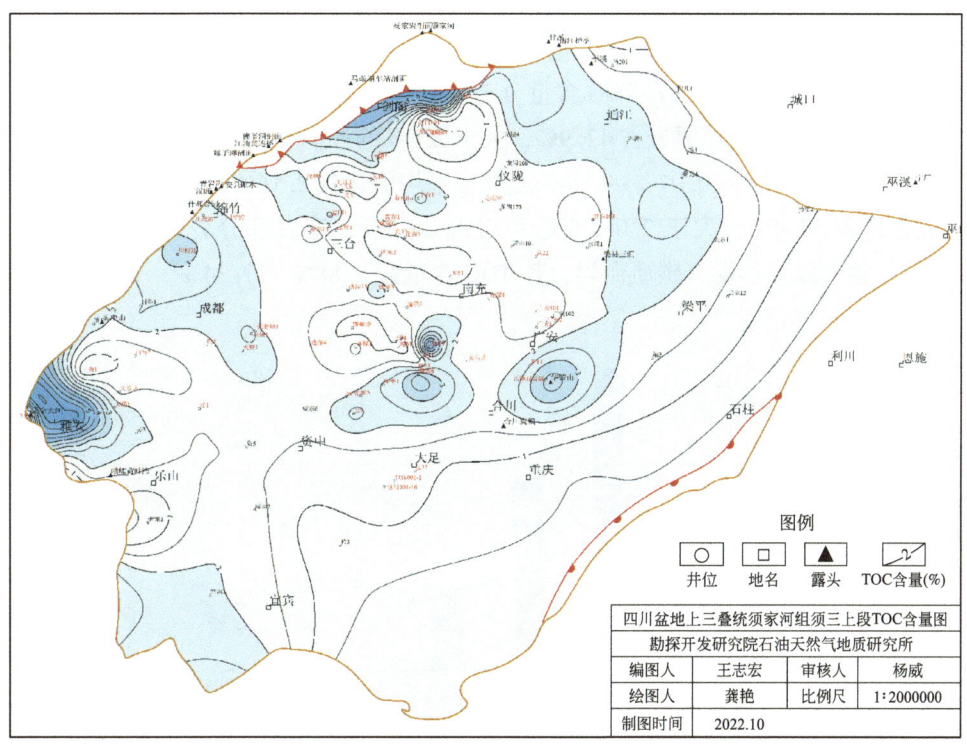

图 3-17　四川盆地须三上亚段烃源岩 TOC 含量等值线图

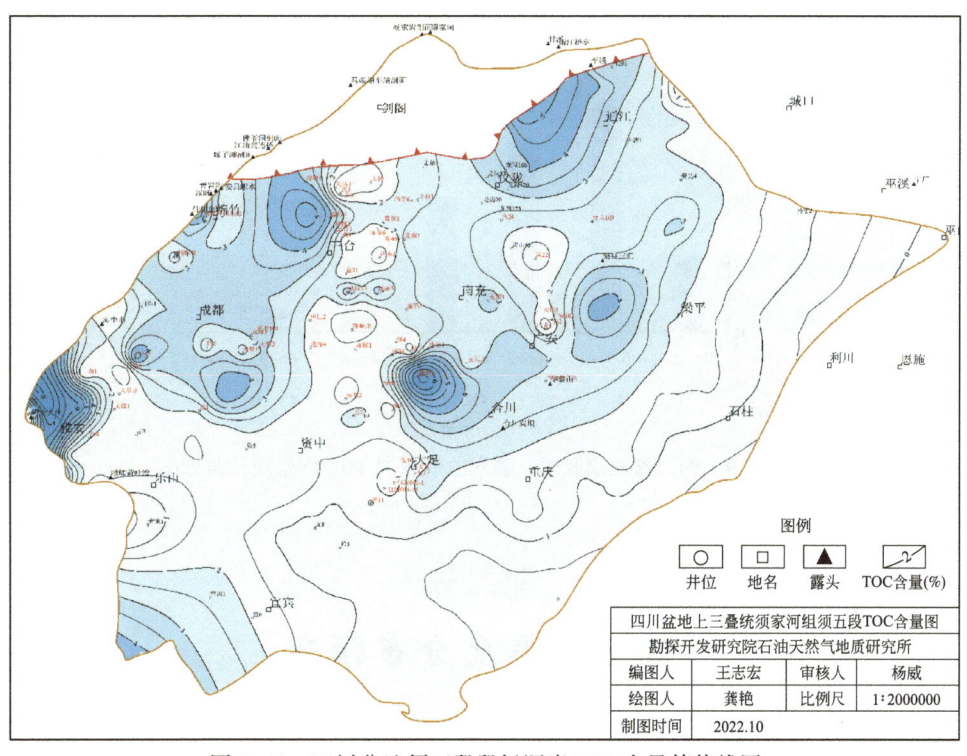

图 3-18　四川盆地须五段段烃源岩 TOC 含量等值线图

须四段、须六段虽以砂岩沉积为主,但局部泥岩较为发育,且发育薄层煤层及碳质泥岩,烃源岩具有一定的生烃潜力。

统计结果显示,须四段泥岩 TOC 含量分布在 0.17%~14.2% 之间,平均值达到 1.37%,其中 TOC 含量大于 1% 的烃源岩占 42.9%,大于 2.0% 的烃源岩占 14.3%(图 3-19)。须六段泥质岩 TOC 含量分布在 0.07%~7.20% 之间,平均值达到 2.16%,其中 TOC 含量大于 1% 以上的烃源岩占 54.4%,大于 2.0% 的烃源岩占 26.7%,绝大部分分布在 0.5%~4% 之间(图 3-19)。须六段局部发育碳质泥岩,其 TOC 含量为 6.88%~17.34%,平均为 10.45%。

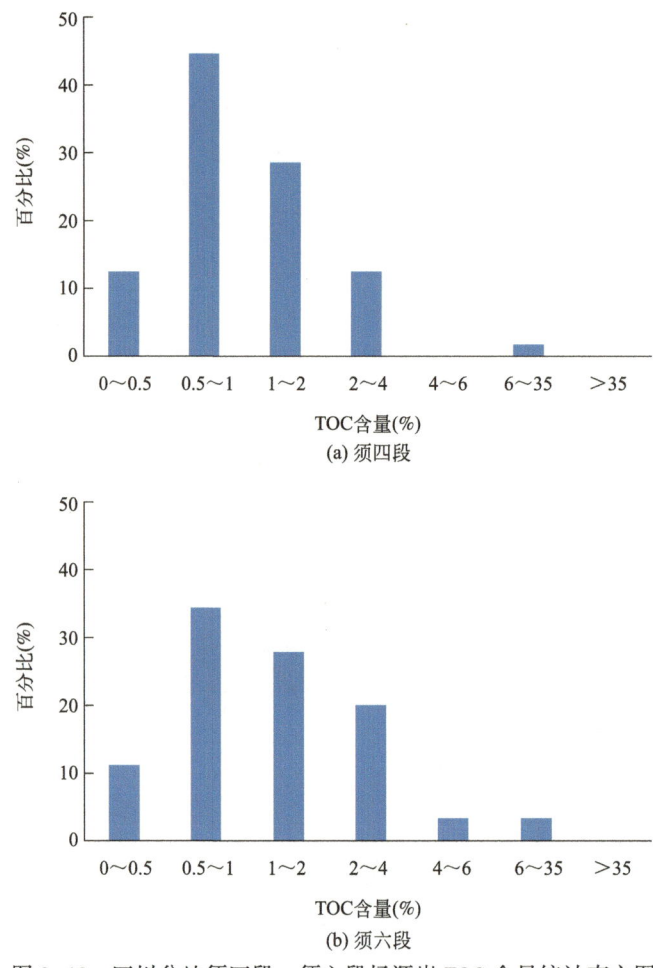

图 3-19 四川盆地须四段、须六段烃源岩 TOC 含量统计直方图

第二节

烃源岩厚度分布预测

含油气盆地烃源岩的分布预测主要依靠钻井岩心、录井及露头资料的分析。四川盆地钻遇须家河组的井较多,本次烃源岩厚度预测,总结了对近些年深层钻井(钻穿须家河组)

的统计分析工作，井间主要参考地震资料，结合沉积相分析进行。由于须家河组纵向上砂泥岩频繁交互沉积，相带变化较快，不同岩性、不同丰度的泥岩均有发育，所以并不是所有泥质岩都是有效烃源岩，且碳质泥岩及煤层等高丰度烃源岩较为发育，所以要准确评价资源潜力，就必须确定各层段有效烃源岩的厚度。本次根据大量实测数据，利用测井标定，确定单井有效烃源岩发育特征，在此基础上利用三维地震资料反演，结合单井统计，综合预测了须家河组重点层段不同岩性烃源岩的厚度分布。

一、须家河组烃源岩测井预测

有机质丰度残余 TOC 含量是评价烃源岩有机质丰度的重要指标。目前，对于烃源岩 TOC 含量主要依据岩石样品实测数据，但由于须家河组烃源岩段取芯较少，急需研发新的方法来开展烃源岩段有机质丰度的空间预测工作，进一步明确烃源岩资源潜力及分布。

随着测井技术的发展，近年来利用测井资料进行地球化学研究已是常用手段。然而，有些研究因对岩石中有机质分布及其演化阶段与测井响应特征的对应关系缺乏机理研究，在测井地球化学指标与实验室分析指标对比工作中常出现一些混乱，影响了测井在评价生油岩中的应用效果。为了进一步厘定测井与地球化学之间的对应关系，提高测井分析地球化学指标的精度，本次利用中国石油西南油气田公司勘探开发研究院自主研发的 LOGES 测井软件开展重点井 TOC 含量连续预测，并取得了较好的效果。

（一）测井预测方法简介及评价分析

LOGES 测井软件主要是利用生油岩中含油气饱和度这个与测井机理最相近的地球化学指标，结合实测数据，建立测井参数与 TOC 含量的响应关系，进而实现单井纵向上有机质丰度的连续性预测。

1. 富含有机质岩石物理模型

在富含有机质岩石沉积过程中，固态有机质分散于岩石骨架颗粒之间。由于有机质常和骨架颗粒同时沉积，作为岩石骨架的一部分，不具有充填作用，随着埋深增大、压实程度增加、温度升高，有机质逐渐缩聚成干酪根大分子，它在岩石中仍呈分散状态存在。干酪根逐渐成熟导致其韧性增大，部分可被压实进入孔隙，但这不会严重影响到岩石的孔隙体积。岩石孔隙中仍充满地层水，孔隙之间以地层水连通。只有埋深到一定程度，温度达到生油门限，干酪根大量生成油气后，孔隙中的水才被油气替代。因此，富含有机质的岩石具有三种组分：岩石基质、固态有机质、充填孔隙空间的流体（地层水或油气等）。

非源岩仅由两种成分构成：基质和充填孔隙空间的地层水，孔隙中为地层水单相存在。对未成熟源岩，固态有机质及岩石基质组成其固态部分，地层水充填其孔隙空间，与非源岩相同，流体仍以单相存在。随源岩成熟，一部分固态有机质转变成油气，有机质含量逐渐降低。油气进入孔隙空间，驱替地层水，形成油、气、水三相共存的局面。并且，随着油气初次运移的不断进行，孔隙中地层水不断排出，含油气饱和度越来越高。油气部分所占地层比例越来越大（图 3-20）。

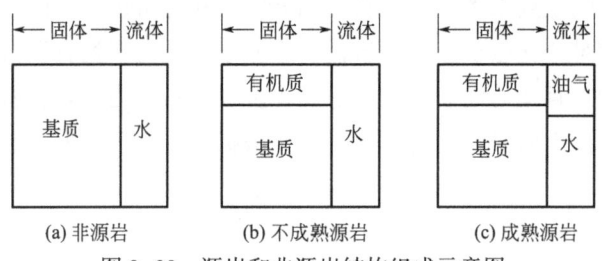

图 3-20 源岩和非源岩结构组成示意图

2. 测井响应与地球化学指标的对应关系

由于电阻率测井主要反映的是孔隙流体的导电性，根据上述分析，不难发现电阻率测井对源岩中所含有机质的响应远远小于对所含油气的响应。而地层中有机质含量达到相当高的时候，才能影响到电阻率的变化，如煤层及碳质泥岩常具有高电阻率特征。其他情况下，含量小且呈分散状的有机质很难对泥岩电阻率产生很大的影响。

因此，影响泥岩电阻率的因素主要是孔隙中的流体及泥岩存在的附加黏土传导性。由于在同一地区、同一层位，泥岩存在的附加黏土传导性基本为一定值，故对泥岩电阻率起决定作用的当属孔隙中的油气，而源岩中 TOC 含量的多少对其影响很小。过去常被许多学者用来进行测井评价生油岩对比指标的 TOC 含量与电阻率测井之间并不存在直接的对应关系。

根据机理分析及实践证明，泥岩电阻率的变化与地球化学中热解分析的 $S1$、轻烃分析有着直接的关系，由于轻烃含量和 $S1$ 分别代表了泥岩中已生成的游离状、束缚状油气，它们的含量直接影响着源岩的导电性能。源岩在未成熟之前，轻烃含量、$S1$ 的值很小（有时会残存少量生物气），当源岩达到生油门限，油气大量生成后，轻烃含量、$S1$ 的值才会有明显的增加，并且随着时间的增加其值会逐渐增大，源岩电阻率将随之增大。而 TOC 含量则不完全具备这种特性。

图 3-21 是东部某油田的实验分析井 LC-1 井，图中所示井段 TOC 含量都较高，尤其是在 1100~2000m 之间，其值在 2%~5% 之间，且纵向上变化幅度较小，多在 2.5%~3.0% 之间。$S2$ 也具有同样的特征，变化范围在 2.3~17.36mg/g 之间，多在 6~13mg/g 之间。但 $S1$ 则与二者不同，在 1830m（成熟门限深度附近）有一个明显的台阶，上部 $S1$ 值很低，变化范围在 0.01~0.25mg/g 之间，下部 $S1$ 明显升高，变化范围为 0.5~2.7mg/g，一般大于 1。

反映在测井曲线上，与 $S1$ 的变化规律相对应，LC-1 井电阻率曲线在 1830m 处开始增高，1900m 处有明显增高，上部电阻率值基本在 3~7Ω·m 之间，下部电阻率值在 5~10Ω·m 之间；而其他曲线如密度、中子、声波、自然伽马等曲线无上述变化。

上述对比结果表明，电阻率测井仅与热解分析中的 $S1$ 有着密切联系。与 TOC 含量之间，只有当有机质达到成熟门限以后才具备相应的正相关关系，这种关系是通过生油岩内部油气生成量为桥梁而体现的一种间接关系，这种间接关系的基础是建立在 TOC 含量高生成油气就多这一前提之上。考虑到有机质成熟问题，对于没有成熟的有机碳含量则此前提不存在。因此，利用测井方法评价生油岩时应当注意 TOC 含量与电阻率测井并没有直接的对应关系。如上例表明该地区生油岩段厚度较大，所示井段都可达到好生油岩的标准，生油潜力

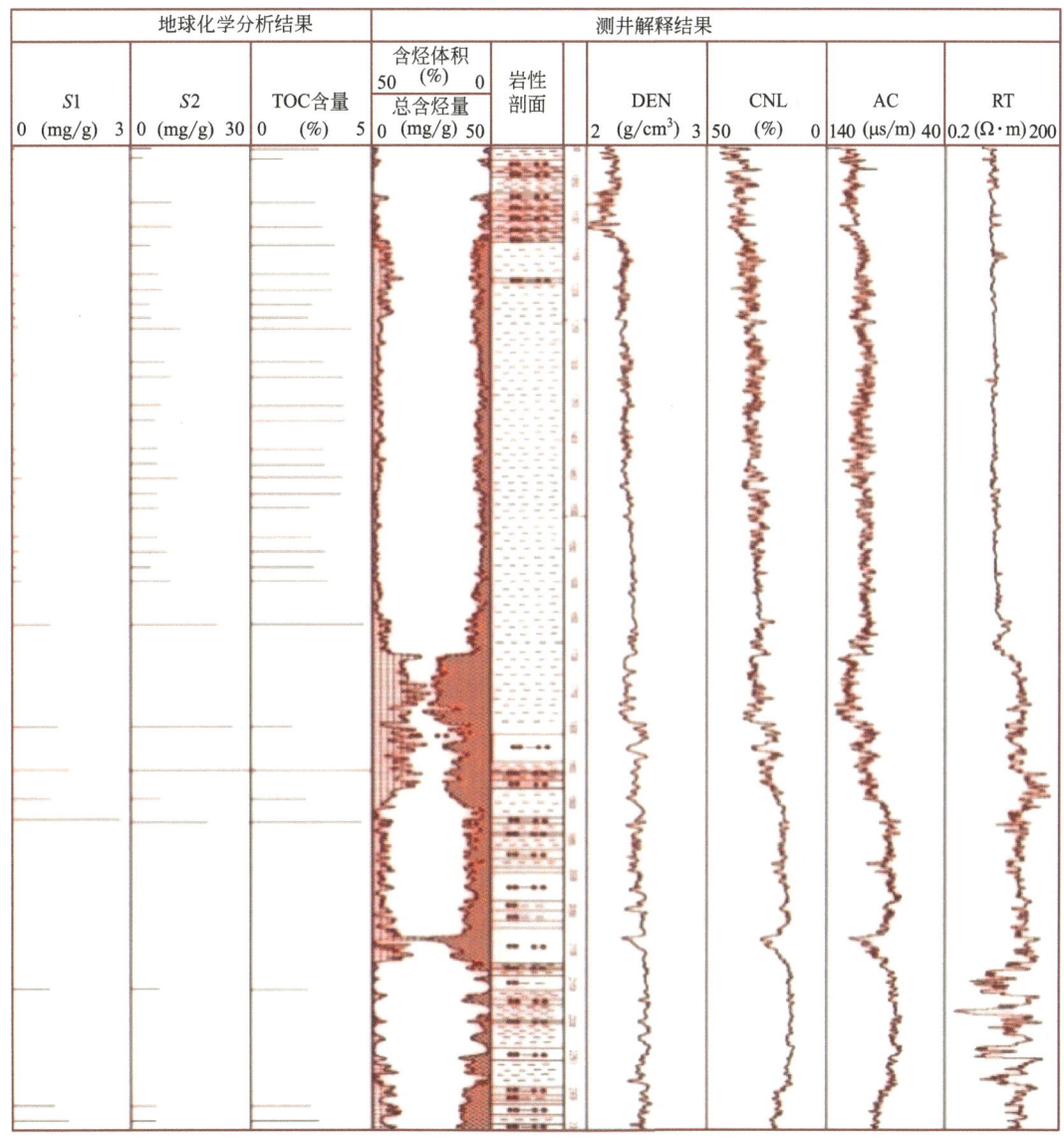

图 3-21 LC-1 井生油岩评价对比图

基本相同,但只有在进入生油门限后,生油岩才达到成熟,油气得以生成。因此造成了该井段 TOC 含量虽然普遍较高,但 S_1 值存在明显的变化,导致测井响应中电阻率具有明显的变化。

3. 测井评价生油岩的方法分析

测井评价生油岩方法很多,总体上可分为单条曲线定性分析和两条曲线重叠(交会)定量计算两种。

单条曲线定性分析方法根据不同的测井系列对于不同的岩石特性有着不同的响应特征。

双条曲线重叠(交会)定量计算主要有声波时差及自然伽马曲线、电阻率/声波测井等。根据源岩内有机质在两条曲线的不同响应,经标定可定量计算源岩有机质的丰度。

单条曲线定性分析所受影响因素较多，有很大的局限性。双条曲线重叠定量计算在实际应用中也有较大误差，其主要原因是由于泥岩的成分及内部结构等复杂程度远远大于砂岩，单孔隙度曲线对泥岩地层孔隙度反映的误差较大，且常受到地区性限制。

通过研究，认为可根据泥岩电阻率及孔隙度值，利用阿尔奇公式计算出泥岩中含油气饱和度来评价生油岩。饱和度计算与储层含油气饱和度相近，其关键是泥岩孔隙度的计算，只有准确求取泥岩孔隙度并且采取正确的对比参数，即采用 S_1 与测井计算结果对比而不是直接与 TOC 含量对比，测井评价生油岩精度才会有较大的提高。

提高泥岩孔隙度精度可采用双孔隙度曲线交会的办法即中子—密度、中子—声波时差或密度—声波时差交会的方法。

（二）测井预测结果综合分析

基于上述原理，中国石油西南油气田公司勘探开发研究院自主研发了 LOGES 测井软件。本次利用该软件开展了须家河组烃源岩 TOC 含量的单井连续性分布预测。首先利用音36井岩心 TOC 含量分析结果进行标定与验证，使其达到较高的准确度（音36井预测准确度达92%），进而确定软件所需的关键参数的取值。以此为依据，开展其他井区的预测工作，从实测数据与预测数据的耦合关系看，预测结果普遍达到了85%以上的准确率（图3-22），这也表明该软件具有较好的准确性和实用性。

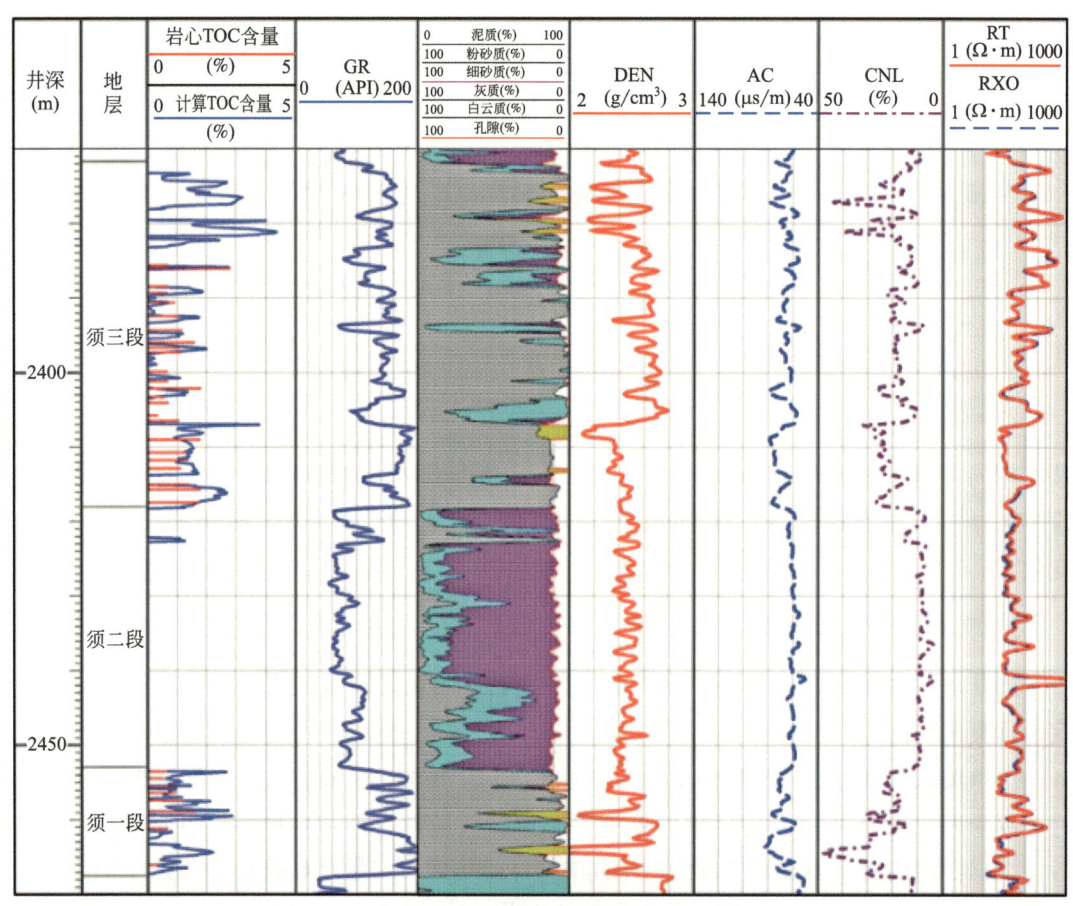

图3-22 音36井岩心测井计算结果与实测数据对比

图 3-23 为富顺 1 井预测结果,从图中可以看出,计算 TOC 含量与实测 TOC 含量符合率达 90.1%,而且计算结果具有连续性,利用此结果,统计富顺 1 井须家河组烃源岩厚度为 478m。图 3-24 为剑探 1 井预测结果,从图中可以看出,计算 TOC 含量与实测 TOC 含量符合率达 87.2%,而且计算结果具有连续性,据此统计剑探 1 井须家河组烃源岩厚度为 270m。图 3-25 为永探 1 井预测结果,从图中可以看出,计算 TOC 含量与实测 TOC 含量符合率达 91%,而且计算结果具有较好连续性,据此统计永探 1 井须家河组烃源岩厚度为 590m。图 3-26 为南充 6 井预测结果,从图中可以看出,计算 TOC 含量与实测 TOC 含量符合率达 86.7%,而且计算结果具有较好连续性,据此统计南充 6 井须家河组烃源岩厚度为 420m。

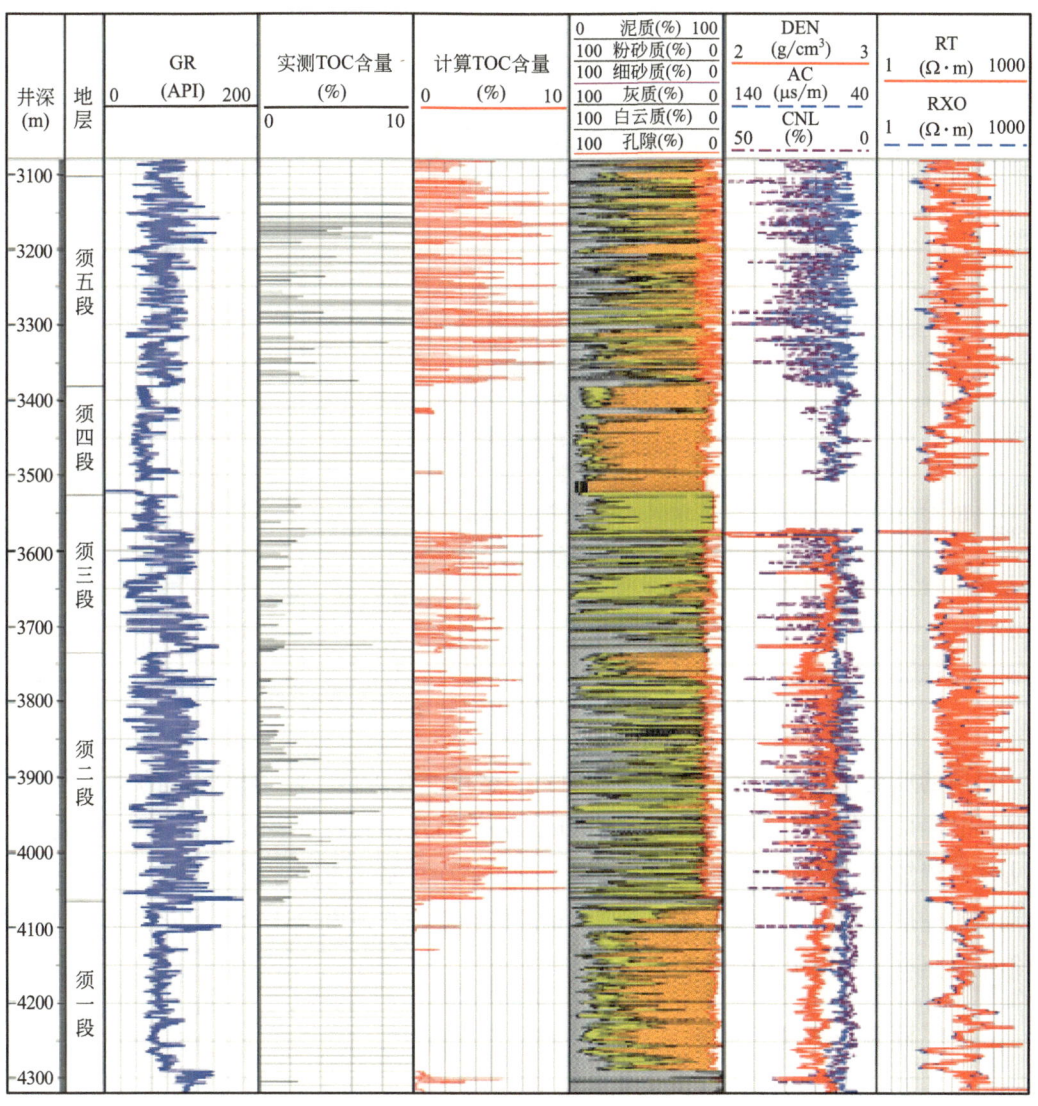

图 3-23　富顺 1 井岩屑实测结果与测井计算对比图

二、须家河组烃源岩地震反演预测

近年来,随着油气勘探的不断深入以及计算机技术的发展,地震反演技术得到充分发

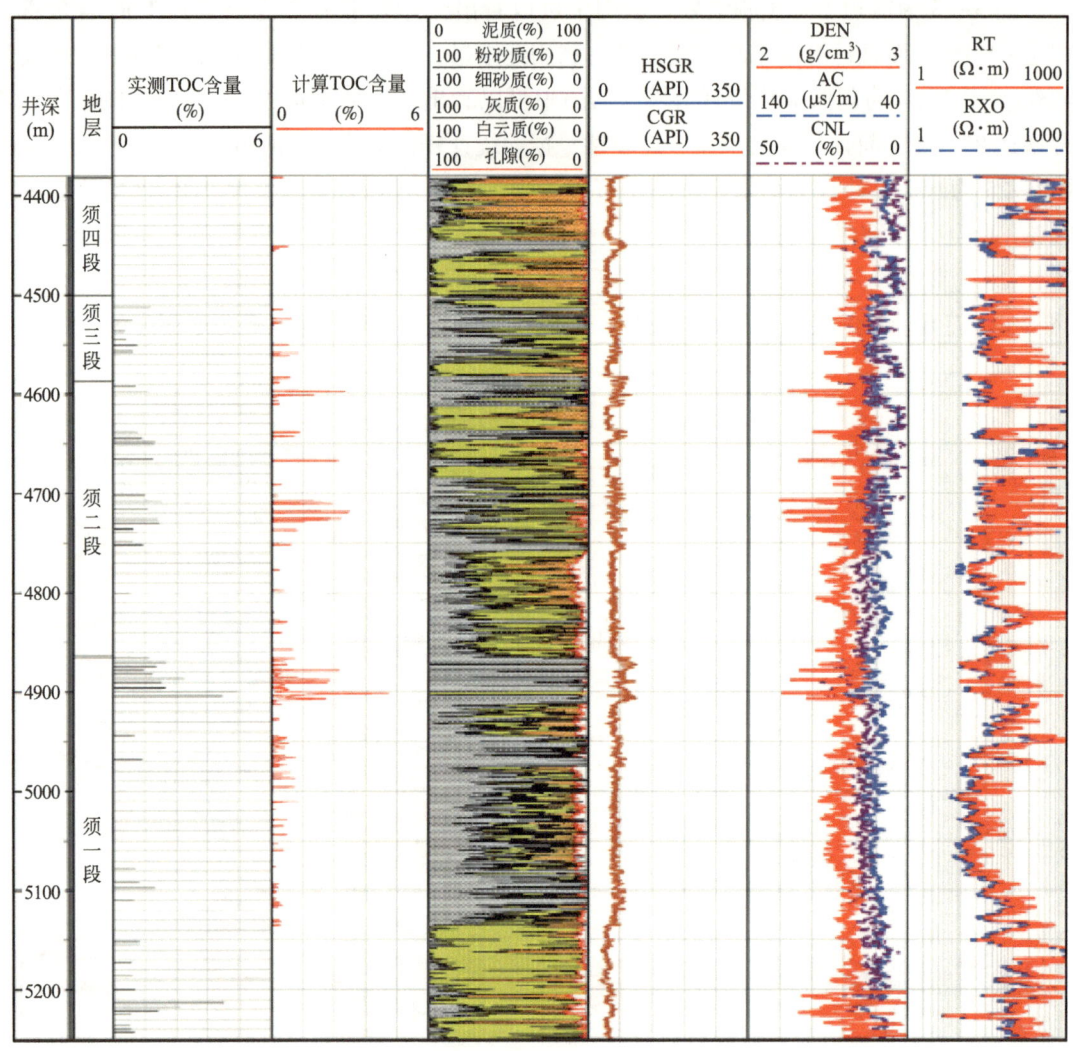

图 3-24 剑探 1 井岩屑实测结果与测井计算对比图

展。目前的反演技术包括多种参数（波阻抗、密度、孔隙度、渗透率等）的反演方法，波阻抗是其中应用较为普遍的参数之一。因此，波阻抗反演具有重要的地位。常用的波阻抗反演方法有稀疏脉冲反演和地质统计学反演两种。然而，基于不同方面的考虑，尤其是目前油田勘探对储层预测精度的要求越来越高，稀疏脉冲反演和地质统计学反演方法在不同程度上已很难满足当前储层预测的需求。

（一）预测新方法

1. 常规波阻抗反演方法

目前，储层预测中常用的波阻抗反演方法包括稀疏脉冲反演和地质统计学反演，作为早期油田勘探开发中常用的反演方法，其在储层预测中发挥了重要作用。稀疏脉冲反演是一种基于脉冲反褶积基础上的递推反演方法，其完全使用地震数据进行波阻抗反演，比较完整地

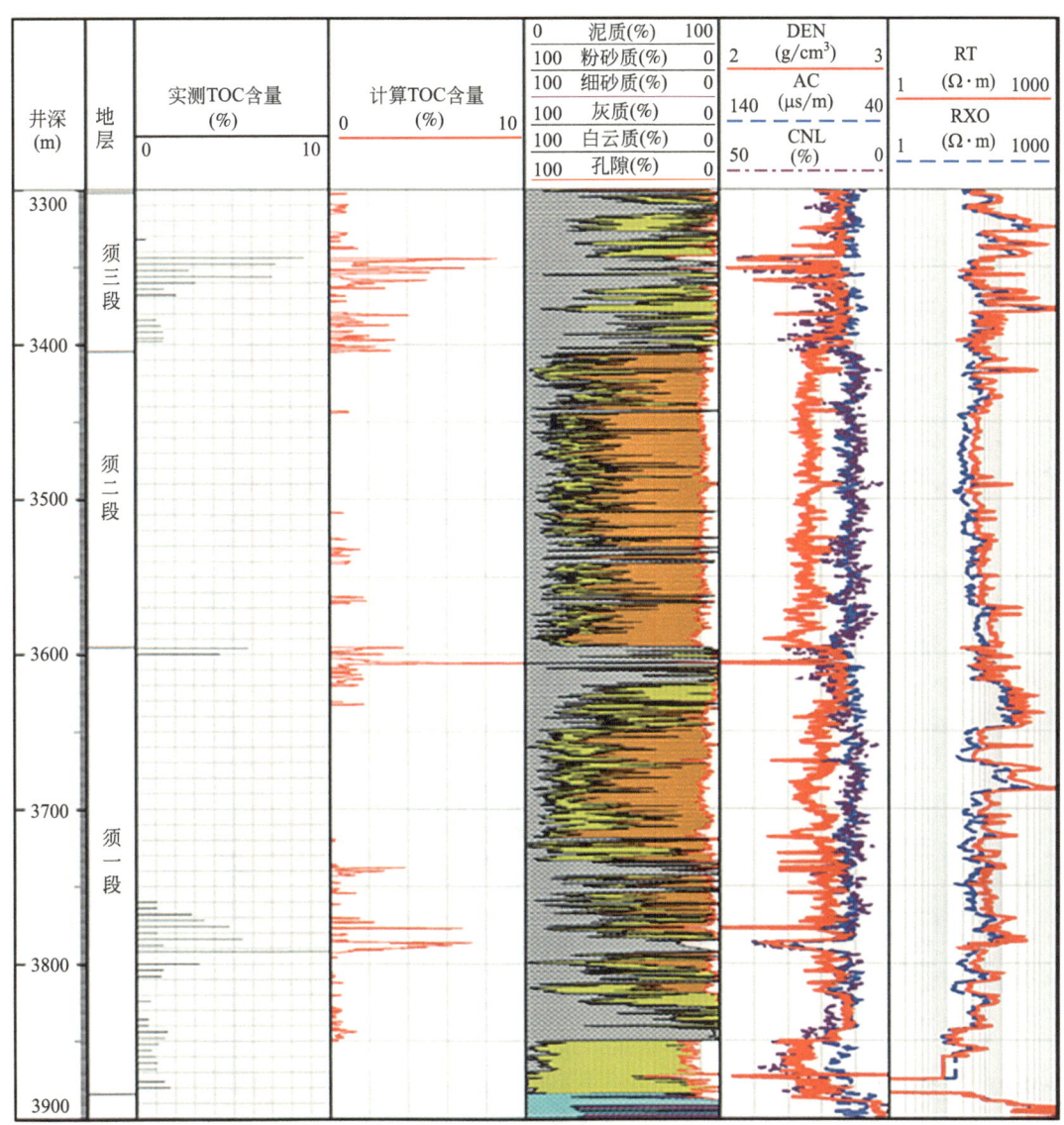

图 3-25 永探 1 井岩屑实测结果与测井计算对比图

保留了地震反射的基本特征。然而，由于地震频带宽度的限制（一般的地震频率在 10~80Hz 之间），导致其反演的分辨率相对较低，对薄层的识别能力较差。此方法只适用于勘探早期的储层预测，随着勘探开发进入中后期，剩余油主要赋存在横向连通性差的薄油层中，稀疏脉冲反演已不能满足高精度的储层预测的需求。

地质统计学反演是一种将随机模拟理论与地震反演方法相结合的反演方法，它是目前针对薄层反演应用最广的一种波阻抗反演方法。然而，该方法同样存在一定的缺陷。第一，在反演的过程中，其高频成分完全来自井间的插值，未有效利用横向分布密集的地震数据，导致其具有较高的随机性。第二，其插值方法是一种空间域的插值，对井位分布的均匀性要求较高。

由于常规波阻抗反演方法存在不足，为了能充分利用钻井和地震资料得到高精度的反演结果，本文描述了一种新的波阻抗反演方法——地震波形指示模拟反演（SMI）。

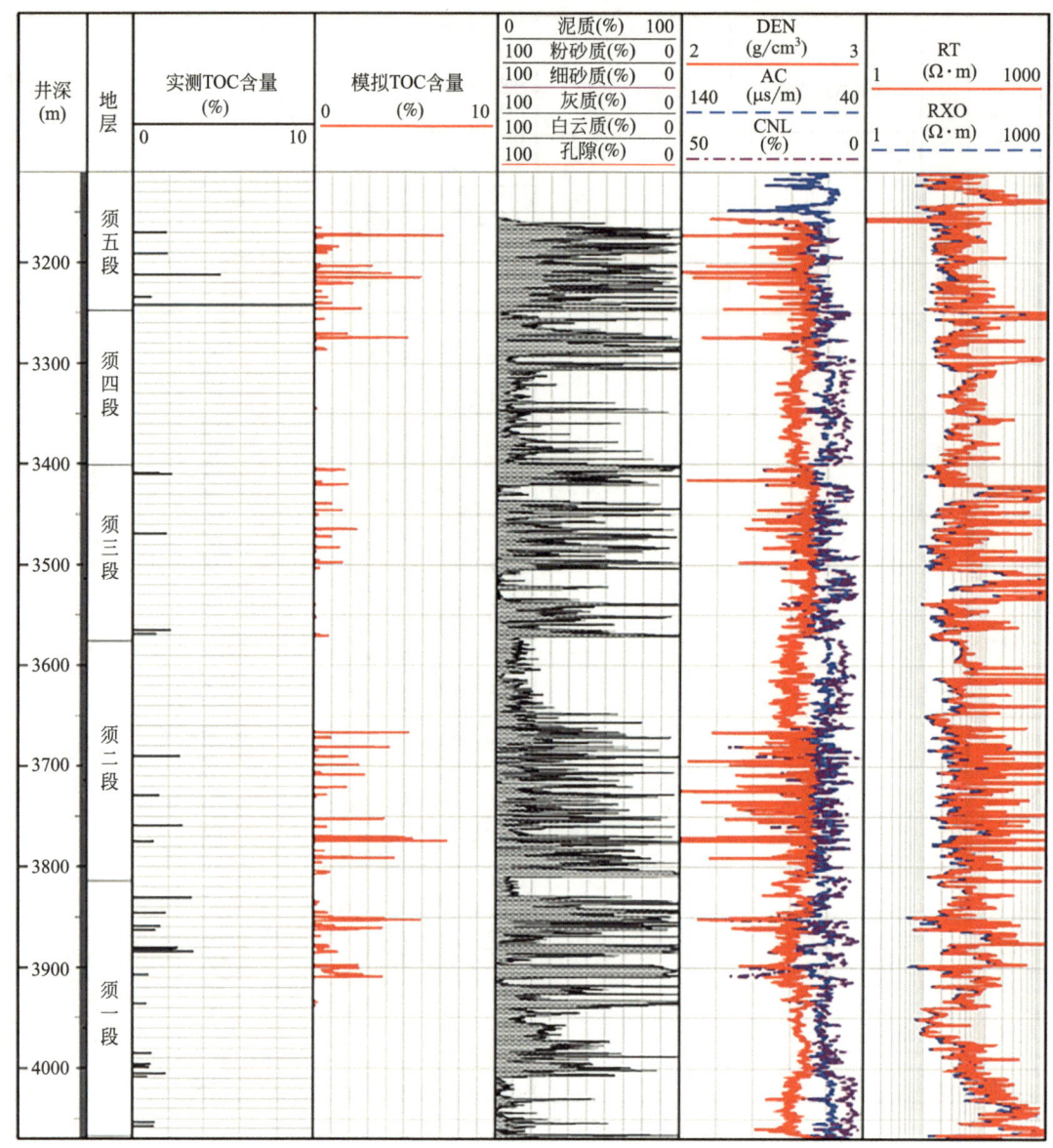

图 3-26　南充 6 井岩屑实测结果与测井计算对比图

2. 地震波形指示模拟反演

地震波形指示模拟反演是一种针对薄层开发应用的高精度波阻抗反演方法。其基本原理是：三维地震是一种空间分布密集的结构化数据，地震波形的变化反映了沉积环境和岩性组合的空间变化，因此，可以利用地震波形特征解析低频空间结构，代替变差函数（变程）优选井样本，根据样本分布距离对高频成分进行无偏最优估计。

地震波形指示模拟反演和传统统计学反演最大的区别在于统计样本的筛选。传统方法是基于空间域变差函数的，只能粗略表达空间变异程度，无法体现相变特征。地震波形指示模拟反演则利用沉积学基本原理，充分利用地震波形的横向变化来反映储层空间的相变特征，进而分析储层垂向岩性组合高频结构特征，更好地体现了相控的思想，是一种真正的钻井和地震相结合高频模拟方法，使反演结果从完全随机到逐步确定。同时，地震波形指示模拟反演对井位分布的均匀性没有严格要求，大大提高了储层反演的精度和适用领域。

地震波形指示模拟反演的理论基础是：虽然地震有效频带窄，无法直接获取高频成分，但地震的横向变化反映了沉积环境的变化，而相似的沉积环境具有可类比的沉积组合结构，这些组合结构的变化和波形密切相关，因此可以充分利用地震波形的横向变化开展高频成分估计。基于以上理论基础，以传统地质统计学为基础，统计样本时参照波形相似性和空间距离两个因素，在保证样本结构特征一致性的基础上按照分布距离对所有井按关联度排序，优选与预测点关联度高的井作为初始模型对高频成分进行无偏最优估计，并保证最终反演的地震波形与原始地震一致，空间上体现了地震相的约束，平面上更符合沉积规律。

地震波形指示模拟反演的中心算法是"地震波形指示马尔科夫链蒙特卡罗随机模拟（SMC-MC）"算法。该算法是在空间结构化数据指导下不断寻优的过程，参照空间分布距离和地震波形相似性两个因素对所有井按关联度排序，优选与预测点关联度高的井作为初始模型对高频成分进行无偏最优估计，并保证最终反演的地震波形与原始地震一致。该算法步骤包括：（1）波形指示优选样本；（2）样本井曲线分析；（3）空间估值。

1）波形指示优选样本

按照地震波形特征对已知井进行分析，优选与待判别地震道波形关联度高的井样本建立初始模型，并统计其纵波阻抗作为先验信息。传统变差函数受井位影响，难以准确表征储层的非均质性，而分布密集的地震波形则可以精确表征空间结构的低频变化。在已知井中利用波形相似性和空间距离双变量优选低频结构相似的井作为空间估值样本。

2）样本井曲线分析

将初始模型与地震频带阻抗进行匹配滤波，计算得到似然函数。对样本进行多尺度分解，逐步滤除高频成分，结果表明：在波形相似的情况下，储层结构越接近低频，确定性越强，越接近高频，随机性越强，在超出地震有效频带之外，仍存在较大的确定性成分（基本构型）。应用这一规律可以大大增加随机反演的确定性。

3）空间估值

实践表明，基于波形指示优选的样本，在空间上具有较好的相关性，因此利用样本井的原始数据和空间结构特点，对未知样点进行线性无偏、最优估计。在贝叶斯理论支持下联合似然函数分布和先验分布得到后验概率分布，不断扰动模型参数，使后验概率分布函数最大时的解作为有效的随机实现，取多次实现的均值作为期望值输出。

$$Z(x_0) = \sum_{i=1}^{n} \lambda_i Z(x_i)$$

式中 $Z(x_0)$ ——未知点的值；

$Z(x_i)$ ——波形优选的样本点的值；

λ_i ——第 i 个样本点对未知点的权重；

n ——优选样本点的个数。

地震波形指示模拟反演的基本流程如图 3-27 所示。

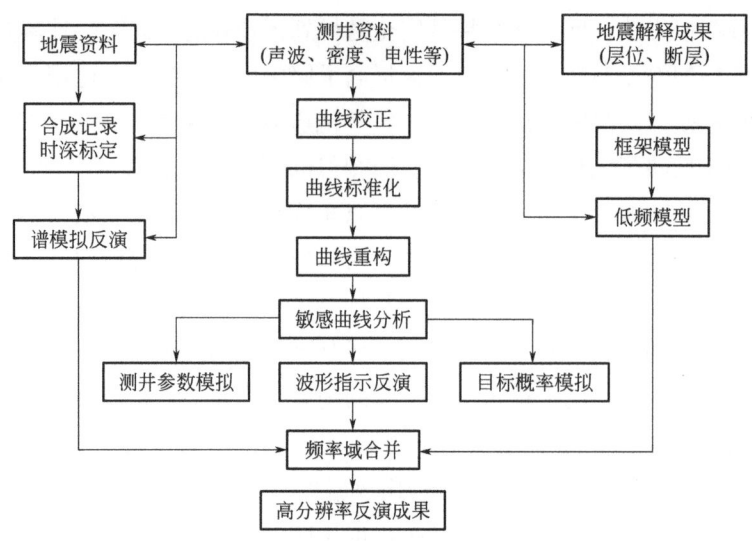

图 3-27 地震波形指示模拟反演的基本流程

（二）烃源岩分布预测

目前对于烃源岩的分布预测仍然借助钻井及地球物理。随着勘探程度的增加，三维地震越来越多，因此本次利用三维地震，通过筛选敏感性参数，确定不同岩性烃源岩地球物理响应，建立烃源岩地球物理识别模型；通过地震波形指示模拟反演方法，预测不同岩性烃源岩厚度分布，进而结合钻井统计，综合预测不同层段不同岩性烃源岩厚度分布。

1. 测井曲线预处理

1）测井曲线奇异值矫正处理

在砂泥岩地层中泥岩段存在不同程度的扩径现象，受泥岩扩径的影响，导致密度等对井眼环境比较敏感的测井曲线存在不同程度的失真，如在有些井眼垮塌严重的井段，密度测井曲线出现异常低值，这些测井曲线的异常值严重影响了储层精细标定的质量和储层预测的质量，因此需要对测井曲线的异常值进行校正。

异常值校正的方法采用公式拟合法进行校正，即首先对没有异常值的井段拟合一个用于校正曲线与其他曲线的一个拟合方程，然后对于出现异常值的井段，应用这个拟合方程，将其他曲线的数值输入，得到异常值曲线段的预测值，即用这个值取代曲线的异常值，从而完成测井曲线异常段的校正。

本次研究为研究区近 8200 km^2 的三维连片地震工区，如图 3-28 所示，优选 28 口测井曲线系列齐全、曲线质量好的测井资料，对测井曲线的奇异值进行了校正处理，为储层参数的综合分析和预测提供了基础资料。

2）测井曲线标准化处理

由于哈里伯顿、斯伦贝谢等不同的测井仪器获得的测井曲线存在一定的系统误差，导致测井数据存在一定的非地层因素形成的偏差，为了消除这种偏差，需要对测井曲线进行标准化处理。

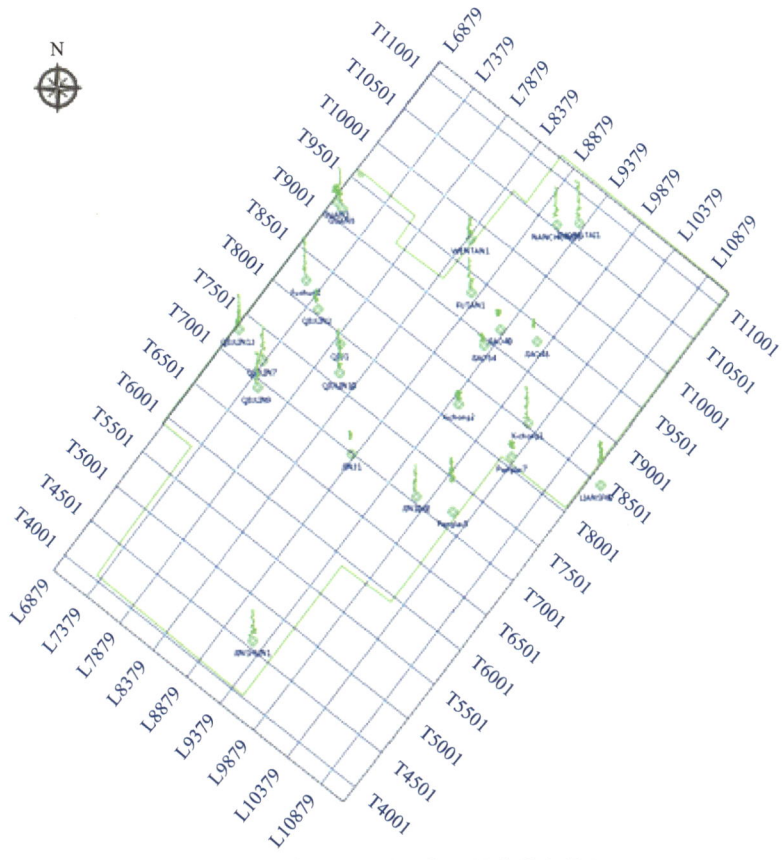

图 3-28 金秋地区地震及优选钻井分布特征图

本书采用频率直方图标准化方法对 28 口井的自然伽马、密度等测井曲线进行标准化处理，首先选择研究区内曲线质量比较好的井作为标准井，然后以标准井为参考，将其他井的测井曲线的直方图的峰值调整校正到与标准井的直方图峰值一致，即完成测井曲线的标准化。如图 3-29 所示，标准化处理前测井曲线的值域范围较大、峰值分布不一致，很难用统一的标准去分析不同岩性的测井曲线值的差异，而通过曲线标准化处理后，曲线的值域分布范围较稳定，且不同井的曲线直方图的峰值分布位置较一致，有利于对目的层的不同岩性的测井值及岩石物理特征等进行分析，也有利于储层预测研究。

2. 目的层段碳质泥岩层敏感参数分析

四川盆地须五段为砂泥岩互层地层，烃源条件是四川盆地川中地区须五段勘探急需解决的关键问题，为此开展了大量的烃源潜力的实验分析等研究工作。实验室分析等地质综合研究认为，须五段的碳质泥岩具有生烃潜力，但是对于须五段碳质泥岩的厚度、纵向分布规律以及平面展布特征，这些具体的参数需要做进一步的研究。

因此，本书利用地震和钻井等多种资料，预期完成须五段碳质泥岩的厚度、纵向分布规律以及平面展布特征的预测。在开展碳质泥岩的预测之前，首先需要利用测井资料综合分析碳质泥岩的测井特征，寻找对碳质泥岩表征度高的敏感参数，以制定碳质泥岩的预测方案。

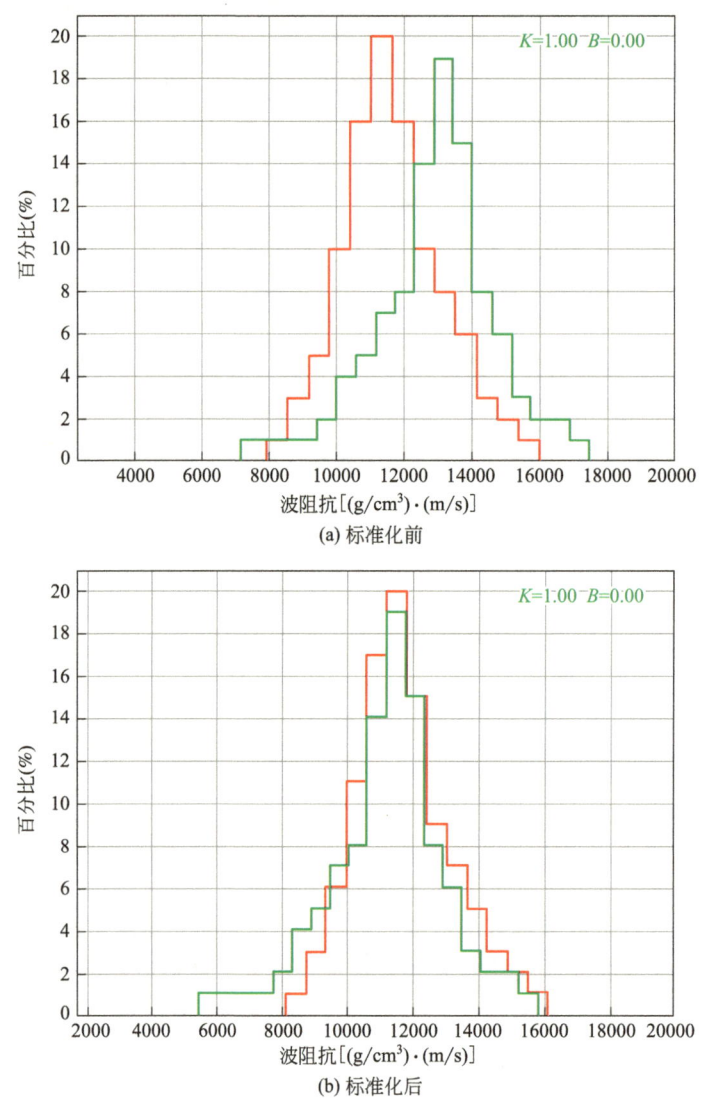

图 3-29 测井曲线标准化前、后曲线分布直方图对比图

1) 目的层岩性的精细划分

研究区须五段岩性种类较多,有砂岩、泥质砂岩、泥岩、碳质泥岩、煤层等多种类型的岩性,根据不同岩性的测井曲线特征以及岩心测试结果,对目的层段的岩性进行了精细划分,如图 3-30 所示,划分出砂岩、煤层、碳质泥岩和黑色泥岩。

2) 敏感参数优选

在对目的层段岩性精细划分的基础上,分岩性对目的层段的测井曲线进行了密度—波阻抗、自然伽马—补偿中子、自然伽马—密度、自然伽马—波阻抗、波阻抗—电阻率、波阻抗—补偿中子等多种曲线的交会分析,通过对不同交会图的对比分析,寻找对碳质泥岩的敏感参数,最终优选了自然伽马—补偿中子的交会图,如图 3-31 所示,砂岩具有较低的自然伽马值和较低的补偿中子值,煤层具有较低的自然伽马值和较高的补偿中子值,黑色泥岩具有

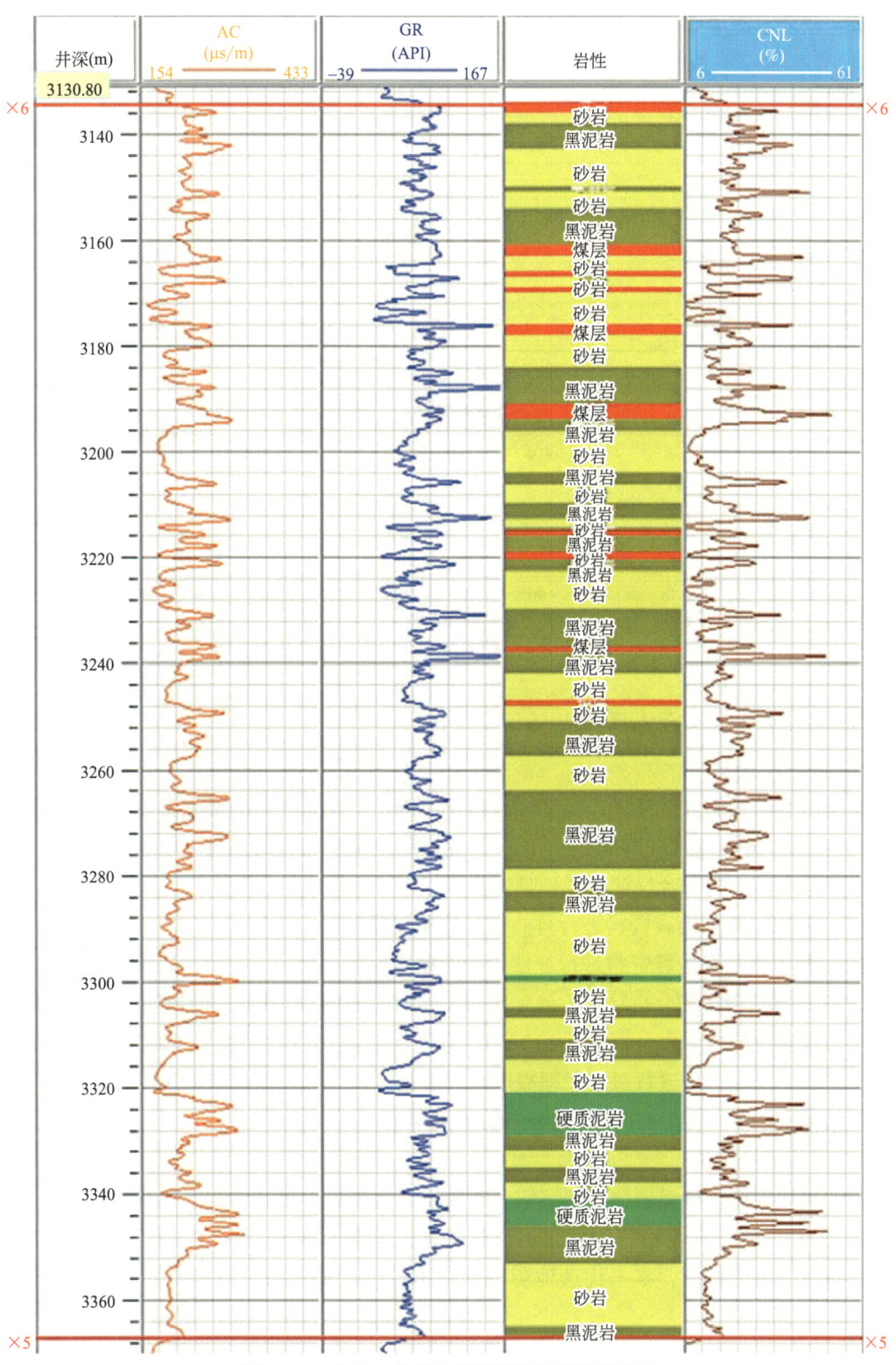

图 3-30　中台 1 井须五段不同岩性精细划分图

中等的自然伽马值和较高的补偿中子值，而碳质泥岩则具有较高的自然伽马值和较高的补偿中子值，从交会图中很容易将碳质泥岩划分出来，因此自然伽马和补偿中子是碳质泥岩的敏感参数。

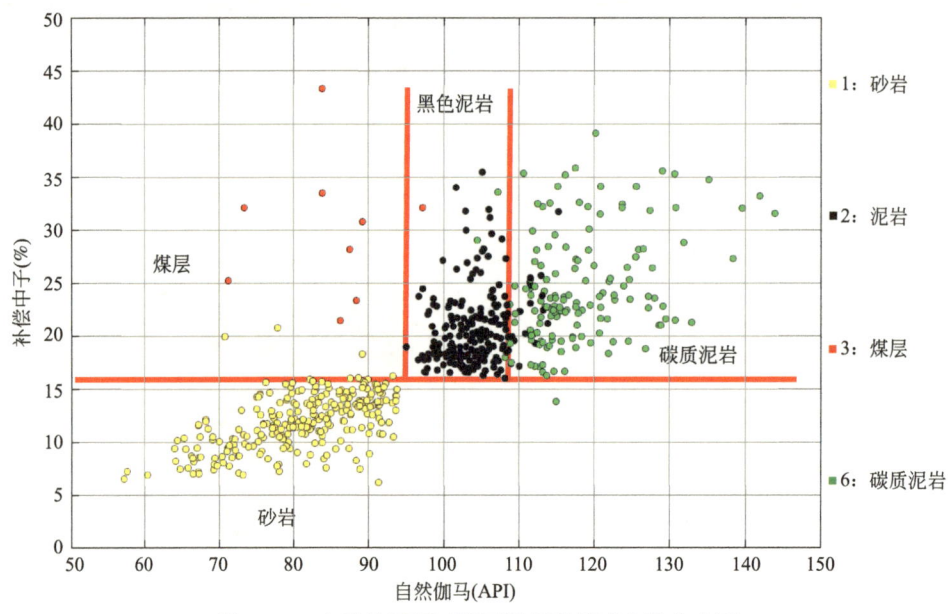

图3-31　金秋地区须五段不同岩性敏感参数交会图

3. 预测方案及方法优选

1) 预测方案

根据敏感参数的分析结果，自然伽马和补偿中子是碳质泥岩的敏感参数，碳质泥岩具有较高的自然伽马值和较高的补偿中子值，因此，确定碳质泥岩的预测可以通过自然伽马和补偿中子的两个参数的联合反演获得，具体步骤如下：

(1) 利用测井和地震资料进行自然伽马的模拟反演；

(2) 利用测井和地震资料进行补偿中子的模拟反演；

(3) 根据交会图的分析结果，确定碳质泥岩所对应的自然伽马和补偿中子的值域范围，碳质泥岩段对应的自然伽马值大于112API，碳质泥岩段对应的补偿中子值大于17，以此为基础，将两个反演结果进行融合，即提取同时满足自然伽马反演结果大于112 API且补偿中子反演结果大于17的部分作为碳质泥岩的预测结果。

2) 反演方法优选

目的层须五段为砂泥岩薄互层沉积，碳质泥岩的单层厚度比较薄，最薄的只有0.5m左右，最厚的也仅有7m左右，因此目的层这种薄互层地层的预测关键是优选合适的反演方法。针对目的层的特征，本书优选地震波形指示模拟反演方法，开展不同岩性烃源岩分布预测。

4. 预测结果分析

研究区目的层须家河组主要为三角洲相砂泥岩薄互层沉积，通过烃源潜力的实验分析等地质综合研究认为,须五段的碳质泥岩具有生烃潜力,碳质泥岩单层厚度较薄,纵向上多层叠置,横向上相变较快。现以须五段的顶、底精细地震解释层位和56口钻井为基础,开展研究区须五段碳质泥岩的反演。

按照地震波形指示模拟反演的流程,首先根据56口井的自然伽马测井曲线和须五段顶、底的地震解释层位建立自然伽马初始模型,然后通过已钻井分析、优选和匹配滤波,得到似然函数,以此为基础,在贝叶斯框架下联合似然函数和先验概率得到后验概率统计分布密度,对其采样作为目标函数,并不断扰动模型参数,求得使后验概率密度值最大的几个解的平均值,作为自然伽马波形指示模拟反演的结果,得到自然伽马模拟体。按照同样的方法,根据56口井的补偿中子测井曲线得到补偿中子模拟体。

以敏感参数分析为指导,根据分析结果,确定研究区中碳质泥岩段对应的自然伽马数值大于112API,碳质泥岩段对应的补偿中子值大于17,以此为基础,将两个反演结果进行融合,即提取同时满足自然伽马反演结果大于112API且补偿中子反演结果大于17的部分作为碳质泥岩的预测结果。

图3-32是单井约束下的反演剖面,图中颜色越深,烃源岩发育程度越高,须五段、须一段—须二段普遍发育一个高丰度烃源岩段,与单井实测结果一致(TOC含量普遍大于2.0%)。地震工区范围内,须五段预测厚度80~210m,稳定分布;须一段—须二段30~140m、须三下亚段10~90m,须三上亚段20~100m。这与单井统计结果吻合度较高,说明反演结果的可靠性较高。

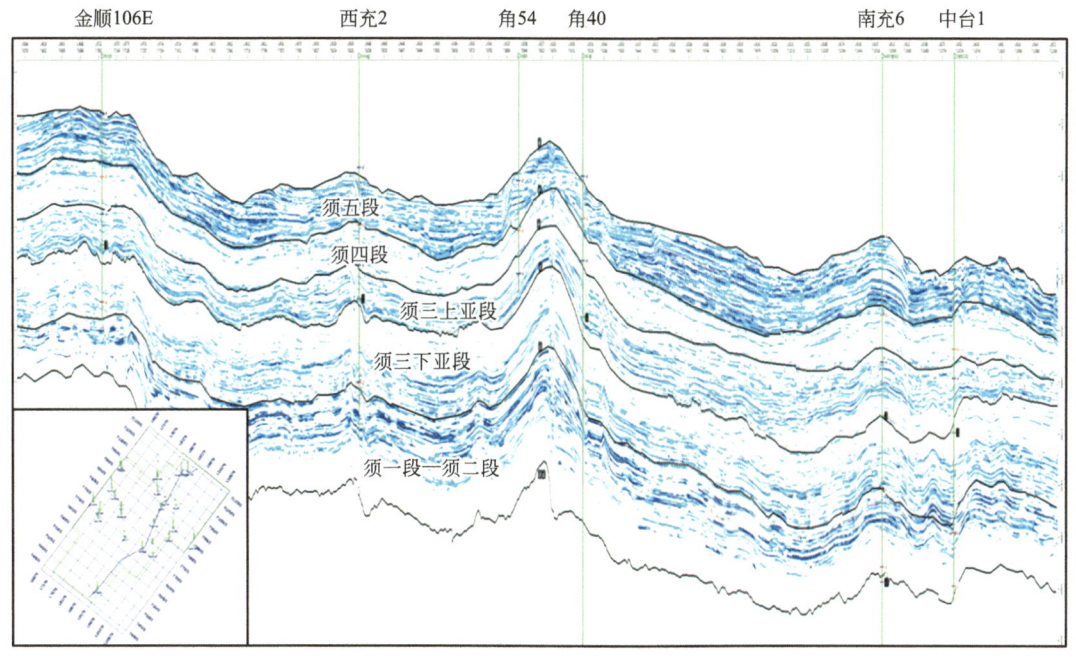

图3-32 金顺106E—西充2—角54—角40—南充6—中台1连井波形指示反演剖面图

根据自然伽马模拟体和补偿中子模拟体的融合结果,以须五段的顶、底为约束,统计每个道集处须五段碳质泥岩的累计时间厚度,得到图3-33(a),由图可见,碳质泥岩在三维区的西部较为发育,厚度较大,向三维区东部具有逐渐减薄的趋势,在三维区中西部地区,碳质泥岩具有局部加厚的区域。煤层总体发育程度较差,三维内自西向东呈逐渐减薄的趋势[图3-33(b)]。

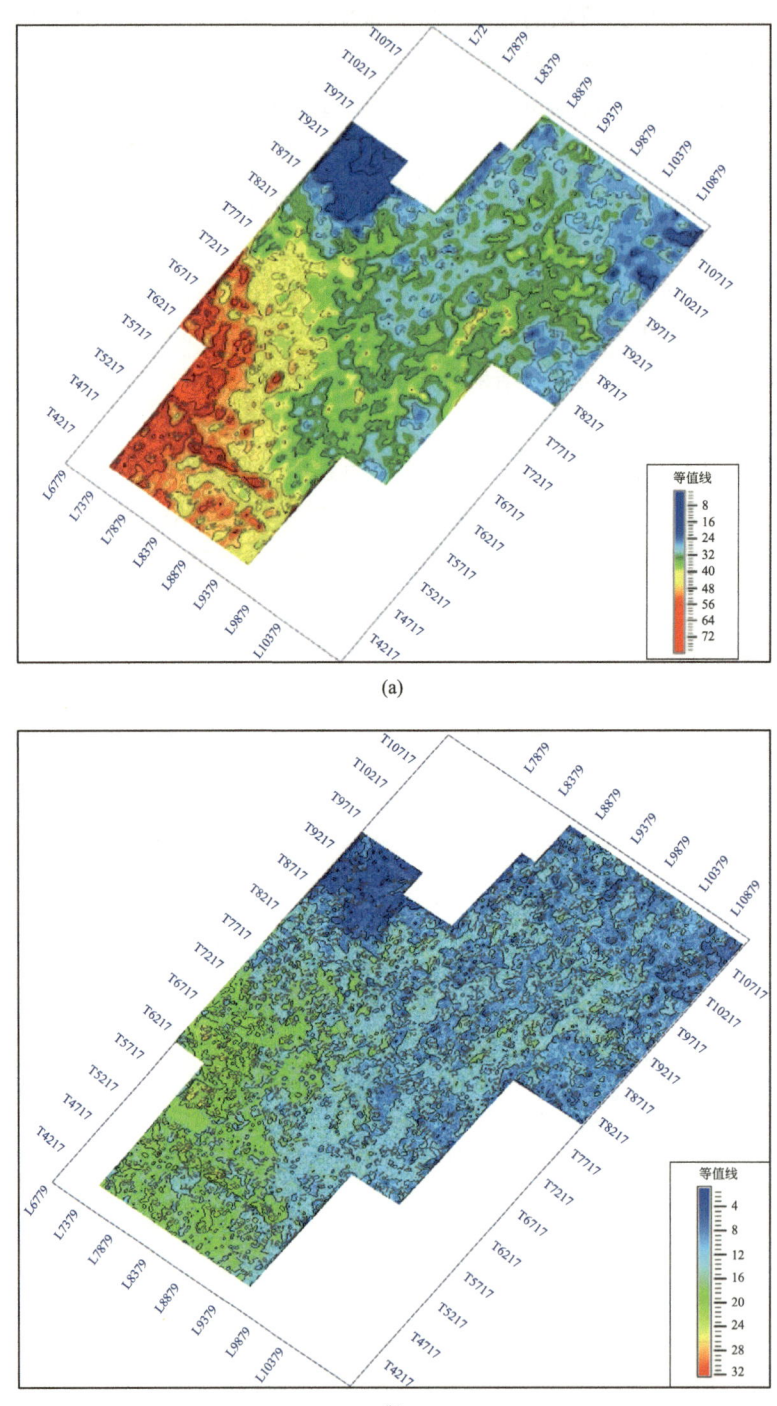

图3-33 金秋地区须五段碳质泥岩(a)和煤层(b)地震厚度预测图

三、重点层段烃源岩厚度分析

根据测井及地震预测结果,结合单井统计,开展了须家河组重点层段不同岩性烃源岩厚度分布综合预测。

须一段—须二段泥岩为海湾—潟湖及三角洲平原—三角洲前缘沉积,烃源岩厚度中心主要分布于川西地区,厚度100~240m。盆地其他地区除龙岗20—思依1井区、泉5—天府2井区发育两个较大的厚度中心(厚度大于100m)外,大部分地区泥岩厚度在10~40m之间,整体上厚度分布向川中隆起区快速减薄(图3-34)。

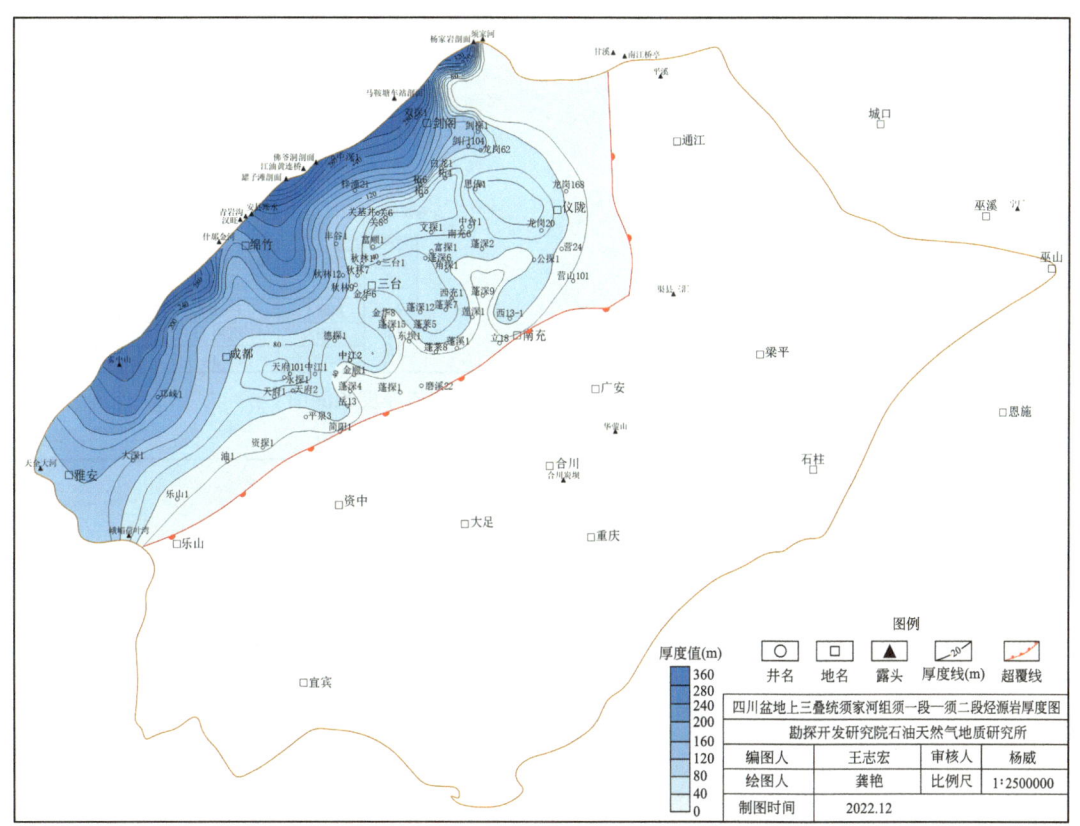

图3-34 四川盆地须一段—须二段烃源岩厚度预测图

须三下亚段泥岩为三角洲平原—三角洲前缘、辫状河平原和浅湖沉积,总体厚度较薄,厚度在10~40m之间。厚度中心主要发育在川西北部地区,剑阁、绵阳地区泥岩厚度最大,普遍大于100m,最厚超过200m(图3-35)。此外,蓬莱15井区、天府1井区、宋探1井区发育几个厚度中心,泥岩厚度60~80m,主要为分流河道间湾沉积的泥质岩。

须三上亚段为三角洲平原-三角洲前缘和浅湖—滨湖沉积,盆地大部分地区以砂质沉积为主,厚层泥岩主要发育在川西地区,绵竹以南地区发育一个厚度中心,厚度超过200m,但分布范围有限,往东泥岩厚度逐渐减薄,在平落4—邛崃1—成都—丰谷1—魏城1一线降至40m以下(图3-36)。

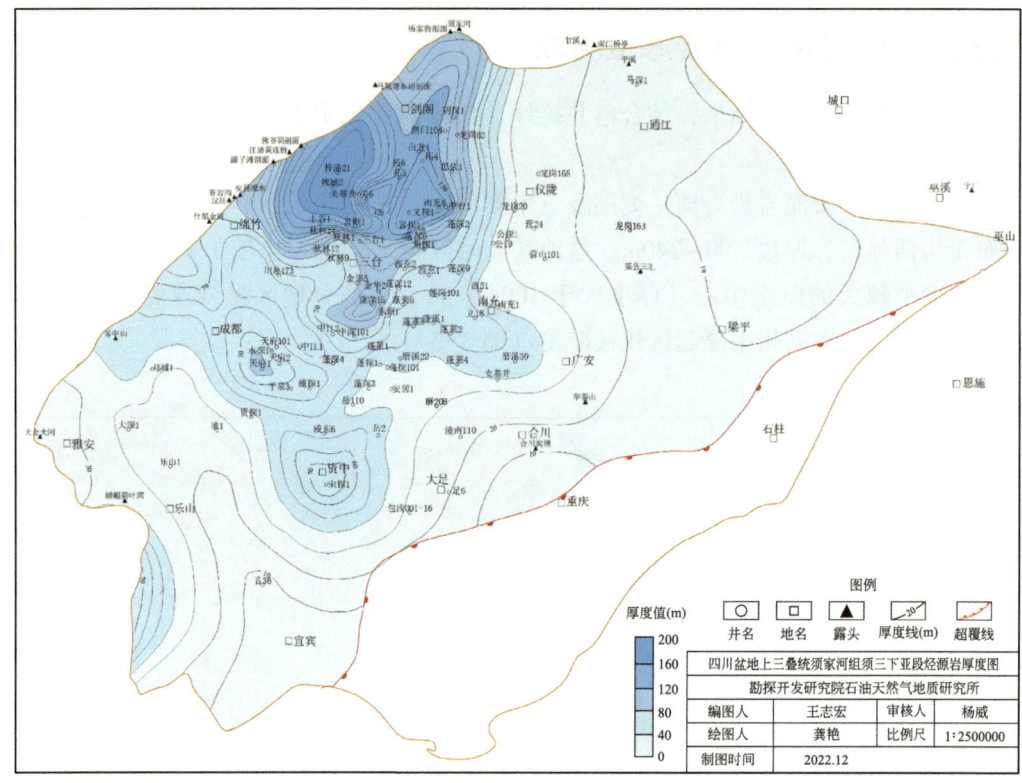

图 3-35 四川盆地须三下亚段烃源岩厚度预测图

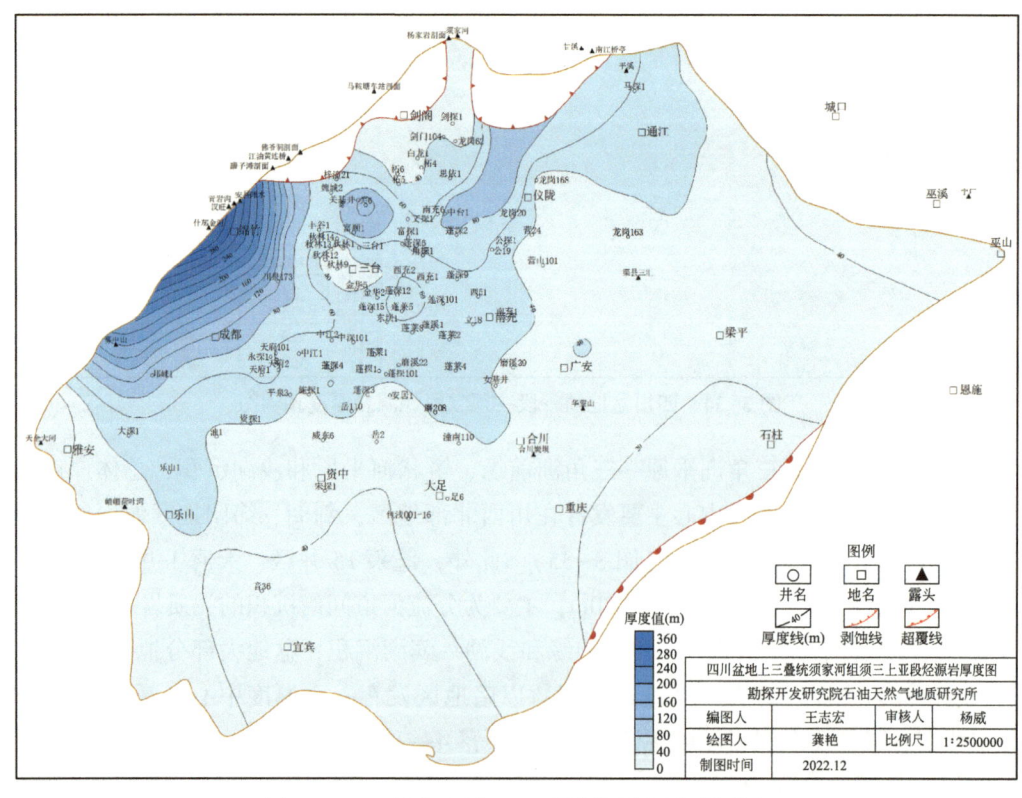

图 3-36 四川盆地须三上亚段烃源岩厚度预测图

须五段为滨湖—浅湖和三角洲平原—三角洲前缘沉积，该时期湖盆面积以及暗色泥岩沉积范围也最大，且不同物源砂体及三角洲朵叶体多呈长条形展布，长条形展布的砂体相互交叉，形成多个半封闭的间湾或潟湖性质的静水环境，对高丰度烃源岩的沉积十分有利。受抬升剥蚀影响，盆地西北部地区缺失须五段（图3-37）。

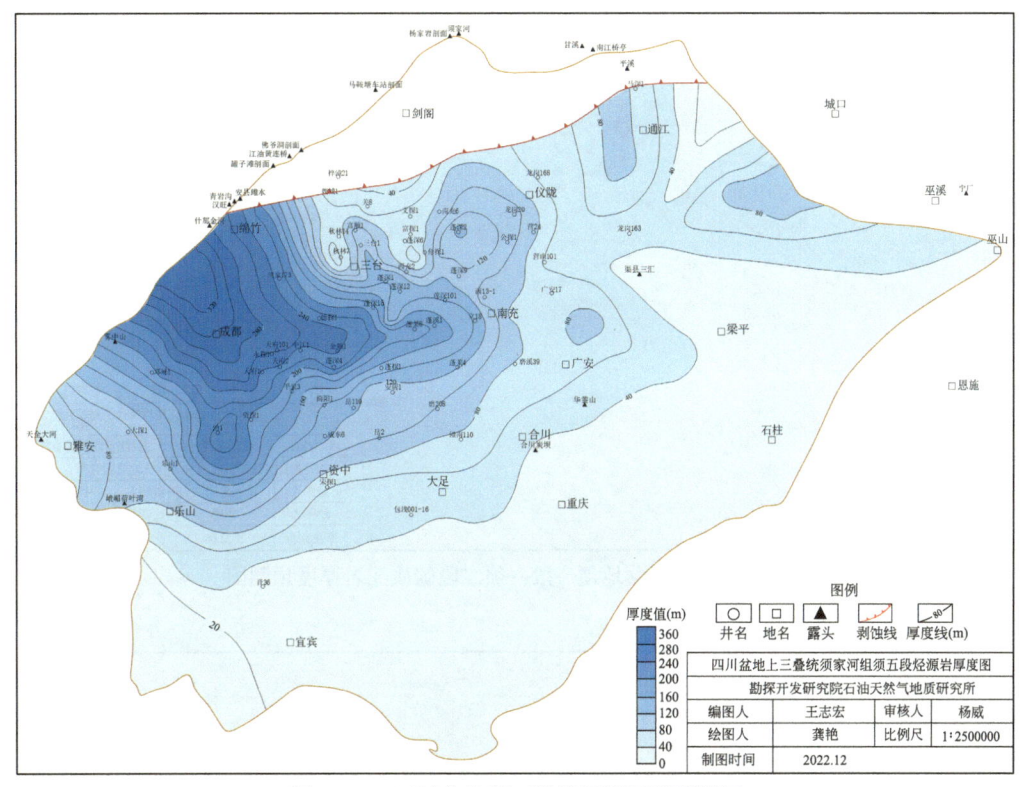

图3-37　四川盆地须五段烃源岩厚度预测图

暗色泥岩在川西中部、南部、川中西侧一带大面积分布，厚度120~280m，最厚超过320m。向东整体上呈减薄趋势，在老龙1—音36—大足—合川—广安—南充1—营21—仪陇一线降至40m，梁平—重庆一带低于20m（图3-37）。

此外，须四段、须六段也发育有暗色泥岩，局部夹薄煤层，也具有较大的生烃潜力。总体上看，须家河组各层段均发育烃源岩，烃源岩厚度具有从西南向东北呈逐渐减薄的分布特征，这主要与前陆盆地结构特征及物源供给有关，北部为主要物源区，以粗碎屑沉积为主，故烃源岩相对不发育；西南部进入前陆坳陷区，泥质含量增多，烃源岩厚度大。

煤及碳质泥岩在各层段均有发育。在地震预测基础上，结合钻井统计，预测了不同层段碳质泥岩及煤的厚度分布。须一段—须二段碳质泥岩厚度为0~10m，局部地区厚度超过18m，在川西北部发育（图3-38）。须一段—须二段煤层厚度0~12m，仅零星地区厚度超过20m，川西北部相对发育，斜坡区不发育（图3-39）。

须三下亚段碳质泥岩厚度0~12m，局部地区厚度超过20m，在川西中北部较发育（图3-40）。须三下亚段煤层厚度0~3m，仅零星地区厚度超过5m，总体呈片状发育，斜坡区厚度不大（图3-41）。

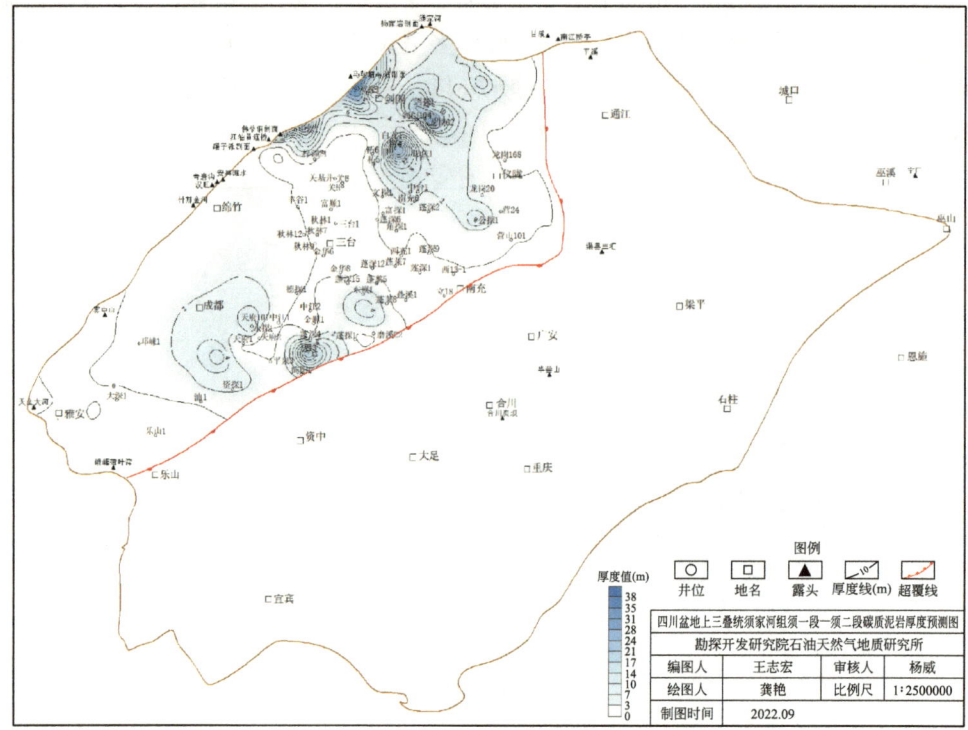

图 3-38 四川盆地须一段—须二段碳质泥岩厚度预测图

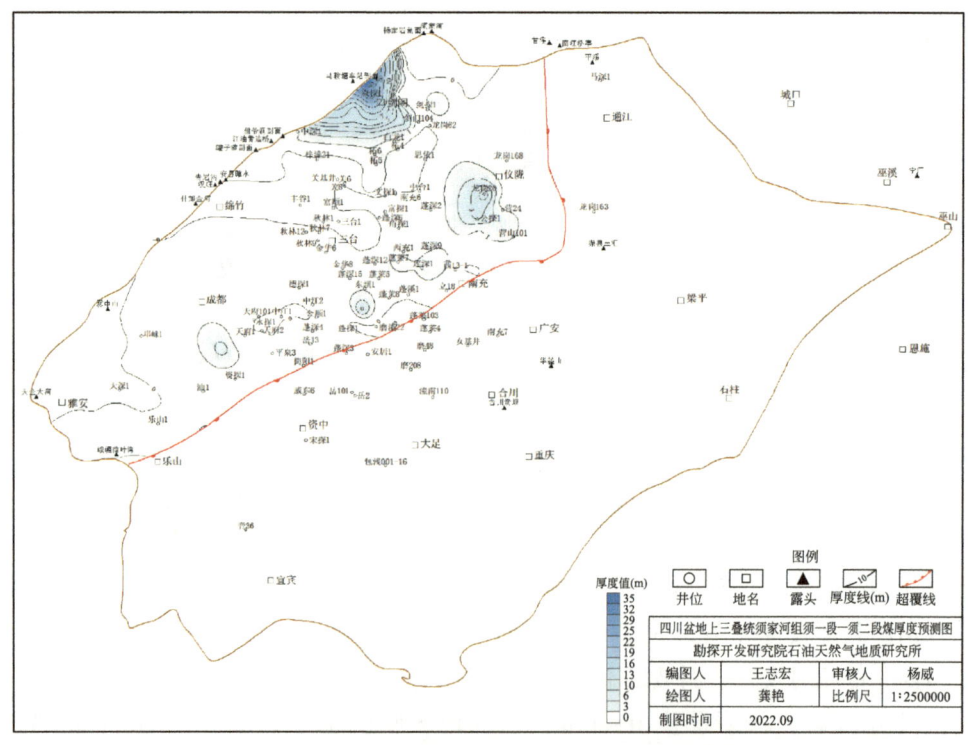

图 3-39 四川盆地须一段—须二段煤厚度预测图

第三章 四川盆地须家河组烃源岩及生烃潜力评价

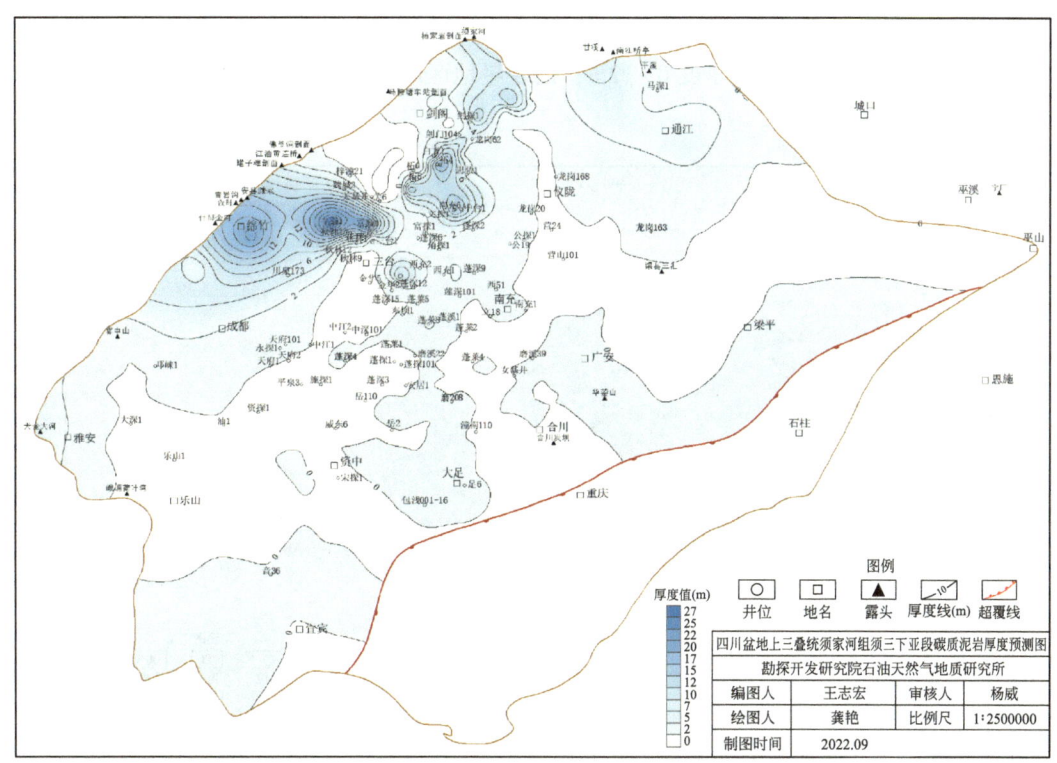

图 3-40 四川盆地须三下亚段碳质泥岩厚度预测图

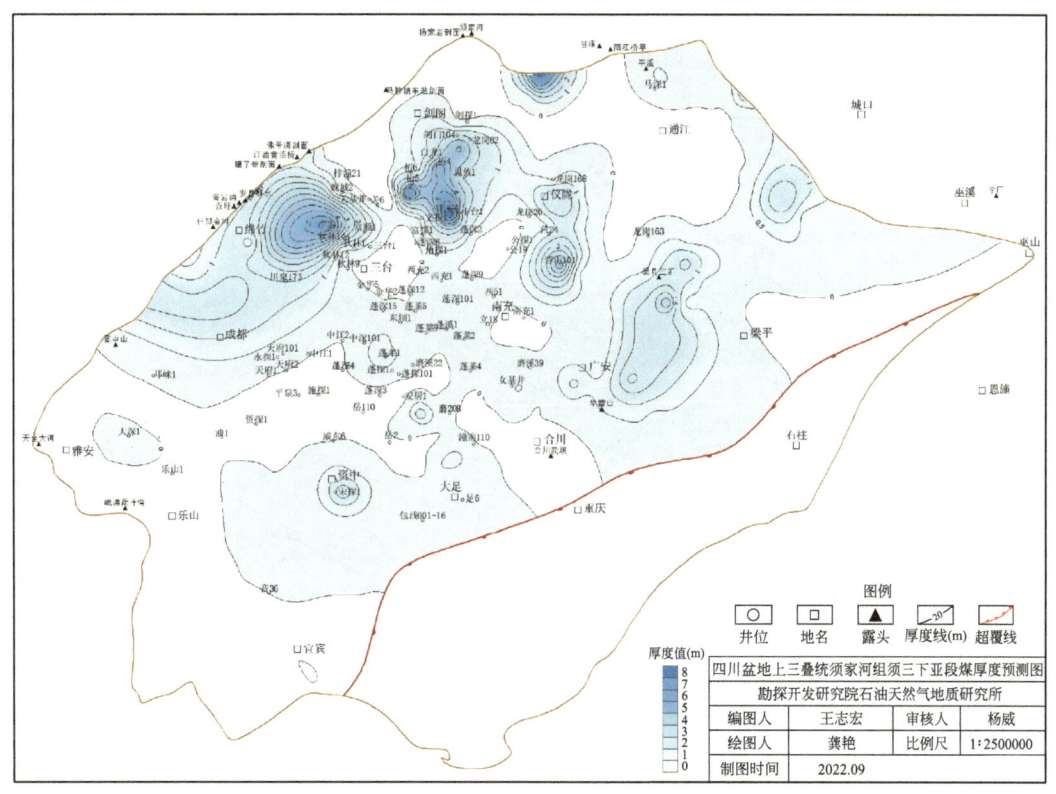

图 3-41 四川盆地须三下亚段煤厚度预测图

须三上亚段碳质泥岩厚度 0~16m，局部地区厚度超过 64m，在川西中南部较发育（图 3-42）。须三上亚段煤层厚度 0~12m，仅零星地区厚度超过 20m，总体呈点状发育，斜坡区厚度不大（图 3-43）。

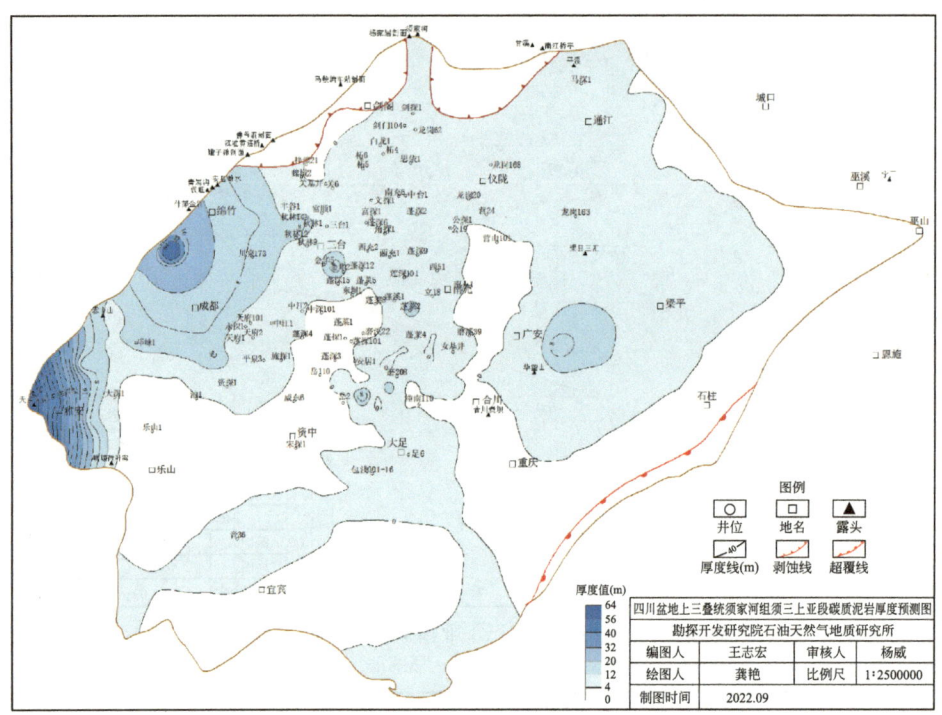

图 3-42　四川盆地须三上亚段碳质泥岩厚度预测图

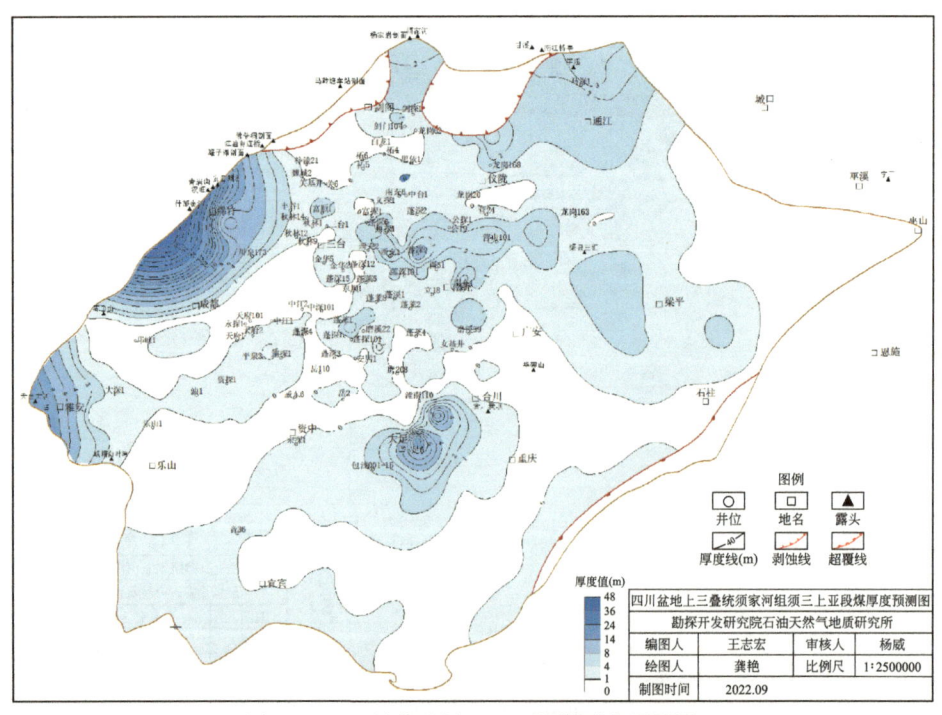

图 3-43　四川盆地须三上亚段煤厚度预测图

须五段碳质泥岩厚度 2~120m，局部地区厚度超过 180m，总体呈点状发育特点（图 3-44）。煤层厚度 2~16m，仅零星地区厚度超过 20m，总体呈点状发育，斜坡区可呈面状分布，但厚度不大（图 3-45）。

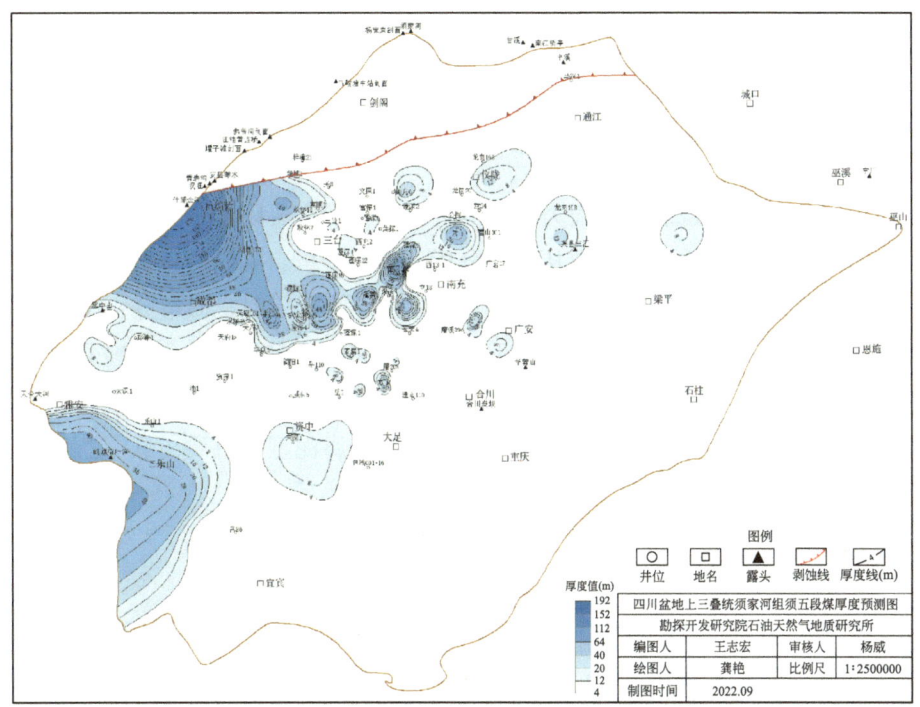

图 3-44 四川盆地须五段碳质泥岩厚度预测图

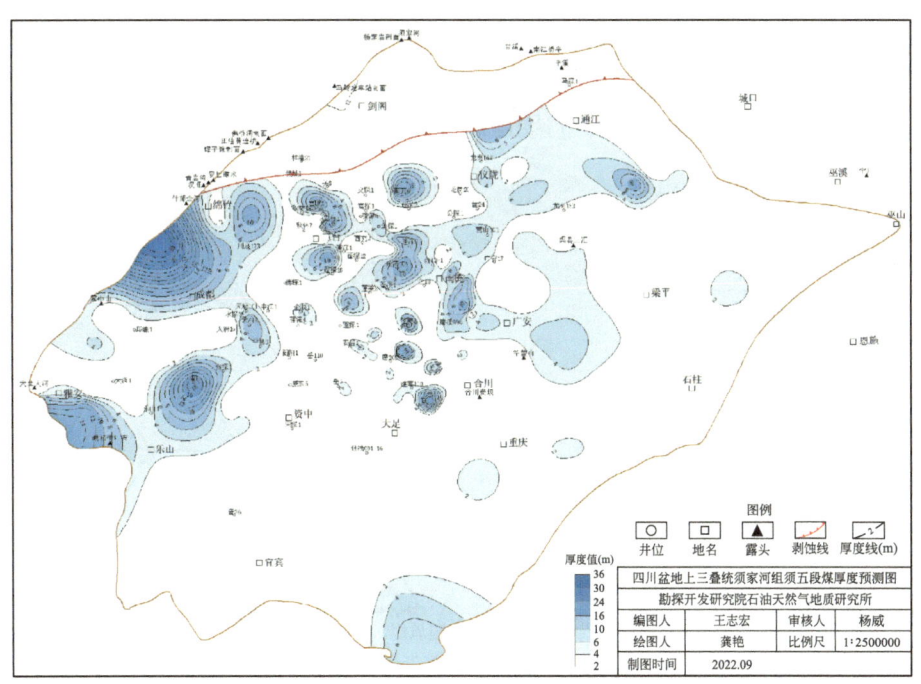

图 3-45 四川盆地须五段煤厚度预测图

总体来看，四川盆地须家河组碳质泥岩及煤岩在各段都有发育，且局部地区存在集中发育区。碳质泥岩和煤的 TOC 含量和热解潜量都比较高，可为局部地区的成藏提供重要的烃源供给。

第三节

烃源岩母质特征及形成环境

有机质类型是决定烃源岩生烃潜力和油气资源结构的主要因素之一，是评价烃源岩的质量指标。通常，评价有机质类型主要从元素分析、热解分析、碳同位素组成、干酪根显微组分组成、生物标志化合物组成等方面加以探讨。本书结合前人对显微组分、同位素等判识有机质类型基础上，侧重对烃源岩样品的镜下微观有机质的鉴定及统计，明确了有机质类型。

四川盆地上三叠统须家河组主要为一套滨湖、沼泽相沉积，其暗色泥岩和所夹煤层是主要烃源岩，有机质类型以Ⅲ型有机质为主，局部也有偏腐泥型有机质，总体上有机质类型比一般典型的煤系烃源岩复杂。

一、显微组分组成

烃源岩有机质显微组分组成中，镜质组（V）、惰性组（I）和壳质组（E）均来源于高等植物的有机质，其中镜质组（V）和惰性组（I）为典型的Ⅲ型有机质，壳质组（E）为典型的Ⅱ型有机质，而低等生源的藻类体和无定形物质为Ⅰ型有机质。因此，可以根据各类组分的相对含量来划分有机质类型。

须家河组烃源岩有机显微组分组成特征如图 3-46 所示。总体上，不同岩性烃源岩有机显微组分组成存在一定的差别。具体表现为：煤的显微组成以镜质组（V）为主，占有机组成的 80% 以上，26 个煤样的平均含量达 92%。惰性组（I）含量次之，平均含量为 7.03%。

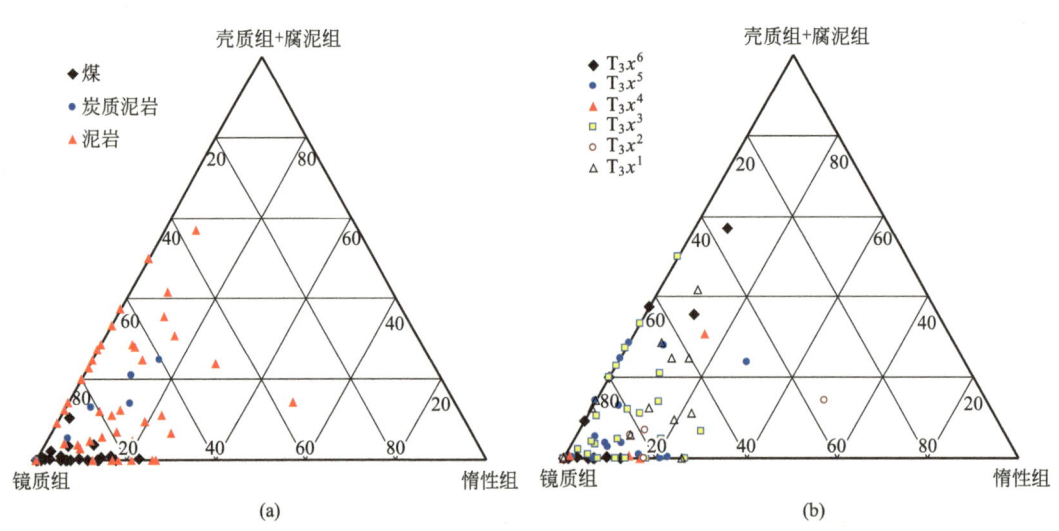

图 3-46 须家河组不同岩性（a）和不同层段（b）烃源岩显微组分组成三角图

壳质组+腐泥组（E+S）含量较低，平均含量为0.93%，表现为典型腐殖煤的显微组分组成特点。

炭质泥岩镜质组、惰性组和壳质组+腐泥组平均含量分别为84.00%、6.16%和9.81%。与煤相比较，炭质泥岩镜质组含量下降，而壳质组+腐泥组含量明显增加。统计表明，镜质组、惰性组和壳质组+腐泥组平均含量分别为83.17%、6.38%和10.45%。与炭质泥岩比较，暗色泥岩镜质组含量更低，而壳质组+腐泥组含量明显增加。须家河组地层中煤有机质类型都为腐殖型，泥质岩有机质类型为腐殖型和腐泥—腐殖型（表3-1）。

表3-1 四川盆地须家河组烃源岩显微组分组成特征

井号	层位	岩性	腐泥组（含矿物沥青基质）（%）	壳质组（%）	镜质组（%）	惰性组（%）	类型指数 Ti（%）	样品数	干酪根类型
广安101井	T_3x^6	煤	1	0.2	74.2~83	5.6~7.6	-68.35~-62.15	3	Ⅲ
		泥岩	8.60~8.80	0.60	2.00~2.40	/	7.10~7.30	2	Ⅱ$_2$
	T_3x^5	泥岩	88.57	/	11.43	/	16.20	1	Ⅱ$_2$
	T_3x^4	泥岩	70.73	/	24.39	4.88	3.50	1	Ⅱ$_2$
	T_3x^3	泥岩	67.57	1.35	29.73	1.35	5.55	1	Ⅱ$_2$
	T_3x^2	泥岩	70.83	2.08	22.92	4.17	4.40	1	Ⅱ$_2$
	T_3x^1	泥岩	63.16~80.95	2.38	16.67~36.84	0	2~5.5	2	Ⅱ$_2$
包浅001-16井	T_3x^6	煤	8.6	/	55	3.2	-35.85	1	Ⅲ
		泥岩	4.6	/	1.4	0.2	3.35	1	Ⅱ$_2$
	T_3x^5	泥岩	70	/	30	/	1.6	3	Ⅱ$_2$
	T_3x^4	碳质泥岩	75	/	25	/	6.4	3	Ⅱ$_2$
	T_3x^3	煤	4.67	/	88	7.33	-66.625	1	Ⅲ
		泥岩	92.5	/	7.5	/	6.8	1	Ⅱ$_2$
	T_3x^2	泥岩	76.47	/	23.53	/	3.6	1	Ⅱ$_2$
	T_3x^1	泥岩	74.19	/	25.81	1	3	1	Ⅱ$_2$
柘6井	T_3x^3	煤	/	/	88.57~100	11.43	-54.4~-96.2	2	Ⅲ
		泥岩	/	/	100	/	-1~-2.8	2	Ⅲ
	T_3x^2	泥岩	/	/	100	/	-2~-3.8	2	Ⅲ
平落4井	T_3x^6	煤	2.4~4.2	0.2~0.6	81.6~92.2	2.4	-67.75~-59.30	2	Ⅲ
		泥岩	2.4~2.8	0.4	1.6~3.6	/	-0.3~1.8	2	Ⅲ，Ⅱ$_2$
	T_3x^5	泥岩	27.27~35.59		50.85~100	13.56	-2~-5	4	Ⅲ
		煤	2.01	0.22	86.1~99.7	0.22~13.83	-72.6~-86.95	4	Ⅲ
	T_3x^1	泥岩	/		100	/	-0.8~-3.2	4	Ⅲ
文11井	T_3x^5	泥岩	74.42~76.92	3.23	19.35~23.08	/	2.8~3.4	2	Ⅱ$_2$
	T_3x^4	泥岩	50	/	50	/	0	1	Ⅱ$_2$
	T_3x^3	泥岩	/	/	81.82	18.18	2.10	1	Ⅲ
	T_3x^2	泥岩	/	/	73.33~100	26.67	-2.8~-5.6	2	Ⅲ
		煤	/	/	86.51	13.49	-83.1	1	Ⅲ

二、有机质稳定碳同位素

有机质稳定碳同位素主要取决于有机质的来源，受热演化作用的影响较小，干酪根从未成熟到过成熟，其干酪根碳同位素值的变化幅度仅为1‰左右，因此，干酪根碳同位素值可作为判断有机质类型的有效参数。干酪根碳同位素分析结果显示（图4-47），须家河组烃源岩干酪根碳同位素值一般大于-25.5‰，表现为腐殖型烃源岩特征。但也有部分样品烃源岩干酪根碳同位素值在-26.0‰~-25.5‰之间，表现出腐泥—腐殖型烃源岩特征。

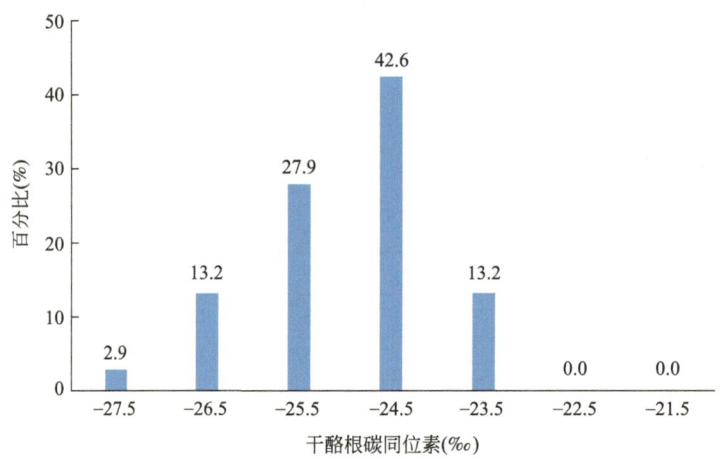

图3-47 四川盆地须家河组烃源岩干酪根碳同位素分布直方图

三、生烃生物分析

（一）生烃生物分类及研究方法

油气形成的母质是地质历史上沉积的有机质，这些有机质是生物体埋藏演化的结果，其中形成具有生烃能力的有机质的那部分生物被称为成烃生物。不同沉积环境下形成的烃源岩，成烃生物组合也不同。古生物学家对古生物的识别多集中在碳酸盐岩和硅质岩中，而对烃源岩中生物的识别较缺乏，因为生物在碳酸盐岩或硅质岩中形态结构保存较完整，但烃源岩尤其是优质烃源岩多为泥质，受地质影响较大，有机质结构几乎遭受了破坏，因此产生了有机岩石学，在有机岩石学研究中注重有机质的来源，将烃源岩中有机质划分为腐泥组、壳质组、镜质组和惰质组。

对全球含油气盆地不同类型烃源岩的统计表明，以泥质岩为主的烃源岩占全部烃源岩的42%，而与碳酸盐岩有关的烃源岩占全部烃源岩的58%，对海相烃源岩的显微成烃物质组合分析发现，其成烃生物主要有3大类：显微—超显微生物（包括底栖藻类、浮游藻类、真菌和细菌类）、原始线叶植物和高等植物类、胞外和次生的固体沥青。下古生界海相烃源岩中主要成烃生物为浮游藻类和底栖藻类（图3-48），前者主要发育于潟湖或盆内凹陷，后者则主要发育于浅海陆棚。藻类按生活习性可以简单分为底栖藻类和浮游藻类，这两类藻类的生烃能力具有较大的差异,因此,按生活习性的分类对石油地质学研究十分实用和有效。相反,藻类生物学分类方案对石油地质学研究显得过于复杂,因为具有相同色素的藻类既有底栖类也有浮游类,但生烃能力相差较大,且在生态环境和沉积环境上相互重叠,不利于烃源岩生烃潜力评价,而浮游藻类是大洋中光合作用的主体,与底栖藻类不同,其漂浮生活在水体的表层。

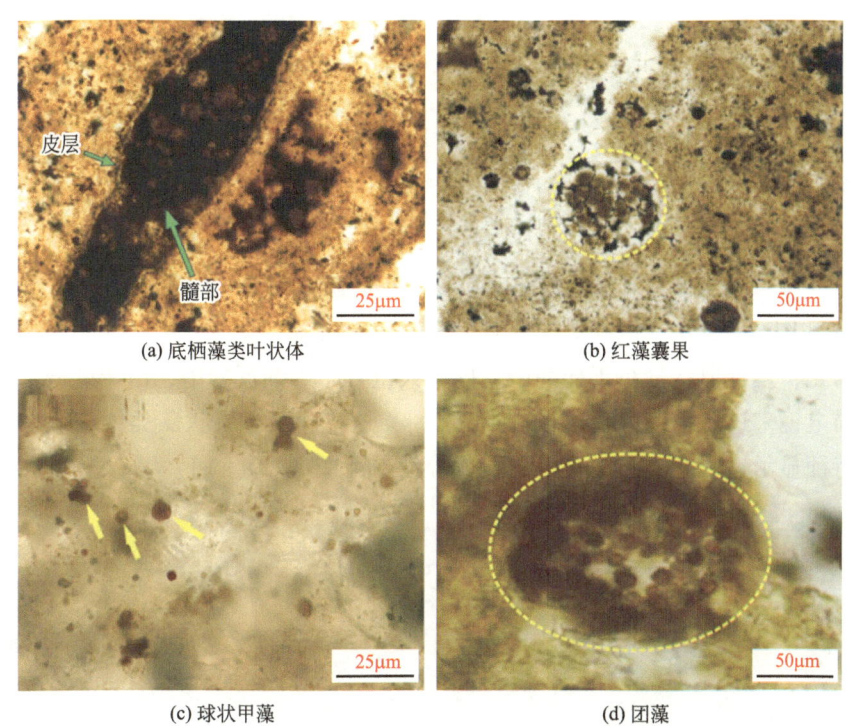

图 3-48　塔里木盆地早古生代代表性成烃生物

浮游藻类按其个体大小可分为超微型浮游藻类和大型浮游藻类。超微型浮游藻类主要是由微球状蓝藻组成（2~5μm）,主体是球状蓝藻聚球藻（Synechococcus）、聚胞藻（Synechocystis）和原绿球藻。由于这些超微型浮游藻类个体小,具有高的比表面积,加上在微小细胞周围高的扩散梯度,允许细胞高速地摄取营养。而且,大量分散在微小细胞里的光合色素比包裹在大细胞中的等量色素能吸收更多的光能。因此营养贫瘠的海域,这些细胞依然能生长良好。但这些海域对大型浮游藻类而言,因不能够利用低浓度的营养物质,所以数量极少。在北冰洋的研究也发现随着水体营养水平下降,超微型浮游藻类数量相对增多。超微型浮游藻类由于个体较小,往往沉降速度慢,死亡后可能会被水柱中的氧气氧化而少有保存,但在氧化分解数量小于生产总量时,这类超微浮游藻类还是能成功保存下来。由于超微浮游藻类往往呈集群漂浮在水面,容易受风浪的影响,主要聚集在离岸不远的水域,因此要保存这类浮游藻类,必须是氧化还原界面非常浅的静水环境,例如在风浪作用较小的海湾或潟湖等静水环境。

桦甸组烃源岩成烃生物以层状藻类体、结构藻类体和陆源高等植物组分为主。层状藻类体被认为主要来源于蓝藻,且一般常作为湖相或相对闭塞的海相沉积环境的指示。桦甸组烃源岩样品富含层状藻类体，该组分具有较强的黄色荧光，在泥岩样品中其分布较分散［图3-49(a)］，而在油页岩样品中呈密集产出［图3-49(b)］。干酪根富集后为不具特定形态的海绵状无定形体，具有强黄色荧光［图3-49(c)］。

  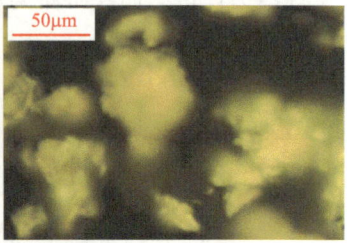

(a) 碳质泥岩中层状藻类体，荧光　　(b) 油页岩中层状藻类体，荧光　　(c) 干酪根处理后为海绵状无定形体，荧光

图3-49　桦甸盆地古近系桦甸组层状藻类体显微组分特征

结构藻类体来源于葡萄球藻［图3-50(a)］和硅藻［图3-50(d)］，少量光面球藻 *Leiosphaeridia sp*［图3-50(b)］和具刺疑源类 *Micrhystridium sp*［图3-50(c)］，这些结构藻类体具有黄色荧光，呈分散状分布于样品中。硅藻大量分布于油页岩中，由于硅藻个体较小，只能通过扫描电镜来进行仔细分析［图3-50(d)］，这些硅藻与层状藻类体交织在一起，扫描电镜能谱特征显示这些硅藻已泥化，硅质成分较少［图3-50(e)］。

 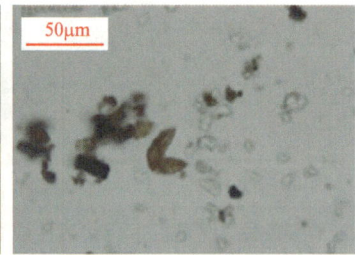 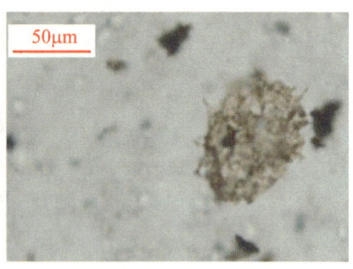

(a) 葡萄球藻*Botryococcus* sp.，　　(b) 光面球藻*Leiosphaeridia* sp.，　　(c) 具刺疑源类*Micrhystridium* sp.，
　　HD-21，荧光　　　　　　　　　　HD-10，透射光　　　　　　　　　　HD-20，透射光

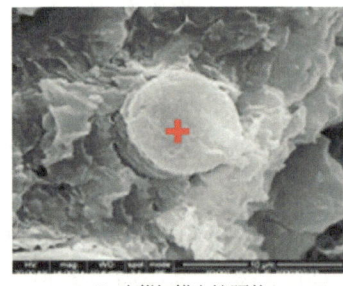 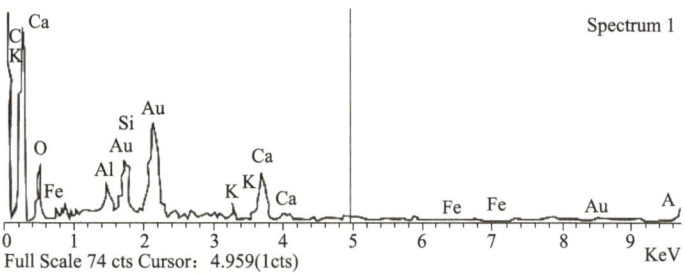

(d) 硅藻扫描电镜照片，　　　　　　(e) (d)中所注位置的能谱谱图
　　HD-21

图3-50　桦甸盆地古近系桦甸组结构藻类体显微—扫描电镜照片

此外，该组样品中也见底栖宏观藻类残片，包括多细胞叶状体［图3-51(a)，(b)］、红藻囊果［图3-51(c)，(d)］等。多细胞叶状体组织部分可见清晰的双层细胞壁结构［图3-51(b)］，细胞壁直接还能见到胞间连丝（*pit connection*），这是红藻所特有的结构。红藻囊果是红藻的典型特征，陆源高等植物残片，主要包括碎屑镜质组、碎屑壳质组、孢子

体等组分（图3-52）。这些高等植物残片呈分散状分布于烃源岩中，其中在油页岩中含量比较少，在碳质泥岩、粉砂质泥岩中含量相对较高。

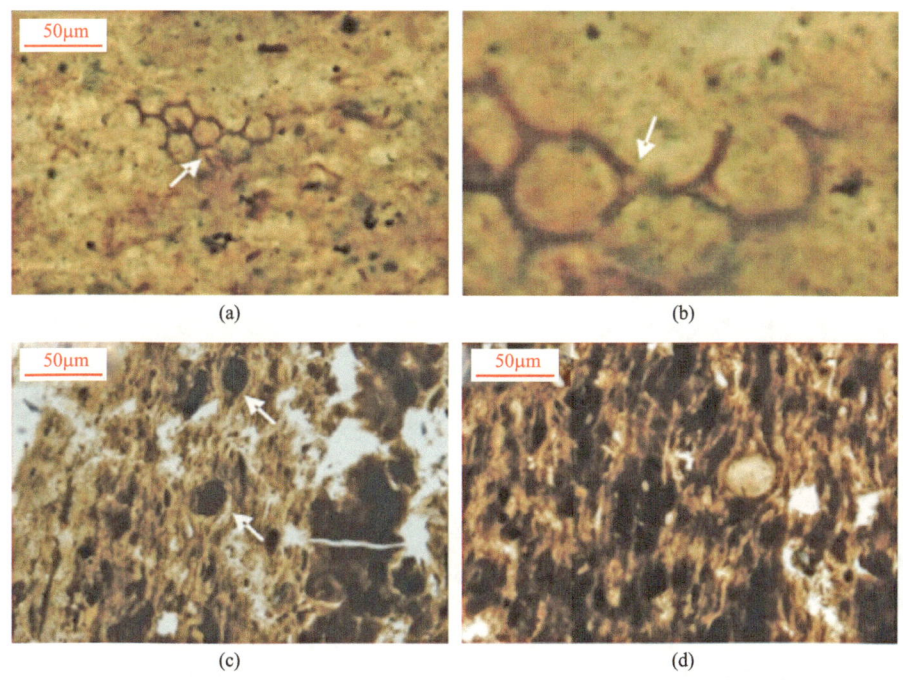

图3-51　桦甸盆地古近系桦甸组底栖宏观藻类显微照片

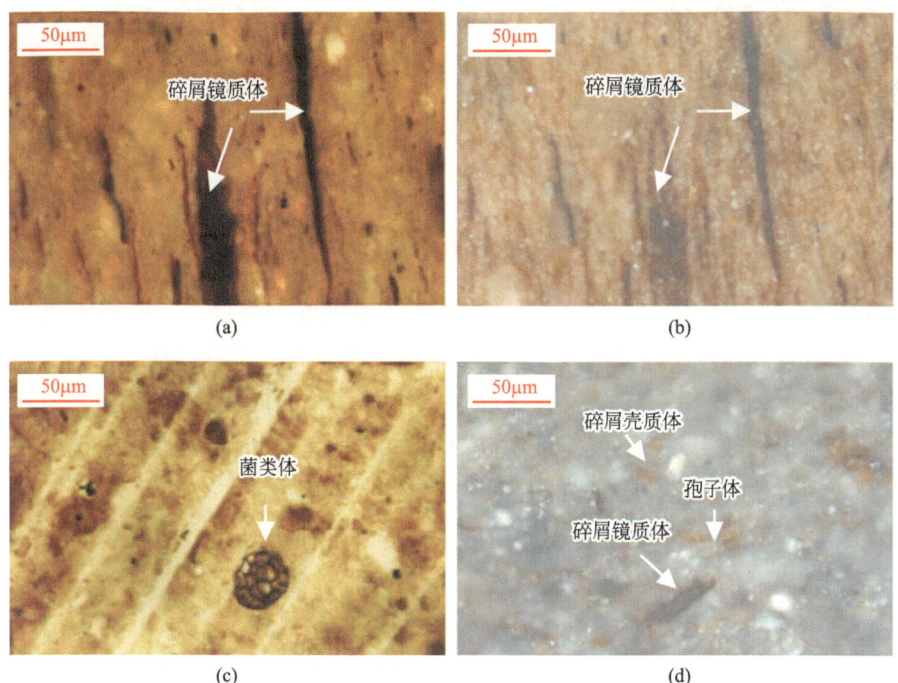

图3-52　桦甸盆地古近系桦甸组高等植物残片显微照片

(二) 须家河组有机质特征

四川盆地上三叠统须家河组传统意义上为一套煤系烃源岩，以高等植物为主要有机质来源，但经过多方面研究发现，在须一段—须二段发现有海侵事件的影响，海水入侵会带来有机质类型的改变，尤其存在陆相与海相样品同时存在的情况。

LHZ-8中能明显发现高等植物的贡献，在透射光下呈橙红色，有内反射现象，黄色荧光明显，是壳质组的重要特征［图3-53(a)，(b)，(c)］，同时在该薄片中发现有大量镜质组［图3-53(d)，(e)，(f)］与孢子体的存在，证明其有机质来源主要为高等植物，且成熟度不高，为陆相沉积环境。

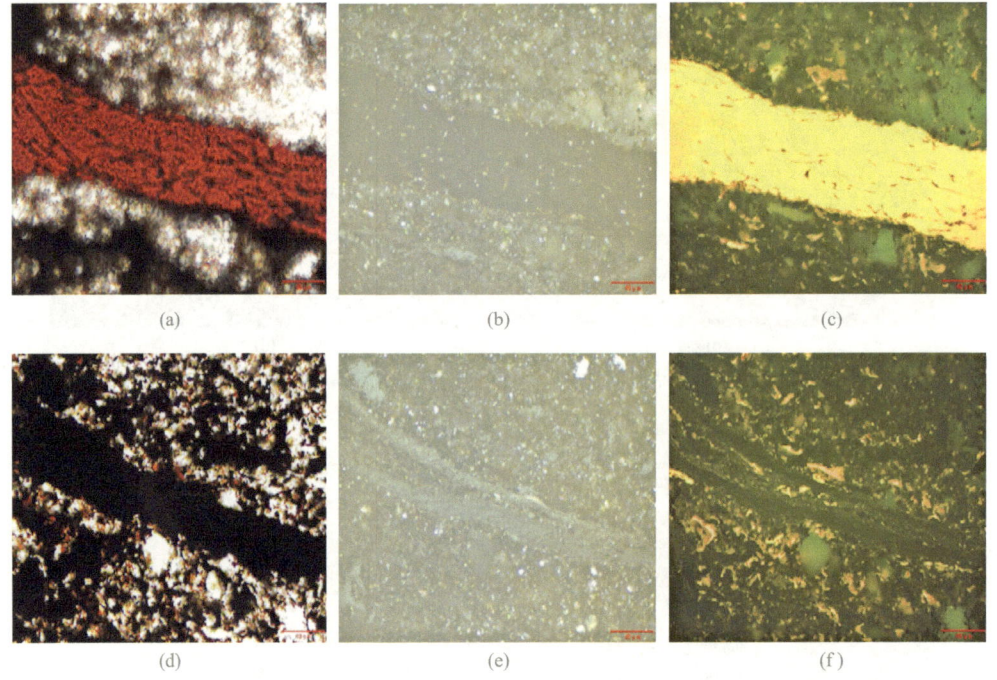

图3-53　四川盆地什邡地区须一段—须二段LHZ-8镜下有机质特征图

与LHZ-8不同，SF-26在整个薄片中未能发现有荧光的部分，有机质成熟度要高于老虎嘴地区，但在矿物组成上发现有大量草莓状黄铁矿的发育［图3-54(d)，(e)，(f)］，这是一种深水环境特征矿物，对水体的深度有指示作用，同时发育镜质组［图3-54(a)，(b)，(c)］，且形体较为完整，既有陆源高等植物的输入，同时可见海水入侵导致水体深度的增加。显示了在横向上与LHZ-8的有机质分布存在不均一性。

立18井须一段—须二段主要为泥质粉砂岩，碎屑镜质组较小，能看到部分生物结构的镜质组，无定型腐泥部分无荧光（图3-55），有机质以陆源贡献为主，黄铁矿以块状出现也说明其发育环境为陆相。

须三下亚段的有机质类型并不好，主要发育沥青，其来源大概率为须一段—须二段的有机质在生成油气后，油气向上运移的过程中发生了地层的分馏效应，其中较重的部分被吸附留在了岩石中，在须三下亚段形成了沥青。

第三章 四川盆地须家河组烃源岩及生烃潜力评价

图 3-54 四川盆地什邡地区须一段—须二段 SF-26 镜下有机质特征图

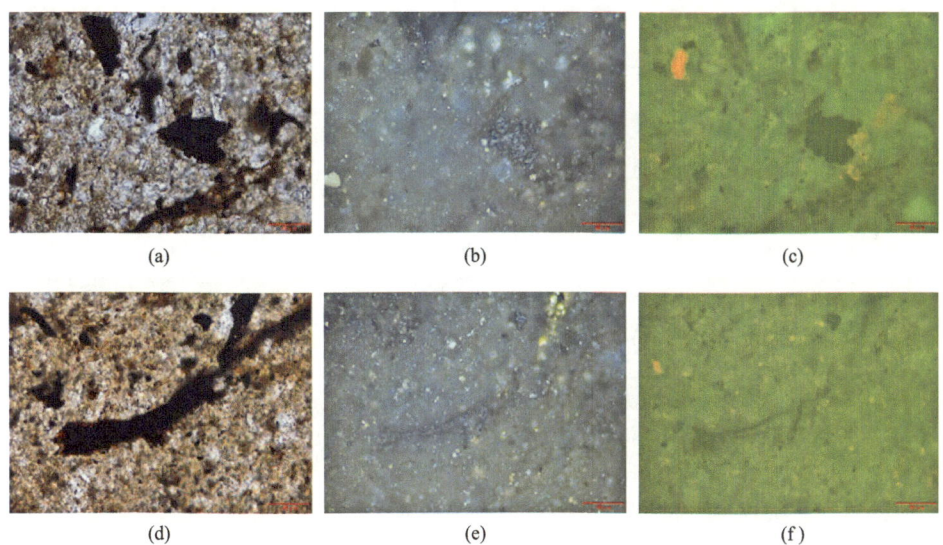

图 3-55 四川盆地须一段—须二段立 18 井（2727.4m）镜下有机质特征图

富顺 1 井的须三下亚段主要以沥青为主，发育在碎屑岩的间隙之中（图 3-56），偶尔能见少量镜质组，腐泥组的含量很低，未发现有荧光较强的有机显微组分。

须三上亚段的有机质类型较须三下亚段好。在富探 1 井须三上亚段中发育富氢镜质组与普通镜质组，富氢镜质组呈现橙色荧光，且镜质组的结构均保存较完整（图 3-57），是以高等植物为主要来源的陆相沉积环境，其中腐泥组的荧光较弱，发育有大量的固体沥青。

中江 1 井须三上亚段均为碎屑镜质组，藻类体有一定层理出现，且在藻类体中发现有荧光（图 3-58），证明该处的有机质来源有两部分：高等植物的输入以及水体中低等浮游植物的贡献。部分沥青同样顺层充填，可见部分煤屑存在。

图 3-56 四川盆地须三下亚段富顺 1 井（3909m）镜下有机质特征图

图 3-57 四川盆地须三上亚段富探 1 井（3433.2m）镜下有机质特征图

安居 1 井须五段镜质组粒度较大，保留原始结构的镜质组较多，腐泥组以无定型藻类为主（图 3-59），有较强的橙色荧光，但受沉积环境的水动力条件影响其成层性较差。三角洲前缘的沉积环境意味着高等植物的大量输入。此外在样品中发育的沥青条带较细，几乎不连续出现。在个别样品中发现有少量草莓状黄铁矿的存在，可能是局部水体较深。

富顺 1 井须五段则表现出明显的成层性，腐泥组发育有大量层状藻类体（图 3-60），是静水环境的发育特征。成层的沥青为须五段内部藻类体生成的油气运移产生，同时发育矿物沥青基质，个别样品中发现有煤屑，镜质组含量较低，高等植物的贡献少，草莓状黄铁矿零散分布，在样品中较为常见，表现出深水环境的特征。

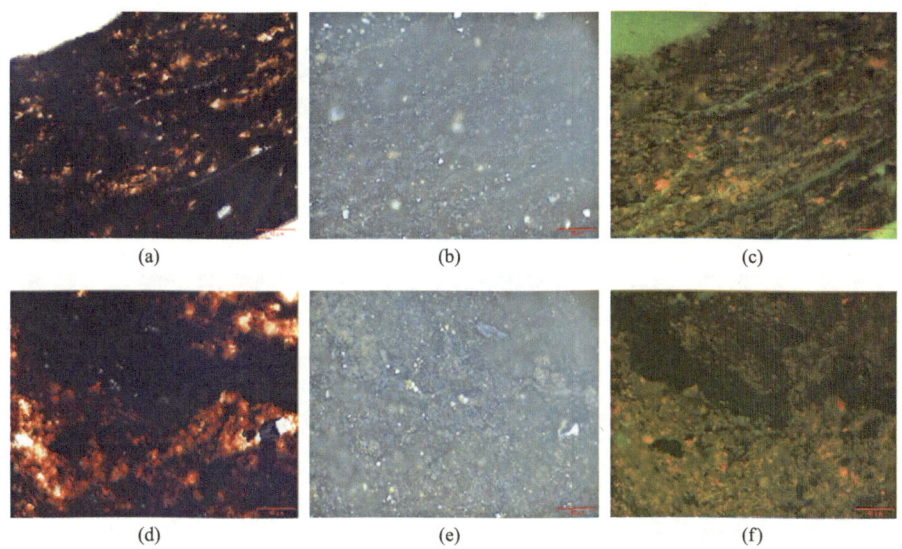

图 3-58　四川盆地须三上亚段中江 1 井（2886m）镜下有机质特征图

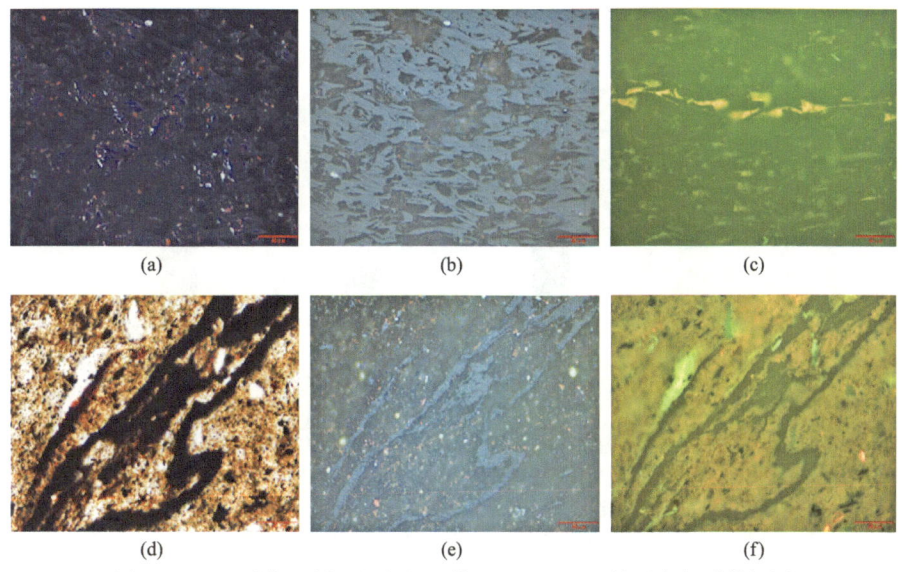

图 3-59　四川盆地须五段安居 1 井（2014.2m）镜下有机质特征图

须五段在通过有机岩石学的研究发现，其成烃生物来源比须一段—须二段更好，或许能成为一套主力烃源岩。将须一段—须二段、须三段以及须五段的有机质类型对比发现，须五段的成烃生物主要来自浮游藻类（图3-61），所有须五段样品中，蓝色荧光下几乎都可以看到藻类体的橙黄色荧光，说明其成熟度低且确实主要来源于藻类。整体上须五段有机质类型最好，其次是须一段—须二段与须三上亚段，而须三下亚段最差。在上述的样品薄片中也能发现沉积有机质的来源。

图 3-60　四川盆地须五段富顺 1 井（3160m）镜下有机质特征图

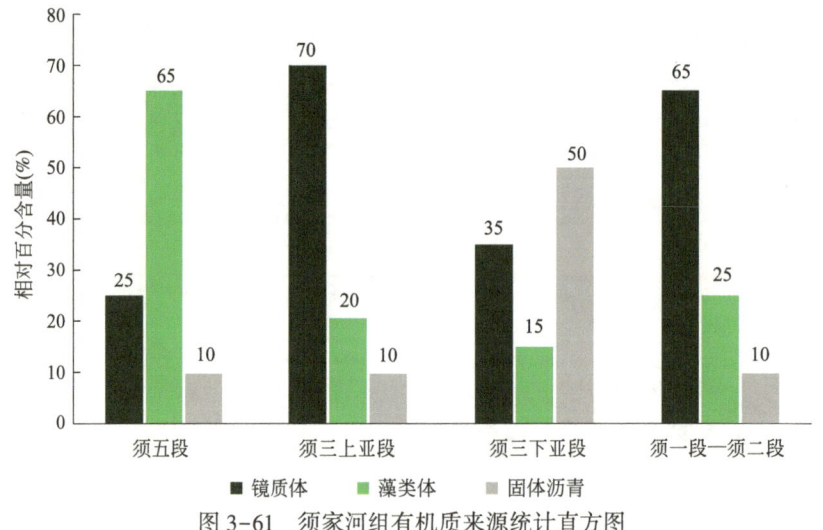

图 3-61　须家河组有机质来源统计直方图

（三）须家河组烃源岩气相色谱-质谱分析

一般而言，C_{27} 规则甾烷通常来源于低等水生生物，C_{29} 规则甾烷来源于高等植物，因此通过对比 C_{27}—C_{29} 规则甾烷的占比，可以得出烃源岩的有机质输入来源。

什邡地区须一段—须二段烃源岩的 C_{27} 甾烷占优势，指示以水生生物输入为主；老虎嘴地区则以 C_{29} 甾烷为主（图 3-62），指示以高等植物输入为主。甾烷三角图版也指示了什邡地区为混合生物来源（图 3-63），老虎嘴地区须家河组有机质则以高等植物输入为主。

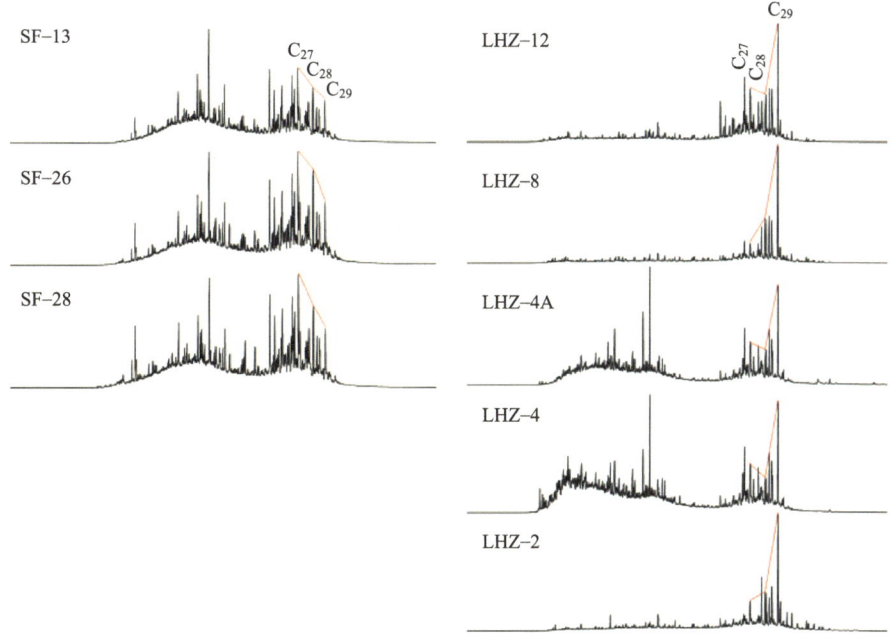

图 3-62　什邡地区和老虎嘴地区须一段—须二段 $m/z=217$ 图谱

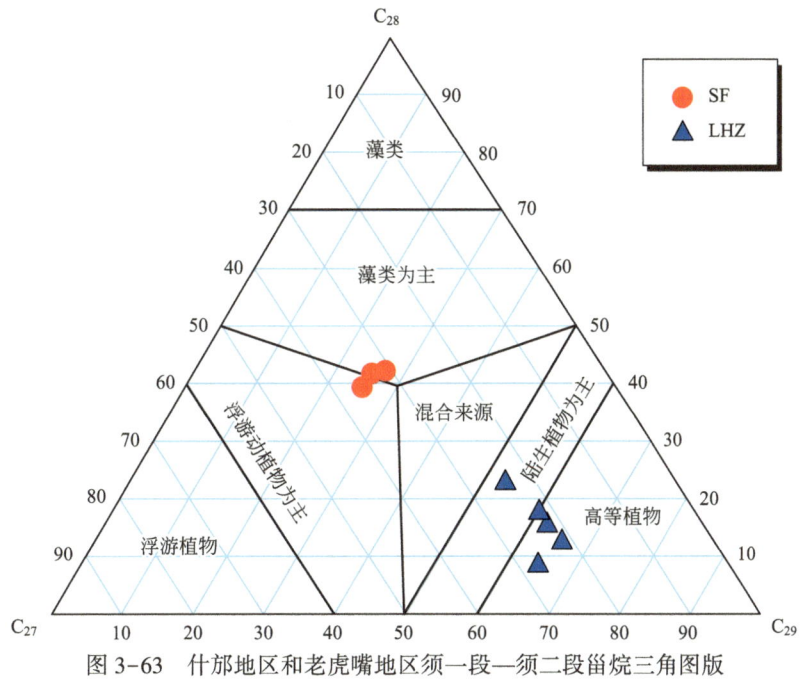

图 3-63　什邡地区和老虎嘴地区须一段—须二段甾烷三角图版

须三下亚段的图谱特征是以高等植物贡献为主，低等水生生物贡献低于高等植物[图 3-64(a)]，总体与有机岩石学分析无异，但在考虑气相色谱-质谱分析的方法手段时还需要将沉积相作为变量纳入评价标准，在不同沉积相的条件下会出现高等植物与低等水生物的贡献比例变化。

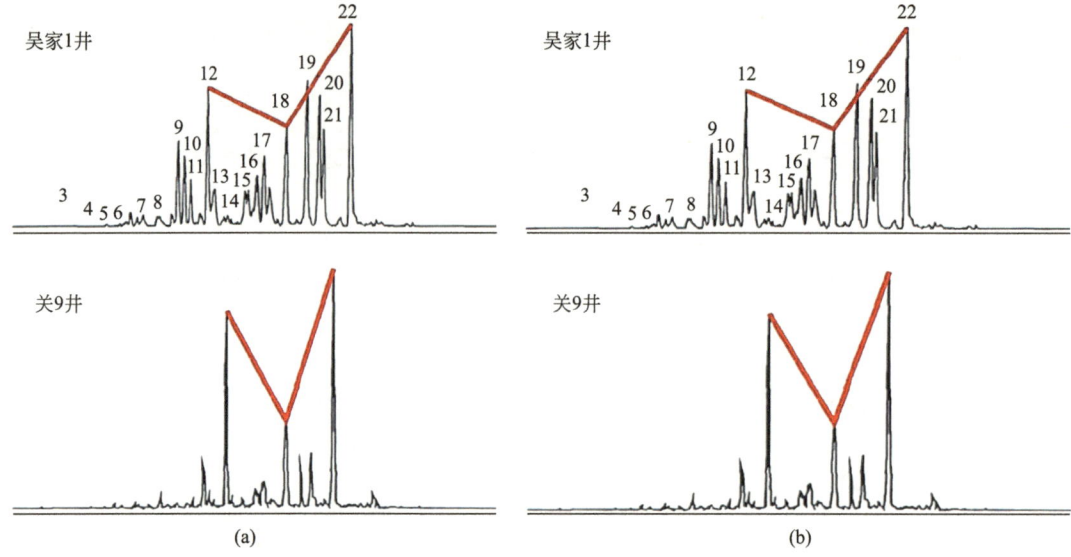

图 3-64　吴家 1 井和关 9 井须三下亚段（a）和须三上亚段（b）$m/z = 217$ 图谱

须三上亚段也全部呈现 $C_{29} > C_{27} > C_{28}$ 的情况，是以高等植物为主的反"L"形图谱特征 [图 3-64(b)]，同时在 $m/z = 217$ 上可以看到有 C_{28} 与 C_{29} 的长链三环萜烷以及少量的四环萜烷，都可以证明物源主要来自陆相环境。

须五段的甾烷有强烈的低等水生生物输入的特征，C_{27} 为主呈"L"形的峰型，C_{29} 并不低（图 3-65），说明有一定高等植物的贡献，这也与有机岩石学镜下指示特征相一致。

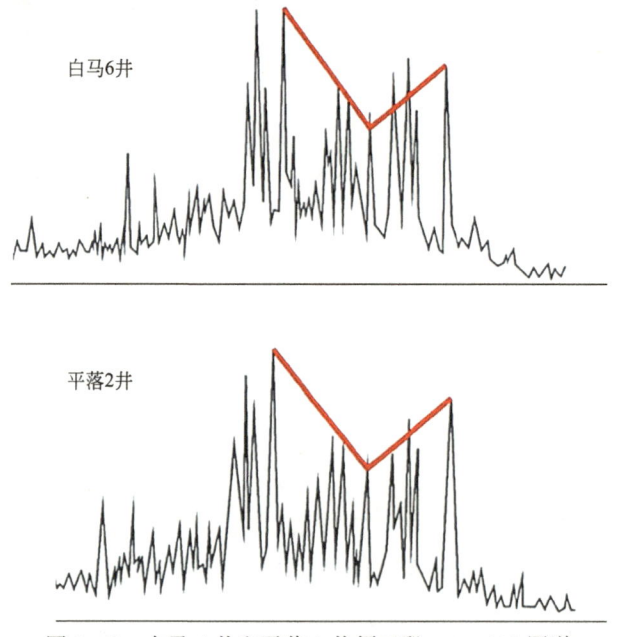

图 3-65　白马 6 井和平落 2 井须五段 $m/z = 217$ 图谱

Pr/Ph 一直用以表示源岩沉积的氧化—还原性，须家河组不同岩性、不同层位的烃源岩，均具有明显较低的 Pr/Ph 值（图 3-66），分布在 0.33~1.44 之间，指示还原的沉积环境，沼泽环境的煤系地层一般该值大于 2.0~2.5，说明有海侵作用的影响。

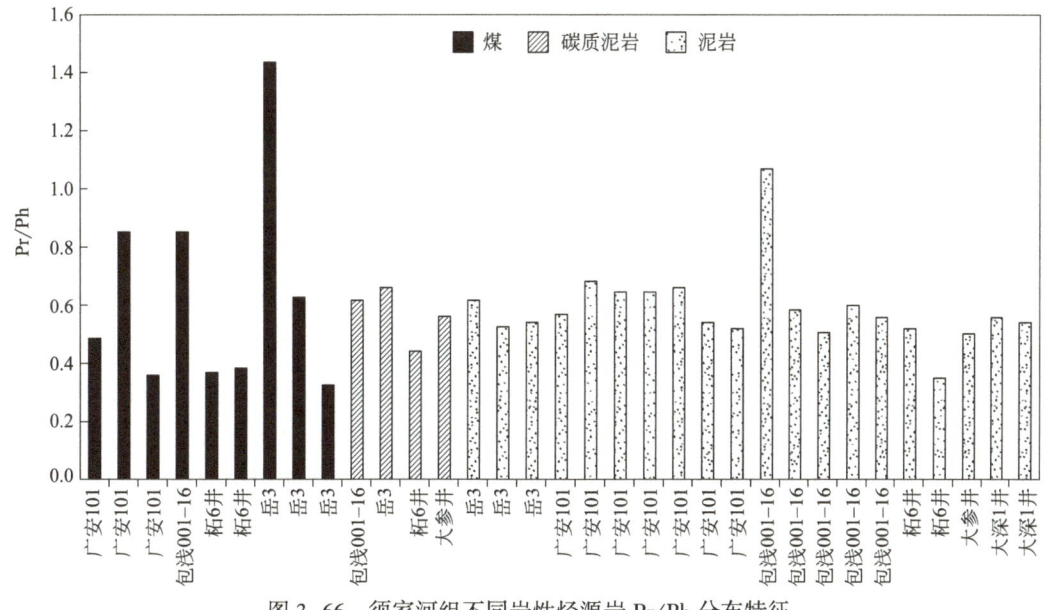

图 3-66 须家河组不同岩性烃源岩 Pr/Ph 分布特征

第四节

烃源岩生烃潜力评价

烃源岩的生烃潜力取决于烃源岩厚度及有机地球化学特征,有机地球化学方面主要与有机质类型、有机质丰度、热演化程度密切相关。前文已确定了各层段烃源岩厚度、TOC 含量、有机质类型。热演化史的恢复至关重要,镜质组反射率是确定烃源岩成熟度最常用、最有效的指标。须家河组烃源岩主要是煤系烃源岩,有机质中,镜质组普遍发育,因此。通过实验分析,确定各层段烃源岩段镜质组反射率,通过埋藏史恢复与校正,恢复须家河组热演化史,进而利用盆地模拟软件 PetroMod,模拟计算须家河组各段烃源岩生烃量,综合评价须家河组生烃潜力。

一、烃源岩热史及生烃史

(一) 烃源岩热演化史

通过重建须家河组地层沉积埋藏史与热演化史,编制不同地区沉积埋藏与热演化史图(图 3-67),可以了解不同地区烃源岩的热演化历史。在川中地区生烃史主要特征基本相似,都经历了侏罗纪—早白垩世的快速沉降与埋藏,达到生气初期阶段,中白垩世以来主要以抬升剥蚀为特征。

川西下斜坡区上三叠统烃源岩埋藏史及热演化史如图 3-67 所示。在晚三叠世末—早侏罗世末,川西下斜坡地区上三叠统烃源岩有机质达到生烃门限,为生烃早期阶段,镜质组反射率

(R_o)介于0.5%~0.7%,有少量干酪根早期裂解气生成;生烃门限深度大致在2100~2400m。

早侏罗世末—晚白垩世初,须家河组烃源岩有机质达到成熟期,R_o值介于0.7%~1.3%之间,有大量干酪根裂解气生成,开始初次运移,并在储层中保存下来。其中,早侏罗世末—晚侏罗世为生烃中期阶段,R_o介于0.7%~1.0%之间,晚侏罗世—晚白垩世初为生烃晚期阶段,R_o介于1.0%~1.3%之间,开始快速生气;晚白垩世初—晚白垩世末,上三叠统烃源岩有机质演化达到高成熟阶段,R_o值大于1.3%,进入干酪根晚期生气阶段,是天然气生成的关键时期;新近纪之后,喜马拉雅运动使地层抬升,上覆地层遭受剥蚀,上三叠统烃源岩埋深减小,川中地区有机质无法向更高的热演化阶段演化,基本保持了白垩纪时的成熟状况,仅川西坳陷主体区有机质有继续向更高热演化阶段演化的趋势,达到过成熟演化阶段。

平面上,烃源岩热演化程度总体上自西向东呈依次降低趋势(图3-68、图3-69、图3-70),这也主要是早白垩世至晚白垩世之间不同地区的沉降差异导致的。川西地区沉降幅度大,导致烃源岩热演化程度高,达到高成熟至过成熟阶段,而川中地区沉降幅度小,烃源岩成熟度仍然处于晚侏罗世—早白垩世的成熟阶段。

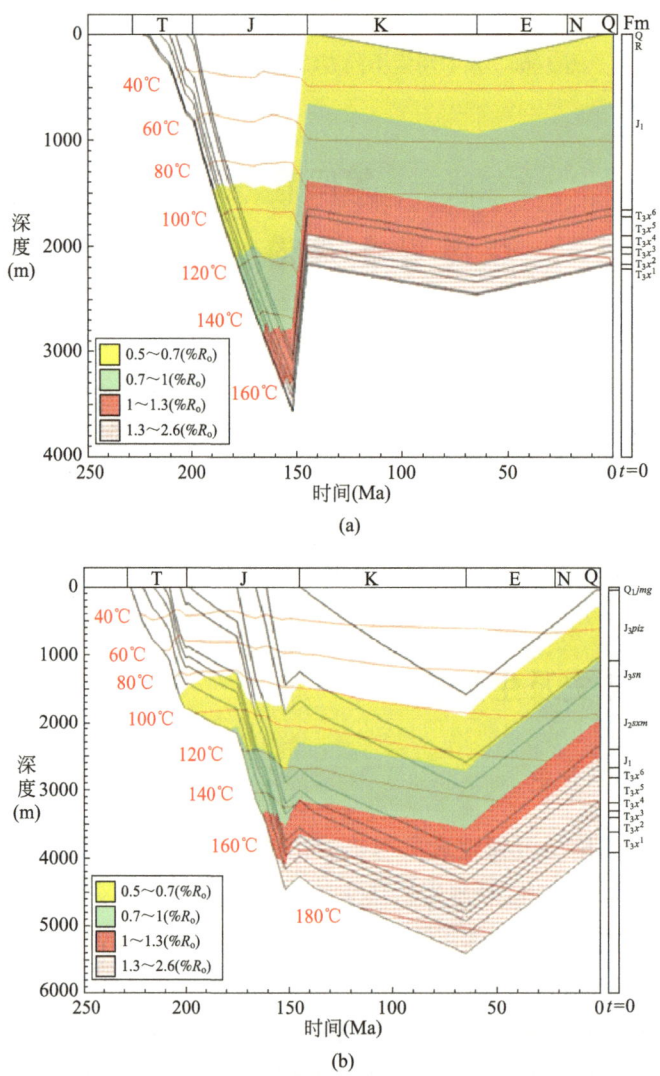

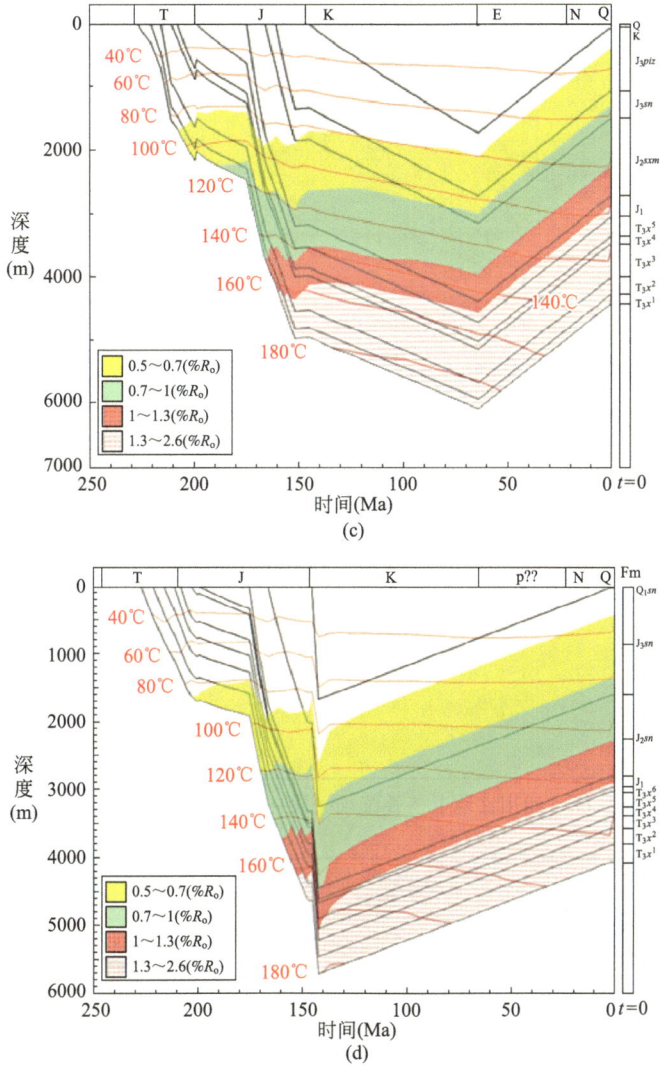

图 3-67 磨208井（a）、永探1井（b）、三台1井（c）、南充6井（d）埋藏史热史图

须一段—须二段烃源岩热演化成都最高，结合前述单井热史分析可知，该时期烃源岩在三叠纪末就进入生烃门限（$R_o>0.5\%$），侏罗纪末进入成熟阶段（$R_o>1.0\%$），川西地区烃源岩现今均处于过成熟阶段，R_o普遍大于2.0%，天府、金秋地区达到高—过成熟阶段（$R_o>1.6\%$）（图3-68）。

随着埋深变浅，烃源岩热演化程度向上依次降低，须三上亚段烃源岩三叠纪末进入生烃门限（$R_o>0.5\%$），早白垩世末进入成熟阶段（$R_o>1.0\%$），川西地区烃源岩现今均处于高—过成熟阶段，天府、金秋地区达到高成熟阶段（$R_o>1.3\%$）（图3-69）。须五段烃源岩早侏罗末进入生烃门限（$R_o>0.5\%$），早白垩世末进入成熟阶段（$R_o>1.0\%$），现今均处于成熟阶段，秋林北地区达到高成熟阶段（$R_o>1.3\%$）（图3-70）。

（二）烃源岩产气率及生烃史

天然气的生成、运移与聚集受控于盆地的构造演化，盆地的构造演化史是有机质热演化史恢复的基础。同时盆地中有机质埋藏史的建立又是校正构造演化史的重要依据。

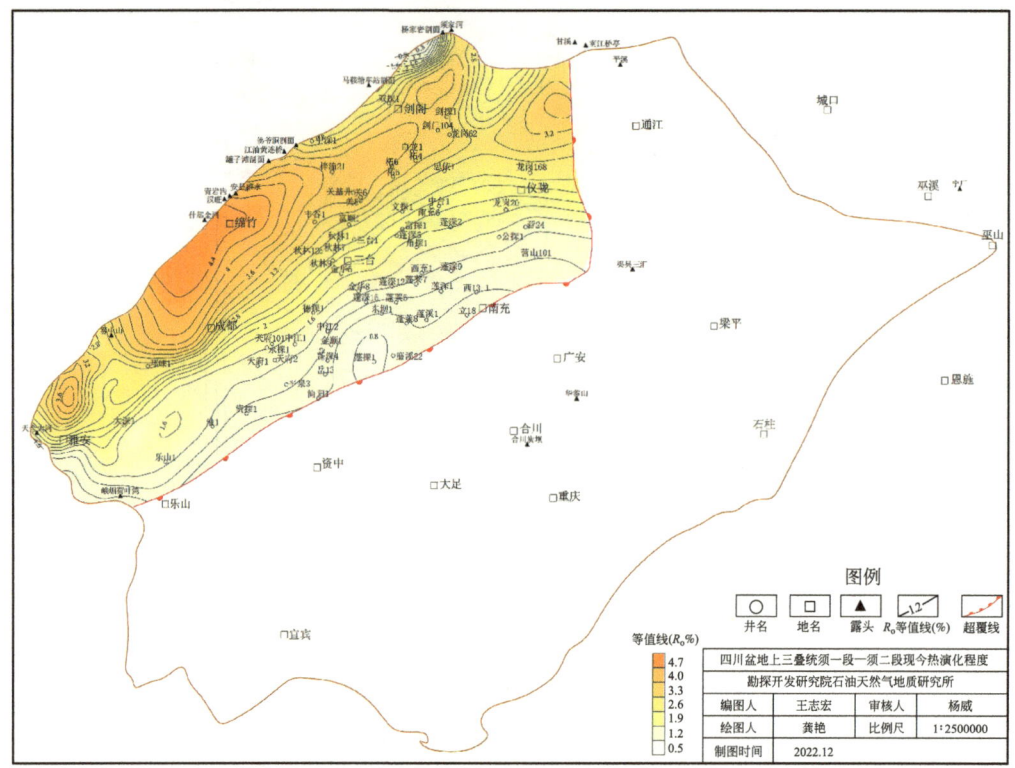

图 3-68　四川盆地上三叠统须一段—须二段现今热演化程度图

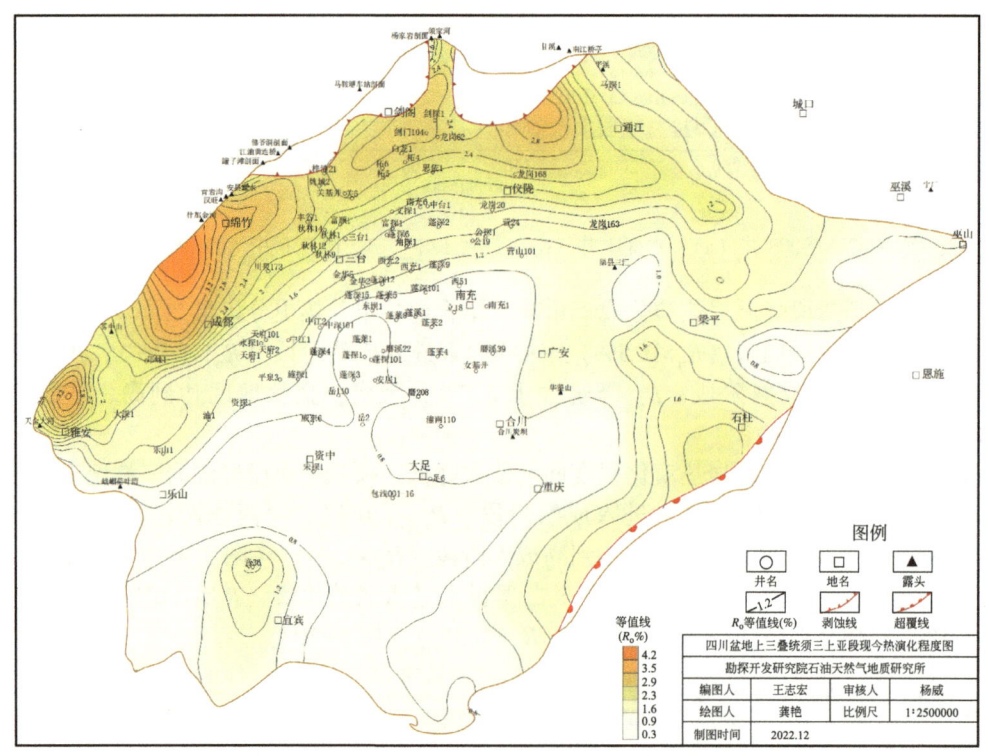

图 3-69　四川盆地上三叠统须三上亚段现今热演化程度图

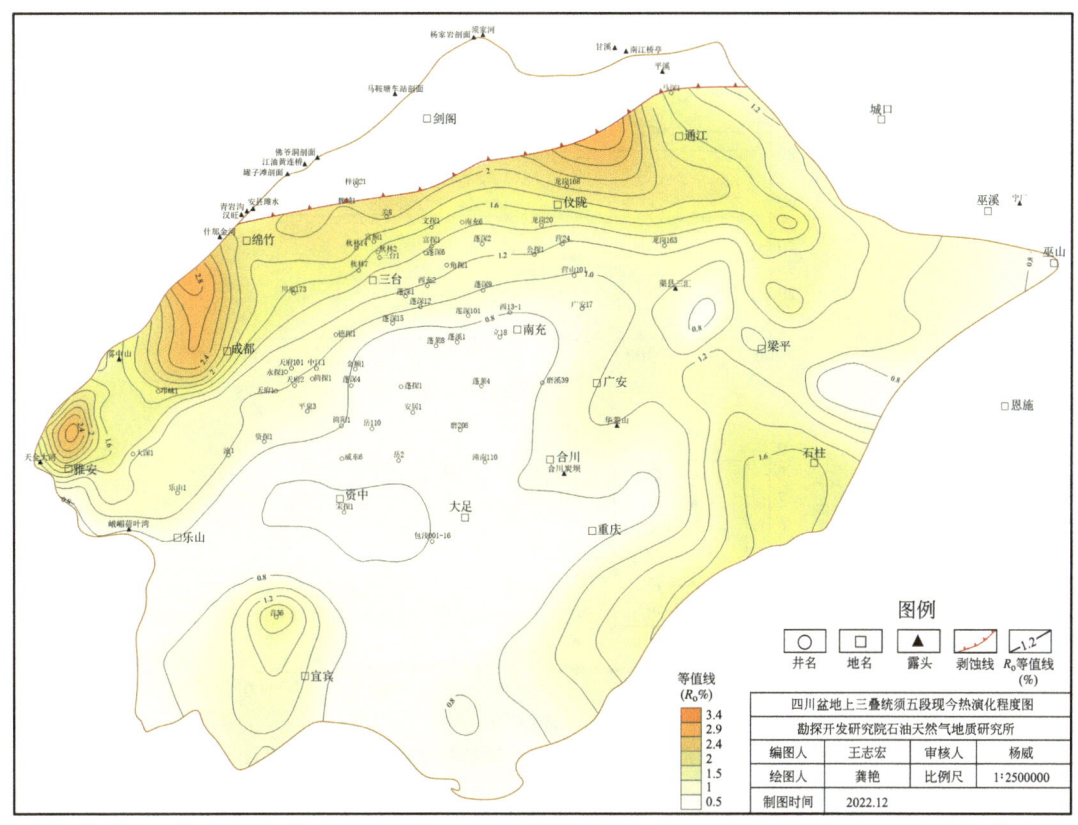

图 3-70 四川盆地上三叠统须五段现今热演化程度图

1. 烃源岩产气率

本次研究所选样品为四川广元杨家岩杨柳村樟树沟煤矿煤样，表 3-2 列出了相应的地质、地球化学参数。须家河组煤残留烃 $S1$ 少，热裂解烃含量 $S2$ 高，分别为 2.43mg/g、133.2mg/g，最大热解温度 T_{max} 为 426℃，TOC 含量、产烃潜量分别为 71%、135.53mg/g，煤初始碳同位素为 -24‰，其成熟度低，R_o 为 0.49%，适合实验的要求。由于样品有机质类型具有代表性，所以有助于研究不同类型有机质的不同生烃过程。热模拟的实验方法很多，本次实验采用 MSSV（Micro Scale Sealed Vessel）封闭体系热模拟实验。

表 3-2 川中须家河组煤样基本地质、地球化学参数

岩性	层位	TOC 含量（%）	R_o（%）	$S0$（mg/g）	$S1$（mg/g）	$S2$（mg/g）	T_{max}（℃）	$S1+S2$（mg/g）	I_H（mg/g, TOC）	干酪根碳同位素（‰, PDB）
煤	T_3x	71.00	0.49	0.00	2.43	133.20	426	135.63	188	-24.00

模拟实验结果表明，当热解温度逐渐增加时，甲烷累积产气率的增加速率在 450~500℃ 达到最大，随后降低。当温度达到 550℃ 时，甲烷累积产率仍在增加（图 3-71）。C_2-C_5 气态烃累积产率随温度的变化规律不同于甲烷，大约在热解温度为 400℃ 时乙烷产率达到最大值，在热解温度为 450℃ 时，C_3-C_5 气态烃产率达到最大值，然后随着温度的升高，累积产率不断降低。反映了 C_2-C_5 气态烃在高温时同时存在生成与裂解两个反应，当两个反应速

度相当时其产率达到最大值。

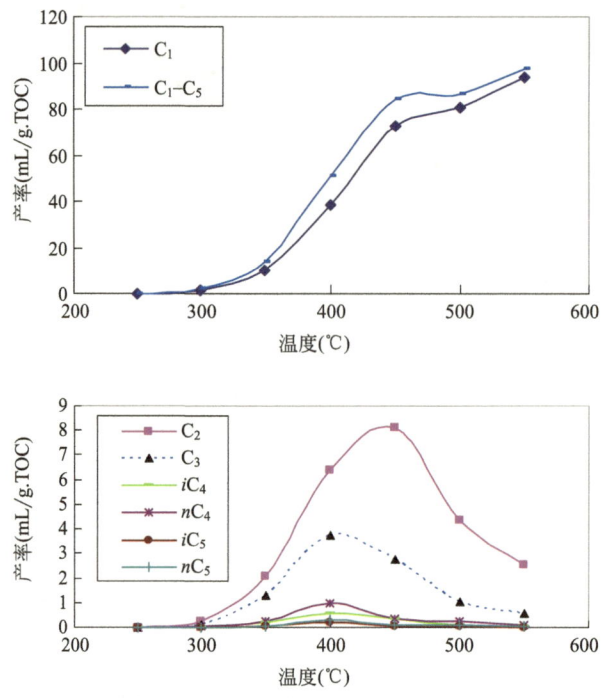

图 3-71 须家河组煤烃类气体产率随热解温度的变化关系图

2. 化学动力学的模型选取与标定

沉积有机质的生烃过程可视为热力学作用下的化学反应过程,有关反应进行的程度和产物组成及其与温度和时间的关系可由化学动力学方程来定量、动态描述。由于沉积有机质的来源、组成和结构极其复杂,使其具有多种类型的化学键,总包反应和串联反应模型难以准确描述其生烃反应过程,而平行一级反应化学动力学模型则具有广泛的适用性,能够描述不同类型有机质的成烃演化过程,故本书选用平行一级反应化学动力学模型。该模型将有机质的生烃过程看作一系列平行反应叠加的结果,通过数学优化各反应的活化能、反应分数和频率因子,使模型计算的成烃转化率与相应实验值尽量吻合。对于各平行反应活化能的分布,可采用离散或正态方式,但鉴于有机质化学键组成的复杂性,前者更为普遍。图 3-72(a)绘出了生烃动力学模型对有机质生烃过程的拟合效果,可以看出,生烃动力学模型能够对有机质的生烃过程进行较好的拟合,这为下一步的地质应用奠定了基础。图 3-72(b) 为优化标定的化学动力学参数。

在此基础上,结合研究区沉积埋藏史和热史,将有机质生烃反应的化学动力学参数进行地质外推,可得出须家河组烃源岩生气史(图 3-73)。在中—晚侏罗世地层快速沉降,地温大幅上升,晚侏罗世末期经历了巨厚的抬升剥蚀,地温骤降。与其对应,须家河组烃源岩生气主要集中在中—晚侏罗世(图 3-74),具有短期内大量生气的特点。对于川西地区,地层较其他地区厚,且埋藏深,热演化程度要高于川中地区,故其生烃史要早于川中地区,于早侏罗世时期,进入生烃门限,随着后期的快速埋深,也呈现快速生烃的特点。

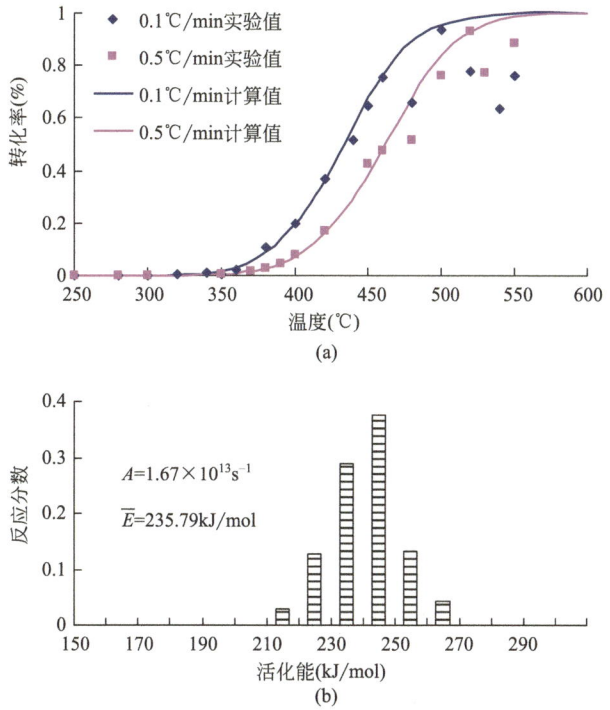

图 3-72 须家河组煤热解成气转化率（a）和反应化学动力学参数（b）

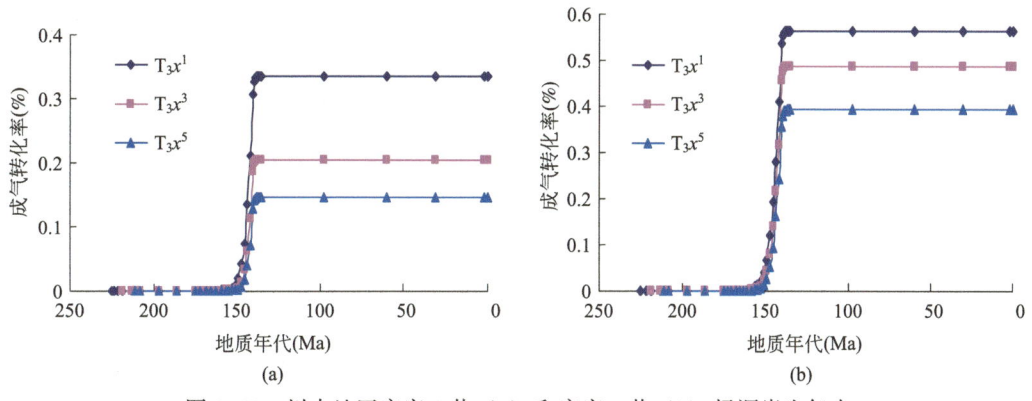

图 3-73 川中地区广安 1 井（a）和广安 2 井（b）烃源岩生气史

二、天然气资源预测

成因法是油气资源评价最基本的模型，也是目前国内油气资源评价应用最为广泛的方法，本书采用成因法，根据此次研究确定的相关参数，利用盆地模拟软件进行资源计算，在恢复盆地埋藏史、热演化史的基础上，计算出不同层段烃源岩生气量，通过刻度区解剖，确定天然气运聚系数，进而预测出须家河组天然气总资源量。

（一）天然气运聚系数

天然气的生成、运移、聚集和保存是一个复杂的过程，一般认为在漫长的地质过程中，

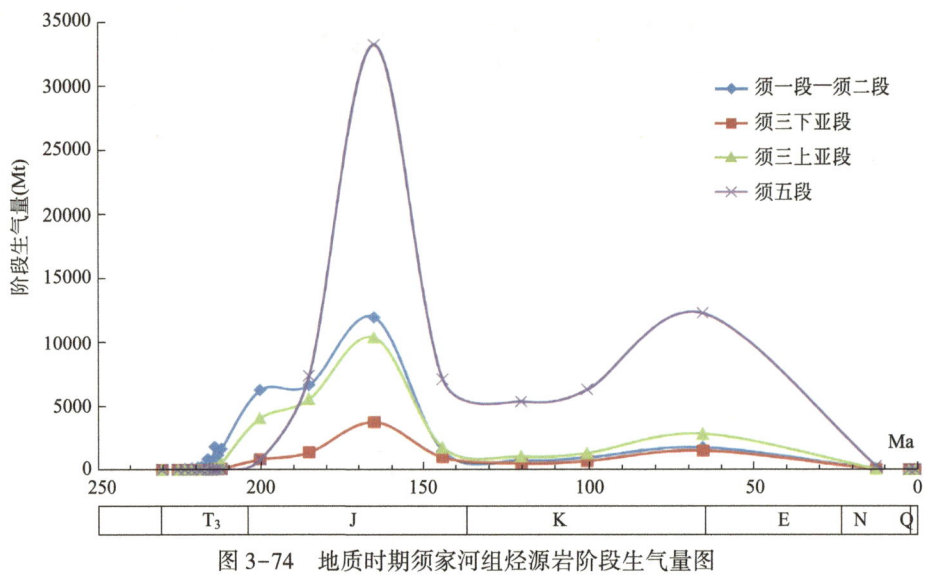

图 3-74 地质时期须家河组烃源岩阶段生气量图

天然气比原油的散失量大很多。天然气运聚系数可以间接地反映研究区内天然气的运移、聚集及保存条件的好坏。天然气运聚系数通常采用成藏条件综合分析法、运聚系数类比法和统计模型预测法等进行选取。

天然气运聚系数的求取是个非常困难的问题,但是对四川盆地须家河组来说,由于须家河组各段烃源岩与砂岩储层相互叠置,根据天然气地球化学分析,须家河组天然气在纵向上和横向上均具有近距离运移和聚集的特点,因此,对这种成藏条件相对比较简单的地区,根据各气田的天然气储量以及运聚单元的生气量的关系可以近似地求取天然气运聚系数。本书对川中地区的广安、八角场、充西、合川和川西地区的琼西、中坝、孝泉、洛带、新都等9个气田进行了解剖分析,计算的天然气运聚系数分布在0.5%~5.2%(表3-3),天然气运聚系数变化很大,与以前的天然气运聚系数相比也有明显的差异,特别是在川中和川西的须家河组,天然气运聚系数明显偏高,反映与源岩交互的砂岩气藏天然气运聚效率很高。在盆地内部各地区的天然气运聚系数也存在明显的差别,川西地区由于构造的活动较强,天然气运聚系数相对较低,分布在0.5%~1.4%,但在川中地区,由于地层平缓,构造相对稳定,尽管该区烃源岩生气强度较低,由于天然气保存条件好,天然气运聚效率很高,运聚系数较大,分布在2.0%~5.2%。

表 3-3 四川盆地须家河组部分气田天然气运聚系数表

气田	运聚单元面积（km²）	生气量（10⁸m³）	储量（10⁸m³）	运聚系数（%）
广安	1733	29470	1355.6	4.6
八角场	208.8	7308	351	4.8
充西	411	4110	81	2.0
合川	3532.3	44154	2296	5.2
琼西	243	22680	323.25	1.4
洛带	486	38880	324	0.8
新都	438	35040	175	0.5

(二) 烃源岩生气强度

在进行地质资源总量评价的时候，应用最为广泛而且普遍认为比较可靠的是盆地模拟技术。盆地模拟是充分利用沉积盆地现有的各种地质和地球化学资料，在恢复盆地沉积史和热演化史的基础上，动态模拟各资源层的生烃和排烃过程，最终可得到各层烃源岩在不同时期的油气生成量和排烃量。计算烃源岩生气量主要涉及的参数包括烃源岩的体积、烃源岩中有机质的丰度、类型、热演化程度以及烃源岩产气率等参数。在确定好相关参数的基础上，利用盆地模拟软件 PetroMOD，计算了川西北须家河组各层段烃源岩生气强度及生气量。

从须一段—须二段现今生气强度图看，主要分布在 $(2\sim56)\times10^8 m^3/km^2$（图3-75），发育四个生气中心：双鱼石地区，最大生气强度超过 $100\times10^8 m^3/km^2$，但分布范围较小；江油—绵竹一带生气中心，最大生气强度超过 $100\times10^8 m^3/km^2$；邛崃1—成都一带生气中心，最大生气强度为 $60\times10^8 m^3/km^2$；龙岗20—思依1井区，最大生气强度为 $60\times10^8 m^3/km^2$；其他地区生气强度较低，一般在 $(2\sim6)\times10^8 m^3/km^2$。约 $2.6\times10^4 km^2$ 的地区烃源岩生气强度大于 $15\times10^8 m^3/km^2$。

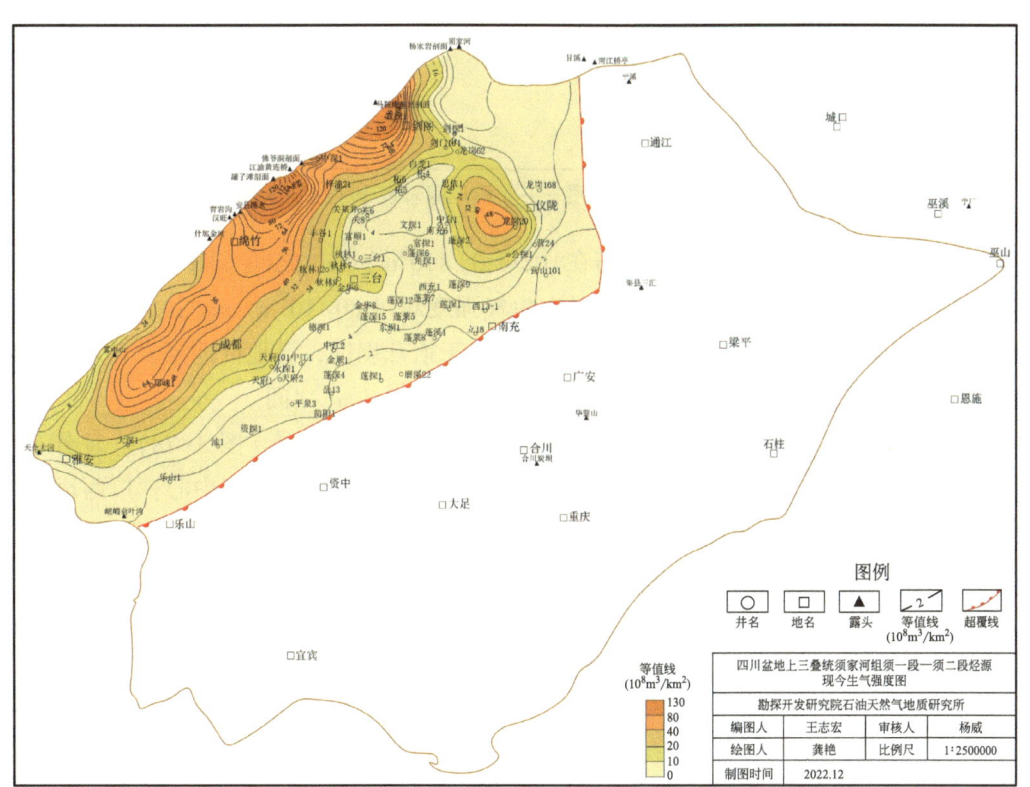

图3-75 四川盆地须一段—须二段烃源岩现今生气强度图

须三下亚段现今生气强度主要分布在 $(2\sim20)\times10^8 m^3/km^2$ 之间（图3-76），发育两个生气中心：一个位于剑阁—梓潼地区，最大生气强度为 $30\times10^8 m^3/km^2$；另一个位于成都以西地区，

最大生气强度为 $12\times10^8\mathrm{m}^3/\mathrm{km}^2$；其他地区生气强度较低，一般在 $(2\sim6)\times10^8\mathrm{m}^3/\mathrm{km}^2$ 之间。

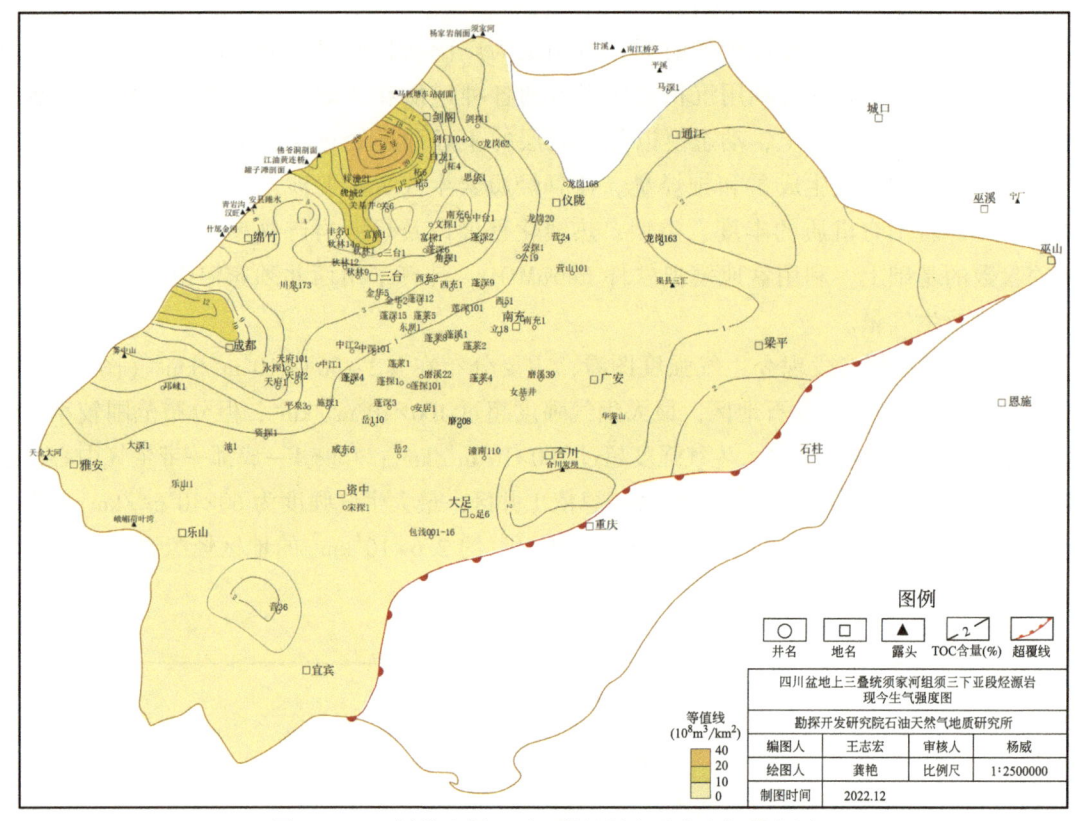

图 3-76　四川盆地须三下亚段烃源岩现今生气强度图

须三上亚段现今生气强度主要分布在 $(2\sim80)\times10^8\mathrm{m}^3/\mathrm{km}^2$ 之间（图 3-77），生烃中心主要发育在绵竹—成都—雾中山地区，最大生气强度超过 $80\times10^8\mathrm{m}^3/\mathrm{km}^2$；北部剑阁—须家河地区，最大生气强度超过 $50\times10^8\mathrm{m}^3/\mathrm{km}^2$，但由于抬升剥蚀，该地区地层发育局限，生烃贡献小；其他地区生气强度较低，一般在 $(2\sim6)\times10^8\mathrm{m}^3/\mathrm{km}^2$ 之间。

须五段川中及以西地区生气强度大，普遍大于 $20\times10^8\mathrm{m}^3/\mathrm{km}^2$（图 3-78），且分布面积大；其他地区一般在 $(2\sim6)\times10^8\mathrm{m}^3/\mathrm{km}^2$ 之间。发育多个较大的生气中心：川西坳陷南部三台—中江—邛崃—绵竹地区，生气强度普遍大于 $40\times10^8\mathrm{m}^3/\mathrm{km}^2$，最大生气强度超过 $180\times10^8\mathrm{m}^3/\mathrm{km}^2$；八角场—仪陇—通江地区生气强度大于 $40\times10^8\mathrm{m}^3/\mathrm{km}^2$，最大生气强度为 $60\times10^8\mathrm{m}^3/\mathrm{km}^2$；其他地区生气强度较低，一般在 $(2\sim10)\times10^8\mathrm{m}^3/\mathrm{km}^2$ 之间。生烃中心累计面积大，生气强度大于 $15\times10^8\mathrm{m}^3/\mathrm{km}^2$ 的面积约 $8.2\times10^4\mathrm{km}^2$，资源潜力大。

（三）烃源岩生气量

盆地模拟结果显示，须家河组烃源岩总生气量约 $685.1\times10^{12}\mathrm{m}^3$（表 3-4）。其中，须五段烃源岩生气量最大，约 $271.6\times10^{12}\mathrm{m}^3$，占总生气量的 39.7%；其次为须一段—须二段，烃源岩生气量约为 $131.1\times10^{12}\mathrm{m}^3$，占总生气量的 19.1%；须三上亚段烃源岩生气量约为 $130\times10^{12}\mathrm{m}^3$，占总生气量的 19%；须三下亚段烃源岩生气量 $63.9\times10^{12}\mathrm{m}^3$，占总生气量的

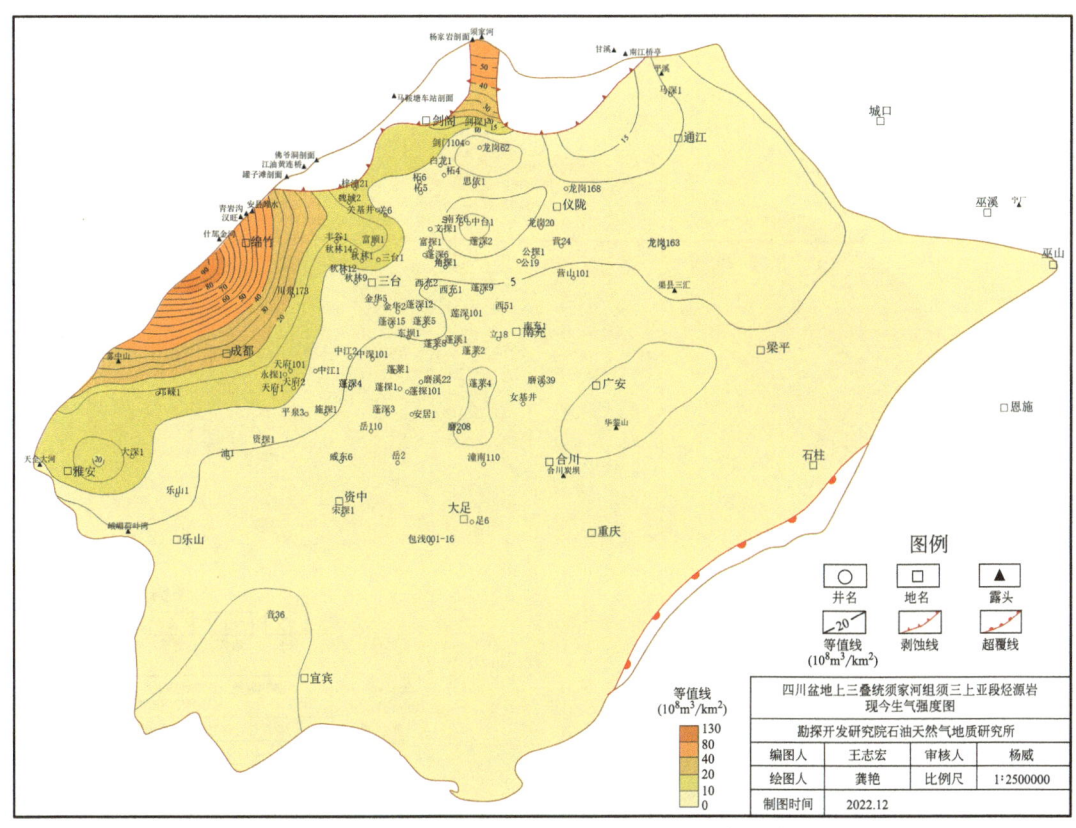

图 3-77 四川盆地须三上亚段烃源岩现今生气强度图

9.3%。此外，须四段、须六段也有烃源岩发育，生气量分别为 $56.7×10^{12}m^3$、$31.8×10^{12}m^3$，占比分别为 8.3%、4.6%，也具有一定的烃源贡献。

表 3-4 四川盆地须家河组烃源岩生气量统计表

层段	生气量（$10^{12}m^3$）	百分比（%）
须六段	31.8	4.6
须五段	271.6	39.7
须四段	56.7	8.3
须三上亚段	130	19
须三下亚段	63.9	9.3
须一段—须二段	131.1	19.1
合计	685.1	100

(四) 天然气资源量

四川盆地须家河组天然气资源量的预测，主要建立在天然气运聚系数和生气量的研究基础上。川西、川北和川东地区天然气地质条件相似，烃源岩总生气量分别为 $285.9×10^{12}m^3$、$144.7×10^{12}m^3$ 和 $147.9×10^{12}m^3$。根据川西地区的解剖分析，运聚系数变化大，分布 0.5%~

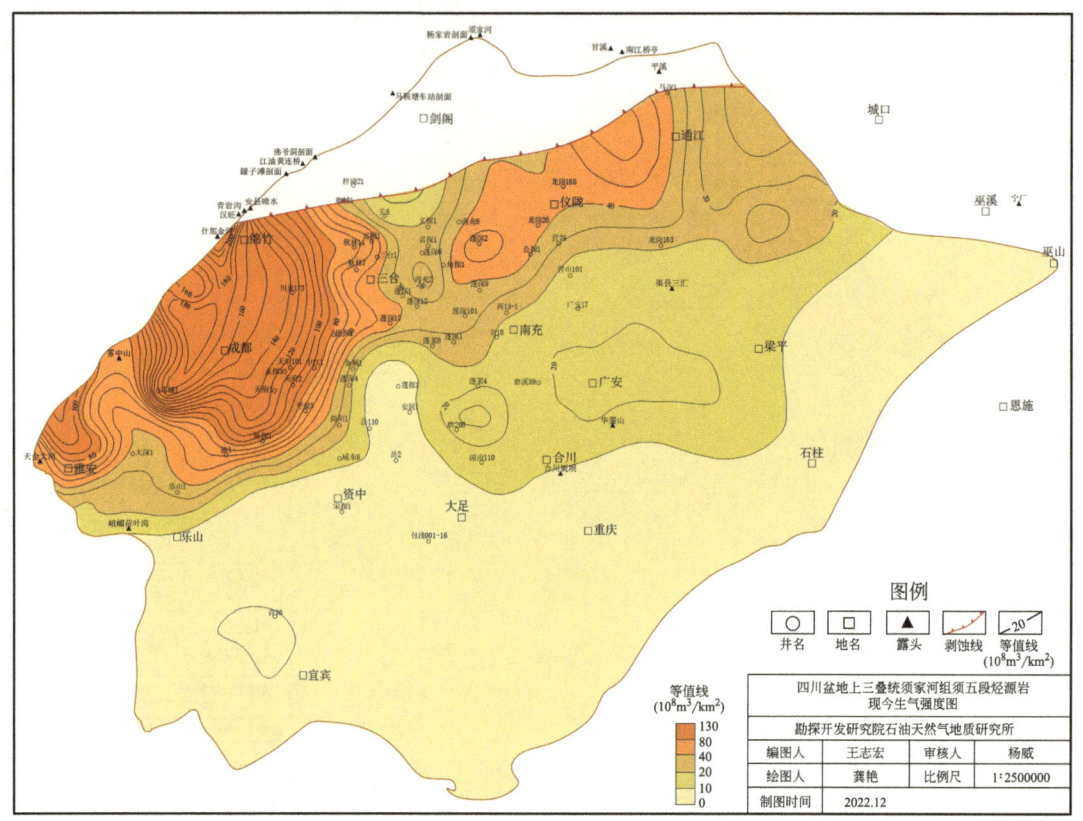

图3-78 四川盆地须五段烃源岩现今生气强度图

1.4%，平均为0.8%。川中、川南地区的生气量分别为$68.2 \times 10^{12} m^3$和$38.3 \times 10^{12} m^3$，这些地区的地质条件比较相似，可以采用相同的运聚系数。根据各气田的解剖分析结果，这些地区的运聚系数变化比较大，分布在2.0%~5.2%。通过刻度区地质条件类比，可获得不同地区天然气运聚系数。据此估算四川盆地须家河组天然气总资源量可能为$(3.9 \sim 6.5) \times 10^{12} m^3$。研究新发现须五段偏腐泥型烃源岩为占比较高的优质烃源岩，有机质类型好，生烃潜力大。因此，与"四次"资源评价（$3.16 \times 10^{12} m^3$）相比，天然气资源量有所增加。

第四章

四川盆地须家河组优质储层形成机制

第一节 储层特征

一、岩石学特征

川中—川西过渡带须四段储层以长石岩屑砂岩和岩屑长石砂岩为主。天府地区须四段砂岩岩性主要为细粒、中粒岩屑长石砂岩和长石岩屑砂岩[图4-1(a)]；北部邻区须四段砂岩岩性主要为长石岩屑砂岩、岩屑长石砂岩、长石石英砂岩和岩屑石英砂岩[图4-1(b)]。

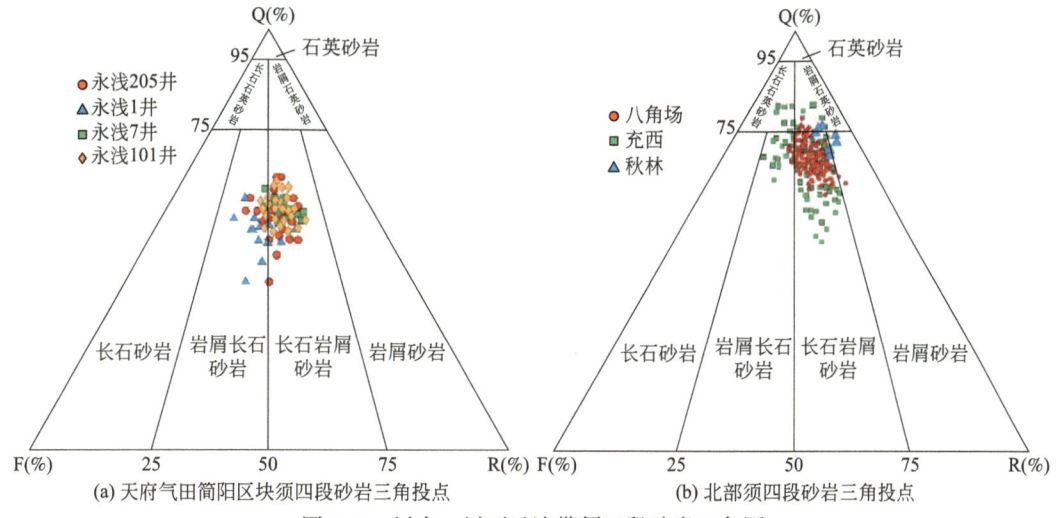

图4-1 川中—川西过渡带须四段砂岩三角图

川中—川西过渡带北部和南部须四段在岩石成分上存在较大差异，主要表现在石英和长石含量上（图4-2）。秋林区块石英含量平均为70.2%，钾长石平均含量为3.4%，斜长石平均含量为8.6%，黏土矿物平均含量为9.1%，方解石平均含量为6.3%，白云石平均含量为2.4%；金华区块石英含量平均为77.9%，钾长石平均含量为3.3%，斜长石平均含量为6.5%，黏土矿物平均含量为8.3%，方解石平均含量为2.5%，白云石平均含量为1.5%；天府地区石英含量平均为59.5%，钾长石平均含量为9.1%，斜长石平均含量为15.0%，黏土矿物平均含量为13.7%，方解石平均含量为1.9%，白云石平均含量为0.8%（表4-1）。相比北部邻区，天府气田简阳区块须四段具有更低的石英和更高的长石含量。

(a) 角52井，3068.67m，须四段，细一中粒长石岩屑砂岩

(b) 永浅7井，2710.7m，须四段，中粒长石岩屑砂岩

(c) 角52井，3121.27m，须四段，细一中粒长石岩屑砂岩

(d) 永浅101井，2744.6m，须四段，中粒岩屑长石砂岩

图4-2　川中—川西过渡带须四段岩石学特征

表4-1　川中—川西过渡带须四段砂岩全岩X衍射矿物组成

区块	黏土矿物（%）	石英（%）	钾长石（%）	斜长石（%）	方解石（%）	白云石（%）	数量（件）	数据来源
秋林	9.1	70.2	3.4	8.6	6.3	2.4	18	秋林1、秋1、秋林12、秋林3
金华	8.3	77.9	3.3	6.5	2.5	1.5	26	金31、金华3、金华8、金华1
天府	13.7	59.5	9.1	15.0	1.9	0.8	24	永浅7、永浅101

天府地区须三下亚段砂岩岩性主要以细粒、中粒长石岩屑砂岩为主［图4-3(a)］；邻区须三下亚段砂岩主要为长石岩屑砂岩、岩屑砂岩、长石石英砂岩和岩屑石英砂岩［图4-3(b)］。相比北部邻区，天府气田简阳区块须三下亚段具有更高的长石含量。

川中—川西过渡带须三下亚段南北区块岩石成分差异主要表现在石英、长石和胶结物含量上（图4-4）。从全岩X衍射分析得出，秋林区块石英平均含量为62.8%，钾长石平均含量为4.1%，斜长石平均含量为7.6%，黏土矿物平均含量为8.5%，方解石平均含量为5.8%，白云石平均含量为11.2%；金华区块石英平均含量为75.6%，钾长石平均含量为

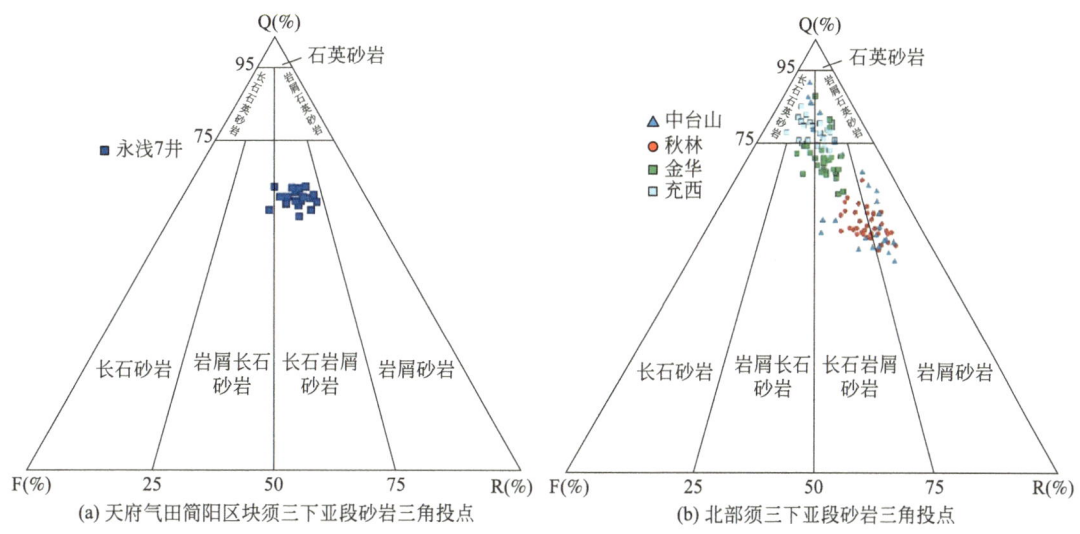

图 4-3 川中—川西过渡带须三下亚段砂岩三角图

4.3%，斜长石平均含量为6.9%，黏土矿物平均含量为10.3%，方解石平均含量为2.6%，白云石平均含量为0.3%；天府地区石英含量平均为53.7%，钾长石平均含量为18.4%，斜长石平均含量为15.0%，黏土矿物平均含量为11.1%，方解石平均含量为0.8%，白云石平均含量为1.0%（表4-2）。

图 4-4 川中—川西过渡带须三下亚段岩石学特征

表 4-2　川中—川西过渡带须三下砂岩全岩 X 衍射矿物组成

黏物类型	黏土矿物（%）	石英（%）	钾长石（%）	斜长石（%）	方解石（%）	白云石（%）	数量（件）	数据来源
秋林	8.5	62.8	4.1	7.6	5.8	11.2	16	秋林1、秋林12、秋林3
金华	10.3	75.6	4.3	6.9	2.6	0.3	28	金华3、金华4、金华2
天府	11.1	53.7	18.4	15.0	0.8	1.0	20	永浅7

二、储集空间特征

天府地区须四段、须三下亚段储层的储层空间类型主要为次生孔隙，包括粒内溶孔、粒间溶孔、晶间孔等（图4-5）。

粒间溶孔主要是碎屑岩储层中所保存的剩余原生粒间孔部分受到了溶蚀作用改造，表现为部分长石、石英碎屑边缘或者岩屑受溶蚀造成剩余原生粒间孔溶蚀扩大，其中以剩余原生粒间孔边缘的长石溶蚀较为明显，少数长石具有中等溶蚀强度，局部地方见有残余状长石，在该部位剩余原生粒间孔扩大明显强于其他周边溶孔。

川中—川西过渡带须家河组粒内溶孔主要发育在长石和岩屑内部，长石多数是沿解理溶蚀形成粒内网状、蜂窝状溶孔，与周边粒间孔隙以微裂缝连通，岩屑内溶孔主要见岩浆岩岩

(a) 永浅7井，2710.7m，须四段，压实作用强烈，基本不发育残余原生粒间孔，长石、岩屑溶孔发育

(b) 永浅7井，2711.42m，须四段，压实作用强烈，基本不发育残余原生粒间孔，发育长石溶孔

(c) 永浅7井，2915.25m，须三下亚段，压实作用强烈，基本不发育残余原生粒间孔，发育长石、岩屑溶孔

(d) 永浅101井，2749.38m，须四段，发育长石和岩屑粒内溶孔、粒间溶孔

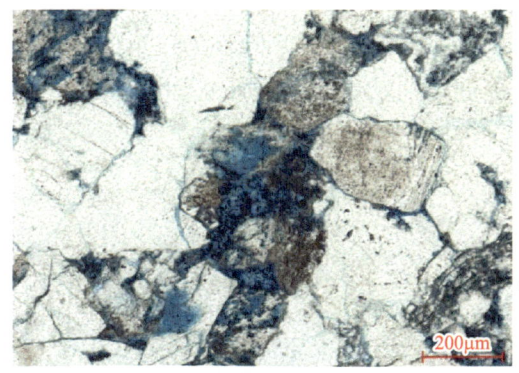
(e) 永浅101井，2763.2m，须四段，发育长石和岩屑粒内溶孔

(f) 永浅101井，2773.3m，须四段，钙质胶结充填粒间溶孔和粒内溶孔，泥岩岩屑被压实挤压变形

(g) 永浅104井，3559.57m，须三下亚段，中—粗粒长石岩屑砂岩，发育残余粒间溶孔和粒内溶孔

(h) 永浅104井，3561.73m，须三下亚段，中粒岩屑砂岩，发育大量粒间溶孔

图 4-5　川中—川西过渡带天府地区须四段、须三下亚段储集空间特征

屑内。虽然长石和岩屑溶蚀形成的孔径较残余原生粒间孔小，但对于天府地区须四段、须三下亚段储集空间改善具有重要意义。

晶间孔是晶体再生长晶间隙及成岩期胶结物充填未满孔，主要表现为高岭石、伊利石以及绿泥石的晶间孔隙。该类孔隙一般不大，而且呈片状喉道，宽度大都只有零点几微米，所以其储、渗条件均很差。北部须四段、须三下亚段储层较好地保持了原生粒间孔，储集孔隙类型以原生粒间孔、长石溶孔为主（图 4-6）。

剩余粒间孔特征明显，呈三角形、多边形，孔隙周边沉积铁泥质膜保存完好，无明显溶蚀现象，显然是原生粒间孔经历压实作用后剩余的小孔隙，孔径大小一般在 $10\sim250\mu m$ 之间。机械压实作用是使原生粒间孔减少的主要原因之一，自生矿物的胶结是使本区砂岩原生粒间孔减少的另一主要原因。

北部区块须家河组储层中常见绿泥石发育，绿泥石的存在使得储层原生孔隙得以保存，次生溶孔也较发育。根据多个剖面多块薄片的观察显示，储层中尚保留有部分环边绿泥石胶结物及硅质胶结物保护下的剩余原生粒间孔。环边绿泥石保护下来的剩余原生粒间孔多分布于分选较好且石英含量较高的中—细粒岩屑长石砂岩中，原生孔隙首先受到压实作用而变小，继而又受到环边绿泥石及自生石英胶结作用的改造进一步缩小，其形状常呈三角状、多角状，孔隙边缘平直。硅质加大边保护下来的剩余原生粒间孔多分布于中—细粒岩屑石英砂岩中，石英砂岩磨圆好，石英加大边的边呈直线边构成，孔隙形态多为三角形、四边形、不规则状。剩余原生粒间孔孔隙大、喉道粗，但连通性较差，在储层中呈分散状、斑点状分布。

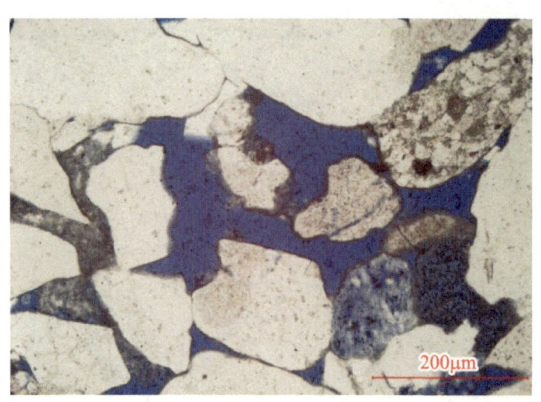

(a) 西充1井，3009.054m，须四段，中—粗粒长石岩屑砂岩，残余原生粒间孔、长石粒内溶孔、粒间溶孔

(b) 中台1井，3672.49m，须三下亚段，石英岩屑砂岩，残余粒间孔发育

(c) 西充1井，3007.74m，须四段，中—粗粒长石岩屑砂岩，残余原生粒间孔、长石粒内溶孔

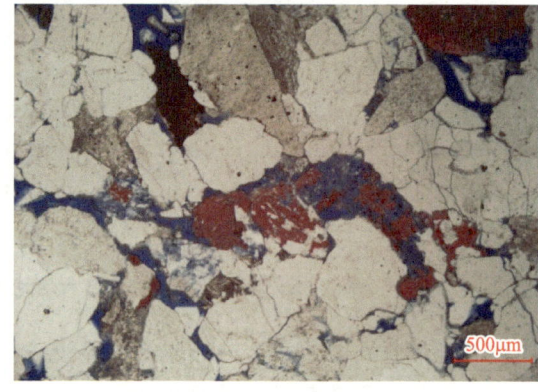

(d) 西充1井，3009.71m，须四段，钙质胶结充填粒间与粒内孔隙，绿泥石包膜包裹颗粒

(e) 金华2井，3434m，须三下亚段，中粒长石岩屑砂岩，绿泥石包膜发育，见残余原生粒间孔、粒内溶孔

(f) 秋林3井，3689m，须三下亚段，细—中粒长石岩屑砂岩，发育少量残余原生粒间孔和粒内溶孔

图 4-6 川中—川西过渡带北部须四段、须三下亚段储集空间特征

三、储层物性特征

(一) 孔隙度特征

简阳区块永浅 7 井须四段孔隙度分布范围较广,但主要分布在 7%~8%之间,占总样品孔隙度的 45%,平均为 5.97% [图 4-7(a)]。相较永浅 104 井、永浅 101 井、永浅 102 井须四段,永浅 7 井须四段大于 7%的孔隙度占比最高。

永浅 104 井须四段孔隙度整体较小,分布在 3.09%~7.85%之间,未见大于 8%孔隙度的样品,平均值为 5.8%,主要分布在小于 6%范围,占所有样品孔隙度的 63.16% [图 4-7(b)]。

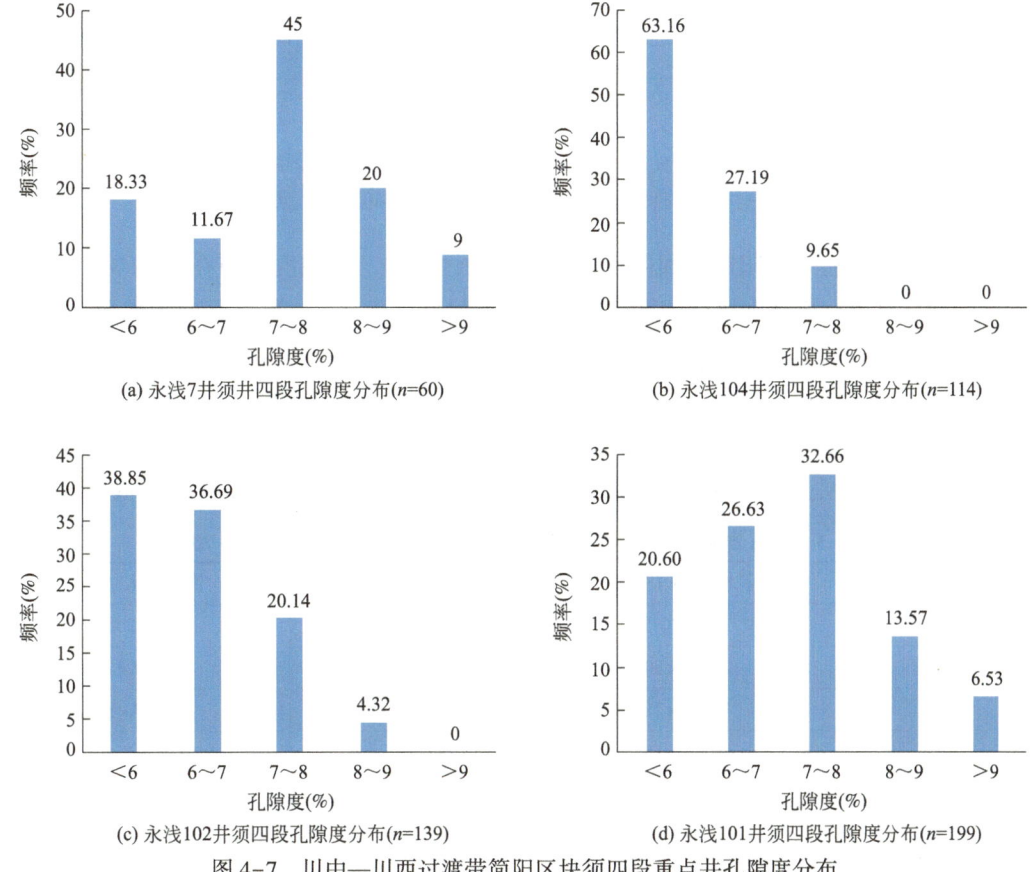

图 4-7 川中—川西过渡带简阳区块须四段重点井孔隙度分布

永浅 102 井须四段孔隙度分布在 2.89%~8.38%,平均为 6.02%,主要分布在小于 7%范围,占所有样品孔隙度的 75.54%。孔隙度在 8%~9%之间样品少见,仅占全部样品孔隙度的 4.32%,未见孔隙度大于 9%的样品 [图 4-7c)]。

永浅 101 井须四段孔隙度分布在 1.64%~10.3%,平均为 6.8%,孔隙度主要分布在小于 8%范围,占所有样品孔隙度的 79.9%,20%左右的样品分布在孔隙度大于 8%的范围,其中有少量甚至大于 10% [图 4-7(d)]。

简阳区块永浅 104 井须三下亚段孔隙度分布在 0.61%~6.29%之间,平均为 2.9%,其中孔隙度小于6%的样品占86.67%,分布在6%~7%的样品占13.33%,未见孔隙度大于7%的样品[图4-8(a)]。

永浅102井须三下亚段孔隙度分布在2.43%~8.92%之间,平均为6.51%,主要分布在5%~8%之间,少量分布在小于5%的范围,未见大于9%孔隙度样品[图4-8(b)]。

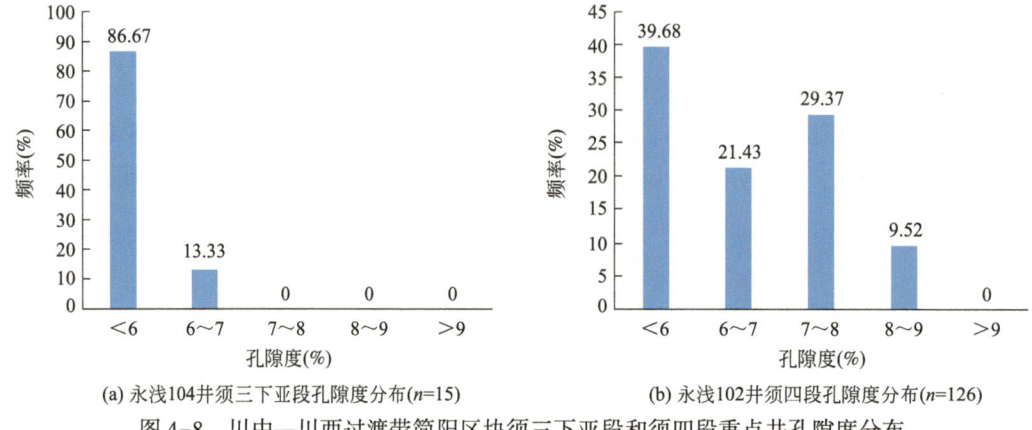

(a) 永浅104井须三下亚段孔隙度分布(n=15)　　(b) 永浅102井须四段孔隙度分布(n=126)

图4-8　川中—川西过渡带简阳区块须三下亚段和须四段重点井孔隙度分布

川中—川西过渡带简阳区块须四段储层整体物性较差,孔隙度分布在0.61%~10.3%之间,除个别样品外,孔隙度均小于10%,其中有部分小于5%。参照石油天然气行业标准(SY/T 6285—2011)《油气储层评价方法》(表4-3),川中—川西过渡带简阳区块须四段储层属于特低孔—超低孔储层。川中—川西过渡带简阳区块须三下亚段砂岩储层孔隙度主要分布在6%~8%;渗透率区间为0.01~0.1mD;南部须三下亚段岩心砂岩储层以孔隙型为主,少见裂缝型储层。须三下亚段储层和须四段储层类型相同,均属于特低孔—超低孔储层。

表4-3　碎屑岩储层依据孔隙度、渗透率分类标准(SY/T 6285—2011)

储层孔隙度类型	孔隙度 φ(%)	储层渗透率类型	渗透率 K(mD)
特高孔	φ≥30	特高渗	K≥2000
高孔	25≤φ<30	高渗	500≤K<2000
中孔	15≤φ<25	中渗	50≤K<500
低孔	10≤φ<15	低渗	10≤K<50
特低孔	5≤φ<10	特低渗	1≤K<10
超低孔	φ<5	超低渗	K<1

(二)渗透率特征

简阳区块永浅7井和永浅101井须四段储层渗透率分布在0~249.43mD,中间值0.132mD。永浅7井须四段渗透率主要分布在0.01~0.1mD,占所有样品的93.34%[图4-9(a)],永浅101井须四段渗透率主要分布在0.01~1mD[图4-9(b)]。总体而言,永浅101井须四段渗透率较永浅7井四段井高。

参照国家石油天然气行业标准(SY/T 6285—2011)(表4-3),川中—川西过渡带简阳区块须四段储层属于中渗—低渗储层。

第四章 四川盆地须家河组优质储层形成机制

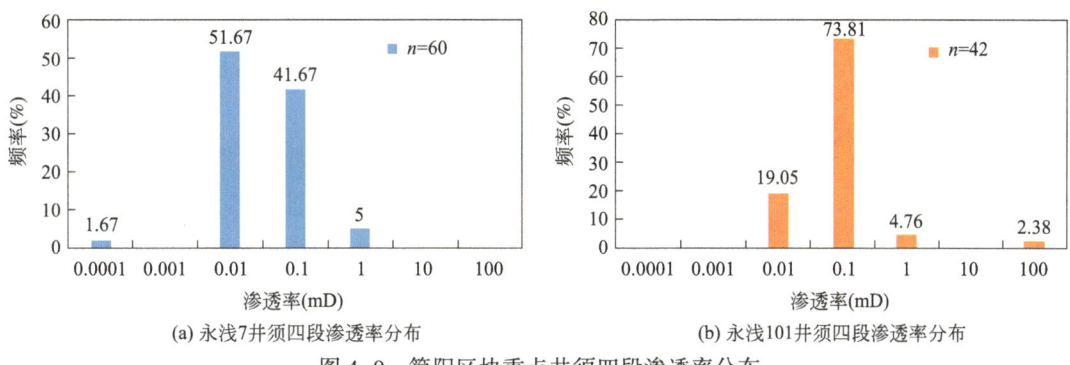

(a) 永浅7井须四段渗透率分布

(b) 永浅101井须四段渗透率分布

图 4-9 简阳区块重点井须四段渗透率分布

(三) 储层物性垂向分布特征

永浅101井须四段柱塞样实测孔隙度和渗透率与测井得出的结果具有较好的一致性，且孔隙度和渗透率之间对应关系也较好，但存在个别样品渗透率明显较大的情况（图4-10），说明永浅101井须四段以孔隙型储层为主，存在少许裂缝型储层。

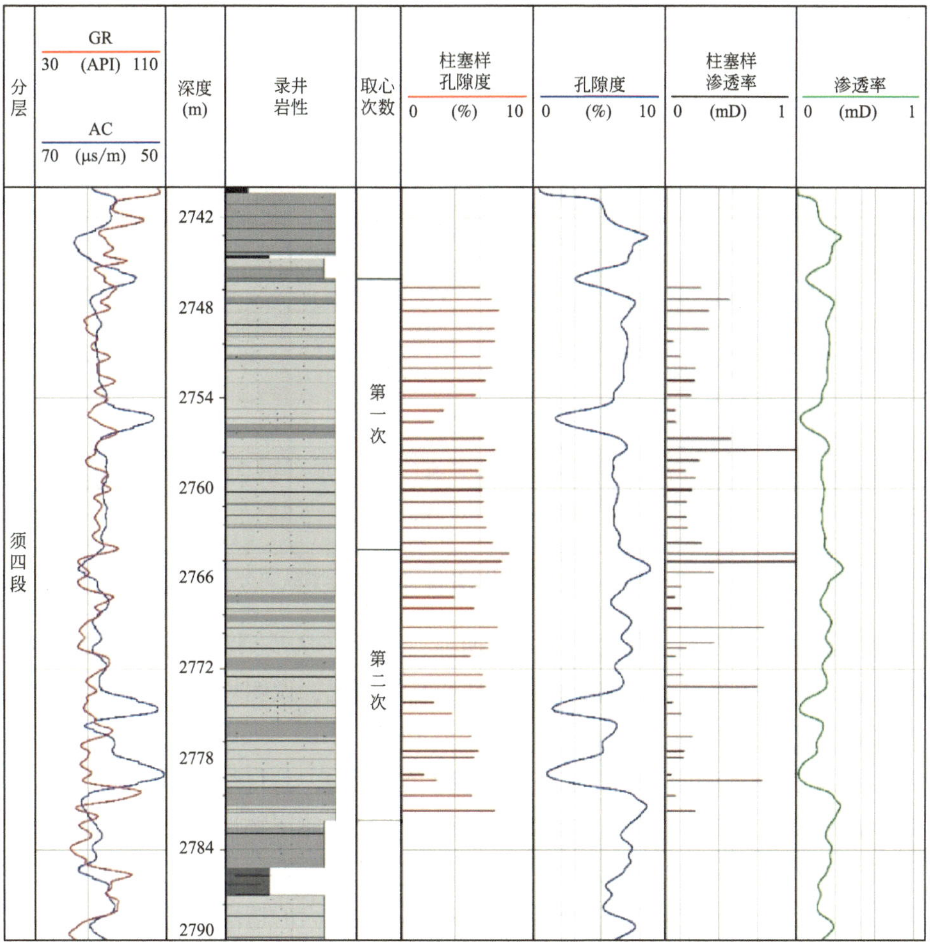

图 4-10 永浅101井须四段孔隙度和渗透率纵向分布特征

孔隙度和渗透率在纵向上变化规律并不明显，不存在从浅到深逐渐减小的趋势。相反，在埋深较大的地层中依然存在孔隙度和渗透率较高的情况，说明埋深不是永浅101井孔隙度和渗透率降低的主要原因。

通过对比孔隙度和渗透率较低深度对应的岩心和测井曲线发现，孔隙度和渗透率较低的地方岩性主要为含钙中粒砂岩、含砾泥质中砂岩、灰质中砂岩，且自然伽马值会稍微偏大。而孔隙度和渗透率较高的地方岩石类型以中细砂岩、中砂岩、粗砂岩为主。说明孔隙度和渗透率较小深度对应的储层沉积时受水体扰动影响，分选较差，泥质含量较高，导致沉积时储层宏观非均质性较强，进而影响该段储层物性。而钙质胶结物的来源与泥质含量高的地层压实排出的流体有关，一般而言，靠近泥质含量高的层段钙质胶结会较为发育，对储层的物性产生一定影响。

永浅102井须四段柱塞样实测孔隙度和渗透率与测井得出的结果具有较好的一致性，且孔隙度和渗透率之间对应关系也较好，但存在个别样品渗透率明显较大的情况（图4-11），说明永浅102井须四段以孔隙型储层为主，存在少许裂缝型储层。

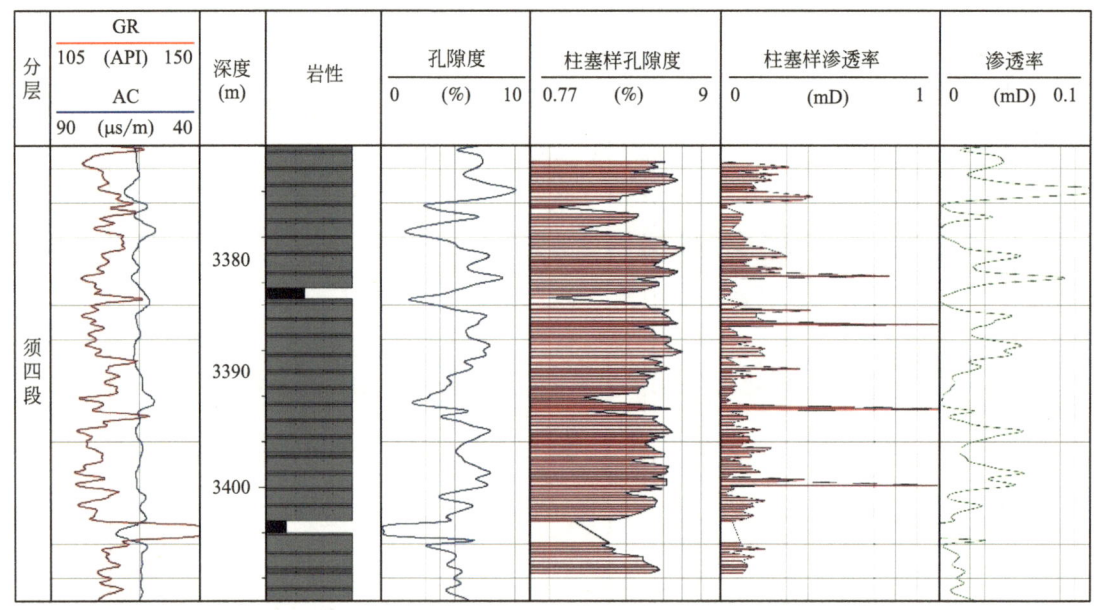

图4-11　永浅102井须四段孔隙度和渗透率纵向分布特征

孔隙度和渗透率在纵向上变化规律并不明显，不存在从浅到深逐渐减小的趋势。相反，在埋深较大的地层中依然存在孔隙度和渗透率较高的情况，说明埋深不是永浅102井孔隙度和渗透率降低的主要原因。

孔隙度和渗透率低值对应的岩性为泥质粉砂岩、泥岩，且自然伽马值明显偏高，而孔隙度和渗透率高值则发育在细砂岩、中砂岩中，说明岩性对储层物性存在一定影响。

永浅7井须四段柱塞样实测孔隙度与测井得出的结果具有较好的一致性，且孔隙度和渗透率之间对应关系也较好，但存在个别样品渗透率明显较大的情况（图4-12），说明永浅7井须四段以孔隙型储层为主，存在少许裂缝型储层。

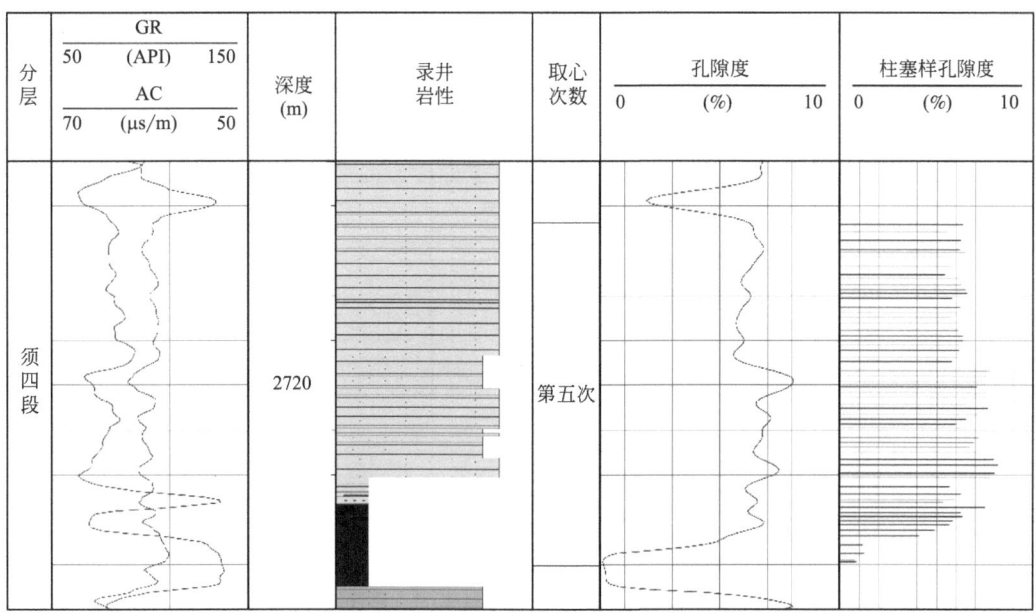

图 4-12 永浅 7 井须四段孔隙度纵向分布特征

永浅 7 井须四段孔隙度整体较高，虽然存在明显低值，但是发育在泥页岩储层中，孔隙度和渗透率在纵向上变化规律并不明显，不存在从浅到深逐渐减小的趋势。相反，在埋深较大的地层中依然存在孔隙度和渗透率较高的情况，说明埋深不是永浅 7 井孔隙度和渗透率降低的主要原因。

永浅 104 井须四段柱塞样实测孔隙度和渗透率与测井得出的结果具有较好的一致性，且孔隙度和渗透率之间对应关系也较好，但存在个别样品渗透率明显较大的情况（图 4-13），说明永浅 104 井须四段以孔隙型储层为主，存在少许裂缝型储层。

孔隙度和渗透率在纵向上变化规律并不明显，不存在从浅到深逐渐减小的趋势。相反，在埋深较大的地层中依然存在孔隙度和渗透率较高的情况，说明埋深不是永浅 104 井孔隙度和渗透率降低的主要原因。

综合分析永浅 7 井、永浅 101 井、永浅 102 井、永浅 104 井须四段储层特征纵向变化规律，实测孔隙度和渗透率与测井孔隙度和渗透率具有较好的对应关系，且孔隙度和渗透率之间对应关系也较好，但也存在个别渗透率高值，综合认为简阳区块储层类型主要以孔隙型储层为主，存在少量裂缝型储层。通过分析孔隙度和渗透率与埋深关系可知，埋藏深度不是简阳区块须四段孔隙度和渗透率降低的决定性因素，孔隙度和渗透率相对高低与沉积时水动力条件、颗粒分选情况、岩性等因素相关。

（四）孔隙度与渗透率的关系

南部简阳区块须四段、须三下亚段孔隙度与渗透率相关性较好，只有个别样品渗透率较高，储层类型以孔隙型储层为主，兼有少量裂缝型储层（图 4-14）。

北部公山庙、金秋等区块的须四段、须三下亚段砂岩储层发育孔隙型、裂缝型和裂缝—孔隙型复合储层（图 4-15）。

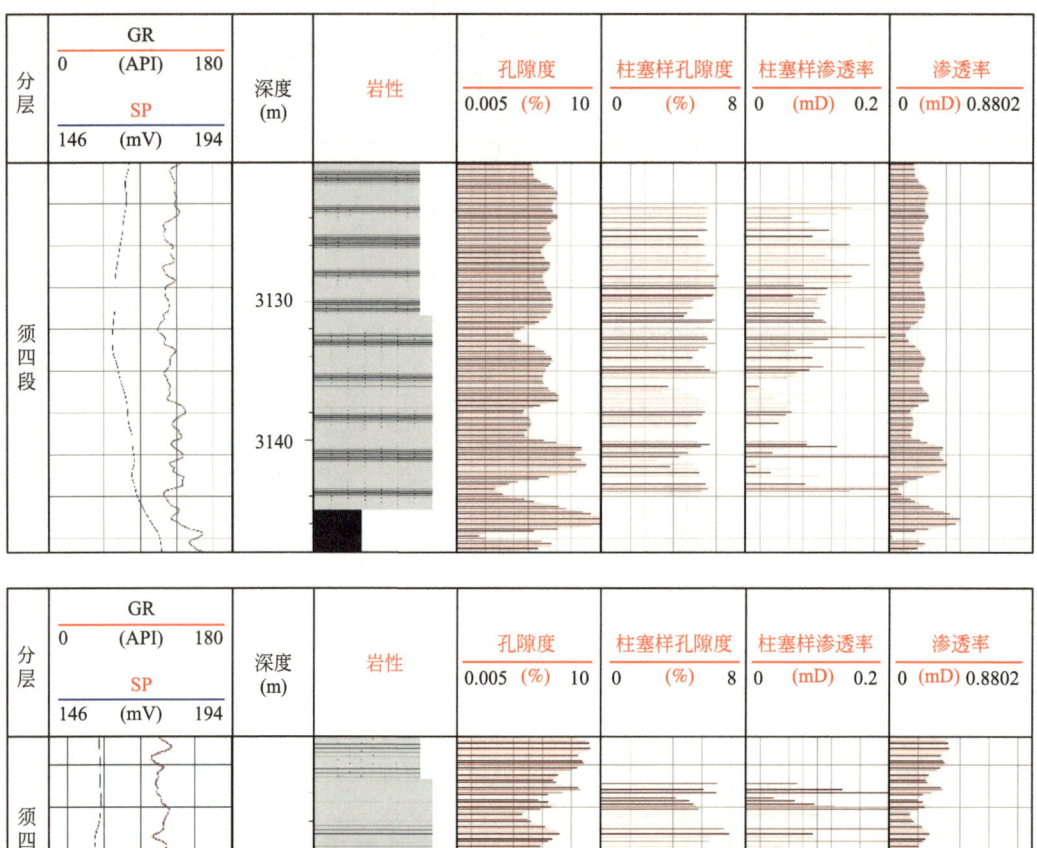

图 4-13 永浅 104 井须四段孔隙度和渗透率纵向分布特征

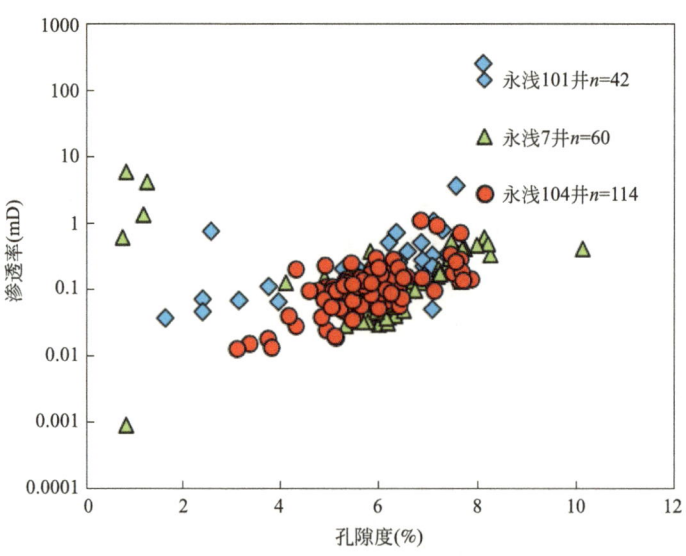

图 4-14 简阳区块须四段、须三下亚段孔隙度和渗透率相关性

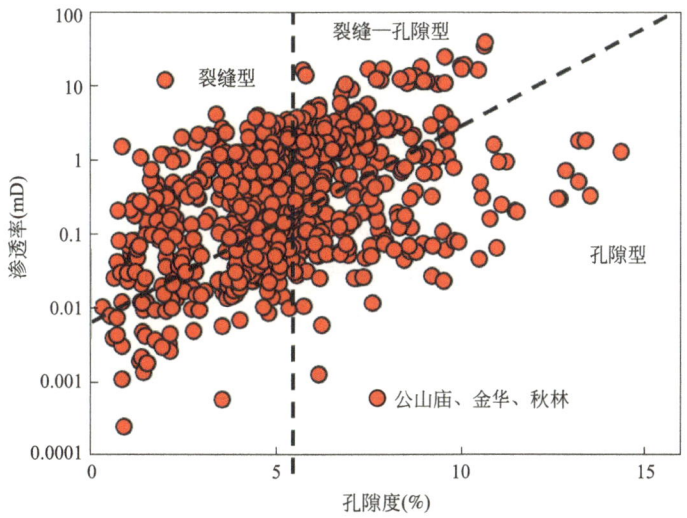

图 4-15 北部地区须四段、须三下亚段储层类型

北部地区孔隙度和渗透率数据拟合线斜率较天府地区更大,表明北部储层孔隙结构中粒间孔的存在可以明显提高孔隙之间的连通性(图 4-16)。

天府地区储集空间以粒内溶孔为主,而邻区须家河储层储集空间以粒间孔和粒内溶孔为主,孔隙结构中粒间孔的存在可以大大提高孔隙之间的连通性。

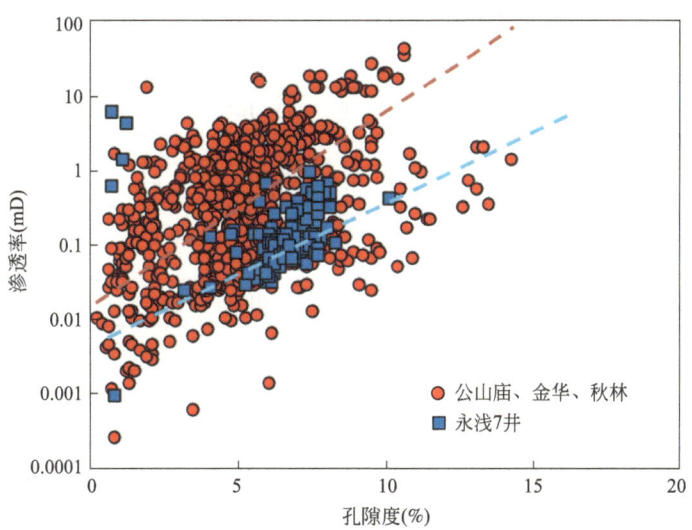

图 4-16 川中—川西过渡带须四段、须三下亚段储层类型对比

四、可动流体饱和度特征

虽然有许多实验方法可以得出致密砂岩储层孔隙度、渗透率以及孔喉半径,但核磁共振被认为是一种快速、无损的方法。通过核磁共振不仅可以得到样品孔隙度、渗透率等物性参数,还可以定量表征样品中孔喉半径分布情况,更重要的是,可以定量化表征样品中束缚水饱和度和可动流体饱和度。在核磁共振 T2 图谱分布特征图中饱和累计曲线与离心后累计曲

线之间区域代表可动流体饱和度占比,离心后累计曲线下方区域代表束缚流体饱和度占比。离心后与饱和水曲线峰值差距较小,说明束缚流体占比较大。

核磁共振结果表明,川中—川西过渡带简阳区块须四段致密砂岩23个样品孔隙度分布在4.16%~10.18%之间,平均值为7.63%;渗透率分布在0.0031~0.8488mD之间,平均为0.2157mD;束缚流体饱和度分布在16.43%~83.65%,平均为63.17%;自由流体饱和度分布在16.35%~83.57%之间,平均为36.87%(表4-4),说明储层孔喉连通性整体较好。23个样品孔隙度主要分布在6%~10%之间、渗透率主要分布在0.03~0.8mD之间,可动流体饱和度整体较高,主要分布在大于30%的区间。

表4-4 川中—川西过渡带须四段储层核磁参数

样品编号	岩样状态	孔隙度(%)	束缚流体饱和度(%)	自由流体饱和度(%)	渗透率(mD)	T2截止值(ms)
1	饱水样	9.261	48.2113	51.7887	0.8488	3.1806
2	饱水样	8.7543	52.1455	47.8545	0.4947	4.1987
3	饱水样	7.9256	61.7329	38.2671	0.1516	5.1709
4	饱水样	7.6238	55.5122	44.4878	0.217	3.1806
5	饱水样	8.4338	49.8087	50.1913	0.5137	3.4093
6	饱水样	8.1249	54.3025	45.6975	0.3086	3.1806
7	饱水样	8.0922	70.5846	29.4154	0.0745	9.6588
8	饱水样	9.0682	73.016	26.984	0.0924	13.6672
9	饱水样	8.648	69.8836	30.1164	0.1039	10.3532
10	饱水样	8.5112	71.9082	28.0918	0.0801	10.3532
11	饱水样	7.998	66.3504	33.6496	0.1052	5.5427
12	饱水样	7.9832	70.6748	29.3252	0.0699	7.8428
13	饱水样	6.5418	72.9857	27.0143	0.0251	7.3168
14	饱水样	5.0441	82.0483	17.9517	0.0031	6.3682
15	饱水样	6.022	65.6084	34.3916	0.0361	6.3682
16	饱水样	5.6766	83.6503	16.3497	0.004	5.1709
17	饱水样	10.1813	57.3604	42.6396	0.5938	11.8953
18	饱水样	8.4633	65.1541	34.8459	0.1468	8.4067
19	饱水样	8.2331	64.3697	35.6303	0.1408	9.6588
20	饱水样	7.313	67.4557	32.5443	0.0666	10.3532
21	饱水样	7.146	66.0502	33.9498	0.0689	5.9411
22	饱水样	6.2957	66.6796	33.3204	0.0392	6.3682
23	饱水样	4.1608	16.4289	83.5711	0.7756	0.1399

根据核磁共振T2图谱孔隙度分量曲线,可将23个样品分为双峰型、单峰型及多峰型三

类（图4-17）。其中样品15 T2图谱为典型右偏单峰，离心前后曲线下降幅度较大，说明样品储集空间以较大孔隙为主，小孔隙发育较少，储集空间可动流体饱和度为34.3916%，可流动流体占比较大［图4-17(c)］。

样品16、样品14、样品23 T2图谱为明显的双峰形态，但样品16和样品14左峰明显高于右峰，离心后左右峰均下降且右峰发生偏移，整体发育小孔隙为主。样品23右峰明显高于左峰，且离心后曲线下降明显，右峰趋于消失，说明较大孔喉为可动流体主要储集空间且连通性较好，离心后赋存于较大孔隙的可动流体几乎全部被离心出样品。结合样品23具有较小孔隙度和较高渗透率，推测这种现象与裂缝存在有关［图4-17(a)，(d)，(f)］。

样品12和样品1 T2图谱显示出多峰特点，右峰最高，其孔径分布范围大，以较大孔隙为主，离心后曲线整体下降，但右峰下降幅度明显，说明自由流体在不同尺寸的孔隙中均有分布，但主要赋存于中、大孔隙之中，可动流体饱和度一般较高［图4-17(b)，(e)］。

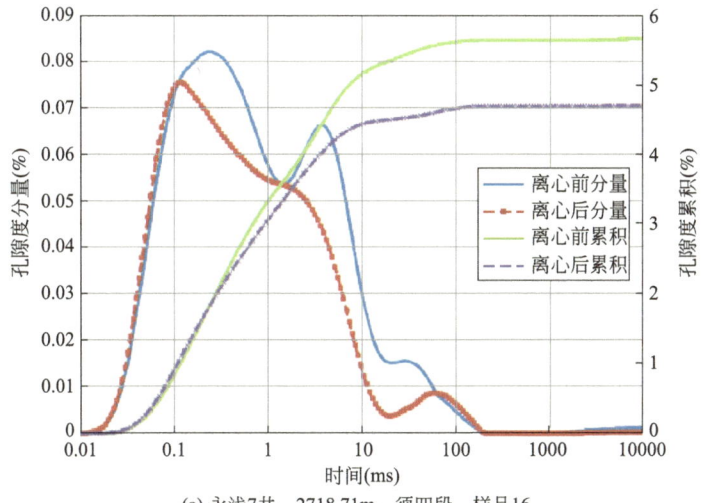

(a) 永浅7井，2718.71m，须四段，样品16

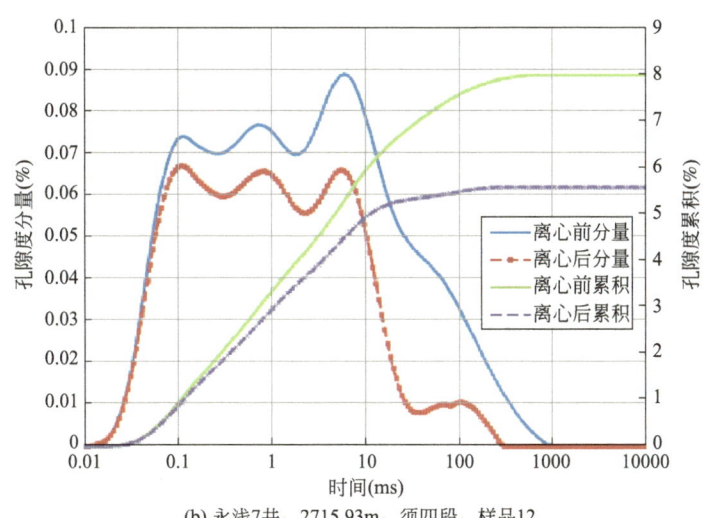

(b) 永浅7井，2715.93m，须四段，样品12

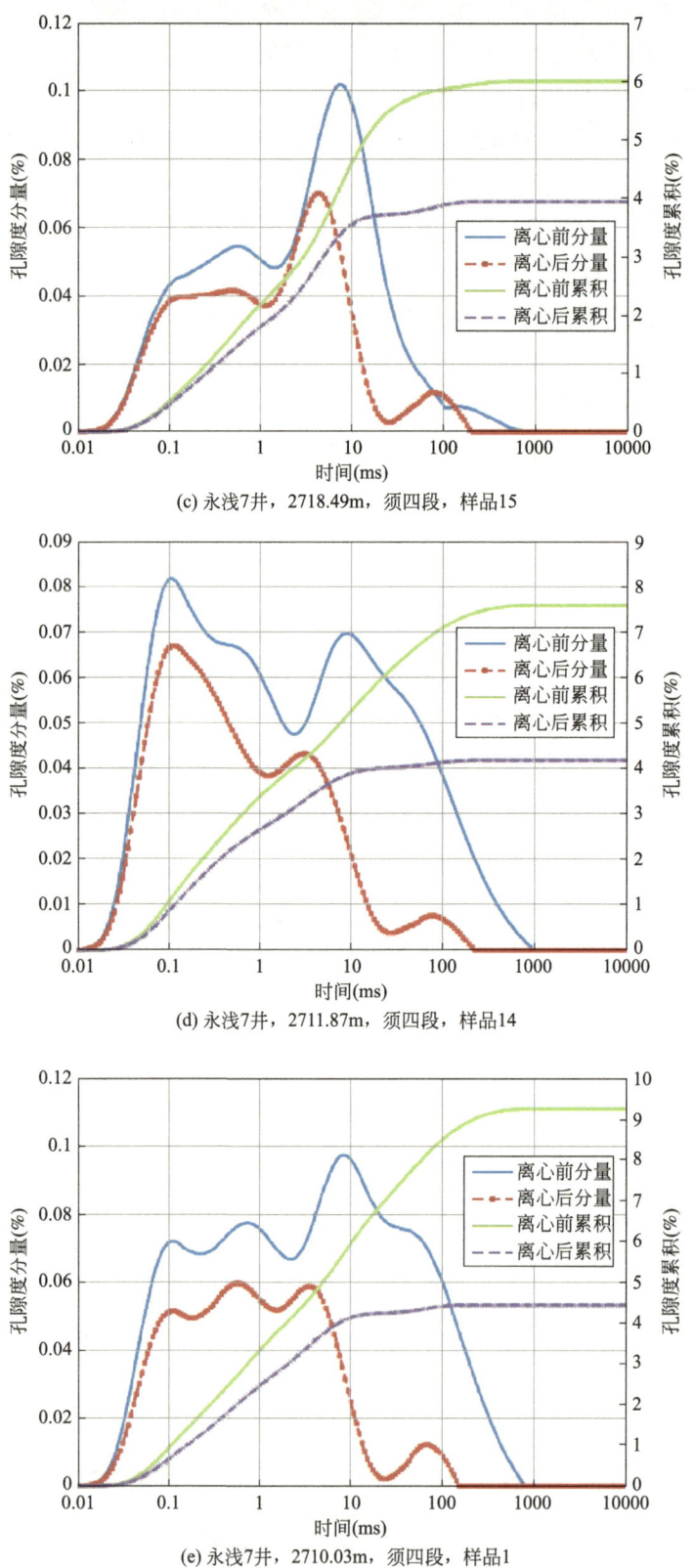

(c) 永浅7井，2718.49m，须四段，样品15

(d) 永浅7井，2711.87m，须四段，样品14

(e) 永浅7井，2710.03m，须四段，样品1

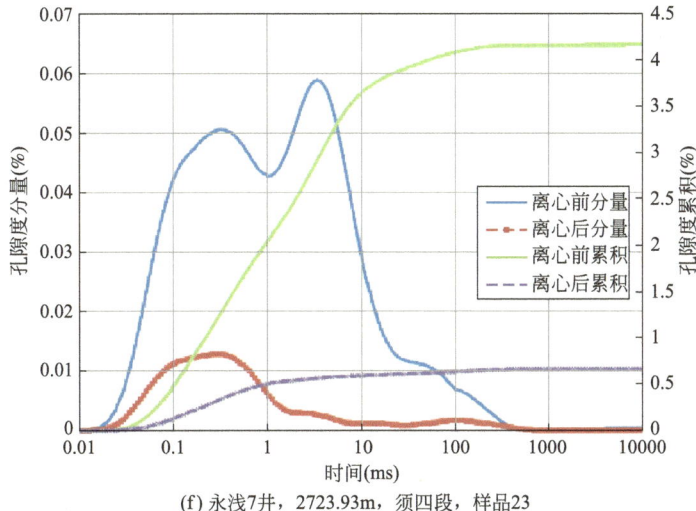

(f) 永浅7井，2723.93m，须四段，样品23

图 4-17　简阳地区须四段代表性样品的低场核磁共振 T2 图谱特征

五、孔喉结构特征

（一）核磁共振孔喉特征

T2 图谱分布特征图中横坐标弛豫时间与样品中孔喉半径具有一定的对应关系，纵坐标孔隙度分量的峰值则对应相应孔喉半径的分布情况。利用核磁共振可以明确储层中孔喉半径的分布情况。

从简阳区块须四段代表样品核磁共振孔喉分布（图 4-18）可以看出，单峰、双峰、多峰三类储层孔喉半径峰值与 T2 图谱峰值具有较好的对应关系。研究区须四段储层样品孔喉半径大多分布在 0.001~0.1μm 之间，小于 0.001μm 和大于 0.1μm 的孔喉半径分布较少。虽然单峰、双峰、多峰三类储层孔喉半径的主体分布区间具有相似的特征，但不同类型储层中孔喉半径分布依然存在一定差异。

样品 15 为单峰型储层，虽然其孔喉半径主要分布在 0.001~1μm 区间，但孔喉半径峰值分布在 0.1~1μm 之间 [图 4-18(c)]，与 T2 谱图右峰相对应。

样品 16、样品 4 和样品 23 孔喉半径分布曲线表现为双峰特征，样品 16 和样品 4 表现为左峰高、右峰低，说明孔喉半径分布在 0.001~0.01μm 的孔喉数量多于分布在 0.1~1μm 的孔喉数量。样品 23 孔喉半径峰值表现为右峰高于左峰的特点，说明孔喉半径分布在 0.01~0.1μm 的孔喉数量多于分布在 0.001~0.01μm 的孔喉数量 [图 4-18(a), (d), (f)]。

样品 12 和样品 1 孔喉半径分布曲线表现为多峰特征，表明孔喉半径分布区间较大且孔喉数量相当，孔喉半径主要分布在 0.001~0.005μm、0.01~0.05μm 和 0.1~1μm 三个区间。左边两个峰值高度相当，右峰高度明显高于左两峰，说明分布在 0.1~1μm 的孔喉半径数量明显高于其他两个区间 [图 4-18(b), (e)]。

从 T2 谱图和孔喉半径分布情况来看，可动流体饱和度受峰值数量影响不大，主要与峰值的位置有关，峰值越靠右，可动流体饱和度越大，即与孔喉半径的分布情况有关，较大孔喉半径占比越高，可动流体饱和度越大。

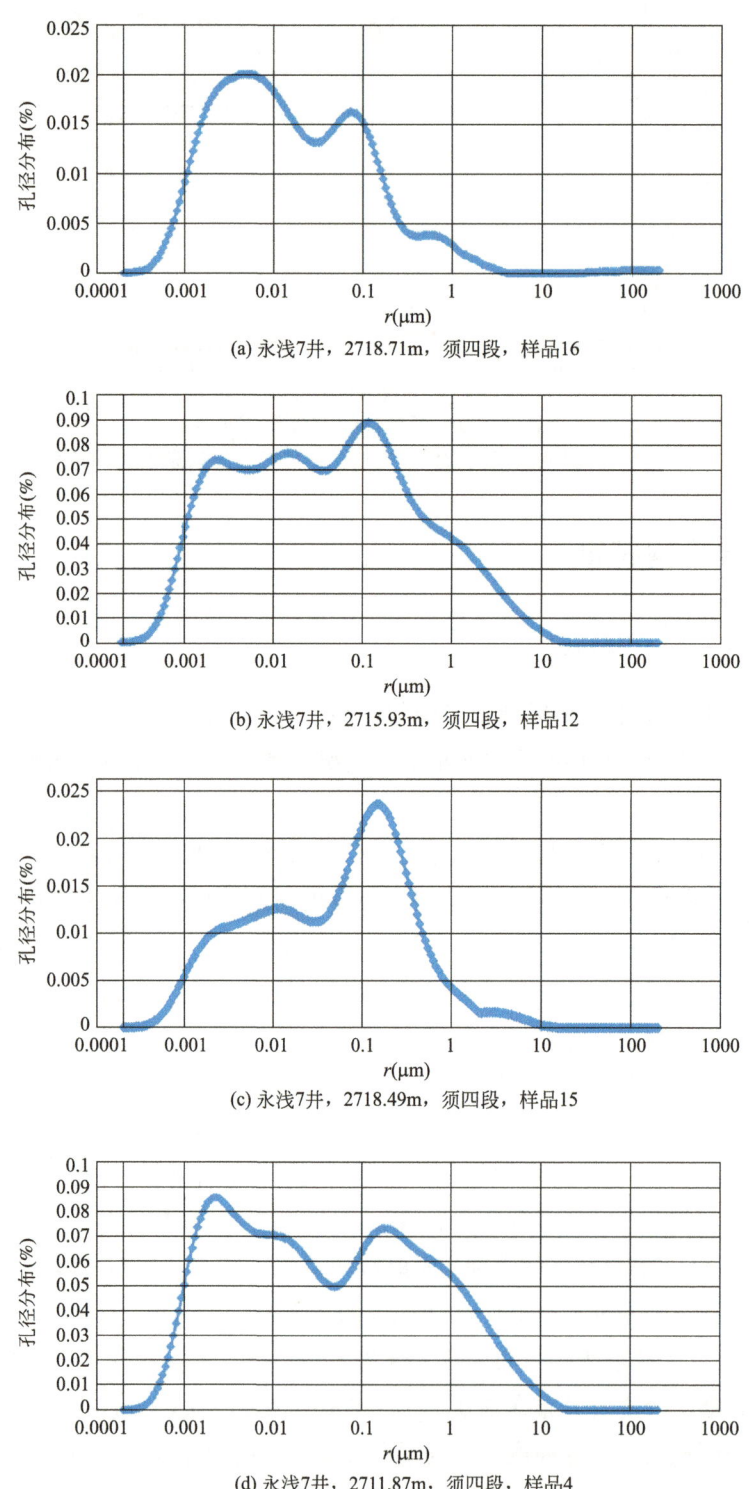

(a) 永浅7井，2718.71m，须四段，样品16

(b) 永浅7井，2715.93m，须四段，样品12

(c) 永浅7井，2718.49m，须四段，样品15

(d) 永浅7井，2711.87m，须四段，样品4

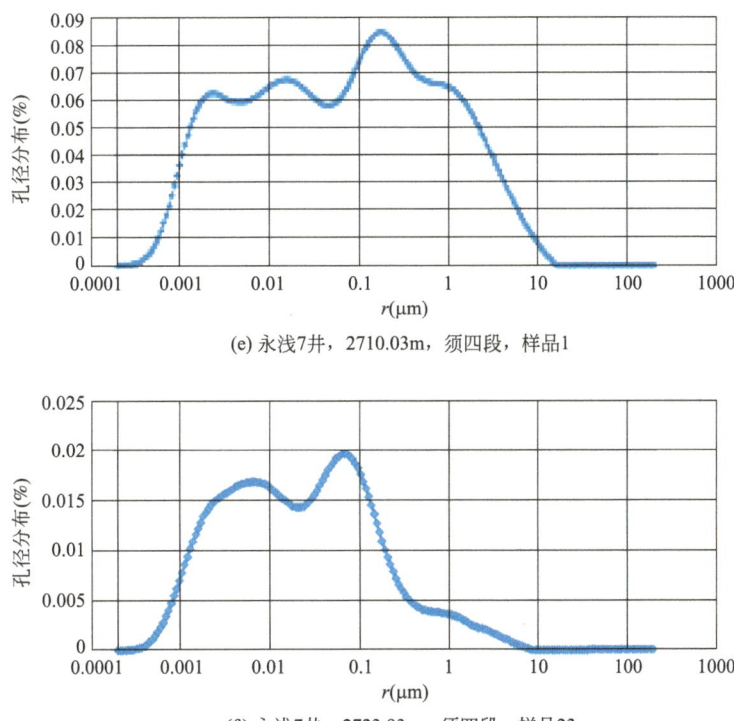

(e) 永浅7井，2710.03m，须四段，样品1

(f) 永浅7井，2723.93m，须四段，样品23

图4-18 简阳地区须四段代表性样品的核磁共振孔喉半径分布

（二）高压压汞孔喉特征

简阳区块永浅101井须四段高压压汞实验参数统计见表4-5，十个样品孔隙度分布在2.58%~7.56%，平均为5.5%，渗透率分布在0.063~3.59mD，平均为0.55mD。

反映孔喉大小的特征参数主要包括排驱压力（P10）、中值压力（P50）、平均孔喉半径（μm）、中值半径（μm）、最大孔喉半径（μm）和均值系数。

排驱压力指储层中最大连通孔喉对应的毛细管压力，对应的半径为最大孔喉半径。中值压力（P50）指汞饱和度50%时的毛细管压力，对应的半径为中值半径。平均孔喉半径（μm）和均值系数主要指示样品全部孔喉平均位置。

永浅101井须四段十个高压压汞样品排驱压力分布在0.778~1.986MPa，平均为1.2835MPa（表4-5），排驱压力与孔隙度和渗透率均呈负相关［图4-19(a)，(b)］；中值压力分布在7.709~72.339MPa，平均为22.6567MPa（表4-5），中值压力与孔隙度、渗透率呈负相关［图4-19(c)，(d)］；说明排驱压力、中值压力越小，孔喉半径越大。最大孔喉半径分布在0.37~0.945μm，平均为0.6172μm（表4-5），最大孔喉半径与孔隙度和渗透率呈正相关［图4-19(e)，(f)］；中值半径分布在0.01~0.095μm之间，平均为0.0499μm（表4-5），中值半径与孔隙度、渗透率呈正相关［图4-19(g)，(h)］；均质系数分布在8.43~10.7之间，平均为10.18，均值系数与孔隙度呈正相关，与渗透率呈负相关［图4-19(i)，(j)］，说明最大孔喉半径、中值半径越大储层孔喉半径越大。

表 4-5　永浅 101 井须四段高压压汞实验参数

样品编号	1	2	3	4	5	6	7	8	9	10
孔隙度（%）	5.95	5.98	5.83	7.56	3.95	6.55	3.75	5.8	2.58	7.06
样品体积	8.337	8.675	7.654	7.384	5.048	8.144	5.428	5.965	7.505	7.941
井深（m）	2745	2749.58	2757.17	2763.22	2765.59	2768.99	2773.32	2775.79	2777.74	2779.79
渗透率（mD）	0.257	0.106	0.144	3.59	0.063	0.152	0.108	0.136	0.739	0.217
样品重量（g）	20.952	21.936	19.291	18.202	13	20.391	13.986	14.971	19.62	19.697
排驱压力（MPa）	0.985	1.496	1.481	1.481	1.986	0.778	1.094	0.997	1.55	0.987
中值压力（MPa）	11.459	14.849	16.755	16.755	35.012	7.928	30.284	13.477	72.339	7.709
均值系数	10.6	10.65	10.02	10.02	10.7	10.31	10.46	10.24	8.43	10.37
分选系数	3.08	3.24	3.61	3.61	3.74	3.15	3.64	3.34	4.7	3
歪度系数	1.64	1.63	1.65	1.65	1.59	1.74	1.54	1.63	1.52	1.71
变异系数	0.29	0.3	0.36	0.36	0.35	0.31	0.35	0.33	0.56	0.29
最大孔喉半径（μm）	0.746	0.491	0.496	0.496	0.37	0.945	0.672	0.737	0.474	0.745
中值半径（μm）	0.064	0.049	0.044	0.044	0.021	0.093	0.024	0.055	0.01	0.095
最大进汞饱和度（%）	79.08	77.76	73.94	73.94	74.28	78.31	74.43	76.31	59.63	79.55
未饱和汞饱和度（%）	20.92	22.24	26.06	26.06	25.72	21.69	25.57	23.69	40.37	20.45
残留汞饱和度（%）	42.61	47.82	44.42	44.42	42.16	49.1	39.51	40.26	35.19	50.15
退出效率（%）	46.11	38.5	39.92	39.92	43.24	37.3	46.93	47.24	40.98	36.96

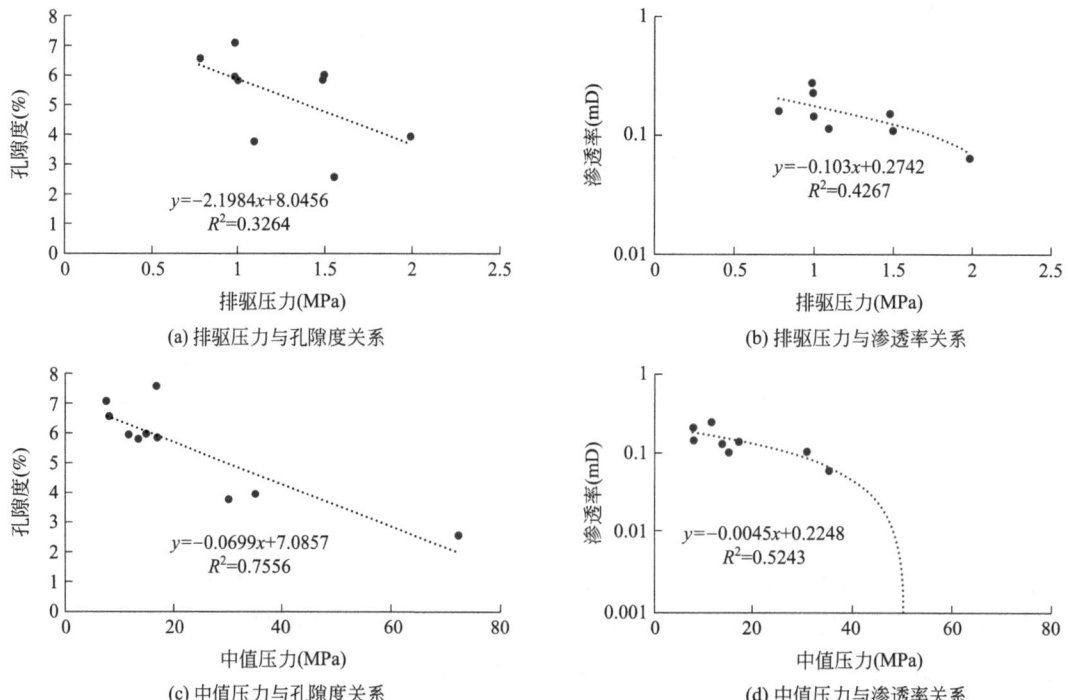

(a) 排驱压力与孔隙度关系

(b) 排驱压力与渗透率关系

(c) 中值压力与孔隙度关系

(d) 中值压力与渗透率关系

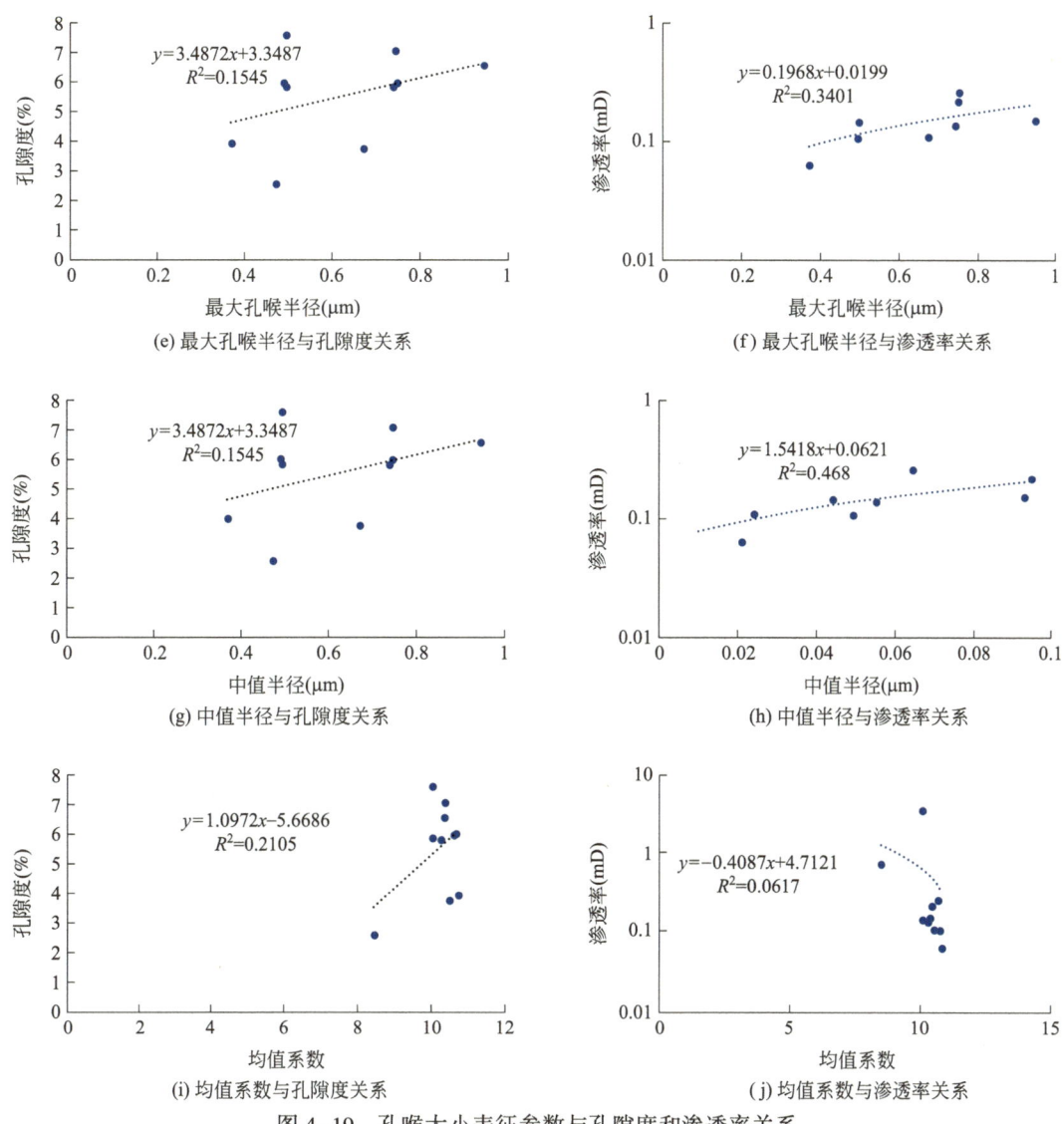

图4-19 孔喉大小表征参数与孔隙度和渗透率关系

反映孔喉分布的特征参数主要包括分选系数（Sp）、歪度系数（Skp）和变异系数（相对分选系数，C）。分选系数（Sp）和变异系数（C）主要反映孔喉分选情况。分选系数是样品中孔隙喉道大小标准差的度量，它直接反映了孔隙喉道分布的集中程度。在总孔隙中，具有某一等级的孔隙喉道占绝对优势时，表明其孔隙分选程度好，分选系数越好孔隙分布越均匀。变异系数又称相对分选系数，能更好地反映孔喉大小分布均匀程度，和分选系数一样，数值越小代表孔喉分布越均匀。歪度系数（Skp）主要反映孔喉分布的对称程度。

永浅101井须四段样品高压压汞分选系数分布在3~4.7之间，平均为3.511（表4-5）；变异系数分布在0.29~0.56之间，平均为0.35（表4-5）。分选系数、变异系数越小，说明储层中孔喉半径差距越小，孔喉分选越好，分选系数、变异系数与孔隙度、渗透率呈负相关[图4-20（a），（b），（c），（d）]，说明孔喉分选越好孔喉半径之间差距越小，孔隙度、渗透率越大，对储层越有利。

歪度系数分布在 1.52~1.74 之间，平均为 1.63（表 4-5）。歪度系数反映孔喉分布的对称程度，歪度系数与孔隙度、渗透率呈正相关［图 4-20(e)，(f)］，说明随着孔喉分布的不对称增强，储层的孔隙度和渗透率逐渐变好。

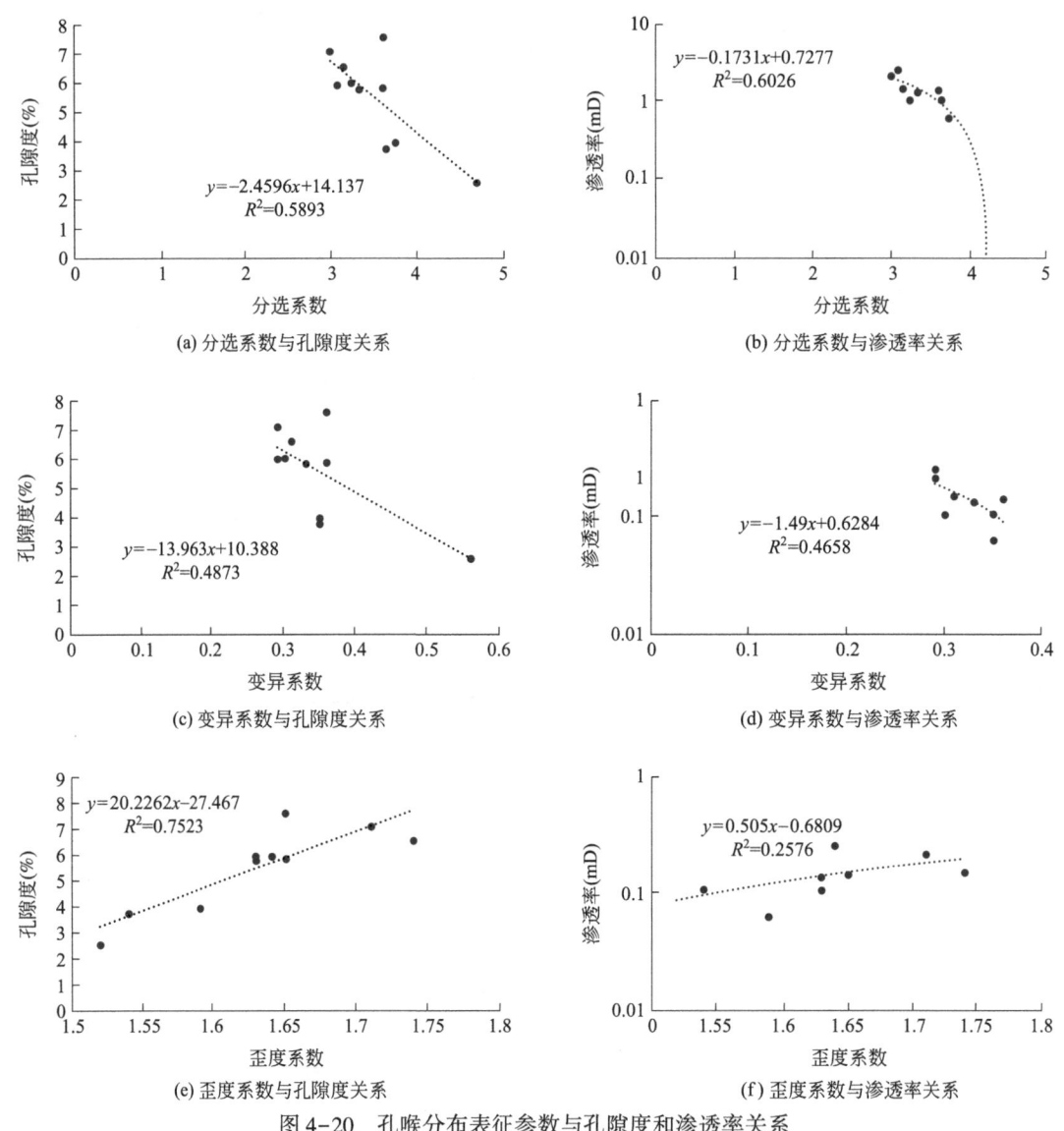

图 4-20　孔喉分布表征参数与孔隙度和渗透率关系

反映孔喉连通性的特征参数主要包括最大进汞饱和度和退汞效率。最大进汞饱和度为毛细管压力达到最大时对应的汞饱和度。当压汞曲线尾部平行于压力轴时，最大进汞饱和度可反映样品中连通孔喉的体积。最大进汞饱和度较大样品一般物性较好，反之亦然。退汞效率反映非润湿相的毛细管效应采收率，它表示喉道体积占岩心中孔隙与喉道总体积的百分数。显然，退汞效率越大，岩心中孔隙与喉道的尺寸大小越均匀。

退汞效率分布在 36.96~47.24 之间，平均值为 41.71，退汞效率与孔隙度和渗透率相关性不明显［图 4-21(a)，(b)］。最大进汞饱和度分布在 59.63%~79.55% 之间，平均为

74.723%，最大进汞饱和度与孔隙度和渗透率呈正相关［图4-21(c)，(d)］，说明储层孔渗越好进汞量越大，储层中连通的孔喉体积越大。

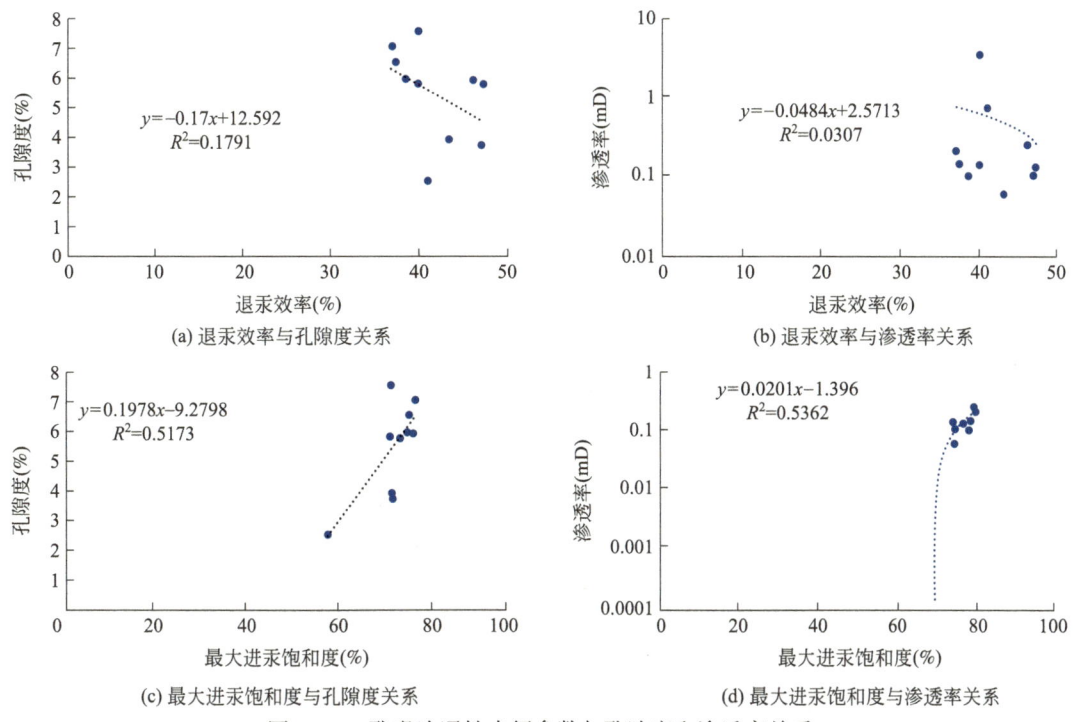

图4-21 孔喉连通性表征参数与孔隙度和渗透率关系

由于十个样品最大进汞饱和度差距较小，除样品9为59.63%外，其余样品最大进汞饱和度均大于70%，排驱压力差距较大。以排驱压力1MPa为界限，小于1MPa为低排驱压力，大于1MPa为高排驱压力，结合最大进汞饱和度将永浅101井须四段高压压汞样品分为三类，Ⅰ类为低排驱压力和较高最大进汞饱和度，包括样品1、样品6、样品8和样品10；Ⅱ类为高排驱压力和较高最大进汞饱和度，包括样品2、样品3、样品4、样品5和样品7；Ⅲ类为高排驱压力和较低最大进汞饱和度，只包含样品9一个样品。

除样品9外，另外两类样品在毛细管压力曲线形态上和部分参数上无明显区别，最大进汞饱和度（分布在73.94%~79.55%）、均值系数（分布在10.02~10.7）、分选系数（分布在3~3.74）、变异系数（分布在0.29~0.36）也无明显区别。虽然样品9孔喉半径分布与其他9个样品相似，均呈单峰状，峰值分布在0.735~0.0735μm（图4-22），但样品9最大进汞饱和度（59.63%）、均值系数（8.43）、分选系数（4.7）、变异系数（0.56）等反映孔喉分布和孔喉连通性的参数相对较另外两类储层具有较大差异，说明Ⅰ类和Ⅱ类样品在孔喉连通性上差距不大。样品9虽然与其他样品均有相似的孔喉半径分布，但其孔喉连通性较其他样品更为复杂。

Ⅰ类样品孔隙度分布在5.8%~7.06%之间，平均为6.34%，渗透率分布在0.136~0.257mD之间，平均为0.191mD；Ⅱ类样品孔隙度分布在3.75%~7.56%之间，平均为5.41%，渗透率分布在0.063~0.144mD之间，平均为0.11mD；Ⅲ类样品，也就是样品9，孔隙度为2.58%，渗透率为

0.739mD，推测与裂缝成因有关。从物性上看，Ⅰ类样品物性最好，Ⅱ类次之，Ⅲ类最差。

三类样品除了在孔隙度和渗透率上存在差异外，在表征孔喉大小的参数上也存在较大差异。Ⅰ类样品中值压力分布为 7.709~13.477MPa，平均值为 10.14MPa，Ⅱ类样品中值压力分布为 14.849~35.012MPa，平均值为 22.731MPa，样品 9 中值压力为 72.339MPa；Ⅰ类样品最大孔喉半径分布为 0.737~0.945μm，平均值为 0.793μm，Ⅱ类样品最大孔喉半径分布为 0.37~0.672μm，平均值为 0.505μm，样品 9 最大孔喉半径为 0.474μm；Ⅰ类样品中值半径分布为 0.737~0.095μm，平均值为 0.077μm，Ⅱ类样品中值半径分布为 0.021~0.049μm，平均值为 0.036μm，样品 9 中值半径为 0.474μm。通过对三类样品中值压力、最大孔喉半径和中值半径分析可知，三类储层孔喉半径分布范围虽然相近，但还是存在一定差异，Ⅰ类样品孔喉半径最大，Ⅱ类次之，Ⅲ类最小。

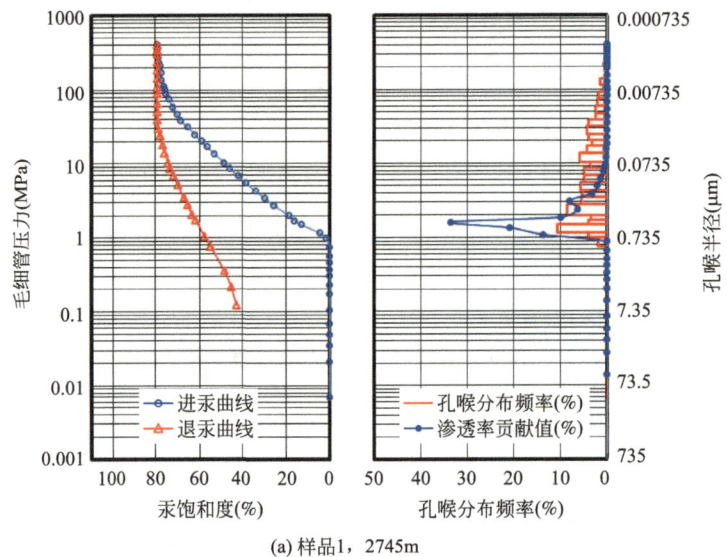

(a) 样品1，2745m

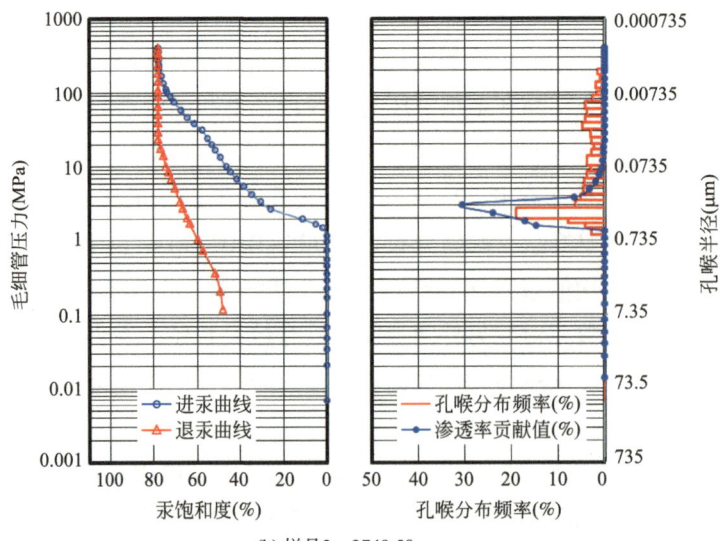

(b) 样品2，2749.58m

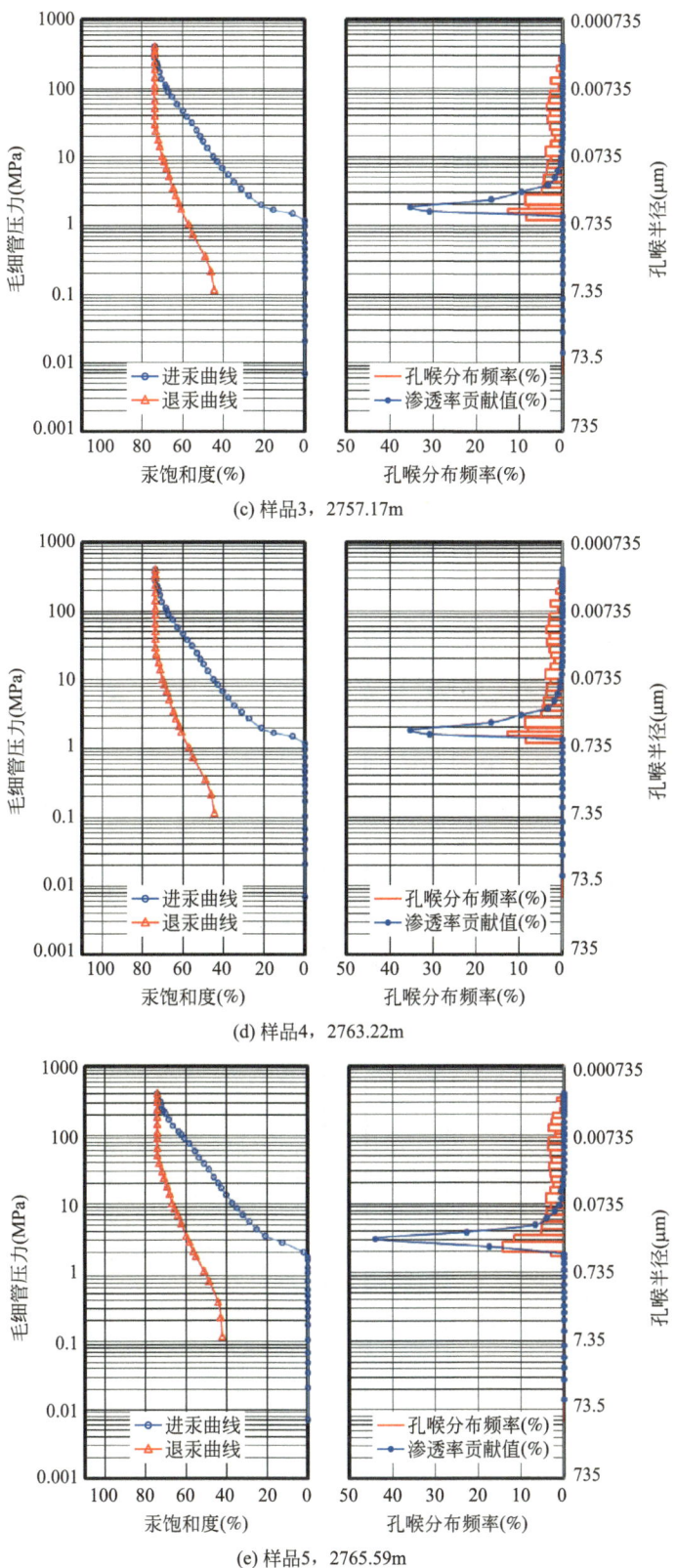

(c) 样品3，2757.17m

(d) 样品4，2763.22m

(e) 样品5，2765.59m

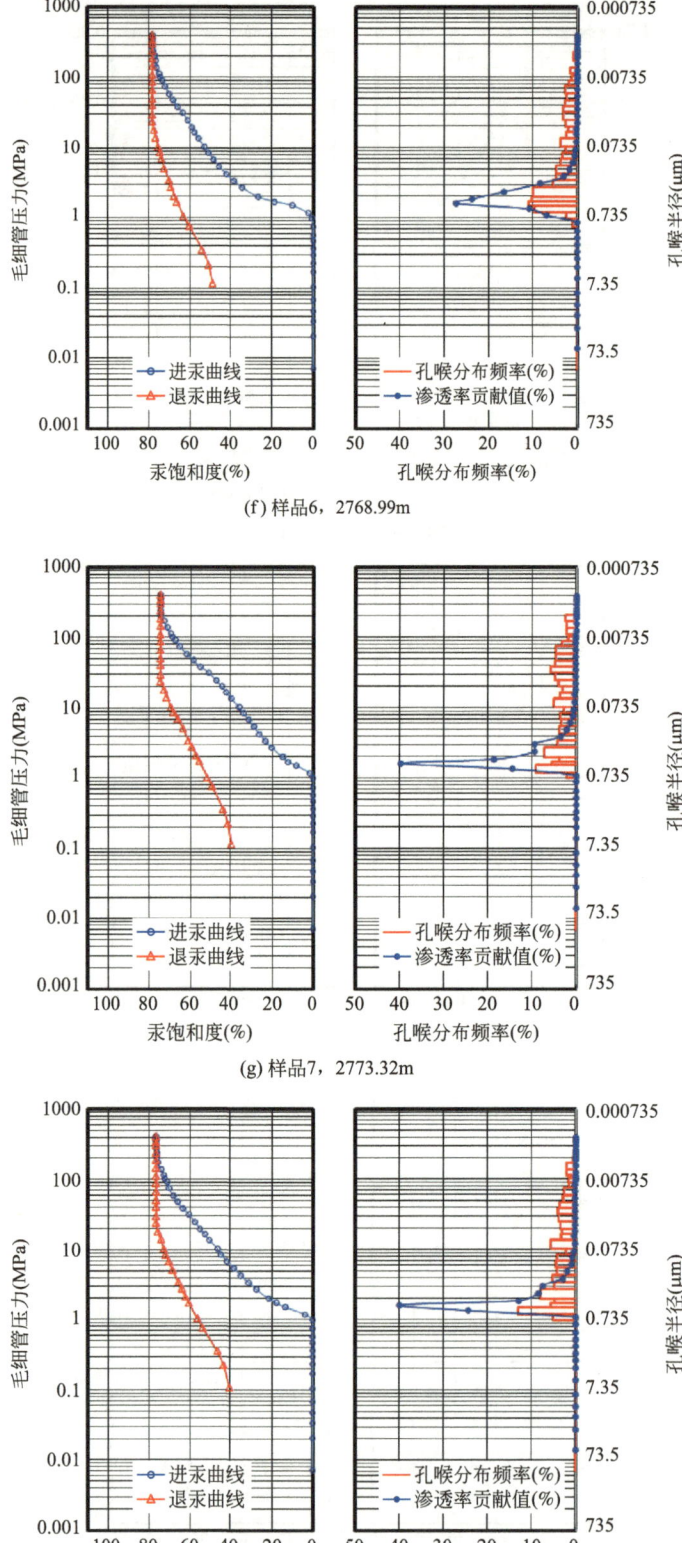

(f) 样品6，2768.99m

(g) 样品7，2773.32m

(h) 样品8，2775.79m

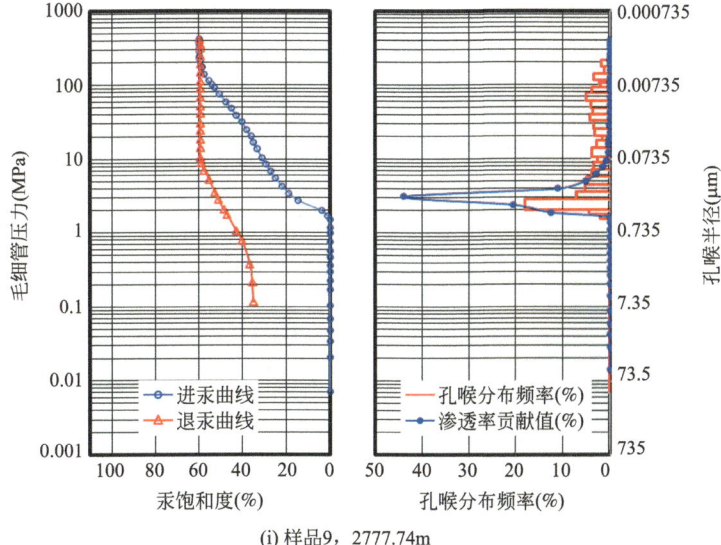

(i) 样品9，2777.74m

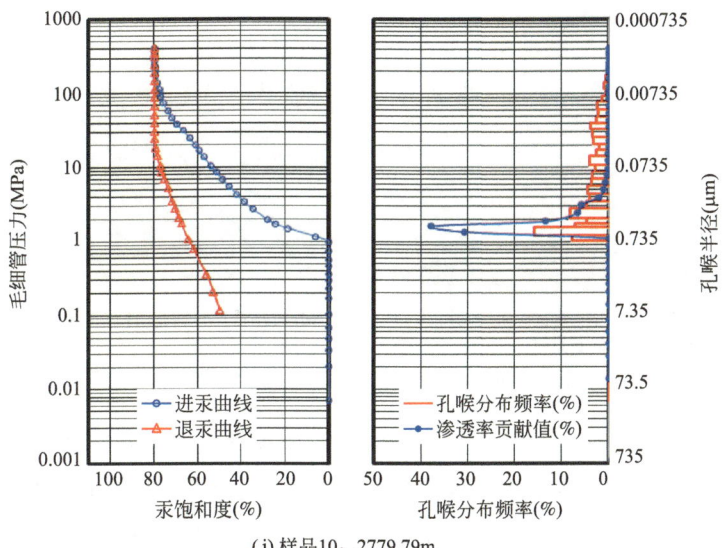

(j) 样品10，2779.79m

图 4-22　永浅 101 井须四段毛细管压力曲线与孔喉半径分布图

通过永浅 101 井须四段高压压汞的排驱压力、最大进汞饱和度、中值压力、最大孔喉半径、均值系数、分选系数、变异系数、中值半径、孔隙度、渗透率、孔喉半径分布等代表孔喉大小、孔喉分布和孔喉连通性参数的综合分析认为，Ⅰ类样品物性最好，Ⅱ类次之，Ⅲ类最差。

六、成岩演化序列

天府区块须四段和须三下亚段砂岩主要的成岩作用包括压实压溶作用 [图 4-23(a)]、胶结作用 [图 4-23(b)，(d)] 和溶蚀作用 [图 4-23(c)]。

简阳区块须四段和须三下亚段砂岩的成岩作用特征一致，整体上表现为强压实、弱—中

(a) 压实作用致使泥岩岩屑等塑性岩屑变形，堵塞孔隙，粒间孔隙几乎不发育，永浅7井，2716.76m，须四段

(b) 钙质胶结充填粒间，永浅101井，2753.14m，须四段

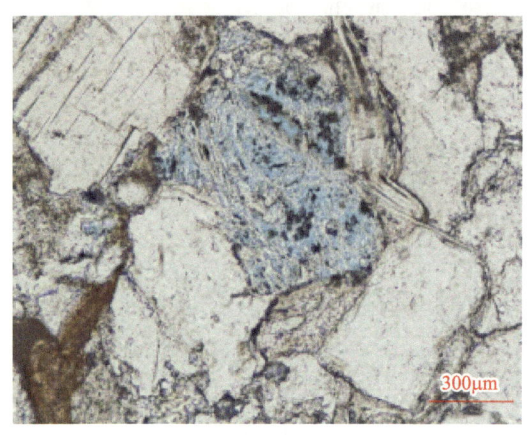
(c) 长石溶解后形成的伊利石呈丝状，永浅7井，2915.25m，须三下亚段

(d) 微晶石英胶结充填粒间孔隙，永浅7井，2907.71m，须三下亚段

图4-23　天府地区须四段、须三下亚段成岩作用类型

等胶结和溶蚀作用特征。胶结作用以硅质胶结、黏土胶结和方解石胶结为主，溶蚀作用表现为长石和部分岩屑的溶蚀。黏土胶结作用以伊利石为主，少见高岭石和绿泥石。

根据自生矿物组合、分布、演变及形成顺序、黏土矿物及混层黏土矿物的转化、岩石结构特征及孔隙类型、有机质成熟度、流体包裹体均一温度等指标，依照石油行业碎屑岩成岩阶段划分规范，研究区须三下亚段主要在中成岩期，部分达到晚成岩阶段。

在岩石结构特征方面，须二段岩石结构特点主要体现在胶结方式、胶结类型上，研究区胶结类型主要是压嵌式，颗粒接触紧密，不少刚性颗粒破裂，云母变形，压实强度高，颗粒间主要以线接触—凹凸接触为主，石英次生加大强烈，孔隙类型为溶蚀孔和裂缝组成的混合类型。

早成岩阶段A期：为浅埋藏（埋深小于1500m）成岩环境，成岩温度小于65℃。川西坳陷上覆须家河组巨厚的沉积物经历了强烈的压实作用，原生粒间孔大量消失，另外压实作用使得煤系地层排出酸性流体，铝硅酸盐矿物及同期铁镁暗色矿物的水化作用继续发生，为成岩介质提供Ca^{2+}、Mg^{2+}、Fe^{2+}等各种金属阳离子；早期方解石和包壳、衬垫绿泥石开始生长。

早成岩阶段 B 期：埋深为 1500~2200m，古地温为 65~85℃，进入须家河组沉积末期，有机质半成熟。下伏须一段烃源岩进入成熟期，有机酸在压实作用和微裂缝条件下排出，对须二段矿物颗粒进行溶蚀，可见少量长石溶蚀形成粒内溶孔。少量早期烃类充注，衬垫绿泥石大量生成，使得部分原生孔隙得以保持。形成第 I 期石英次生加大。

中成岩阶段 A 期：埋深为 2200~3500m，随着埋深增加，地温达 85~140℃，进入中侏罗世沉积末期。埋深不断增加，压溶作用继续进行，第 II 期石英加大沉淀。此阶段须二段自生烃源岩进入成熟高峰期，扫描电镜下可见岩屑溶蚀孔隙中充填较多自生石英、伊利石和少量的充填绿泥石，溶蚀作用过程中流体中 K^+ 的增加加速了蒙皂石继续通过伊/蒙混层向伊利石转化。同时此阶段由于构造作用产生破裂，带来酸性流体对岩石中长石等进行了溶蚀，产生较多溶蚀孔隙。

中成岩阶段 B 期——晚成岩阶段，埋深大于 3500m，古地温大于 140℃。孔隙水呈弱碱性、碱性，有利于压溶作用的进行，石英颗粒呈凹凸—缝合线接触，孔隙中可见 III 期充填石英发育，薄片下可见含铁方解石或白云石交代自生石英或碎屑颗粒。此阶段是裂缝形成时期，可见裂缝中充填方解石和自生石英。

初步判断认为简阳区块成岩演化至中成岩阶段 B 期，成岩演化序列为：早期压实作用→早期方解石→伊/蒙混层→溶蚀作用→硅质胶结→晚期方解石、白云石→伊利石化（图 4-24）。

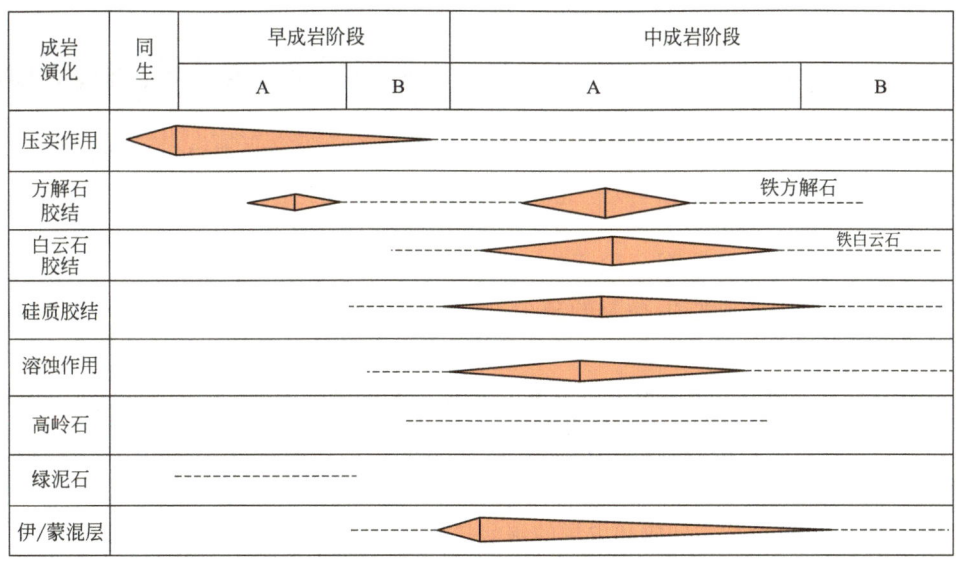

图 4-24 简阳区块须家河组成岩演化序列

北部须四段和须三下亚段砂岩主要的成岩作用包括压实压溶作用 [图 4-25(a)]、胶结作用 [图 4-25(b)，(d)] 和溶蚀作用 [图 4-25(c)]。

北部须四段和须三下亚段砂岩的成岩作用特征一致，整体上表现为中—强压实、弱—中等胶结和溶蚀作用特征。胶结作用为方解石胶结、硅质胶结和黏土胶结，溶蚀作用表现为长石和部分岩屑的溶蚀。黏土胶结作用以伊利石和绿泥石为主，少见高岭石。

(a) 岩屑砂岩，压实作用强烈，颗粒间线接触—凹凸接触，见塑性颗粒变形，粒内溶孔，中台1井，3420m，须四段

(b) 岩屑砂岩，钙质胶结，见方解石交代石英，中台1井，3393m，须四段

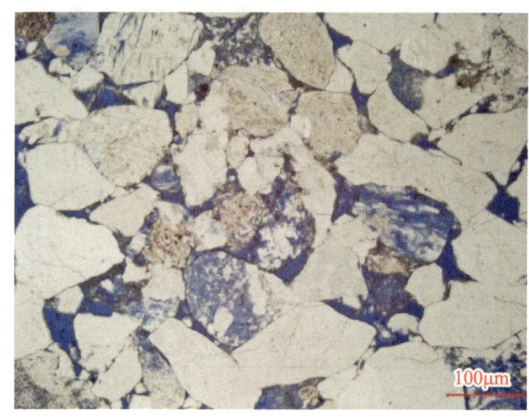
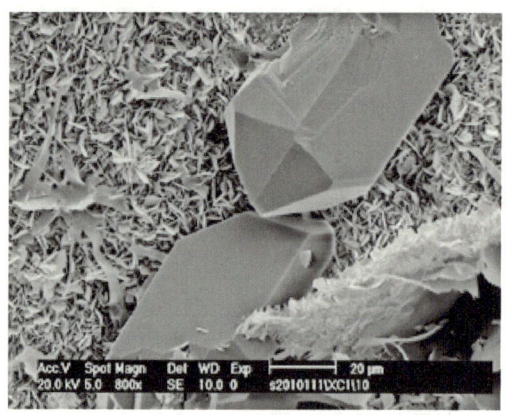

(c) 中—粗粒长石岩屑砂岩，残余原生粒间孔、长石粒内溶孔，西充1井，3007.74m，须四段

(d) 粒间分布片状、丝缕状伊利石及叶片状绿泥石，见石英次生加大晶面，西充1井，3009.2m，须四段

图4-25 北部地区须四段成岩作用类型

同沉积阶段：沉积物质刚沉积下来，初始孔隙度为40%左右，该阶段的成岩作用主要为强烈的压实作用造成原生孔隙的减少，同时铝硅酸盐类矿物的水化作用也发生于该阶段。

早成岩阶段A期：在湖平面快速下降的时候，部分地区暴露地表，并受到了大气淡水淋虑的影响，与此同时，作为富煤系的地层在刚进入埋藏阶段的时候，可产生酸性水。大气淡水和煤系酸性水作用于长石类矿物颗粒产生次生溶蚀孔隙，发生了须四段第一期溶蚀作用，并同时形成了高岭石、硅质和少量的碳酸盐矿物。在一些pH值较高的成岩环境中，发生了早期的方解石胶结作用，大量自生方解石胶结物充填粒间孔隙形成连晶式方解石胶结。镜下薄片观察，早期的连晶式方解石胶结应稍晚于第一期溶蚀作用。在少数碎屑颗粒表面，呈针状的自生绿泥石开始围绕颗粒表面生长，形成环边绿泥石。须四段自生环边绿泥石较须二段缺乏，对于储层孔隙质量的影响有限。蒙皂石开始不断地向伊/蒙混层转化，并在转化过程中排出了少量的Fe^{2+}、Mg^{2+}、Si^{4+}等离子。

早成岩阶段B期：蒙皂石持续向伊/蒙混层转化，排出的离子进入成岩流体并开始形成自生硅质和少量的碳酸盐胶结物，自生硅质依附石英颗粒表面沉淀形成石英次生加大。受到大气淡水淋虑的岩石的铝硅酸盐矿物继续溶蚀形成次生孔隙。压实作用使原生孔隙进一步减少。

中成岩阶段 A 期：此阶段的温度达到 85℃，有机质在此阶段开始大量成熟，须四段的第二期溶蚀作用开始出现，第二期溶蚀作用主要发生于未遭受大气淡水淋虑影响的岩石中。长石和岩屑发生溶蚀并沉淀出自生硅质，这个阶段形成的自生硅质部分充填粒间孔隙。蒙皂石向伊/蒙混层转化加快。晚期碳酸盐胶结物开始沉淀，充填孔隙。

初步判断认为北部成岩演化至中成岩阶段 A 期，成岩演化序列为：早期压实作用→绿泥石包膜→早期方解石→伊/蒙混层→溶蚀作用→硅质胶结→晚期方解石、白云石→伊利石化（图 4-26）。

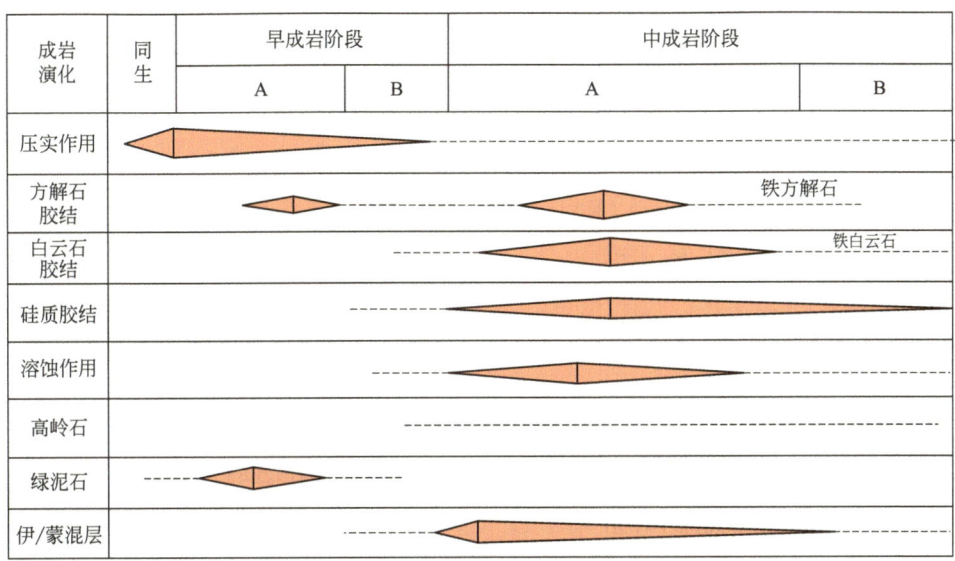

图 4-26　北部须三下亚段、须四段成岩演化序列

七、储层特征差异对比

通过对川中—川西过渡带须家河组储层岩石学特征、储集空间特征、储层物性特征、成岩作用等方面的研究，认为南部天府区块和北部区块存在一定差异。南部天府区块和北部区块岩石类型相似，均以长石岩屑砂岩和岩屑砂岩为主，但在岩石组分上存在一定差异，南部天府地区石英含量 50%~65%，岩屑以变质岩岩屑+泥岩岩屑为主，北部地区石英含量 60%~70%，岩屑以硅质岩、浅变质岩岩屑和碳酸盐岩、硅质岩、变质岩岩屑为主，南部简阳地区储集空间以粒内溶孔为主［图 4-27(a)］，北部地区以粒间孔、粒内溶孔为主［图 4-27(b)］，这与南北两区的岩石成分有关。

受岩石组分影响，南北两区成岩作用存在一定差异，南部区块以压实作用、溶蚀作用、钙质胶结和硅质胶结作用为主，北部区块以压实作用、溶蚀作用、钙质胶结、硅质胶结和绿泥石胶结作用为主。受岩石成分和成岩作用影响，北部区块储层物性也要稍优于南部区块（表 4-6）。

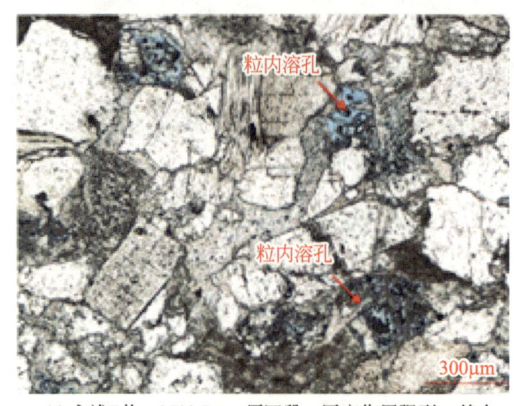

(a) 永浅7井，2710.7m，须四段，压实作用强烈，基本不发育残余原生粒间孔，长石、岩屑溶孔发育

(b) 秋林3井，3689m，须三下亚段，发育少量残余原生粒间孔和粒内溶孔，发育绿泥石胶结

图 4-27　南部天府地区与北部地区储层特征差异对比

表 4-6　川中—川西过渡带须家河组储层特征差异对比

区块		南部（简阳区块）	北部区块
岩性特征		长石岩屑砂岩、岩屑砂岩	长石岩屑砂岩、岩屑砂岩
岩石组分		石英含量50%~65%，岩屑以变质岩岩屑+泥岩岩屑为主	石英含量60%~70%，岩屑以硅质岩、浅变质岩岩屑和碳酸盐岩、硅质岩、变质岩岩屑为主
储集空间		粒内溶孔	粒间孔、粒内溶孔
储层物性	孔隙度	孔隙度峰值6%~7%	孔隙度峰值6%~8%
	渗透率	渗透率峰值0.1~1mD	渗透率峰值0.1~10mD
成岩作用		压实作用、溶蚀作用和胶结作用（钙质胶结和硅质胶结）	压实作用、溶蚀作用和胶结作用（钙质胶结、硅质胶结和绿泥石胶结）

第二节

储层物性主控因素

一、埋藏深度

南部（简阳地区）须四段、须三下亚段储层孔隙度、渗透率随埋深的增加逐渐减小并趋于集中分布（图4-28）。

北部（金华、秋林地区）须四段和须三下亚段的物性呈现随着埋深加大增高再降低的规律，北部须四段埋深3100~3200m、须三下亚段3350~3550m是各自层段孔渗最高处（图4-28）。表明埋藏深度不是孔隙损失的主因。

第四章 四川盆地须家河组优质储层形成机制

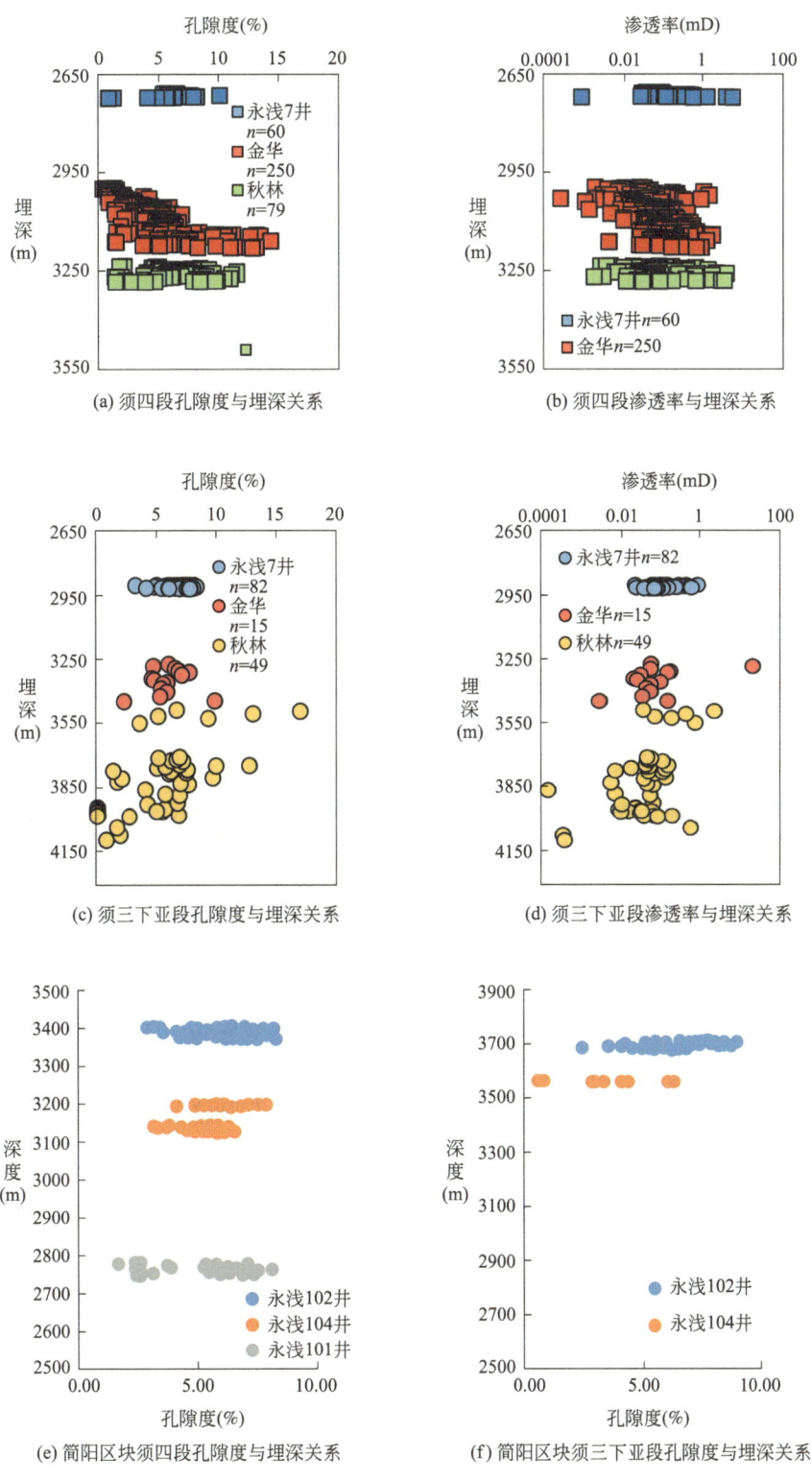

图 4-28 须四段、须三下亚段储层物性与埋深关系

二、沉积作用

沉积作用对储层物性的影响实质是对储层岩石类型和结构组分特征的影响,岩石的这些特征决定了后期岩石的成岩作用类型和强度。不同沉积环境具有不同的水介质条件,所形成的岩石类型、粒径大小、分选、磨圆、杂基含量和岩石组分等方面均有差异,从而导致成岩作用和储层物性在纵、横向上有明显差异,使得储层具有严重的非均质性。因此,沉积作用是影响储层物性的最重要因素之一。

(一) 粒度对储层物性的影响

根据砂岩的粒度分析资料,对不同粒度砂岩的物性参数分别进行统计。砂岩的粒度和分选性主要与沉积环境的水动力条件有关,当水动力条件较强时,岩石的粒度较粗,一般分选也较好,如果没有后期的改造,粒度较粗的岩石的孔隙度和渗透率应该比较好。造成这种状况的原因,主要是由于埋藏成岩作用对砂岩储集空间的改造造成的。压实作用是研究区储集砂岩原生孔隙降低的主要原因,由于粒度较粗的砂岩对于较细的砂岩来说,具有较强的抗压实能力,从而保留了较多的原生孔隙,这为以后砂岩储集空间的进一步改造创造了更为有利的条件。

(二) 碎屑组分对储层物性的影响

川中—川西过渡带须家河组南北两区石英成分差异较大,须四段和须三下亚段均表现为北部区块石英含量较高、南部天府地区石英含量较少的特点。在压实作用强烈的情况下,抗压实能力对于储层孔隙的保存非常重要,而石英颗粒硬度大,抗压实能力较强。但是,溶蚀作用产生的次生孔隙又是储层的主要储集空间,而石英被溶蚀的几率非常小,如果石英含量太高则不利于溶蚀作用的发育。因此,石英含量也并非越高越好,随着石英含量的增加,孔隙度变高;但当石英含量超过75%时,孔隙度增加的幅度就有限了。

长石含量增高往往有利于残余粒间孔、次生粒内溶孔的形成。这是因为,长石一方面作为刚性颗粒,可以抵抗压实作用,保留一定的原生粒间孔隙;另一方面长石相对不稳定,易发生溶蚀而产生次生孔隙,南部天府地区须四段、须三下亚段储层的粒内溶蚀孔隙就主要是由长石溶蚀而成的。

(三) 沉积微相对储层物性的控制

储集砂体主要发育于三角洲前缘的水下分流河道,其形成于持续较强至很强的水动力条件过程中,因此环境对推移底载负荷沉积物的改造作用较强,沉积物粒度较粗,分选性相对较好,泥质含量低,为有利砂岩储层发育的沉积微相。天然堤、决口扇和泛滥平原等砂体的成因与洪水期堤泛或溢出河口时的悬移—推移混合载荷沉积作用有关,虽然有较强的间歇性水动力条件,但因堆积速度快,沉积物改造不充分,因而粒度相对较细和分选性较差,而泥质含量较高或频繁夹有泥质条带,往往为不利储层砂岩发育的沉积微相。

第四章 四川盆地须家河组优质储层形成机制

川中—川西过渡带须家河组砂体主要发育在水下分流河道和河口坝中，南部天府区块和北部区块须四段河口坝平均孔隙度分别为6.81%和8%；水下分流河道平均孔隙度分别为6.77%和8.26%。河口坝平均渗透率分别为0.043mD和0.167mD；水下分流河道平均渗透率分别为0.039mD和0.121mD（表4-7、图4-29）。

表4-7 须四段不同沉积微相物性对比

物性	区块	河口坝			水下分流河道		
		最大值	最小值	平均值	最大值	最小值	平均值
孔隙度（%）	南部	7.65	6.22	6.81	7.7	5.52	6.77
	北部	10.83	6.8	8	10.1	6.7	8.26
渗透率（mD）	南部	0.097	0.018	0.043	0.248	0.013	0.039
	北部	0.763	0.022	0.167	0.31	0.007	0.121

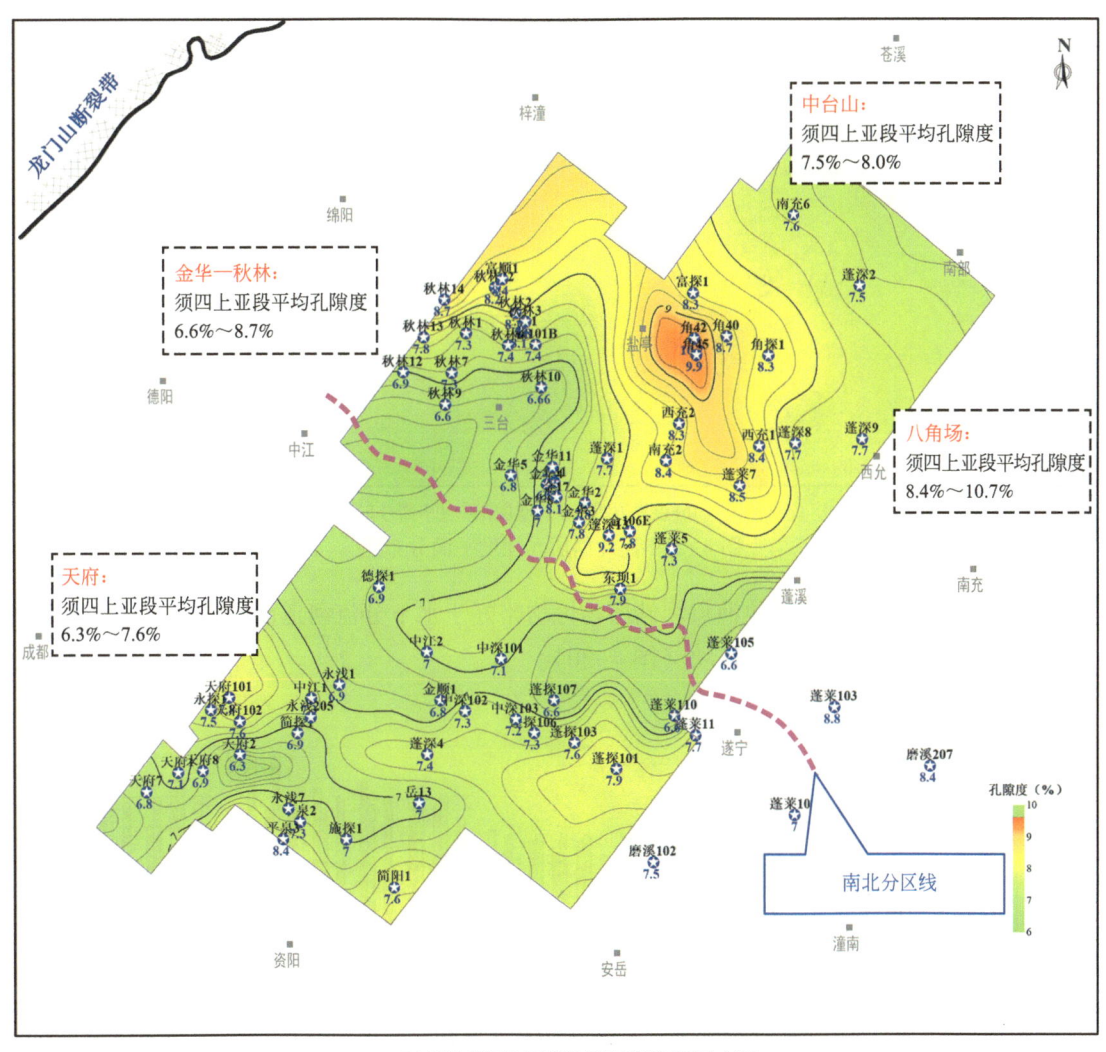

(a) 连片须四上亚段储层孔隙度平面分布图

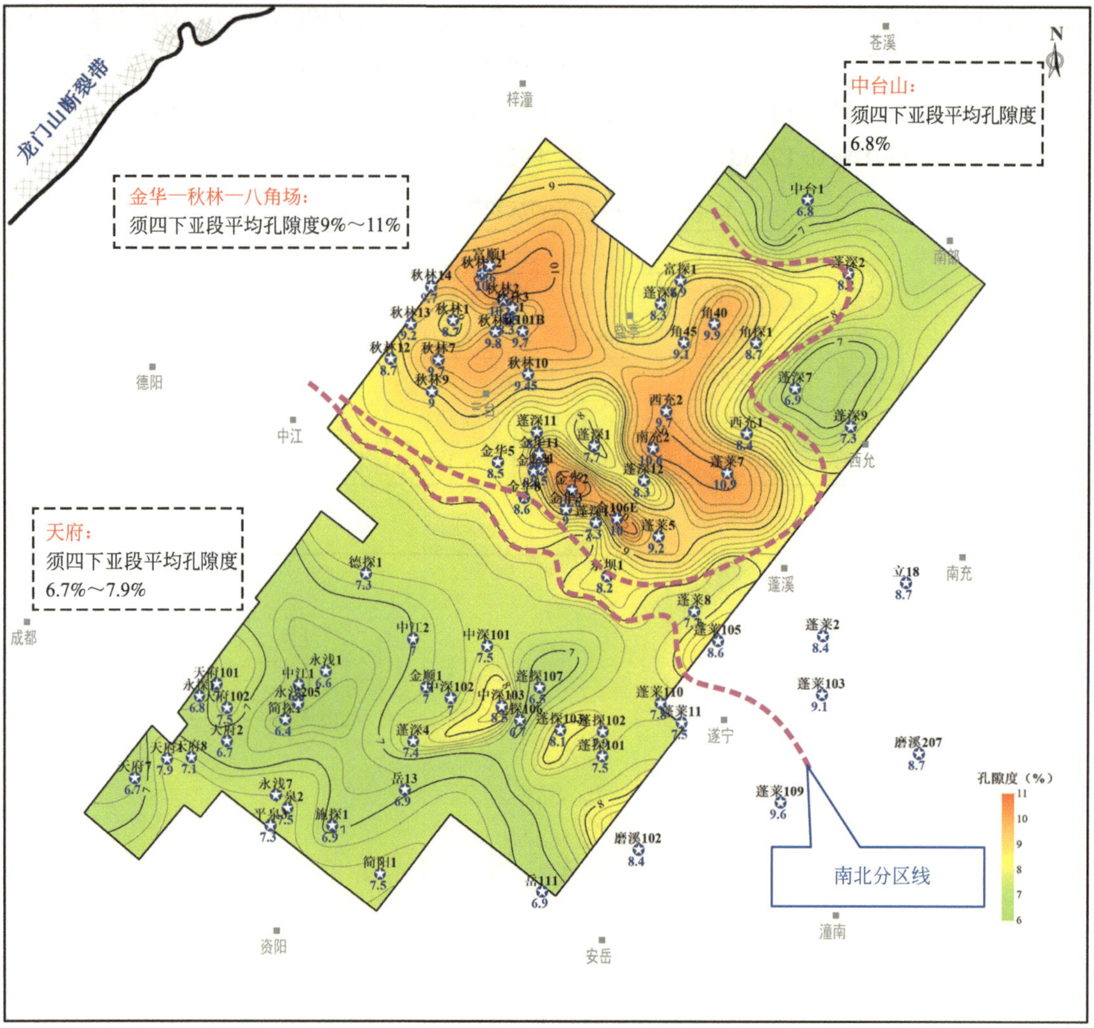

(b) 连片须四下亚段储层孔隙度平面分布图

图 4-29 连片储层孔隙度平面分布图

南部天府区块和北部区块河口坝储层物性均略好于水下分流河道储层物性。北部区块储层物性优于南部天府气田简阳区块（图 4-30）。

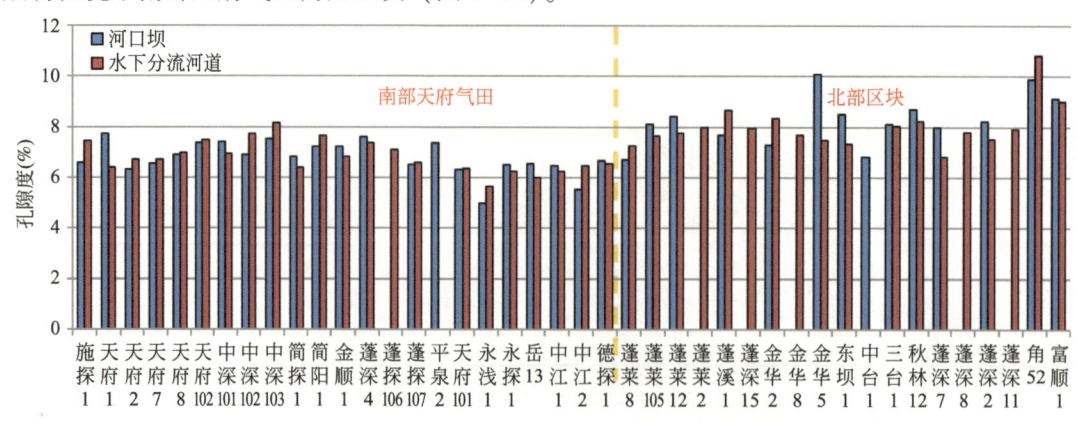

图 4-30 天府气田简阳区块与十二连片区须四段不同沉积微相测井孔隙度对比

南部天府区块和北部区块须三下亚段河口坝平均孔隙度分别为7.05%和8.06%；水下分流河道平均孔隙度分别为6.97%和7.58%。河口坝平均渗透率分别为0.061mD和0.489mD；水下分流河道平均渗透率分别为0.058mD和0.806mD（表4-8、图4-31）。

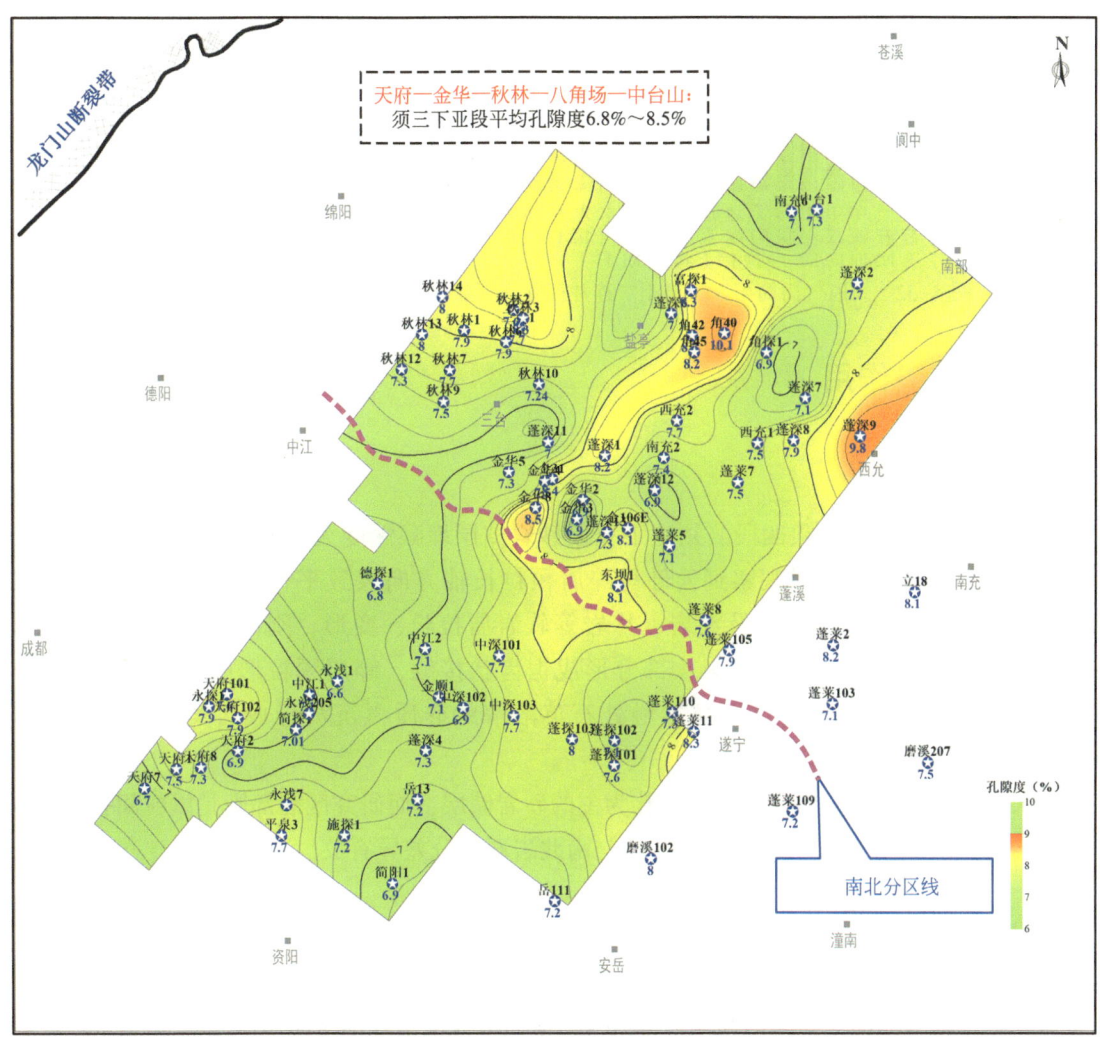

图4-31　连片须三下亚段储层孔隙度平面分布图

表4-8　须三下亚段不同沉积微相物性对比

物性	区块	河口坝			水下分流河道		
		最大值	最小值	平均值	最大值	最小值	平均值
孔隙度（%）	南部	7.7	6.19	7.05	8.13	6.03	6.97
	北部	11.5	6.5	8.06	8.5	6.94	7.58
渗透率（mD）	南部	0.273	0.016	0.061	0.266	0.0187	0.058
	北部	3.931	0.019	0.489	12.621	0.024	0.806

南部天府区块和北部区块河口坝储层物性均略好于水下分流河道储层物性。北部十二连片区储层物性优于南部天府气田简阳区块（图4-32）。

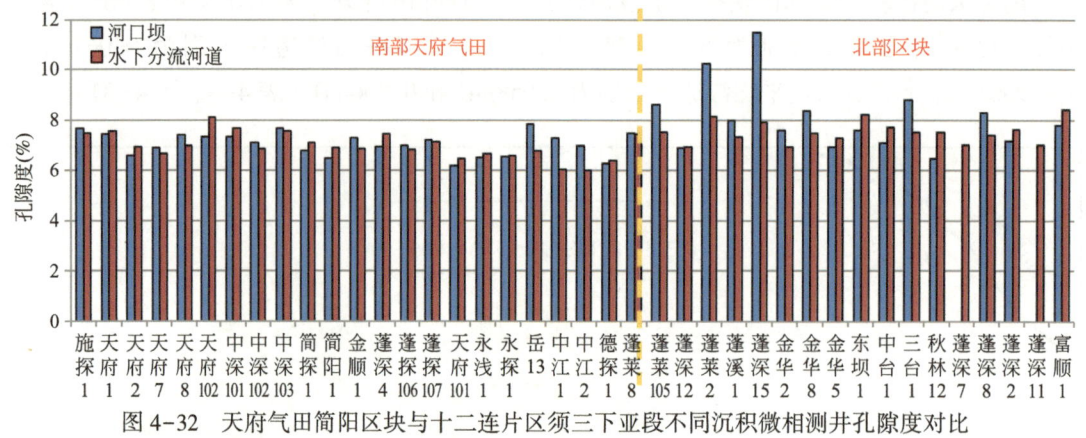

图 4-32 天府气田简阳区块与十二连片区须三下亚段不同沉积微相测井孔隙度对比

三、成岩作用

(一)压实作用

川中—川西过渡带须四段、须三下亚段砂岩储层埋藏深度大、埋藏时间长，压实作用较强，从岩石薄片中可以观察到云母与碎屑颗粒长轴方向大致平行定向排列，粉砂岩及细砂岩中尤为明显，千枚岩及泥岩、片岩等软岩屑拉长、变形，刚性碎屑产生裂纹、破碎，碎屑颗粒间为线到凹凸接触，部分形成锯齿状接触，碎屑颗粒形成镶嵌接触或凹凸接触及压溶作用造成的石英颗粒接触处石英溶解的硅质再沉淀形成石英次生加大边等[图4-33(a)，(b)]。

天府气田简阳区块形成了以粒内孔为主的砂岩储层，而研究区北部则是以粒间孔和粒内孔为主的储层[图4-33(c)，(d)]。这与南北岩石组分差异有关。

(二)胶结作用

在沉积物的沉积初期，分选性好的砂岩中有大约40%的孔隙度。在埋藏成岩过程中，造成孔隙度减少的因素包括：机械压实作用、粒间压溶作用和胶结作用。由于机械的压实作

(a) 永浅7井，2915.25m，须三下亚段，压实作用强烈致使塑性岩屑被压溶变形

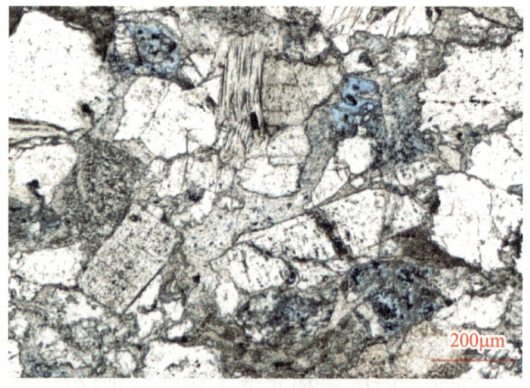

(b) 永浅7井，2710.7m，须四段，压实作用强烈致使塑性岩屑被压溶变形

(c) 营山3井，2648.27m，须三下亚段，粒间孔与粒内孔同时存在

(d) 金华2井，3419m，须三下亚段，绿泥石衬垫发育，粒间孔发育

图 4-33　须四段、须三下亚段压实作用特征

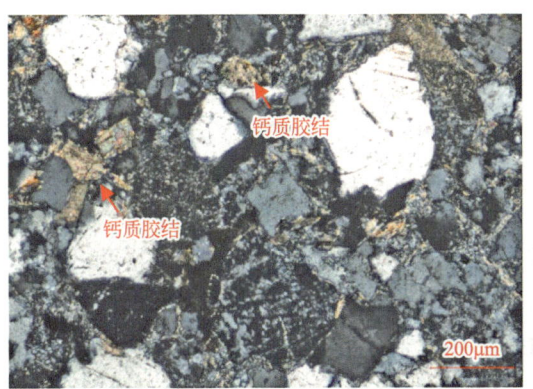
(a) 永浅7井，2711.42m，须四段，钙质胶结发育

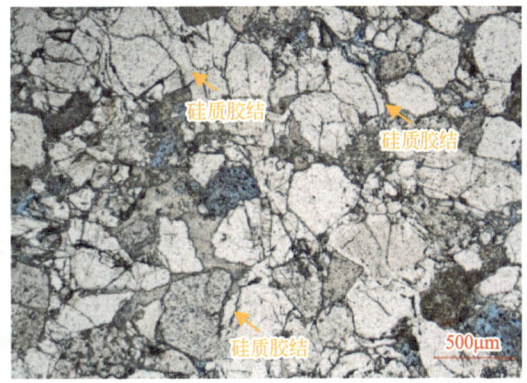
(b) 永浅7井，2716.76m，须四段，硅质胶结发育

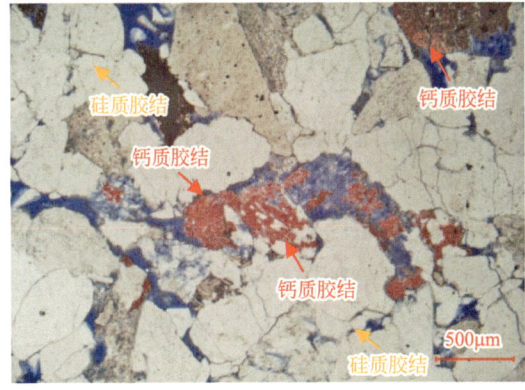
(c) 西充1井，3009.71m，须四段，钙质胶结，方解石充填粒内溶孔

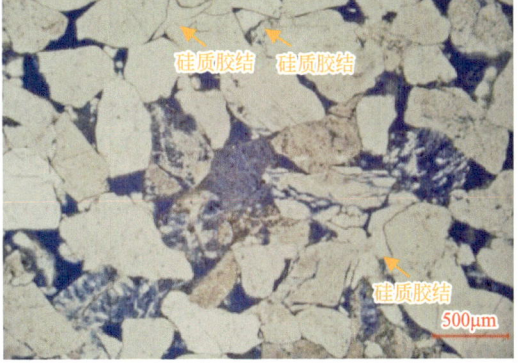
(d) 西充1井，3009.05m，须四段，硅质胶结发育，充填粒间孔

图 4-34　川中—川西过渡带须四段、须三下亚段胶结作用特征

用和粒间压溶作用在减少砂岩粒间孔隙体积过程中都是不可逆的，因此均属压实过程。相对而言，胶结作用并没有直接减少粒间体积，而是堵塞粒间体积。

胶结作用是川中—川西过渡带须四段和须三下亚段又一重要因素，天府地区和北部区块主要胶结作用类型一致,主要胶结类型有钙质胶结[图4-34(a),(c)]、硅质胶结[图4-34(b),(d)]和黏土胶结。北部须家河储层中发育绿泥石胶结,南部天府地区少见绿泥石胶结,天府地区相比北部区块具有更低的胶结物含量,这与天府地区的强压实程度有关。

1. 钙质胶结

钙质胶结是须家河组储层中占比最高的胶结物类型(图4-35),是导致储层孔隙损失的主要胶结作用。

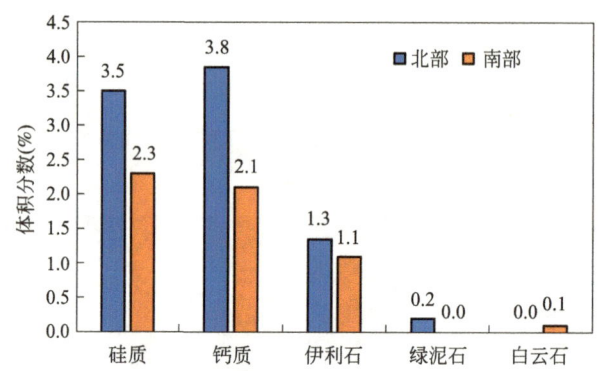

图4-35 川中—川西过渡带须四段、须三下亚段胶结物含量分布直方图

钙质胶结赋存状态包括连晶式胶结(早期)和孔隙充填式胶结(晚期)。早期钙质胶结含量高,容易形成钙质致密层;晚期钙质胶结含量低,但可充填残余粒间孔与粒内溶孔,致使储层孔隙进一步降低,是储层致密的关键因素。分散的、在相对晚期成岩阶段沉淀的且含量相对较低的碳酸盐胶结物使砂岩孔隙度降低,储层质量变差(图4-36)。

碎屑岩储层中碳酸盐胶结物的成因一直是困扰沉积学家和石油地质学家的难题之一。人们普遍认为:碎屑岩地层中自生碳酸盐胶结矿物的形成机制主要有以下几个方面。

1)长石的溶解

长石,主要是斜长石溶解是碳酸盐胶结物的重要物质来源之一,如钙长石的溶解方程如下:

$$CaAl_2Si_2O_8(钙长石) + 2H^+ + H_2O \Longrightarrow Al_2Si_2O_5(OH)_4(高岭石) + Ca^{2+}$$

在合适的物理化学条件下,该过程提供的 Ca^{2+} 进入碳酸盐胶结物中,这是碎屑岩地层中自生碳酸盐矿物主要的来源之一,也是碎屑岩中碳酸盐胶结物形成的经典机制之一。

2)黏土矿物的转化

黏土矿物的转化主要是指蒙皂石或伊利石层含量相对较低的混层伊利石/蒙皂石向伊利石层含量相对较高的混层伊利石/蒙皂石及伊利石的转化,该转化过程所涉及的反应如下:

$$4.5K^+ + 8Al^{3+} + 蒙皂石 \longrightarrow 伊利石 + Na^+ + 2Ca^{2+} + 2.5Fe^{3+} + 2Mg^{2+} + 3Si^{4+}$$

这被称为砂岩的胶结反应,也是碎屑岩地层中碳酸盐胶结物形成的另一经典机制;该反应提供的 Ca^{2+}、Fe^{3+} 和 Mg^{2+} 是碳酸盐胶结物重要的物质来源,碎屑岩地层中大多数的自生碳酸盐矿物,尤其是含铁碳酸盐胶结物的成因与之有关,由于黏土矿物的转化是温度或埋藏

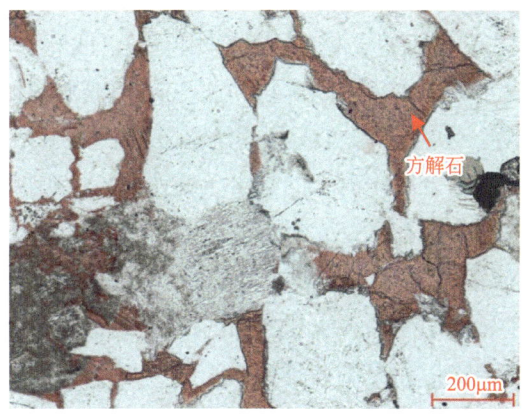
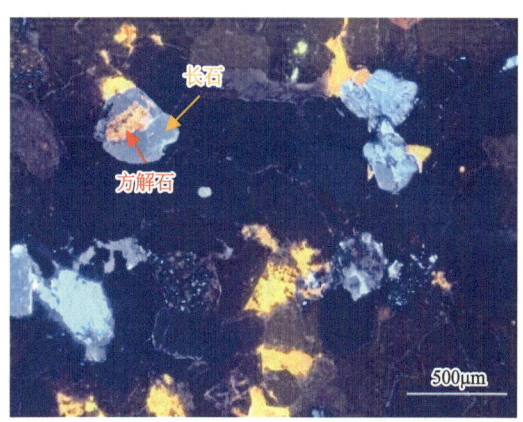

(a) 永浅101井，2753.61m，须四段，连晶式钙质胶结

(b) 金华2井，3265.93m，须三下亚段，方解石发亮橘黄色光，长石矿物发蓝光

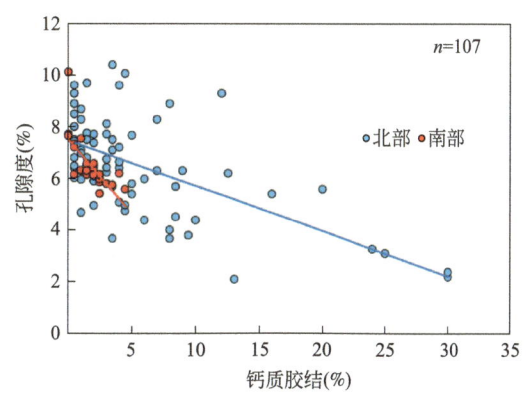

(c) 永浅7井，2901.73m，须三下亚段，钙质胶结充填长石粒内溶孔

(d) 须家河组钙质胶结与孔隙度投点

图 4-36　须四段、须三下亚段钙质胶结特征

深度（在忽略孔隙介质影响时）的函数，因而与之有关的碳酸盐胶结物更多的是在较晚的成岩阶段形成的。

3）碳酸盐岩岩屑的溶解作用

一些研究表明，碳酸盐胶结物的沉淀与碳酸盐岩岩屑的溶解有关。这种成因的碳酸盐胶结物以含铁的碳酸盐岩为主，它们在同位素组成（如碳同位素）上接近于非同期海水（碳酸盐岩岩屑所在时代的海水），由于埋藏条件下碳酸盐溶解的困难性，其溶解常与不整合面或层序界面附近开放体系中大气水（也可能有其他酸性介质的参与）的溶解有关。

4）（近）同期碳酸盐的溶解作用

该机理类似于碳酸盐岩岩屑的溶解作用，但经常发生在海相碎屑岩地层中，尤其是存在有同期碳酸盐（盆内石灰岩颗粒、化石或超微化石、微晶基质和白云岩等）的海相碎屑岩地层，包括与海相地层紧邻或交替的近海陆相地层或海陆过渡相地层中。

5）（铝）硅酸盐矿物的水化作用

前边有关机理不能解释一些在较早成岩阶段（岩石显著压实之前）沉淀的、分布于具很大的负胶结物孔隙度岩石中且具连生结构的方解石，它们常形成近于成层的钙质层而不以分散方式分布于岩石中，其物质来源主要与（铝）硅酸盐矿物的水化作用有关。水化作用是指不含水或含水较少的矿物与水接触转变成含水或含水较多的矿物，这些矿物包括各种岩屑（尤其是火山岩岩屑）的构成矿物和碎屑矿物。水化作用首先是铁镁暗色矿物的水化作用，如黑云母向白云母转变，辉石、角闪石等矿物中金属阳离子的析出。继铁镁暗色矿物水化作用之后便是长石等浅色矿物的水化作用，浅色矿物水化首先析出的是 K^+、Na^+ 等碱金属离子，而后是 Ca^{2+}、Mg^{2+} 等碱土金属离子。在薄片中观察到的黑云母的海绿石化、长石表面的绢云母化、各种暗色矿物的退色现象均与水化作用有关。水化作用的结果是使成岩作用早期的孔隙流体 pH 值由中性或中偏碱性向碱性转变，并提供各种金属离子，如 Fe^{2+}、K^+、Na^+、Ca^{2+}、Mg^{2+} 等。除早期连生方解石的物质来源与之有关以外，该过程也为同生—早成岩阶段菱铁矿的形成提供了物质来源。

2. 硅质胶结

硅质胶结（自生石英）呈石英次生加大边和孔隙充填产状赋存，与储层物性关系复杂，呈现一定程度正相关［图 4-37（c）］。

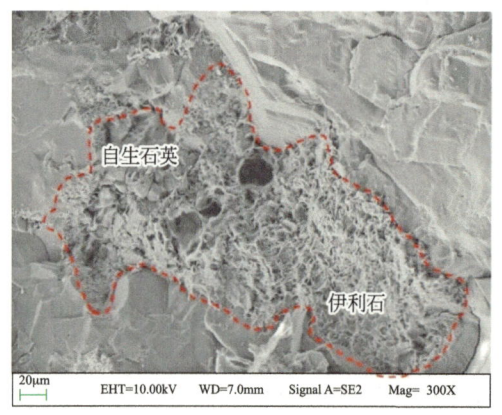

(a) 永浅7井，2914.06m，须三下亚段，长石溶蚀形成伊利石和自生石英

(b) 中台1井，3668.30m，须二段，颗粒凹凸接触，石英次生加大发育，单偏光

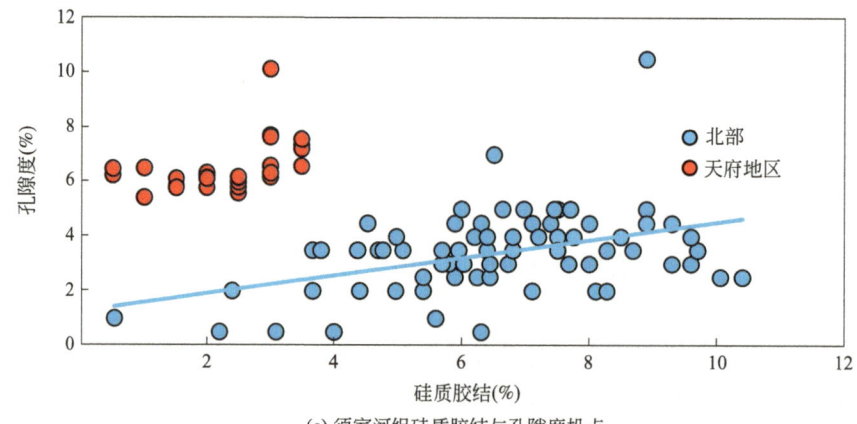

(c) 须家河组硅质胶结与孔隙度投点

图 4-37 须四段、须三下亚段硅质胶结特征

硅质胶结来源复杂,包括长石等矿物的溶解、石英颗粒的压溶作用、黏土矿物的转化。不同来源的硅质胶结对储层物性的影响是不一样的。硅质胶结物来源主要包括以下三种:

1) 由长石溶解作用提供的物质来源 [图4-37(a)]——另一种保持性成岩作用

无论是钾长石还是斜长石,其在酸性条件下的溶解均会产生不同数量的硅:

$$2KAlSi_3O_8(钾长石)+2H^++H_2O =\!=\!= Al_2Si_2O_5(OH)_4(高岭石)+4SiO_2+2K^+$$

$$3NaAlSi_3O_8(钠长石)+K^++2H^++H_2O =\!=\!= KAl_3Si_3O_{10}(OH)_2(伊利石)+3Na^++6SiO_2+H_2O$$

2) 黏土矿物转化释放硅提供的物质来源

该反应是砂岩孔隙中游离硅的重要来源反应,其反应方程为:

$$4.5K^++8Al^{3+}+蒙皂石 \longrightarrow 伊利石+Na^++2Ca^{2+}+2.5Fe^{3+}+2Mg^{2+}+3Si^{4+}$$

3) 压溶作用

压溶作用是成岩过程尤其是经历较深埋藏砂岩中硅质胶结物最为重要的物质来源,压溶引起物质再分配,造成石英的次生加大 [图4-37(b)]。

3. 黏土胶结

薄片观察和黏土X衍射结果表明,川中—川西过渡带须家河组砂岩黏土胶结包括伊利石、绿泥石、伊/蒙混层和高岭石(图4-38)。

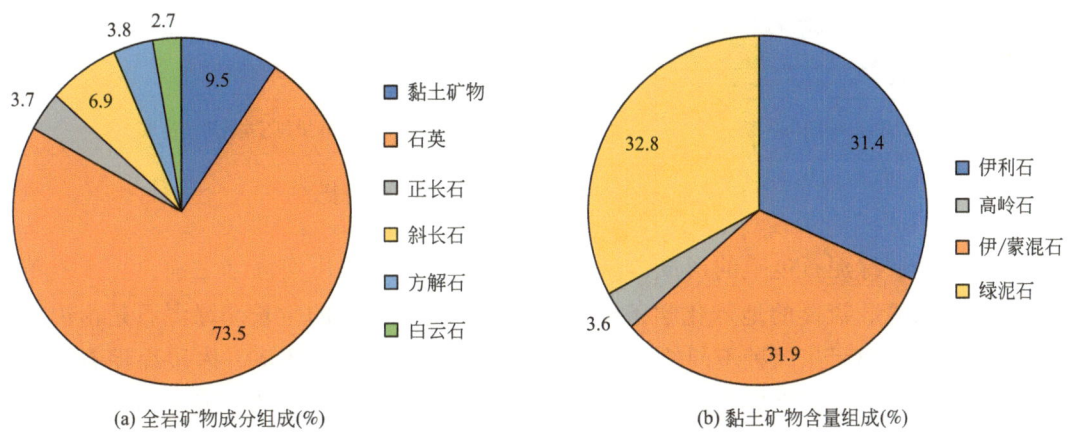

图4-38 须家河组砂岩全岩矿物和黏土矿物含量组成

富钠、钾的蒙皂石可与钾长石反应形成伊利石,伊/蒙混层(I/S)是蒙皂石向伊利石转化的中间产物,随着埋藏深度的加深,伊/蒙混层中的蒙皂石不断向伊利石转化。

长石溶蚀形成高岭石,但当温度超过110℃时,高岭石开始变得不稳定,在封闭成岩系统下,会与邻近的K^+反应,生成伊利石和石英,因此须家河组储层现今黏土矿物中高岭石含量低。

须家河组储层中伊利石胶结呈丝状充填孔隙;伊利石的来源与蒙皂石的转化和长石矿物溶解产物有关 [图4-39(a),(b),(c)]。伊利石胶结对储层物性有负面影响 [图4-39(d)]。

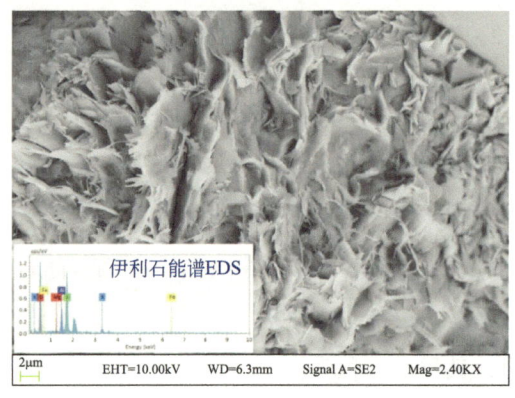
(a) 永浅101井，2749.38m，须四段，片状伊利石

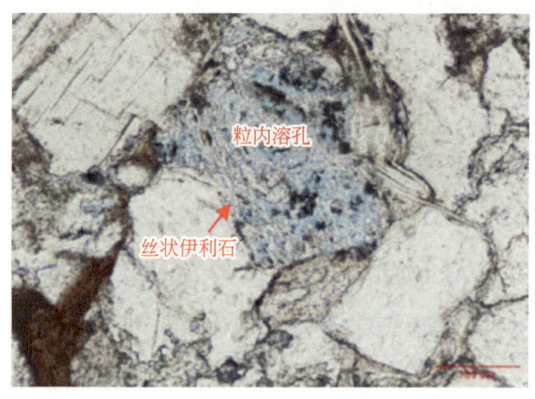
(b) 永浅7井，2915.25m，须三下亚段，
长石溶解后形成的伊利石呈丝状

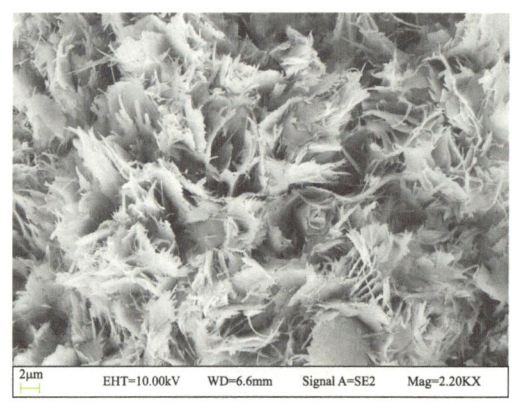
(c) 永浅7井，2900.94m，须三下亚段，
长石溶解后形成的伊利石

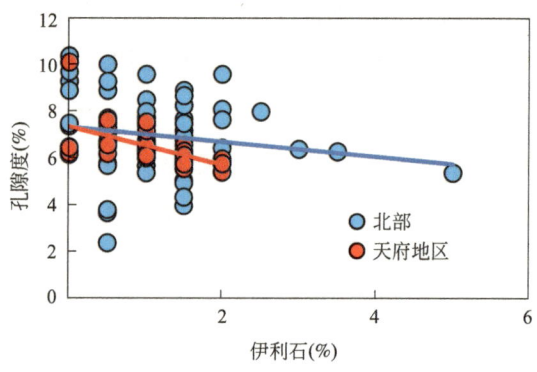
(d) 伊利石与孔隙度投点

图 4-39 须四段、须三下亚段伊利石特征

一般认为，绿泥石包膜的形成，始于同沉积期碎屑颗粒压实固结之前，止于石英次生加大开始发育，流体的地球化学条件，控制着自生绿泥石的生长。绿泥石是由内外两层叠加组成的，显示出两种不同的生长阶段在不同的物理化学环境。内层绿泥石为在浅埋藏深度的富铁黏土包壳转化形成的，而外层绿泥石则是由开始的绿泥石层溶解再沉淀形成的。

通过绿泥石的结构习性、晶体大小、化学组成、形成的相对时间和深度，研究区绿泥石的形成共分为两个阶段。在早期的成岩作用中，早成岩期黏土矿物三八面体蒙皂石，可通过无序绿/蒙混层到有序绿/蒙混层，最终转化为绿泥石；钛云母或者磁绿泥石，则可逐渐演变为鲕绿泥石；而富镁蒙皂石，通过柯绿泥石过渡形成绿泥石，同时由于形成时间早，早期的内层绿泥石包壳表现为结晶程度较差，晶型较小。在内层绿泥石包壳形成之后的早期大气淡水和煤系地层酸性流体对岩石中镁铁质和超镁铁质碎屑的溶解释放 Fe^{2+}，外层绿泥石直接从孔隙水中沉淀出来。如图 4-40、图 4-41 所示显示了埋藏深度逐步增加，绿泥石包壳形成的两个阶段的示意模型。

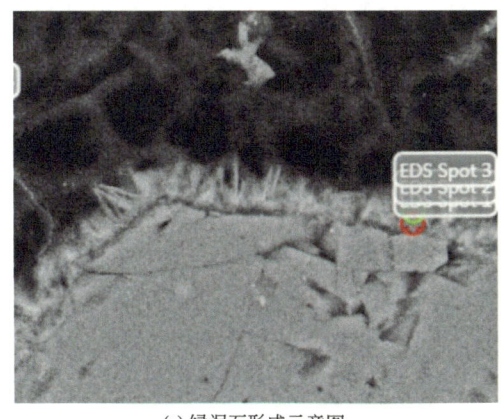 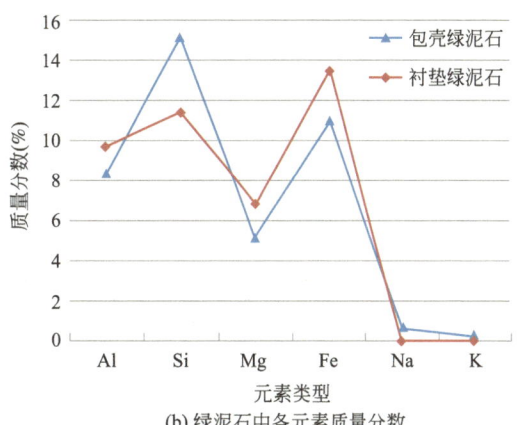

(a) 绿泥石形成示意图 (b) 绿泥石中各元素质量分数

图 4-40 绿泥石微观地球化学特征

此外，电子探针和能谱分析表明，相比于内层绿泥石，外层衬垫绿泥石中 Fe^{2+}、Mg^{2+} 含量较高，均高于化学计量的标准矿物，且孔隙中蚀变残余黏土矿物含较高的 FeO 和 TiO，表明成岩过程中孔隙水中铁离子丰富，且 FeO 和 TiO 可能来源于火山碎屑暗色矿物的水化。内层绿泥石包壳形成深度较浅，温度较低（早期形成），外层衬垫绿泥石形成于较深埋深、较高温度，在石英和铁白云石胶结物沉淀之前。随着温度从 90℃ 升高到 180℃，绿泥石中的铁含量逐渐增加。随着温度升高，绿泥石趋于具有更有序的结构，这种情况就是扫描电镜观察外层覆盖层形成的晶型较好的衬垫绿泥石晶体。

针对绿泥石包膜对石英次生加大的抑制作用，前人做了较多研究，认为：（1）绿泥石膜隔绝了孔隙水与颗粒表面的接触，抑制了自生石英在石英颗粒表面的成核作用；（2）包膜通过占据石英次生加大的生长空间而抑制其生长；（3）绿泥石层间氢氧化物八面体片对孔隙流体酸碱性的调节作用，使包膜周围呈碱性水介质环境，增大石英溶解度，抑制其次生加大。

研究区部分井深段绿泥石较为发育，但并未抑制自生石英的生长。孔隙衬里绿泥石晶体

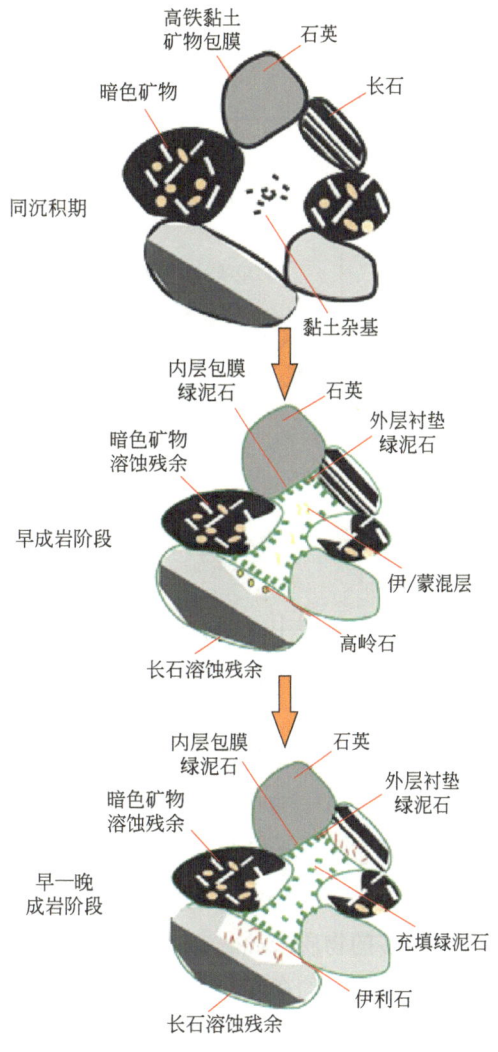

图 4-41 绿泥石形成模式

间存在大量晶间孔隙,不能真正阻止流体与石英颗粒的接触及自生石英在石英颗粒表面成核,包膜覆盖的石英颗粒表面可见有微小的石英次生加大,绿泥石包膜抑制石英成核的能力可能会随温度的增加而减弱,最终突破绿泥石包壳生成孔隙充填石英(图4-42)。

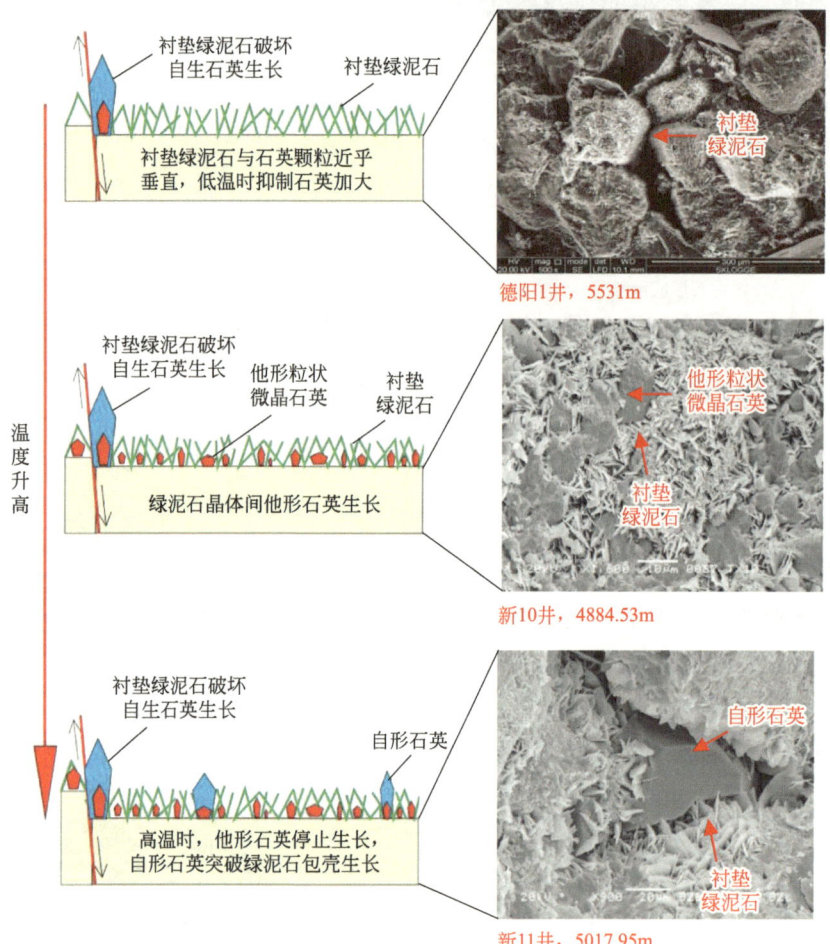

图4-42 绿泥石抑制石英生长机理

须家河组储层中绿泥石呈包膜状或孔隙衬垫。绿泥石对储层物性有着积极意义,表现在通过抵抗压实,使得粒间孔得以保存下来;同时绿泥石包裹颗粒可抑制粒间胶结物(自生石英)的生长。

研究区北部区块须四段、须三下亚段储层砂岩中自生绿泥石最主要的赋存状态是作为孔隙衬里方式产出,即包膜绿泥石,这种环边绿泥石通常是定向和近于等厚的。绿泥石在扫描电镜下的形态多呈竹叶状,集合体亦呈散落的竹叶状。绿泥石的形成同时需要富铁沉积物,因而富岩屑物源的地层,尤其是富中基性岩浆岩岩屑及铁镁暗色矿物的物源地层可以为绿泥石提供更多的物质来源。

自生绿泥石的存在与砂岩储集空间的保存和演化有着十分重要的关系。虽然人们对砂岩中作为孔隙衬里的自生绿泥石对孔隙的影响仍持有不同意见,但越来越多的研究表明,在储层发育过程中,作为孔隙衬里的绿泥石(尤其是在较早成岩阶段沉淀的绿泥石)对孔隙发育的影响是正面的，这种绿泥石主要从以下几个方面使砂岩孔隙得以保护：（1）绿泥石环边的形成会显著提高岩石的机械强度和抗压实能力；（2）埋藏成岩过程中生长的绿泥石平衡上覆压力；（3）绿泥石环边的形成对石英的胶结具有一定的抑制作用；（4）自生绿泥石具一定数量的晶间孔隙。

国内外已有大量研究表明，作为孔隙衬里或颗粒包膜产出的绿泥石可以通过增加岩石的机械强度和阻止石英的次生加大来使孔隙得以保存（对川中东北部地区而言，由于相当数量的石英胶结作用发生在较早的成岩阶段，因而后者是相对次要的），绿泥石的大量存在还可能指示在厚度上对储层更为有利的碎屑沉积物的发育。

川中—川西过渡带须四段、须三下亚段大多数的自生绿泥石都是作为孔隙衬里或颗粒环边产出，因而它们对储层是有利的。总的来看，虽然绿泥石的孔隙衬里作用可以使碎屑岩中的原生孔隙得以保存，但这需要绿泥石的含量达到一定的量（高于2%），只有满足这一条件才能成为深埋地层中原生孔隙保存的重要机理（图4-43）。

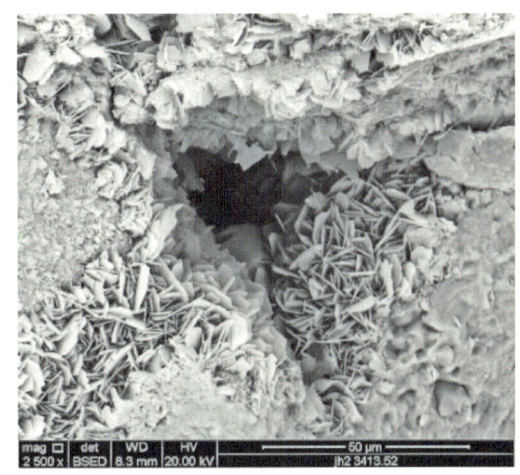

(a) 金华2井，3436.31m，须三下亚段，早期绿泥石呈包膜状，晚期绿泥石呈孔隙衬垫

(b) 金华2井，3413.52m，须三下亚段，三角状残余原生孔中充填绿泥石

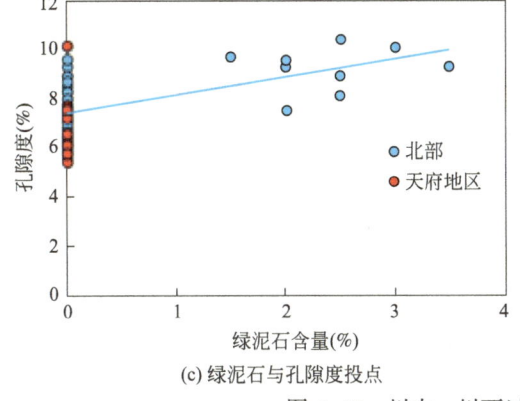
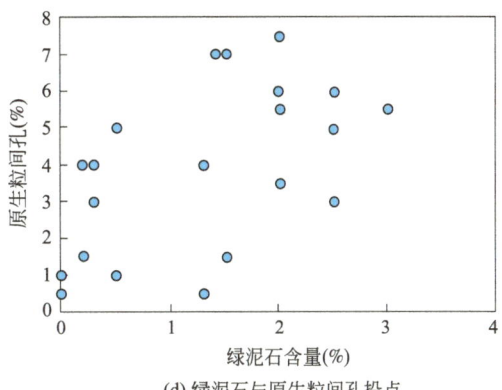

(c) 绿泥石与孔隙度投点

(d) 绿泥石与原生粒间孔投点

图4-43 川中—川西过渡带须家河组绿泥石特征

在川中—川西过渡带南部须家河组未见绿泥石，主要见于北部区块（图4-44），说明须家河组绿泥石包膜的发育应该与物源有关。

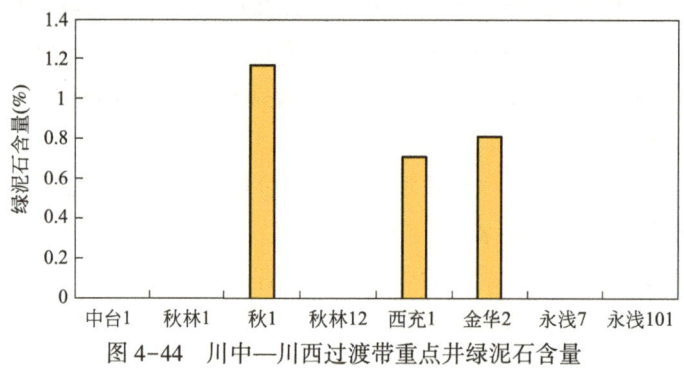

图 4-44 川中—川西过渡带重点井绿泥石含量

北部须家河组砂岩中富铁岩屑（火成岩岩屑）含量更高，而南部天府区块永浅 7 井和永浅 101 井须家河组砂岩中贫火成岩岩屑、富变质岩和碎屑岩等岩屑，难以为绿泥石的形成提供物质来源。

（三）溶解作用

溶蚀作用作为最为重要的建设性成岩作用是石油地质学家和沉积学家多年来长期研究的重要课题之一。川中—川西过渡带须四段、须三下亚段储层砂岩普遍发育溶解作用，主要表现为骨架碎屑颗粒（长石和中基性火山岩岩屑）的溶解作用。砂岩骨架颗粒的溶解程度与砂岩的次生孔隙发育状况之间是相互促进、共同发展的，即砂岩次生孔隙发育主要是由于溶蚀作用的结果，而砂岩的孔隙发育有利于溶解作用的进一步进行。

川中—川西过渡带须家河组砂岩中的溶解作用主要表现如下。

1. 岩屑溶解

川中东北部地区储层砂岩的骨架组分具有富含岩屑的特点，因此岩屑的溶解是砂岩次生孔隙发育的重要因素。当富含有机酸及二氧化碳的孔隙水进入砂岩孔隙中，岩屑颗粒很容易发生溶解，这表明岩屑的存在在某种程度上有利于川中东北部地区砂岩次生孔隙的发育。

川中东北部地区砂岩骨架组分中的中基性火山岩岩屑、千枚岩岩屑、泥岩岩屑等的溶解较为普遍，常见中基性火山岩岩屑中基质遭受溶解而残余斜长石斑晶的现象，也可见千枚岩岩屑和泥岩岩屑部分溶蚀后所残余的岩屑粒内溶孔。

2. 长石溶解

长石溶解的主要产物是高岭石，因而长石与高岭石往往共生。在有机质热演化过程中长石溶解形成蜂窝状的粒内孔，在酸性水介质中长石也会发生淋滤作用。原生孔隙经成岩改造所形成的孔隙称为混合孔隙，包括扩大孔、特大孔等。

长石溶解后原生孔隙发生改造而形成混合孔隙，它具备原生孔隙和次生孔隙的双重特点，有时孔隙壁较圆滑，但孔隙中却存在颗粒的溶解残余；有部分孔隙壁较圆滑，局部却呈锯齿状。但当原生孔隙改造较为强烈时，其孔隙壁呈锯齿状，这时与次生孔隙不易区分。

3. 杂基溶解

碎屑颗粒之间杂基（如泥质杂基）被溶蚀后形成粒间杂基溶孔。

近年来，有关碎屑岩储层中埋藏成岩条件下溶解作用及次生孔隙形成机理方面，出现了一些新的模式，并对传统的由有机质热演化形成有机酸、产生 CO_2 的机理提出了挑战。目前，砂岩成岩过程次生孔隙形成机理包括如下几个方面。

1) CO_2 及碳酸对骨架颗粒的溶解作用

有机质热成熟过程中可产生 CO_2，并由此形成碳酸，该过程可降低 pH 值，它参与长石等易溶组分的溶解并导致次生孔隙的形成。大量产生 CO_2 的时间主要在早成岩阶段 B 期—中成岩阶段 A 期，温度大约在 100℃ 以上。但是，20 世纪 90 年代以来人们所进行的质量平衡计算结果表明，有机质的脱羧基作用所产生的 CO_2 还不足以使很多地层中砂岩发生溶解而产生实质性的次生孔隙。对不同砂岩/页岩比和不同有机质丰度地层的计算也表明，在大多数沉积盆地中，CO_2 作为溶解介质产生的溶解孔隙是有限的。根据油页岩产生 CO_2 的动力学原理，地层中 CO_2 丰度随温度的增加而增加应该是常见铝硅酸盐造岩矿物和碳酸盐矿物之间化学平衡的结果，比如在大约 100℃ 的温度条件下，过剩的 CO_2 不会使 pH 值降低，反而被碳酸盐矿物的沉淀所消耗，除非将这些多余的 CO_2 从系统中移走。换句话说，在其他控制 pH 值的因素缺乏的条件下，CO_2 分压的增加可以引起地层中碳酸盐矿物的溶解，但当 pH 值因铝硅酸盐的平衡（如长石的高岭石化作用）而受到缓冲时，CO_2 的增加不能降低 pH 值，此时反而会造成碳酸盐矿物的沉淀。

2) 有机酸对骨架颗粒的溶解作用

在深埋藏地层中，孔隙形成的另一重要过程是有机酸（羧酸）的溶解作用。在 20 世纪 80 年代末，人们普遍认为有机酸在地下岩石孔隙形成过程中具有巨大的作用，其原因有三个：(1) 沉积盆地中有机质热演化过程中因其脱羧基作用而有大量的有机酸生成，其形成时间主要在液态烃形成前夕；(2) 与前边讨论的碳酸相比，有机酸对各种矿物都有着更强的溶解能力；(3) 有机酸阴离子可以络合并迁移铝硅酸盐中的阳离子。由于在地下埋藏条件下，铝的溶解度通常极低，因而有机酸阴离子的络合作用可以解决铝的迁移问题，从而导致铝硅酸盐的溶解和地下孔隙度的增加。大量碳酸盐和铝硅酸盐矿物溶解的理想温度是 80~120℃，大致相当于早成岩阶段 B 期到中成岩阶段 A 期。Hayes 和 Boles1992 年对美国 San Joaquin 盆地的 Stevens 浊积岩的研究也发现，尽管在长石溶解的同时也存在有机酸，但铝的含量或与有机酸阴离子的含量无关，或与长石的溶解体积无关。铝的含量比 Surdam 等和 Macgowan & Surdam 的实验中所预计的要低两到三个数量级；同时长石溶解的体积（平均体积 0.6%~0.9%）基本上被与之伴随的高岭石的沉淀体积（平均体积 0.5%~0.7%）所抵消。与之相反，在同一个沉积盆地中，处于大气水作用带的 Vedder 砂岩中，长石溶解形成的孔隙体积显著大于沉淀高岭石的体积（分别是 0.7%~1.1% 和 0.3%~0.4%）。

3) 大气淡水对骨架颗粒的溶解作用

大气淡水作为产生地下孔隙的流体介质，其溶解作用可以发生在埋藏成岩作用的较早阶段，也可以发生在不整合面之下的地层中。各种研究证明，地下不整合面对储层质量的有利影响在很多储层中都是肯定的。定量数据研究表明,在新近纪中新统的砂岩中不整合面之下孔隙度的增加达到10%,孔隙的增加主要是由长石、其次由岩屑的溶解造成的。近年来的大量研究证明,大气淡水的溶解作用对碎屑岩储层质量的改善起到了巨大的作用。

有机质成熟形成的有机酸进入须家河组储层形成了溶蚀作用。溶蚀作用是须家河组主要的增孔成岩作用(建设性成岩作用),对于以次生溶孔为主要储集空间的南部天府地区尤为重要(图4-45)。

(a) 永浅7井,2712.41m,须四段,火成岩岩屑溶解　　(b) 永浅7井,2900.94m,须三下亚段,长石溶解

图4-45　须四段、须三下亚段溶蚀作用特征

须家河组的溶蚀作用见于长石和火成岩等铝硅酸岩类矿物中,铝硅酸岩类矿物的溶解也是储层中硅质胶结的主要来源。

受岩石成分控制,川中—川西过渡带须家河组南北两区储集空间存在一定差异,南部天府地区以溶蚀孔为主,基本不发育残余原生粒间孔,北部地区原生粒间孔和溶蚀孔均有发育(图4-46)。

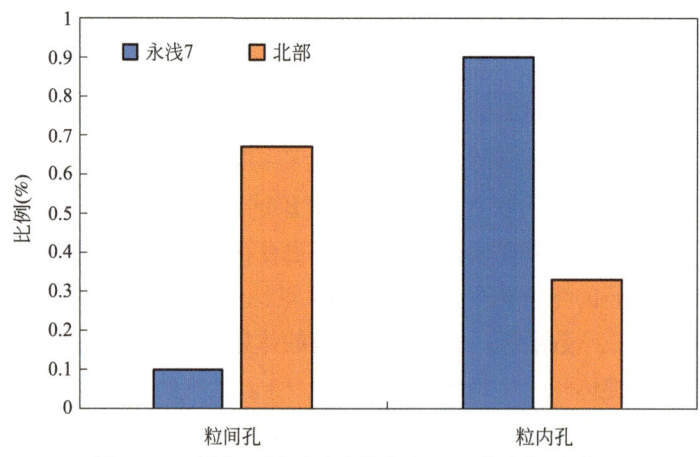

图4-46　川中—川西过渡带南北两区孔隙类型对比

钾长石的溶解:

$$2KAlSi_3O_8 + 2CH_3COOH + 9H_2O \longrightarrow Al_2Si_2O_5(OH)_4 + 2K^+ + 4H_4SiO_4 + 2CH_3COO^-$$

钠长石的溶解：

$$2NaAlSi_3O_8 + 2CH_3COOH + 9H_2O \longrightarrow Al_2Si_2O_5(OH)_4 + 2Na^+ + 4H_4SiO_4 + 2CH_3COO^-$$

(四) 成岩作用对储层影响

1. 建设性的成岩作用

川中—川西过渡带须家河组砂岩储层中存在如下建设性成岩作用。

1) 环边绿泥石胶结作用

川中—川西过渡带北部地区须四段、须三下亚段储层砂岩中自生绿泥石和面孔率之间是一种正相关关系，随着岩石中环边绿泥石的增加，岩石面孔率增加。由此可见，绿泥石胶结虽然占据孔隙空间，对储层发育有一定的负面影响，但早期成岩阶段形成的绿泥石环边及以后的绿泥石再生长胶结作用达到一定的数量和一定的孔隙衬里厚度时，可显著地提高岩石的机械强度和抗压实能力而使砂岩部分孔隙（主要是残余粒间孔隙和骨架颗粒溶蚀孔隙）得以保存，同时，由这种环边（或衬里）产状的绿泥石还可通过分隔碎屑石英与孔隙流体，从而限制自生石英的成核数量，对孔隙产生重要的保护作用。

2) 埋藏成岩期酸性热流体的溶解作用

埋藏成岩过程的封闭体系中，酸性介质对长石等铝硅酸盐、中基性火山岩岩屑、泥岩岩屑、千枚岩岩屑及泥质杂基有强烈溶解作用而形成次生孔隙，对整个川中东北部地区储层的影响显得更为重要。

3) 裂缝作用

裂缝对研究区砂岩的储集条件具有十分重要的建设性作用，这是砂岩在孔隙度较低的情况下具有相对较高渗透率的主要原因；一些非构造作用可能是川中东北部地区裂缝发育最为重要的因素，如与不整合面形态有关的差异压实作用、地层中蒸发岩的二次脱水作用以及埋藏或深埋藏条件下地层中蒸发岩溶解作用都会对下部地层裂缝的形成起到积极的作用。

2. 破坏性的成岩作用

川中—川西过渡带须四段、须三下亚段砂岩储层中存在如下破坏性成岩作用。

1) 压实作用

压实作用是川中—川西过渡带须四段、须三下亚段储层砂岩最为重要的破坏性成岩作用，压实作用可能主要与如下因素有关：（1）须四段、须三下亚段总体埋深较大，其地层所经历的最大埋藏深度大都大于3000m；（2）缺乏烃类的早期占位，对整个研究区地层来说，基本上没有找到有效压实作用发生前出现烃类占位的证据；（3）在有效压实作用发生前，不存在显著的过剩地层压力；（4）相对较低的早期胶结物含量，也可能成为压实作用较强的原因之一。

2) 胶结作用

川中—川西过渡带须四段、须三下亚段储层砂岩中的胶结作用是仅次于压实作用的负面成岩作用，其中以碳酸盐胶结作用对储层的负面影响最大，其可造成储集空间大量损失。晚期钙质胶结与硅质胶结是须家河组致密储层形成的关键，方解石与硅质胶结物的包裹体数据表明，二者主要沉淀于中侏罗世—早白垩世。含烃包裹体温度范围在 75~155℃，在 75~115℃ 和 135~155℃ 具两个峰值（表4-9、图4-47），且伊利石 K/Ar 测年表明川中—川西过渡带须家河组伊利石形成于 123~118Ma，表明须家河组油气充注时间从中侏罗世到早白垩世，并在晚侏罗世早期和早白垩世达到了充注高峰（图4-48）。须家河组储层属于先成藏后致密型储层。

表4-9 须家河组砂岩胶结物包裹体测温

井号	井深（m）	赋存矿物	均一温度（℃）
PL6	2534.6	缝中充填方解石	95、97.5
PL6	2534.6	缝中充填方解石	76~85、78
PL6	2534.6	自生石英	99、104.3
秋林12	3932.52	缝中充填方解石	112.1、114
金华2	3368.28	自生石英	105.6
金华2	3440.42	自生石英	97.75

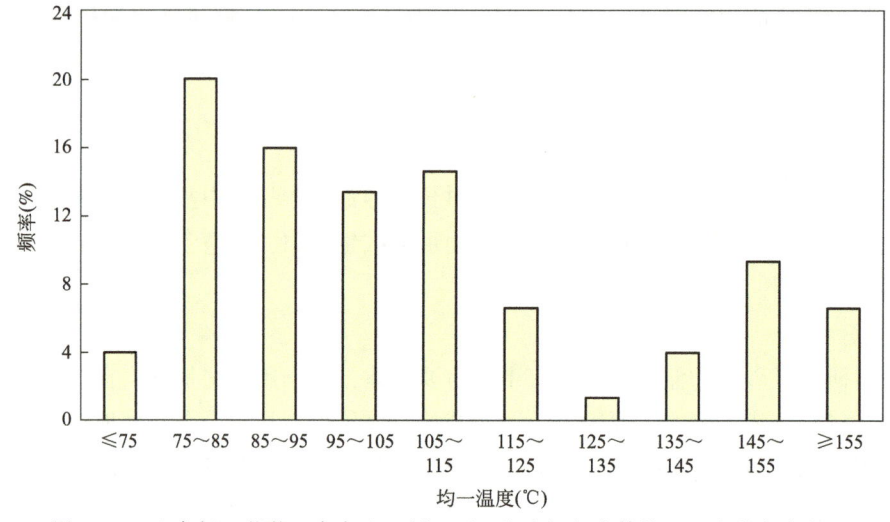

图4-47 八角场、蓬莱、中台地区须三下亚段含烃包裹体均一温度分布直方图

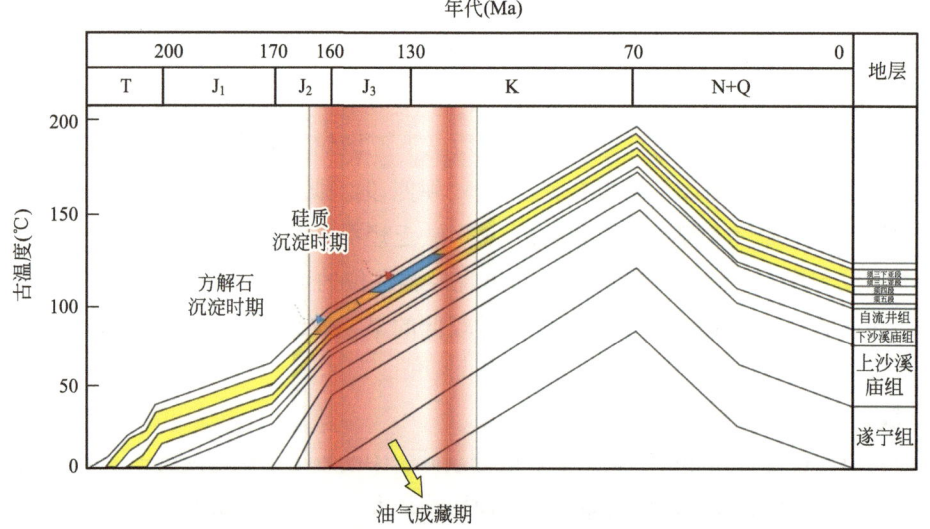

图4-48 川中—川西过渡带北部须家河组油气成藏与主要自生矿物沉淀时期耦合关系

第三节

优质储层形成机制

天府气田简阳区块须三下亚段和须四段砂岩石英含量较低，且岩屑中塑性岩屑含量较高，这些塑性岩屑在成岩过程中因强烈的压实作用变形而堵塞粒间孔隙，造就了现今天府气田简阳区块以次生孔为主的储层类型。

北部区块须家河组不仅具有更高的石英含量，同时岩屑组成也以刚性碎屑颗粒（包括石英、长石、石英岩岩屑、燧石岩岩屑和火成岩岩屑等）为主，使得原生粒间孔更多地保存下来。北部区块须家河组砂岩在砂岩表面可见薄层的绿泥石包膜，对于抵抗压实并抑制石英胶结具有积极意义。

天府气田简阳区块与研究区北部物质来源的差异，影响了砂岩的物质组成，进而影响了成岩阶段的成岩作用类型和强度（表4-10）。

表4-10 储层差异对比及优质储层主控因素分析

区块	天府气田简阳区块	12连片北部（中台山、金秋）区块
砂岩组分	石英含量50%~65%，岩屑以变质岩岩屑+泥岩岩屑为主	石英含量60%~70%，岩屑以硅质岩、变质岩岩屑、碳酸盐岩岩屑为主
物性参数	孔隙度6%~8%	孔隙度6%~9%
储集空间	粒内溶孔+粒间溶孔	原生孔+粒内溶孔
储层主控因素	溶蚀作用	高刚性碎屑颗粒+绿泥石包膜+溶蚀作用

储层主控因素分析表明，河口坝微相的物性好于水下分流河道微相。压实作用和胶结作用是破坏性成岩作用；绿泥石胶结和溶蚀作用是建设性成岩作用。成储—成藏耦合关系分析表明，须家河组储层是先成藏后致密型储层。南部区块与北部区块物源的差异，影响了砂岩岩石组成，进而影响了成岩阶段的成岩作用类型和强度。

第五章

四川盆地须家河组致密砂岩气藏成藏地质条件

第一节 成岩相研究

在碎屑岩油气勘探中，成岩相的研究是一个很重要的组成部分。成岩相指的是在成岩过程中，成岩条件、成岩因素等综合作用于沉积物质的产物，成岩因素包括了构造因素、流体因素、温度因素、压力因素等，其研究的核心内容是注重岩石现今的特征，包括物质组成、结构、储层岩石类型、物性质量等特征，并作出相应的评价，同时研究分析不同类型的成岩相在纵横向分布的特征。随着中国陆上油气勘探的勘探开采深度由中浅层向深层及超深层发展，勘探的储集层也由常规的碎屑岩层系向特低孔—特低渗碎屑岩、碳酸盐岩储层扩展，构造、地层、岩性对成藏的意义也愈发引人重视，归根到底，沉积相、成岩相的发育特征、空间分布控制着碎屑岩、碳酸盐岩等储层的油气富集，而成岩相更是决定储层性能好坏及油气富集与否的关键。

国内外学者对成岩相的划分主要关注点有所不同，主要依据岩石矿物组成、成岩作用事件与成岩环境进行划分，或与地震、测井等资料结合扩大其在油气勘探领域的实际应用意义（表 5-1）；国内学者在吸收国外新观念的时候也结合了国内的实际勘探经验，提出了不同的划分方案。国内的成岩相研究从一开始的仅尝试利用微观的成岩作用事件对储层进行定性分类发展到综合考虑沉积作用、成岩作用及构造破裂作用对储层定量的影响，并结合钻、测井等资料进行成岩相空间展布的预测，划分的依据越来越考虑勘探实际的应用情况。

表 5-1 国外成岩相划分依据及命名

划分依据	分类	出处
岩石矿物成分	富钙蒙皂石相、富方石英蒙皂石相、文石和高镁方解石相、低镁方解石相和白云石相、石灰岩相、白云岩相	Aleta, 2000; Peters, 1985; Ochoa, 2010
成岩事件	石英胶结相、绿泥石胶结相、方解石胶结相、机械压实相、化学压实相、胶结物抑制相、硅质胶结、碳酸盐胶结、黏土胶结	Grigsby et al., 1996; Jennings et al., 1985; Elfigih et al., 1999
成岩环境	高活性氧化硅成岩相、低活性氧化硅成岩相、灰色成岩相、红色成岩相、海相地下水、白云石化、大气水成岩相、石灰岩—泥岩相	Abercrombie et al., 1994; Lee et al., 1994

续表

划分依据	分类	出处
综合地震与测井	在美国东得克萨斯州地区用自然伽马曲线识别黏土膜胶结的砂岩；在俄克拉何马州的辛普森群，建立了成岩相的地震—地层模型，区分多孔带及致密成岩相带；在阿南油田利用定量地质（沉积岩相、成岩相）、神经网络、统计地质学预测孔隙度	Turner, 1997；Mathisen, 1997
岩石物理及岩相学资料	将雪谷国家公园侏罗系纳瓦霍砂岩划分出红色相、黄白相、红白过渡相等6种相；完全、部分成岩储集相	Matzos, 1995

一、成岩相划分

川中—川西过渡带须家河组致密砂岩岩性组成复杂，且砂岩经历过复杂的、强度高的成岩作用，不同成岩作用造成了现今迥异的储层特征。为避免命名的复杂化，且突出一定的定量特征，因研究区须四段储集性能较好的储集空间以次生溶孔为主（包括粒间扩大孔），同时为进一步体现成岩特征、突出成岩特点，在名称中加入主要自生成岩矿物，包括碳酸盐胶结、硅质胶结、绿泥石胶结等，川中—川西过渡带须家河组致密砂岩可划分为有利成岩相和不利成岩相2大类，细分为7类成岩相（表5-2）。有利成岩相包括绿泥石胶结相、溶蚀相、钙质溶蚀相、硅质溶蚀相。不利成岩相包括压实相、钙质胶结相、硅质胶结相。

表5-2 川中—川西过渡带须家河组储层成岩相划分标准

成岩相类型			成岩特征		代表井段
有利成岩相	绿泥石胶结相		孔隙度≥6%		西充1井（须四段3007~3010m）、金华2井（须三下亚段3410~3444m）
			绿泥石胶结物≥1%		
	溶蚀相	钙质溶蚀相	孔隙度≥6%	钙质胶结大于3%	中台1井（须三下亚段3666~3673m）、秋1井（须四段3255~3261m）、永浅104井（须四段3123.13~3140.94m）
		硅质溶蚀相		硅质胶结大于3%	
		其他溶蚀相		无胶结类型超过3%	
不利成岩相	压实相		孔隙度<6%		永浅7井（须四段2711m、须三下亚段2900m）、秋林12井（须三下亚段3947~3953m）
			无胶结类型超过3%		
	钙质胶结相		孔隙度<6%		秋林12井（须三下亚段3966~3980m）、金华2井（须三下亚段3426~3428m）
			钙质胶结为主大于3%		
	硅质胶结相		孔隙度<6%		金华22井（须三下亚段3400m）
			硅质胶结为主且大于3%		

绿泥石胶结相主要发育在川中—川西过渡带北部区块，其突出特征为绿泥石膜发育，绿泥石胶结物含量一般不小于1%，孔隙度一般不小于6%（表5-2）。该类成岩相典型代表为西充1井须四段3007~3010m，金华2井须三下亚段3410~3444m。

溶蚀作用是研究区须家河组重要的有利成岩作用，溶蚀相对应储层孔隙度一般不小于6%，胶结物含量一般小于3%（表5-3、图5-1）。

钙质溶蚀相主要特征为钙质胶结物含量普遍大于3%，且孔隙度不小于6%。硅质溶蚀相主要特征为硅质胶结物含量普遍大于3%，且孔隙度不小于6%（表5-2、图5-1、图5-2）。

表 5-3　川中—川西过渡带须家河组典型样品成岩相划分表

井号	层位	井深（m）	孔隙度（%）	渗透率（mD）	石英（%）	长石（%）	岩屑（%）	钙质（%）	硅质（%）	绿泥石（%）	残余粒间孔（%）	粒间溶孔（%）	粒内溶孔（%）	成岩相
西充1	须四段	3007.74	14.41	6.02	55	13	32	0.2	2.5	2	4	5	4.5	绿泥石胶结相
西充1	须四段	3009.71	10.12	1.25	53	13	34	2	3.5	0.5	2.5	3	2.5	硅质溶蚀相
金华2	须三下亚段	3327.1	2.2	0.0083	54	15	31	25	0	0	0	0	0	钙质胶结相
金华2	须三下亚段	3385.73	4.97	0.0305	71	10	15	2	2	0	0	0	0.5	压实相
秋1	须四段	3255.75	9.3	0.226	74	16	10	0.5	4.5	3.5	4	1	3	绿泥石胶结相
秋林12	须三下亚段	3949.66	4.69	0.16	67	9	20	1	3.5	0	0	0	2.5	硅质胶结相
中台1	须三下亚段	3671.05	7.76	0.219	58	8	32	1.5	4	0	0	0	4	硅质溶蚀相
永浅7	须四段	2711.42	5.87	0.0428	62	15	23	1	2.5	0	0	0	1.5	压实相
永浅7	须三下亚段	2906.63	6.96	0.156	62	14	24	2.5	1.5	0	0	0.5	2.5	溶蚀相
永浅7	须三下亚段	2900.94	5.02	0.0721	63	16	21	2	1.5	0	0	0.5	1.5	压实相
永浅101	须四段	2773.3	3.75	0.108	49	13	30	8	1	0	0	1	0.5	钙质胶结相
永浅101	须四段	2763.2	10.30	3.59	54	13	30	0	1.5	0	0	3.5	3	溶蚀相

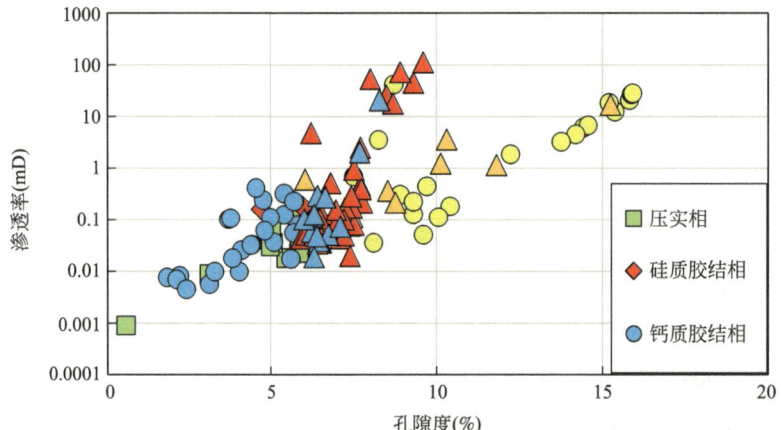

图 5-1　川中—川西过渡带须家河组储层成岩相孔隙度—渗透率投点

硅质溶蚀相主要特征为硅质胶结物含量普遍大于3%，且孔隙度不小于6%（表5-2、

图 5-1、图 5-2)。

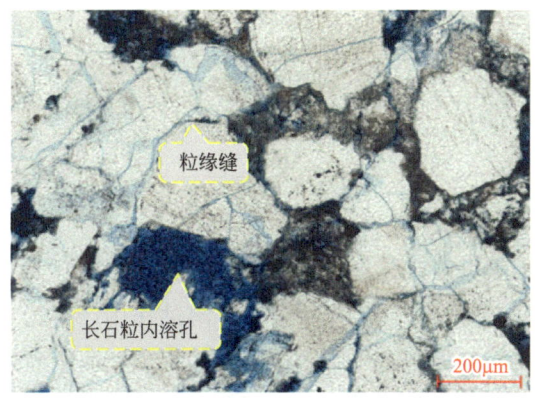
(a) 永浅101井，2779.57m，须四段，溶蚀相

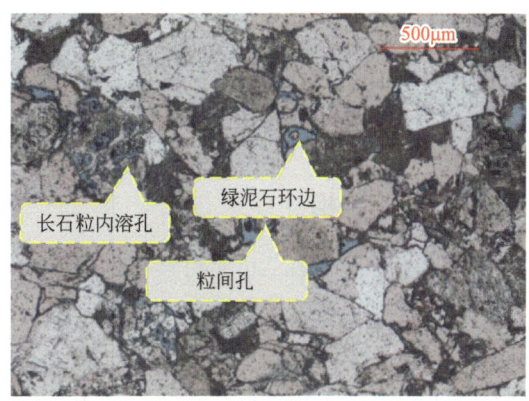
(b) 秋1井，3255.75m，须四段，绿泥石相

(c) 金华2井，3448.74m，须三下亚段，钙质胶结相

(d) 永浅7井，2711.42m，须四段，压实相

图 5-2　川中—川西过渡带须家河组典型成岩相特征

溶蚀相在研究区须家河组主要发育在永浅 101 井须四段 2763~2780m、永浅 7 井须四段 2712~2720m、中台 1 井须三下亚段 3666~3673m、秋 1 井须四段 3255~3261m、永浅 104 井须四段 3123.13~3140.94m。

压实相主要受压实作用减孔明显，在研究区须家河组广泛分布，强烈的压实作用是造成这类成岩相孔隙消失的首要因素，甚至是唯一因素。压实相以强烈压实作用发育为主要特征，孔隙度一般小于 6%，各类胶结物含量一般小于 3%（表 5-2、图 5-1、图 5-2）。该类成岩相典型代表为永浅 7 井须四段 2711m、须三下亚段 2900m 以及秋林 12 井须三下亚段 3947~3953m。

钙质胶结作用是研究区须家河组减孔的另一重要因素，钙质胶结相主要特征为钙质胶结物含量较高，一般大于 3%，且孔隙度一般小于 6%（表 5-2、图 5-1、图 5-2）。该类成岩相典型代表为秋林 12 井须三下亚段 3966~3980m、金华 2 井须三下亚段 3426~3449m。

硅质胶结相储层主要受硅质胶结作用影响，其硅质胶结物含量一般大于 3%，孔隙度一般小于 6%。该类成岩相典型代表为金华 2 井须三下亚段 3400m。

在成岩相划分基础上,对川中—川西过渡带须家河组取样层段进行成岩相识别(表5-3)。绿泥石胶结相主要分布在北部区块,南部区块基本不发育。南部区块以压实相最为发育。钙质胶结相和硅质胶结相在简阳区块和北部区块均有发育。

二、成岩相特征

(一)溶蚀相

溶蚀作用是川中—川西过渡带须家河组重要的可以改善储层质量的成岩作用,广泛发育在整个研究区,其中南部简阳区块由于绿泥石膜欠发育,压实作用强烈,溶蚀作用产生的粒间溶孔和粒内溶孔对储层物性改善具有重要意义。溶蚀相是川中—川西过渡带须家河组砂岩储层中主要的成岩相类型,岩石的储集空间由粒内溶孔和少量残余粒间孔组成,因胶结物含量与类型的不同可细分为钙质溶蚀相、硅质溶蚀相和其他溶蚀相。

钙质溶蚀相、硅质溶蚀相和其他溶蚀相孔隙度均大于6%,主要区别在于胶结物的含量,钙质溶蚀相中钙质胶结物含量大于3%,硅质溶蚀相中硅质胶结物含量普遍大于3%,其他溶蚀相中胶结合含量均小于3%(图5-3)。

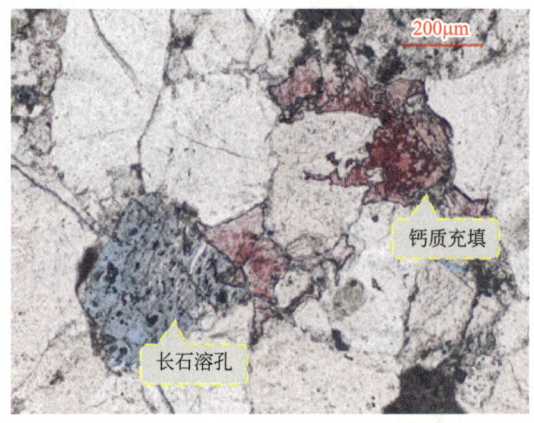

(a)中台1井,3667.7m,须三下亚段,钙质溶蚀相

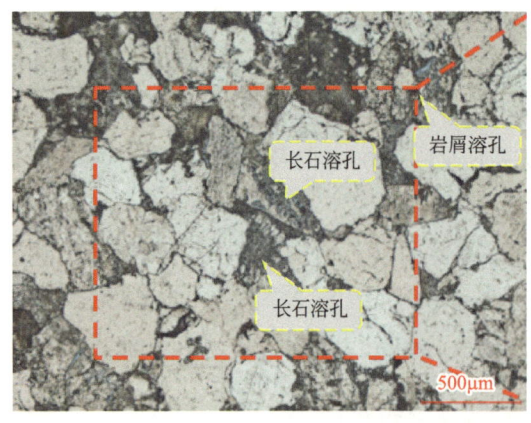
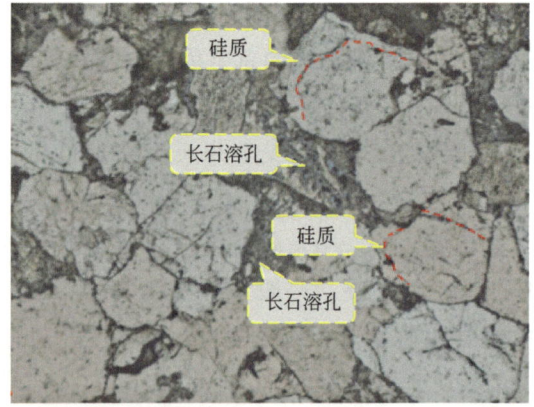

(b)金华2井,3309m,须三下亚段,硅质溶蚀相

图5-3 川中—川西过渡带须家河组溶蚀相井下特征

根据成岩相划分依据对金华 2 井须三下亚段成岩相进行分析，识别出压实相、钙质胶结相、硅质胶结相、绿泥石相、钙质溶蚀相、硅质溶蚀相，其中以钙质溶蚀相和硅质溶蚀相最为发育（图 5-4）。

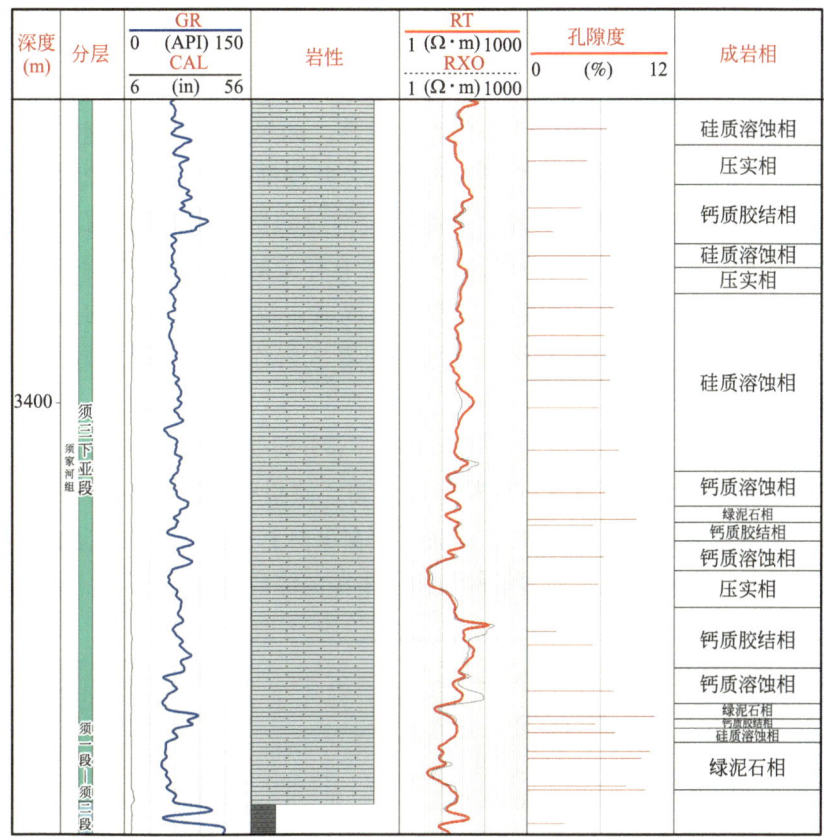

图 5-4　金华 2 井须三下亚段成岩相柱状图

（二）绿泥石相

砂岩中的自生绿泥石包膜，能有效地抑制自生石英的生长，并能增强砂岩一定的抗压实能力。绿泥石膜对储层中原生粒间孔的保存主要有以下原因。

（1）绿泥石环边的形成会显著提高岩石的机械强度和抗压实能力。发育环边衬里自生绿泥石的砂岩通常具有较低的颗粒接触强度，多数情况下是点接触与线接触，而经历类似埋藏深度但没有绿泥石的砂岩颗粒常为线接触—凹凸接触。这种产状的绿泥石之所以能显著提高岩石的机械强度和抗压实能力，在很大程度上还与埋藏成岩过程中，绿泥石的继续生长有关，绿泥石继续生长所增加的机械强度平衡了埋藏成岩过程中不断增加的上覆载荷。这种机制不但使砂岩的原生粒间孔隙得以保存，同时也使由长石等骨架颗粒溶解形成的次生孔隙得以保存。如果没有自生绿泥石的存在及其在埋藏成岩过程中的继续生长，不可能形成类似于铸模孔的绿泥石包围孔隙的结构，持续增加的上覆载荷会使铸模孔垮塌。

（2）绿泥石环边的形成抑制石英的胶结作用。作为孔隙衬里的环边绿泥石通过分隔孔隙水与石英颗粒的表面来阻止自生石英胶结物在碎屑石英的表面成核，从而导致在绿泥石胶结作用发生的地方，很少有自生石英生长的现象。然而，在一些富绿泥石的砂岩中，仍存在一定数量的石英胶结物，因而石英的成核作用没有被完全阻止，说明有效的石英胶结作用虽然不能在颗粒表面被绿泥石隔离的那些部位成核，但可以在表面的其他部位成核，这些具相同结晶方位的石英，最终会连接形成一个单独的晶体。另外，石英晶体只要在一个没有绿泥石膜（或绿泥石膜很薄）的点上成核，如果游离硅的过饱和作用持续存在，它也可以利用这一小的根基侧向生长或一向延长，并逐渐发展成一个较大的晶体。因此，绿泥石主要是通过降低每个砂岩颗粒上单晶生长部位的数量来起到对石英胶结的抑制作用的；但埋藏成岩过程中一些与增加孔隙水硅离子有关的成岩反应将不断发生，如蒙皂石向伊利石的转化作用和长石的溶解作用都将造成成岩流体中溶解硅的活动性不断增加，从而抵消绿泥石对石英成核的抑制作用，因而随着成岩作用的继续进行，仍会有一些自生石英的沉淀。

（3）自生绿泥石将其所占据的粒间孔隙中的一部分转变成了晶间孔隙。

绿泥石相储层表现为发育绿泥石颗粒包膜，储层储集空间以残余粒间孔和粒内溶孔组成，粒间体积相对溶蚀相高（图5-5）。绿泥石相在纵向上主要发育在水进体系域（上升半旋回）的中、下部，其形成是水动力条件与物质来源的综合作用。

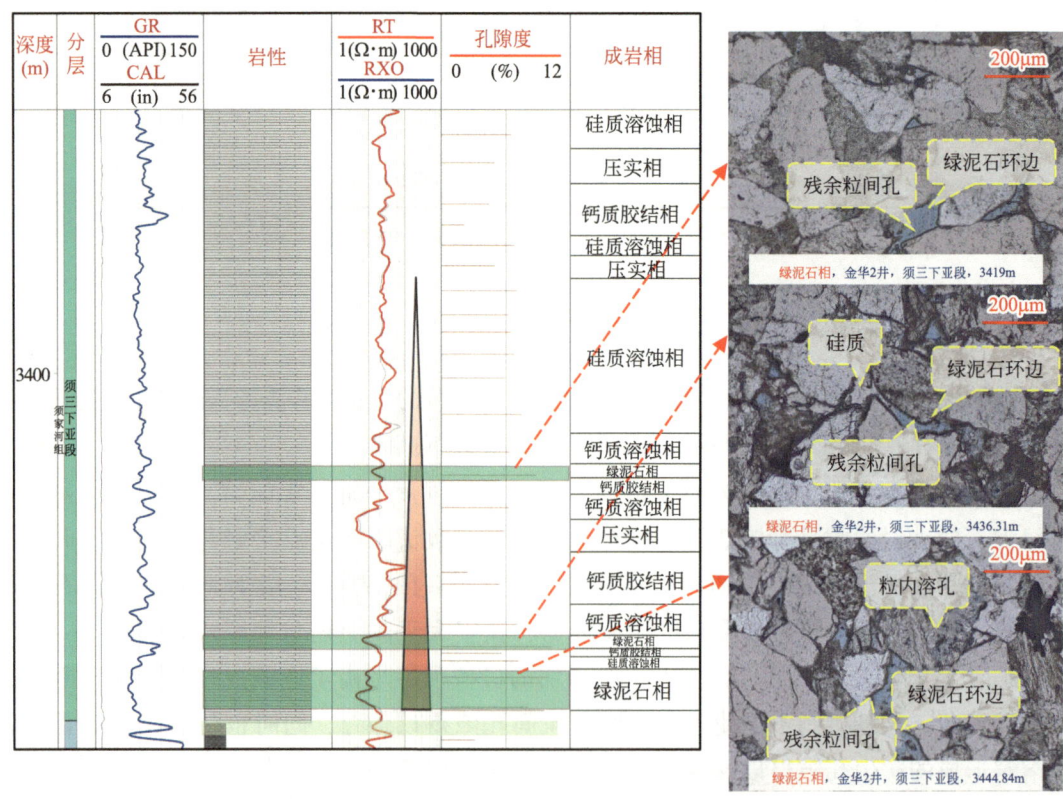

图5-5　金华2井须三下亚段成岩相柱状图

绿泥石相储层具有最高的孔隙度，但孔隙度—渗透率投点表明，相比溶蚀相类储层，绿泥石相储层虽然绝大部分的孔隙度更高，但渗透率却偏低（图5-6）。

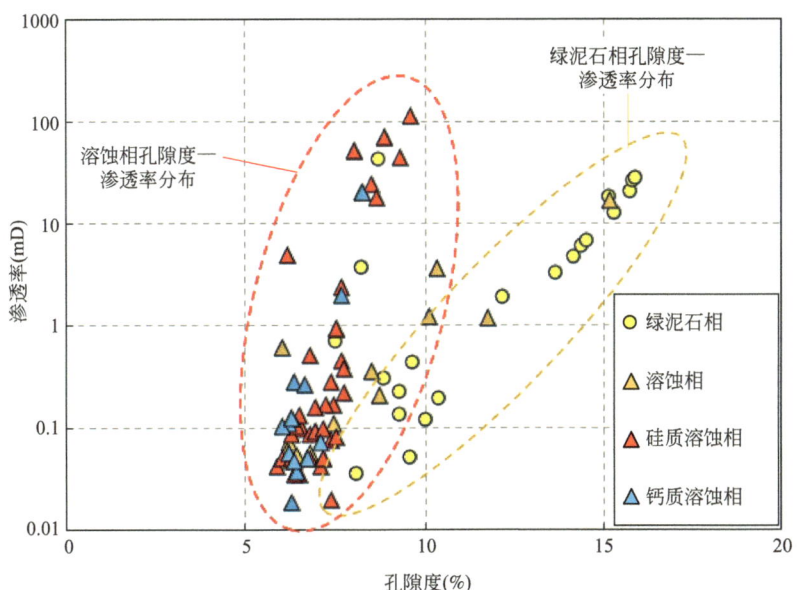

图5-6　川中—川西过渡带须家河组储层成岩相孔隙度—渗透率投点

压汞数据表明，绿泥石相储层的孔喉结构相比未发育绿泥石的溶蚀相储层更佳，表现在具有更低的门槛压力、更高的孔喉半径，这与绿泥石相储层更为发育粒间孔、具有更好的连通性有关。而溶蚀相类储层部分样品的高渗与裂缝发育有关（表5-4）。

表5-4　西充1井、金华2井压汞参数统计表

井号	井深（m）	孔隙度（%）	门槛压力（MPa）	中值压力（MPa）	分选系数	变异系数	均值系数	歪度系数	最大孔喉半径（μm）	中值半径（μm）	成岩相类型
西充1	3007.43	8.72	0.28	2.80	2.18	0.21	10.14	1.75	2.61	0.26	绿泥石相
西充1	3007.62	12.12	0.28	1.73	2.11	0.21	10.16	1.68	2.60	0.42	
西充1	3008.23	13.73	0.19	1.55	2.22	0.22	9.97	1.49	3.89	0.47	
西充1	3009.42	15.23	0.05	1.21	2.72	0.31	8.67	1.46	15.81	0.61	
西充1	3009.71	10.12	0.28	1.97	1.95	0.18	10.81	1.30	2.60	0.37	
西充1	3012.39	7.72	0.45	16.71	3.44	0.37	9.32	1.66	1.63	0.04	
金华2	3267.54	6.24	1.89	4.46	1.67	0.14	12.21	0.97	1.01	0.16	溶蚀相
金华2	3317.32	8.30	2.26	6.24	1.64	0.13	12.51	0.83	0.65	0.12	
金华2	3408.26	7.47	2.95	9.84	1.90	0.16	11.75	1.64	0.66	0.07	

对于川中—川西过渡带须家河组孔隙型储层来说，绿泥石相储层物性（图5-7）及孔喉结构均是相对最好的。

(三)压实相、胶结相

压实相和胶结相是川中—川西过渡带须家河组主要的破坏性成岩相类型,压实相表现为强压实、弱胶结和弱溶蚀作用特征;胶结相可据主要成岩矿物的不同,分为钙质胶结相和硅质胶结相,在研究区中胶结相以钙质胶结相为主(图5-8)。

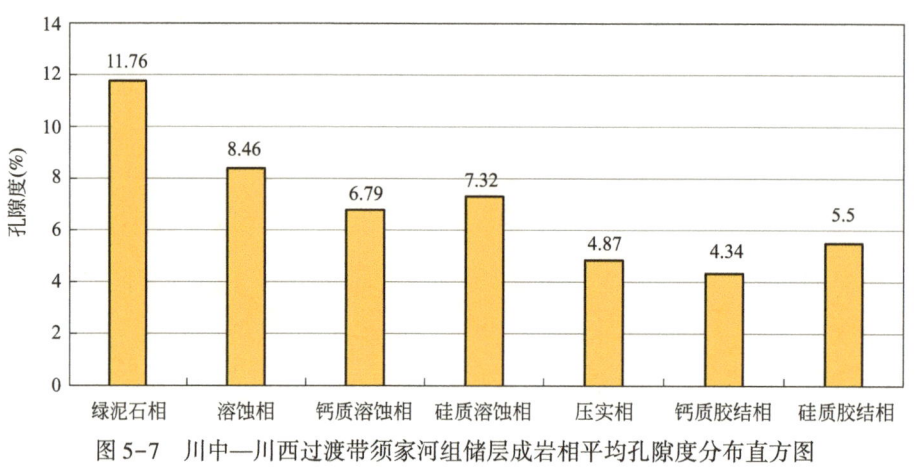

图5-7 川中—川西过渡带须家河组储层成岩相平均孔隙度分布直方图

(a) 金华2井,3332.53m,须三下亚段,压实相

(b) 永浅7井,2711.42m,须四段,压实相

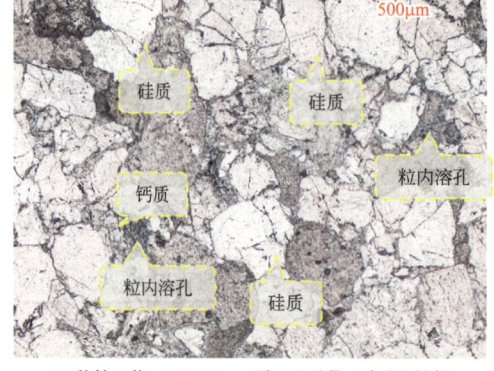

(c) 秋林12井,3953.84m,须三下亚段,硅质胶结相

(d) 秋林12井,3977.23m,须三下亚段,钙质胶结相

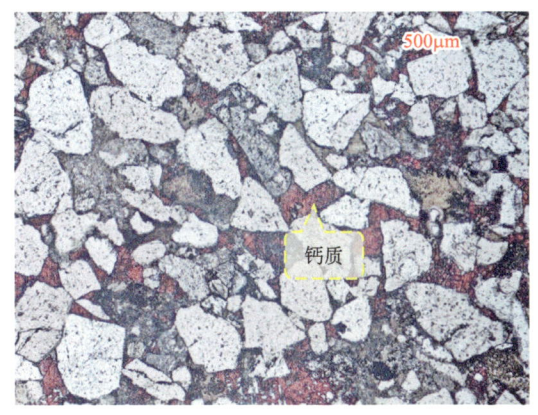

(e) 金华2井，3448.74m，须三下亚段，钙质胶结相　　　(f) 永浅101井，2744.6m，须四段，钙质胶结相

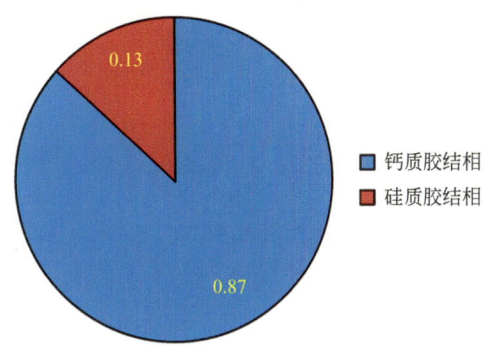

(g) 薄片分析胶结相类型占比

图 5-8　川中—川西过渡带须家河组压实、胶结相特征

三、成岩相平面分布

在成岩相划分、特征识别的基础上，充分结合沉积相平面展布、岩屑平面展布、孔隙度平面展布、重点井薄片资料、成岩作用特征等诸多因素，绘制须三下亚段、须四段成岩相平面图（图 5-9、图 5-10）。

（一）须三下亚段成岩相平面分布

压实相在研究区分布较广，在研究区西北部、北部区块中部、简阳区块南部均有发育。其中，西北不发育，面积最小，分布在富顺1井、秋林22井一线往西北方向到研究区边界，在研究区中部呈不规则状，西北部以三台县、蓬深6井一线为界，东北部以角52井、蓬深10井一线为界，西南部以金华8井与蓬深11井中间、金1井与金华2井中间为界。简阳区块南部以天府7井、中深103井、蓬深3井与蓬探101井中间为界，南部到研究区边界。钙质胶结相呈长条状沿南西—北东向分布，西北部以富顺1井、秋林22井、南充6井、川深1井一线为界，西南部以三台县、蓬深6井、富探1井、蓬深2井一线为界。溶蚀相主要位于简阳西部—金华一带，在北部区块和南部简阳区块均有分布，研究区北部有小面积分布，以南充6井、川深1井一线为界到研究区边界。在北部区块南部呈长条状，西北部以金华8井

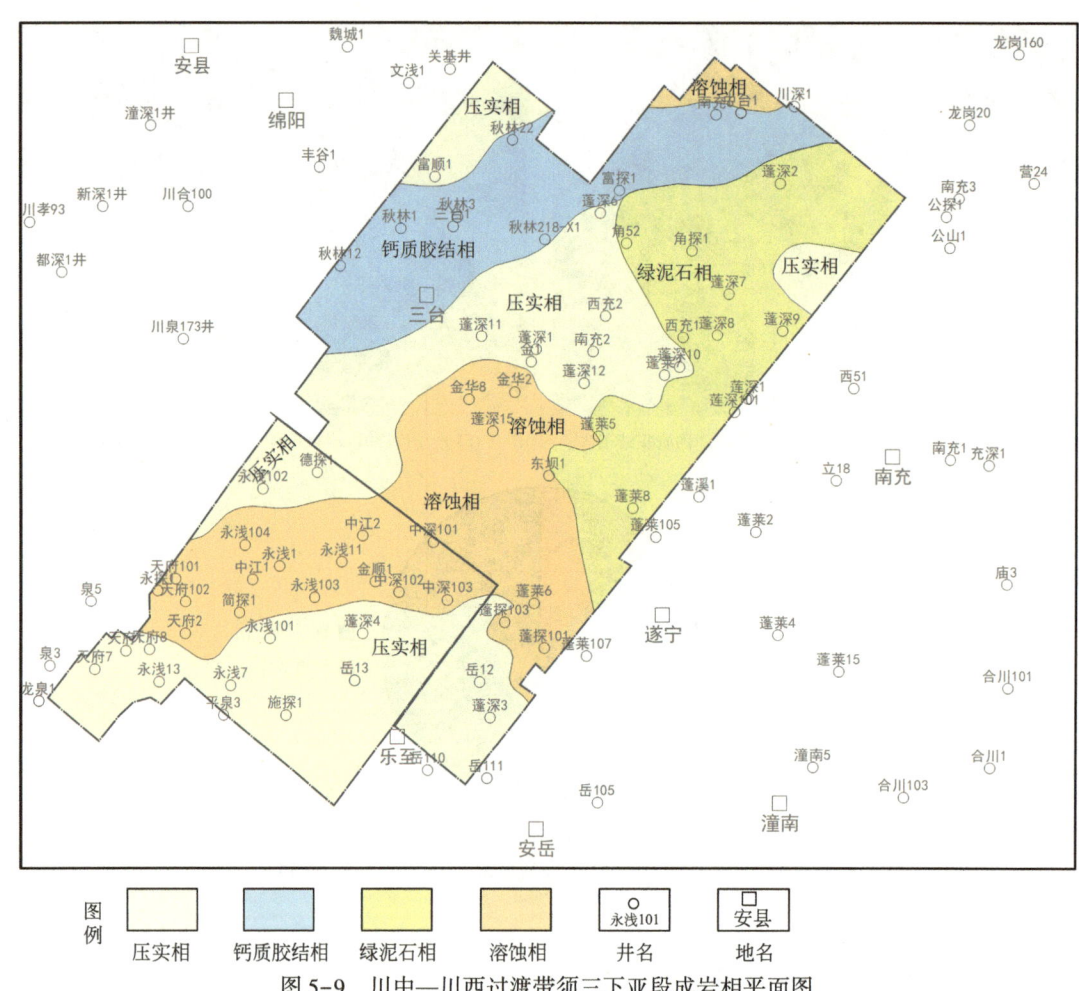

图 5-9 川中—川西过渡带须三下亚段成岩相平面图

与蓬深 11 井中间、金 1 井与金华 2 井中间为界，东北部以东坝 1 井一线为界。在简阳区块呈长条状沿南西—北东向分布，往东北向与北部区块溶蚀相相连，西北部以永浅 102 井与永浅 104 井中间为界，东南部以天府 2 井、中深 103 井一线为界。绿泥石相分布在蓬莱、八角场和充西等区块，西部以蓬深 2 井、角 52 井、蓬深 10 井、蓬莱 5 井、东坝 1 井为界，东部发育小面积压实相。

（二）须四段成岩相平面分布

须四段钙质胶结相主要分布在研究区西北部，东南部以蓬深 2 井、富探 1 井、秋林 1 井一线为界，西北部到盆地边界。绿泥石相主要分布在研究区东北部，西北部与钙质胶结相接壤，以蓬深 2 井、富探 1 井、秋林 1 井一线为界，南部以秋林 218 井、角 52 井、西充 2 井、蓬深 9 井一线为界，东部到研究区边界。压实相主要分布在研究区中部，往南延伸到简阳区块中部，呈条带状。溶蚀相分布在研究南部的简阳区块西部和蓬莱场，东部与北部区块南部相接。西部以永浅 11 井、中江 1 井、天府 2 井、天府 7 井一线为界与压实相分开，东部以中深 101 井、蓬深 4 井、岳 13 井一线为界与压实相分开。

第五章 四川盆地须家河组致密砂岩气藏成藏地质条件

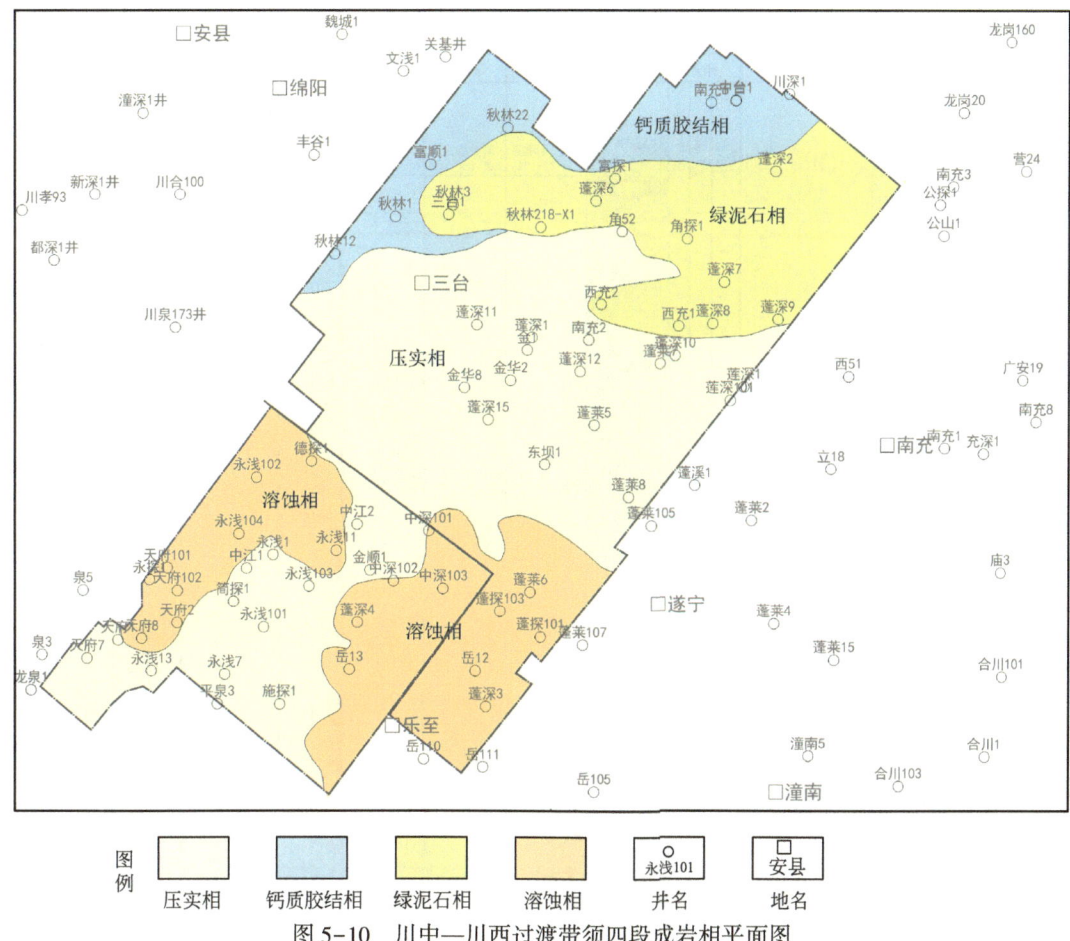

图 5-10 川中—川西过渡带须四段成岩相平面图

四、储层分类

在储层成岩相划分基础上，结合成像测井对裂缝的识别（图 5-11），将研究区须家河组储层分为裂缝—孔隙型储层（Ⅰ型）和基质型储层，其中基质型分为高孔基质型（Ⅱ型）和低孔基质型（Ⅲ型）。其中Ⅱ型高孔型储层对应有利成岩相，包括绿泥石胶结相和溶蚀相，其岩心孔隙度一般大于 6%，最大进汞饱和度大于 80%；孔喉中值半径大于 0.1μm。Ⅲ型低孔型储层对应不利成岩相，包括压实相、钙质胶结相和硅质胶结相，岩心孔隙度一般小于 6%；最大进汞饱和度大于 80%；孔喉中值半径小于 0.1μm（表 5-5）。

表 5-5 川中—川西过渡带须家河组储层类型划分

储层类型	成岩相类型		特征
Ⅰ型：裂缝—孔隙型储层			裂缝发育；永浅 104 井
Ⅱ型：高孔基质型	有利成岩相	绿泥石胶结相	岩心孔隙度>6%；最大进汞饱和度>80%；孔喉中值半径>0.1μm
		溶蚀相	
Ⅲ型：低孔基质型	不利成岩相	压实相	岩心孔隙度<6%；最大进汞饱和度<80%；孔喉中值半径<0.1μm
		钙质胶结相	
		硅质胶结相	

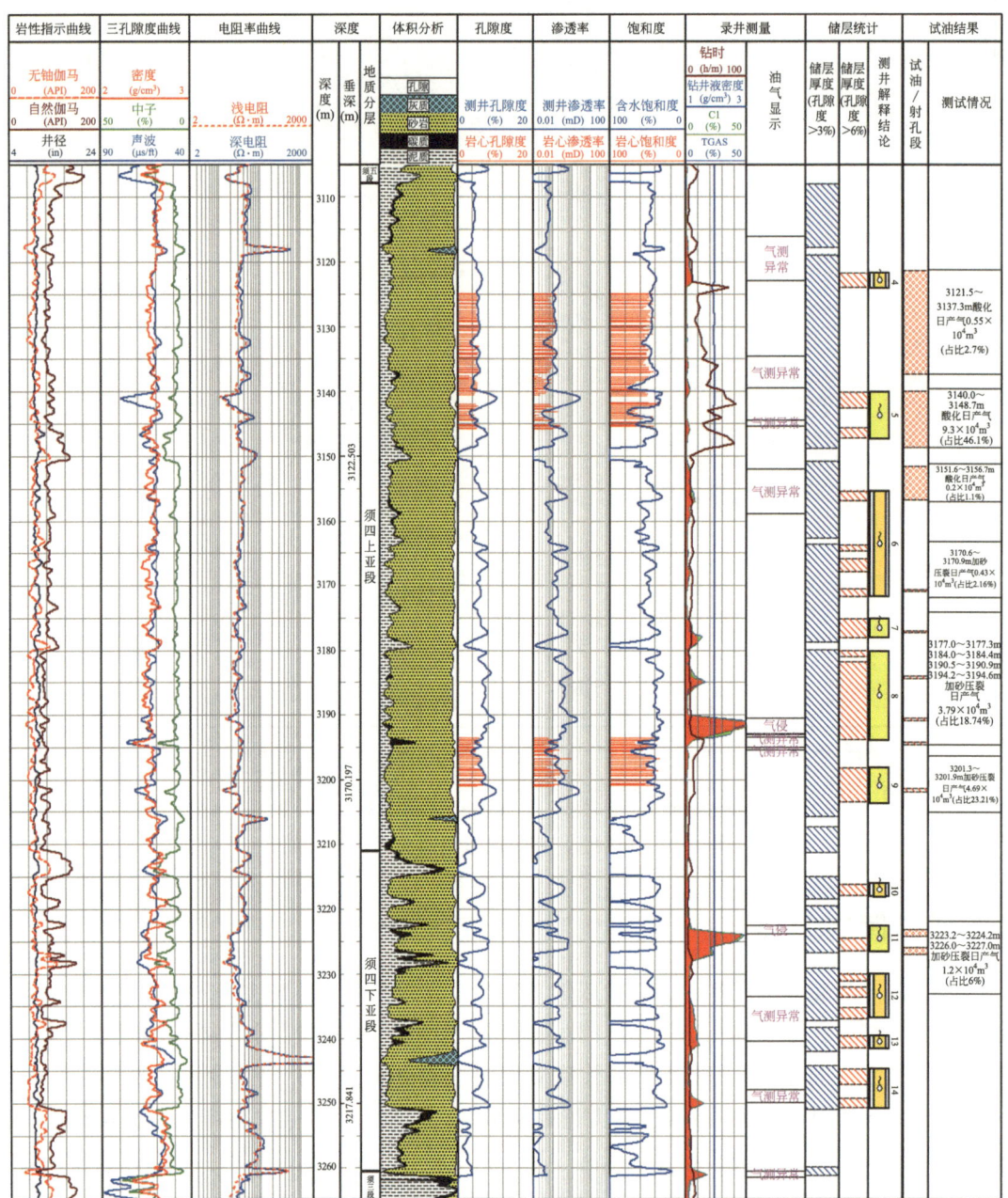

图 5-11 永浅 104 井须四段测井评价综合图

通过对Ⅱ型高孔基质型和Ⅲ型低孔基质型储层样品的高压压汞分析显示，高孔基质型储层具有较高的进汞饱和度（大于80%）和较大的中值孔喉半径（大于 0.1μm）（图 5-12）；低孔基质型储层不仅具较低的岩心孔隙度，同时进汞饱和度和中值孔喉半径也较小（图 5-13）。

第五章 四川盆地须家河组致密砂岩气藏成藏地质条件

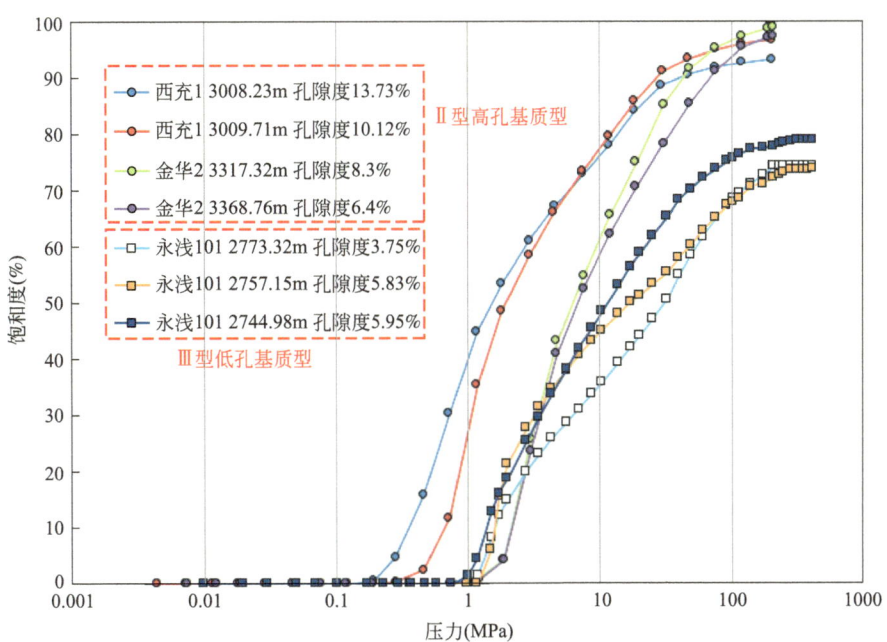

图 5-12 高孔基质型和低孔基质型储层样品毛细管压力特征

(a) 西充1井，3008.23m，须四段，高孔基质型储层

(b) 金华2井，3368.76m，须三下亚段，高孔基质型储层

(c) 永浅101井，2773.32m，须四段，低孔基质型储层

(d) 永浅101井，2744.98m，须四段，低孔基质型储层

图 5-13 高孔基质型和低孔基质型储层样品镜下孔喉特征

第二节

储层致密化研究

研究区须家河组现今储层十分致密，普遍为超致密储层。压实作用是研究区须家河组四段储层致密化的第一重要因素，是碎屑岩储层原生孔隙损失的主要机制。压实作用导致沉积物中碎屑颗粒位置发生变化、碎屑颗粒形状发生塑性变形或破裂，从而使得在沉积时40%左右的原始孔隙度，经压实损失后仅为20%左右，甚至更低。

通常情况下，砂岩的原生孔隙度是随着埋深（上覆载荷）增加而逐渐减少的，部分学者认为它们之间是一个相对明确的函数关系。然而，砂岩的压实作用并非如此简单，在不同骨架颗粒组成的砂岩中，压实作用对原生孔隙的影响有明显的差异。有关研究表明：对于干净、分选好、富石英的砂岩而言，在不考虑沉积期后水岩相互作用的情况下，在埋深6000m附近的砂岩的粒间体积仍然保持在20%以上，也就是说，如果缺乏其他成岩作用的掺和，压实作用很难完全破坏刚性颗粒砂岩原生孔隙的保存，砂岩中仍然可以具有较高的原生孔隙度。

而对于存在较多塑性颗粒的砂岩储层来说，储层原生孔隙度的变化不仅与塑性颗粒的含量多少有关，同时也与塑性颗粒的性质有关。在施加同等大小上覆压力的情况下，如果刚性颗粒与塑性颗粒比例一致，则砂岩中岩屑颗粒的塑性程度越高，颗粒的压实作用在越小的埋深发生，孔隙度降低速度越快，最终粒间孔隙度也越低；而对于同类型的塑性颗粒砂岩，塑性颗粒含量不同，原生孔隙也有明显的差异。塑性颗粒含量越高，压实作用下砂岩的最终粒间孔也越低，如岩屑颗粒为极塑性颗粒（如风化的玄武岩）的情况下，当砂岩中塑性颗粒含量为75%时，深埋藏（埋深超过5000m）条件下粒间孔隙度不足1%，而砂岩中塑性颗粒含量为25%时，深埋藏条件下粒间孔隙度可达15%以上。

浅层流体超压的出现能有效减少储层原生孔隙的损失。砂岩中孔隙流体的超压可以使得5000m埋深处岩石固体部分的有效应力减小到与750m埋深下的静液压力相当的值，这是由于超压流体承载了上覆沉积层的部分压力，从而减小了流体对岩石固体部分的压力，因此减小了骨架受到的压实强度，从而有利于原生孔隙的保存。流体超压保存孔隙的能力主要与流体超压形成的时间和砂岩骨架颗粒的组成相关。研究认为，流体超压保存原生孔隙的机制与流体超压形成的时间密切相关，浅层颗粒压实程度不高，此时形成的流体超压，可以有效降低骨架颗粒受到的应力，较好地保存原生孔隙，使得浅层形成超压砂岩的粒间孔隙明显高于深层流体超压下的砂岩。有的专家也认为早期超压有利于原生孔隙保存，他们提出只有在发生广泛的机械压实作用之前出现的超压才能降低有效压力，阻止压实作用，有效保存原生孔隙。砂岩骨架颗粒组成的差异，也使得超压对原生孔隙的保存效果不同。压实作用下岩屑砂岩的原生孔隙相对于刚性砂岩更容易被破坏，而超压可以降低压力，所以岩屑砂岩中超压对原生孔隙保存的潜力更大。由于富含刚性颗粒砂岩的压实程度比富含塑性颗粒砂岩的压实程度弱许多，因此，在富含刚性颗粒砂岩中通过流体超压减小的压实作用相对于富含塑性颗粒砂岩小得多，流体超压对刚性颗粒砂岩孔隙保存小于塑性颗粒砂岩。超压保存原生孔隙及有利储层物性的原因有两方面：一些可能因压实作用而丧失的孔隙度由于超压而得以保存，出现了很大深度下的异常高孔隙度砂岩；另外，超压会阻止粒间压溶的发生，阻止石英胶结作用，有利孔隙保存。

在恢复原生孔隙演化史、自生矿物沉淀史和次生孔隙发育史等基础上，重建川中—川西过渡带须家河组储层的致密化过程（图5-14）。

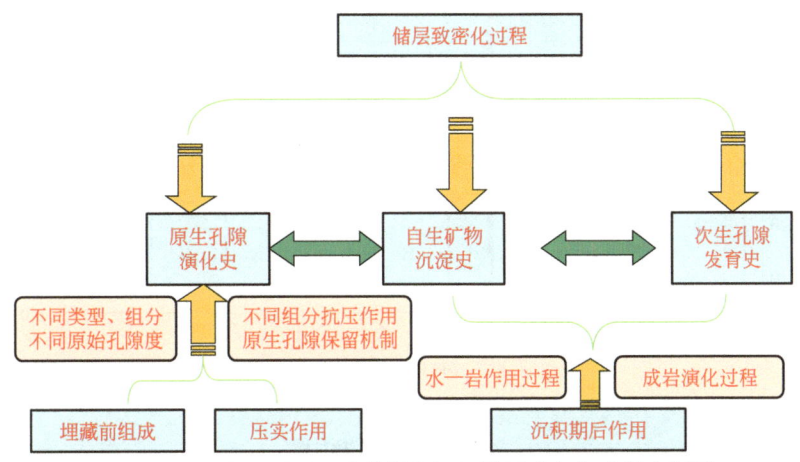

图 5-14　川中—川西过渡带须家河组储层致密化过程流程图

一、原生孔隙演化史

（一）砂岩初始孔隙度的恢复

未固结砂岩原始孔隙度（Φ_0）估算，按照湿砂在地表条件下的分选系数与孔隙度的关系：

$$\Phi_0 = 20.91 + 22.90/S_0$$

式中　S_0——特拉斯克分选系数，$S_0 = (Q_1/Q_3)^{1/2}$；

Q_1——第一四分位数，即相当于25%处的粒径大小；

Q_3——第三四分位数，即相当于75%处的粒径大小；

其中 S_0 可以通过粒度分析 Q_1 和 Q_3 获得（图5-15）。

川中—川西过渡带须家河组储层具有较好的分选性，分选系数主要分布在1.1~1.4之间，通过计算，初始孔隙度分布在37.27%~41.73%之间。

（二）剩余原生孔隙计算

剩余原生孔隙的计算可以分三步进行。第一步是通过薄片样本观察，获得粒间孔面孔率、胶结物溶孔面孔率、总面孔率和胶结物含量，再结合物性分析获得样品孔隙度，在获得数据之后用式下式计算 Φ_1。

$\Phi_1 = [（粒间孔面孔率+胶结物溶孔面孔率）/总面孔率] \times 物性分析孔隙度+胶结物含量$

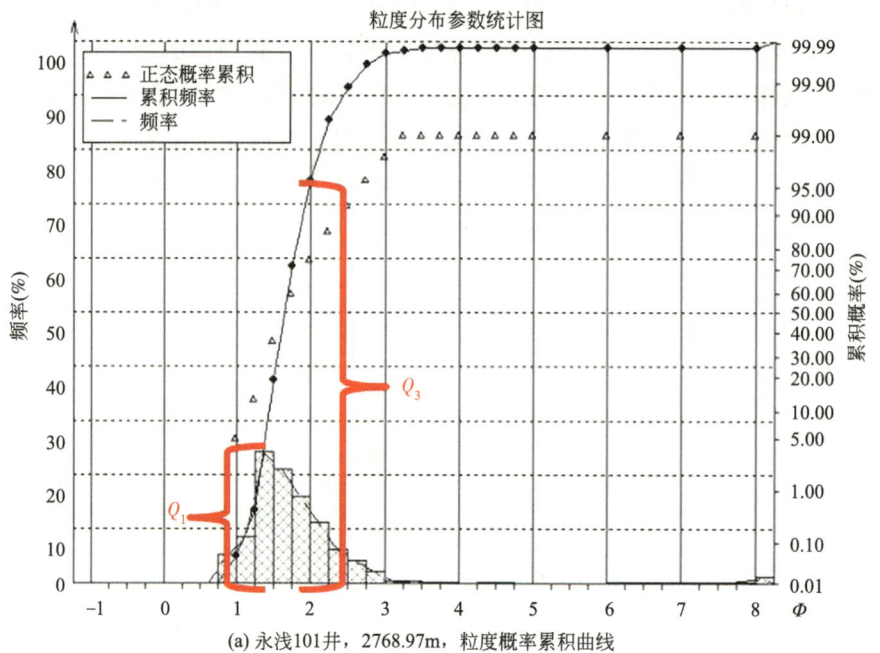

(a) 永浅101井，2768.97m，粒度概率累积曲线

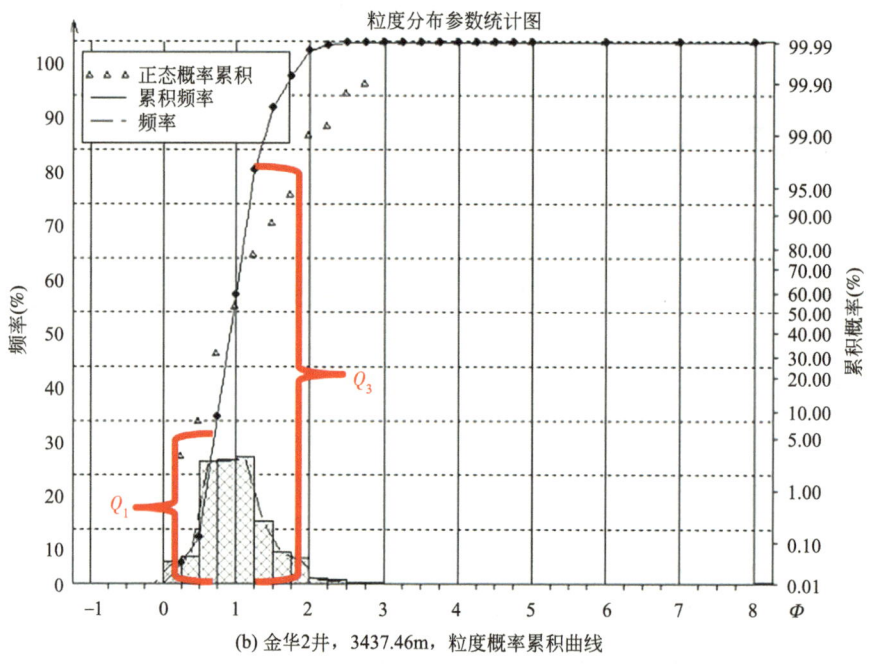

(b) 金华2井，3437.46m，粒度概率累积曲线

图 5-15　川中—川西过渡带须家河组粒度概率累积曲线

第二步，根据公式下式拟合趋势线，反推其压实斜率（C值），得出压实规律，推算无样品区 $\varPhi_2$（图5-16）。

$$\varPhi_2 = \varPhi_1 \times e^{(C \times H)}$$

第三步绘制不同优势成岩相控制的不同井 $\varPhi_1$ 演化曲线。一般来说，绿泥石相储层分选较好，初始孔隙度略高，抗压实能力强，具更小的压实斜率C。

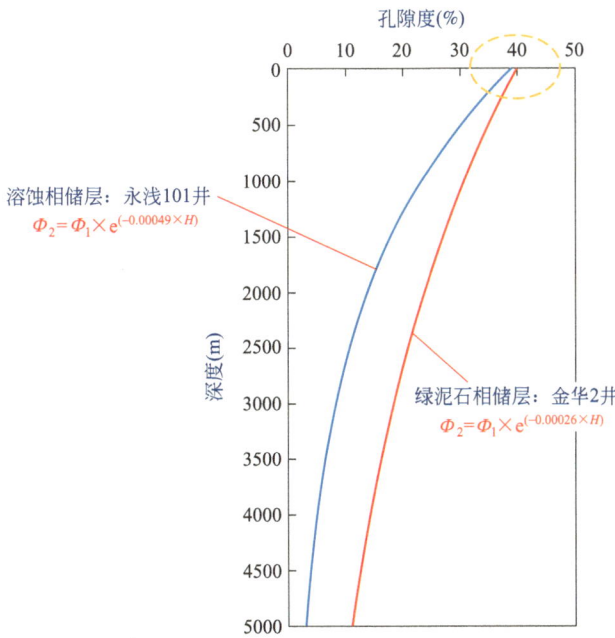

图 5-16 不同成岩相孔隙度演化趋势线

二、关键胶结物的定时—定量分析

通过对金华 2 井、中台 1 井、秋林 22 井、蓬莱 6 井、永浅 101 井、永浅 7 井须家河组硅质胶结包裹体均一温度测试,明确硅质胶结物的沉淀时间和体积分数(表 5-6、图 5-17、图 5-18)。通过对碳酸盐矿物的氧同位素分析,明确碳酸盐胶结物的沉淀时间和体积分数。在埋藏史的基础上,根据温度分布区间以及温度—深度对应关系确定不同深度胶结物的含量。最后将不同深度胶结物含量赋值于孔隙演化曲线上。

表 5-6 川中—川西过渡带须家河组硅质胶结包裹体均一温度占比

成岩期次	早成岩阶段 A 期 (<60℃)	早成岩阶段 B 期 (60~90℃)	中成岩阶段 A 期 (90~140℃)	中成岩阶段 B 期 (140~170℃)
南部	0	25%	70%	5%
北部	0	87%	13%	0%

三、溶蚀作用期次与贡献程度

在溶蚀作用机理的基础上,明确川中—川西过渡带须家河组的溶蚀作用模式包括有机酸溶蚀与高岭石的伊利石化(图 5-19)。

$Al_2Si_2O_5(OH)_4$(高岭石)$+KAlSi_3O_8$(钾长石)$\longrightarrow KAl_3Si_3O_{10}(OH)_2$(伊利石)$+SiO_2+H_2O$

有机酸造成铝硅酸盐矿物的溶解是最主要的溶蚀作用类型,有机酸的浓度在 70~120℃ 温度区间内达到顶峰;另一种是封闭成岩系统中,高岭石(铝硅酸盐矿物溶蚀产物)的伊利石化过程造成的钾长石进一步溶解(120~140℃)。

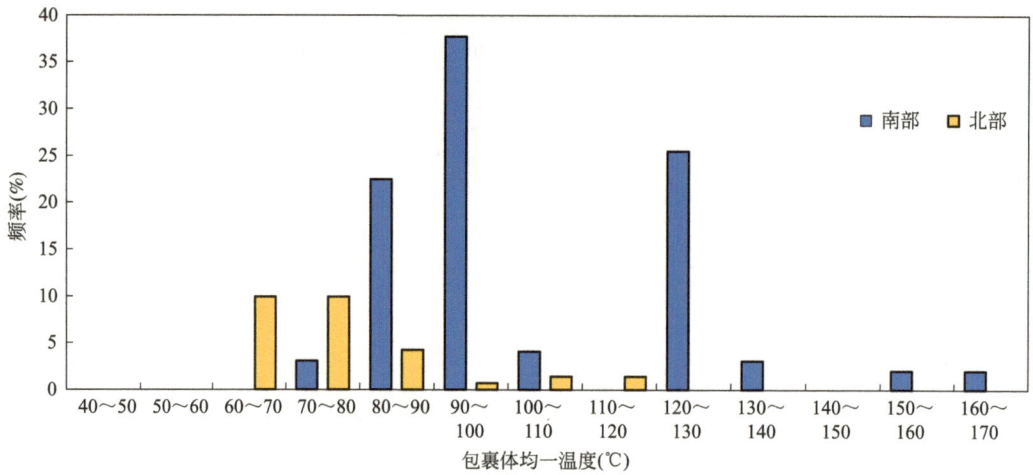

图 5-17 川中—川西过渡带须家河组硅质包裹体均一温度

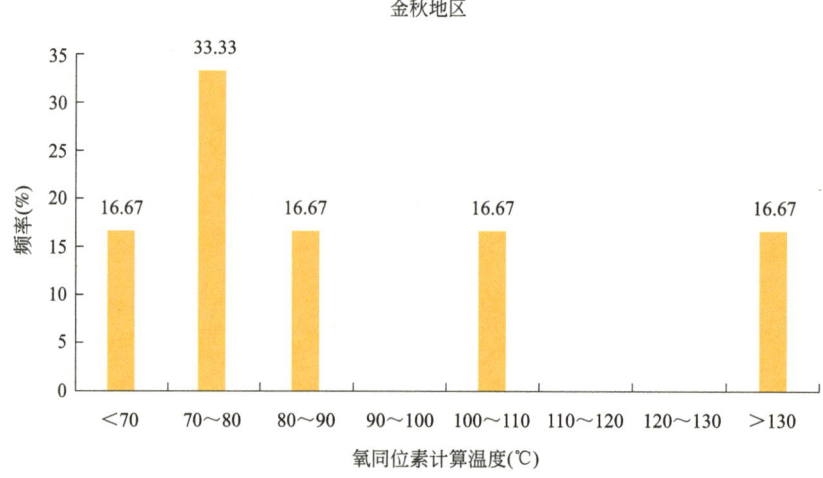

图 5-18 方解石胶结物同位素温度特征

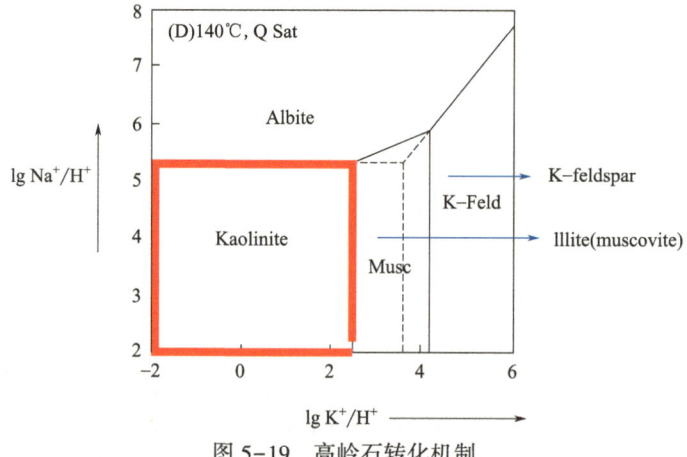

图 5-19 高岭石转化机制

四、基于不同类型储层的致密化过程

埋藏初期—早成岩阶段 A 期，压实作用致使孔隙度迅速减少，快速的压实作用使得早成岩阶段 A 期无明显流体—岩石作用反应。

早成岩阶段 B 期—中成岩阶段 A 期，储层流体—岩石—烃类反应最剧烈阶段，烃源岩生排烃，溶蚀孔隙发育，也带来胶结物的沉淀。

中成岩阶段 B 期，成岩系统趋于封闭，少量胶结物的沉淀致使储层孔隙度缓慢下降。

南部储层致密时间较早，在晚侏罗世孔隙度降至 10%；北部储层致密时间介于早白垩世晚期至中白垩世。

绿泥石相储层致密时间最晚，其次是溶蚀相储层和钙质胶结相储层，压实相储层致密时间最早（图 5-20）。

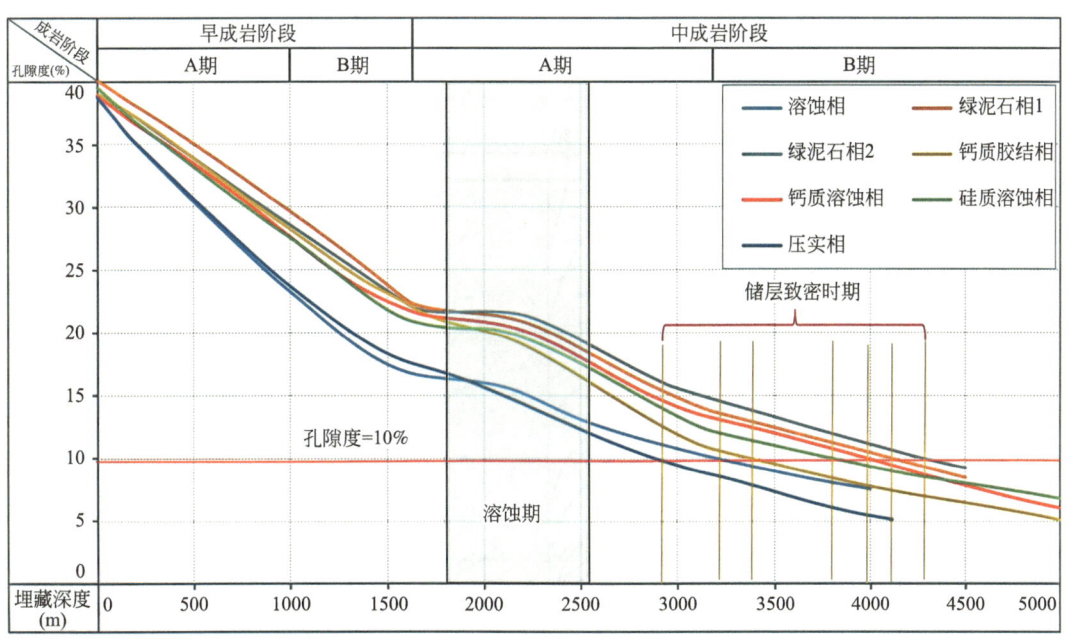

图 5-20　川中—川西过渡带须家河组各成岩相孔隙度演化

五、成储—成藏耦合关系

含烃包裹体温度范围在 75~155℃ 之间，在 75~115℃ 和 135~155℃ 具两个峰值，且伊利石 K/Ar 测年表明川中—川西过渡带须家河组伊利石形成于 123~118Ma（表 5-7），表明须家河组油气充注时间从中侏罗世到早白垩世，并在中侏罗世晚期和早白垩世中—晚期达到了充注高峰（图 5-21）。

表 5-7 须家河组砂岩自生伊利石 K/Ar 测年

构造单元	油气田/藏	井号	井深（m）	岩性	粒级（μm）	黏土矿物相对含量（%）				I/S间层比（%）	钾长石	K/Ar 年龄数据		
						I/S	I	K	C			K(%)	⁴⁰Ar*(%)	年龄(Ma)
须二段														
川中	八角场	角45	3434.50	细砂岩	0.45~0.15	56	—	—	44	10	—	5.84	95.88	118.51
	金华	金31	3302.50	砂岩	<0.15	88	—	—	12	5	—	6.41	97.16	121.04
	磨溪	磨24	2181.07	砂岩	0.3~0.15	85	—	—	15	5	—	6.73	97.41	123.83
	潼南	潼南102	2246.84	砂岩	<0.15	36	—	—	64	5	—	3.83	95.22	124.57
	合川	合川1	2116.35	砂岩	<0.3	80	—	—	20	5	—	6.13	96.58	140.69
		合川3	2141.45	砂岩	<0.3	—	—	—	NES		—	6.12	95.24	140.93
	荷包场	包浅001-6	1784.25	砂岩	<0.15	96	—	—	—	5	Tr	6.86	97.62	143.95

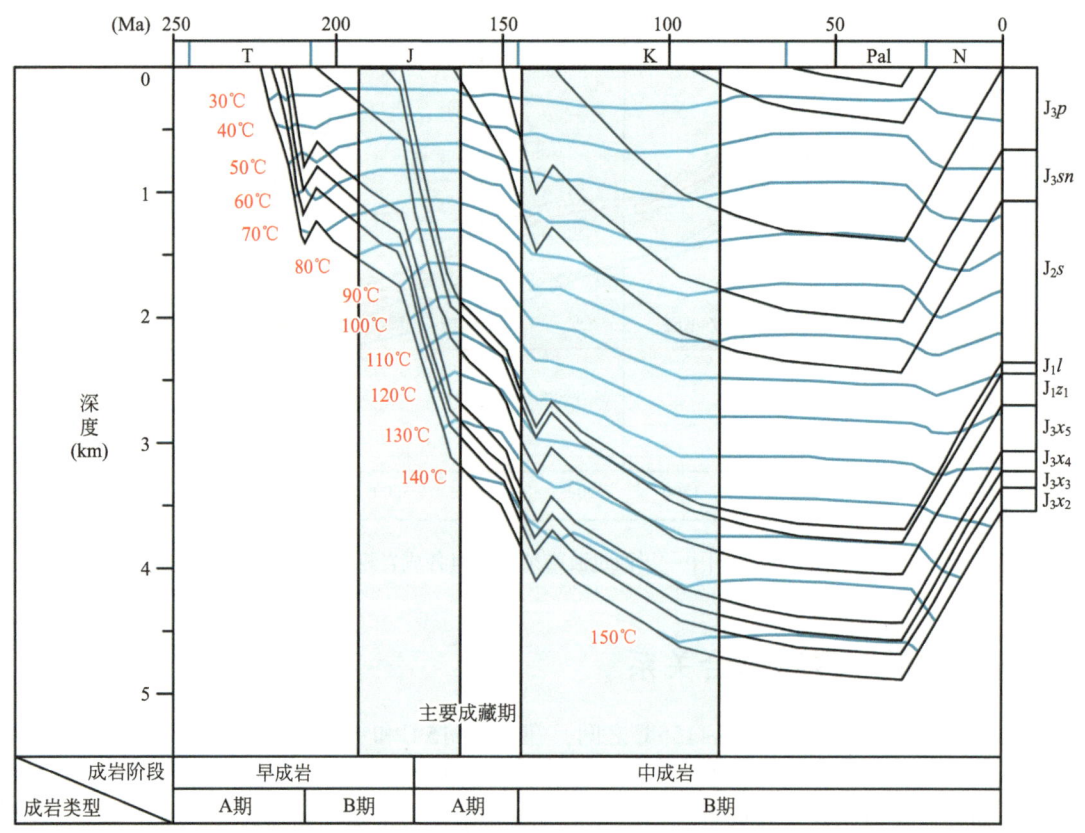

图 5-21 金秋地区埋藏史

川中—川西过渡带须家河组储层整体呈现为先成藏后致密型储层。绿泥石相储层和部分溶蚀相储层表现为在两期成藏后再致密的特征（表 5-8）。

表 5-8　川中—川西过渡带须家河组不同类型储层致密—成藏耦合关系

储层类型	成岩相类型		致密深度	储层致密时间	耦合关系
高孔基质型	有利成岩相	绿泥石胶结相	4100~4300m	中白垩世	先成藏后致密（两期成藏）
		溶蚀相	3700~4000m（北部）；3200~3400m（南部）	早—中白垩世（北部）；晚侏罗世（南部）	先成藏后致密（南部，部分两期成藏）；先成藏后致密（北部，一期成藏）
低孔基质型	不利成岩相	压实相	2800~3000m	晚侏罗世	先成藏后致密（一期成藏）
		钙质胶结相	3300~3500m	晚侏罗世	先成藏后致密（一期成藏）

第三节

典型油气藏解剖

一、中台山地区须三下亚段气藏成藏条件

（一）烃源岩条件与热演化、生排烃史

须三下亚段气藏烃源岩主要来自须一段（平均厚度 81.53m，TOC 含量平均为 4.54%）及须三下亚段（平均厚度 35.68m，TOC 含量平均为 1.49%）内部的暗色泥岩。以Ⅲ型干酪根为主，局部Ⅱ$_2$型。

中台山地区钻揭须三下亚段气藏产层温度 97℃，地层压力系数 2.0 左右，为常温超高压气藏。区域上沙溪庙组地层压力系数 1.0~1.2。

热演化阶段（图 5-22）：（1）中侏罗世末（164Ma）进入低成熟阶段；（2）晚侏罗世初期（157Ma）进入成熟阶段；（3）晚侏罗世末期（149Ma）进入高成熟阶段；（4）早白垩世中期（133Ma）进入生湿气阶段。随后由于构造抬升，热演化停滞。

生排烃高峰：（1）晚侏罗世（156~146Ma），以液态烃、气态烃为主；（2）早白垩世初期至中期（146~65Ma）相对较弱，以气态烃为主。

以中台 1 井须一段烃源岩有效厚度 77m 计算，生烃强度达到 $12.03×10^8m^3/km^2$，排烃强度为 $11.05×10^8m^3/km^2$，具有充足的油气来源。

（二）储层致密化史

压实作用强烈、硅质胶结与碳酸盐胶结是导致储层致密化的主要原因，储层致密化主要经历三个阶段（图 5-23）：

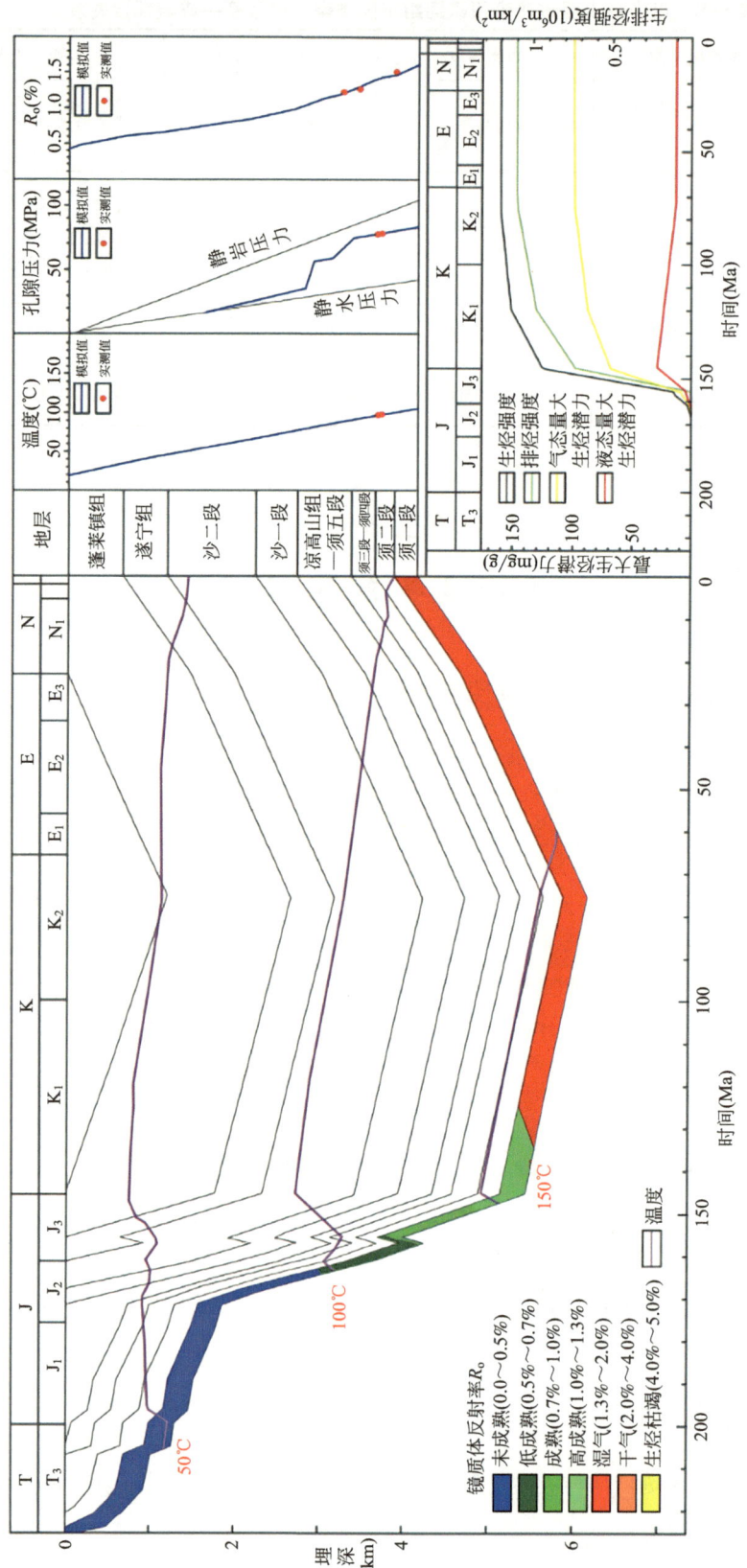

图 5-22 中台 1 井热演化史恢复综合图

第五章 四川盆地须家河组致密砂岩气藏成藏地质条件

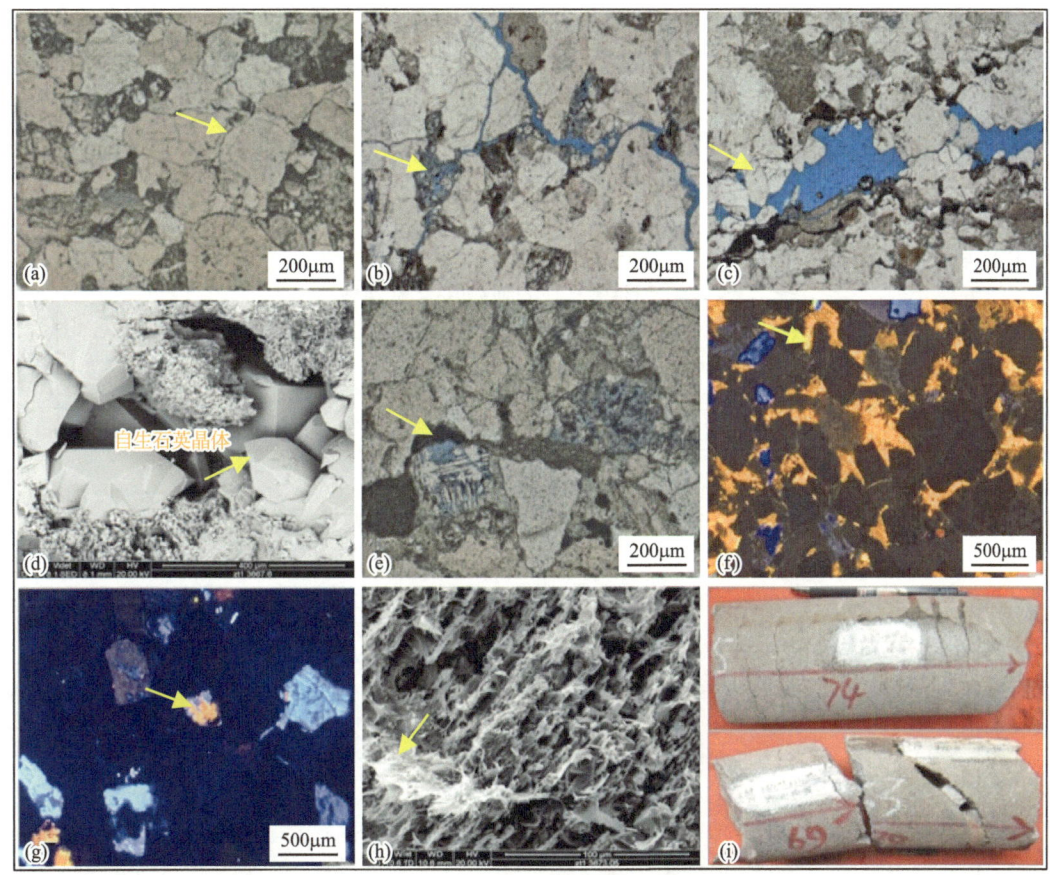

图 5-23 中台 1 井须三下亚段储层致密化成岩作用

晚三叠世—早侏罗世中期（221~188Ma）为快速埋藏，压实减孔阶段；晚侏罗世（156~145Ma）有机质成熟并进入生烃高峰，生成的有机酸造成长石溶蚀产生了大量次生孔隙，同时由于胶结物的大量形成，孔隙度变化不大，随后进入缓慢压实阶段；晚白垩世初期（93Ma）孔隙度降至10%，进入致密阶段（图5-22、图5-24）。喜马拉雅期的构造抬升，使得压实作用减弱并产生一系列构造缝，在改善渗透性的同时，也为裂缝相关溶蚀孔隙的发育提供了可能。

（三）油气成藏史

流体包裹体均一温度分布在 96~120℃、128~145℃两个区间，不同包裹体组合的冰点温度分为两个区间，不同包裹体组合的包裹体成分为油包裹体与富液相气液两相盐水包裹体中的纯甲烷气体。表明至少存在两期油气充注，即晚侏罗世和新近纪至现今（图5-25、图5-26）。

结合生烃潜力及生烃强度，认为在早白垩世初至中期（146~120Ma）应该存在相对较弱充注过程。

第一阶段为储层致密化前生烃充注阶段，第二阶段为储层致密化后生烃停滞的调整充注，总体上为先成藏再致密（图5-27）。

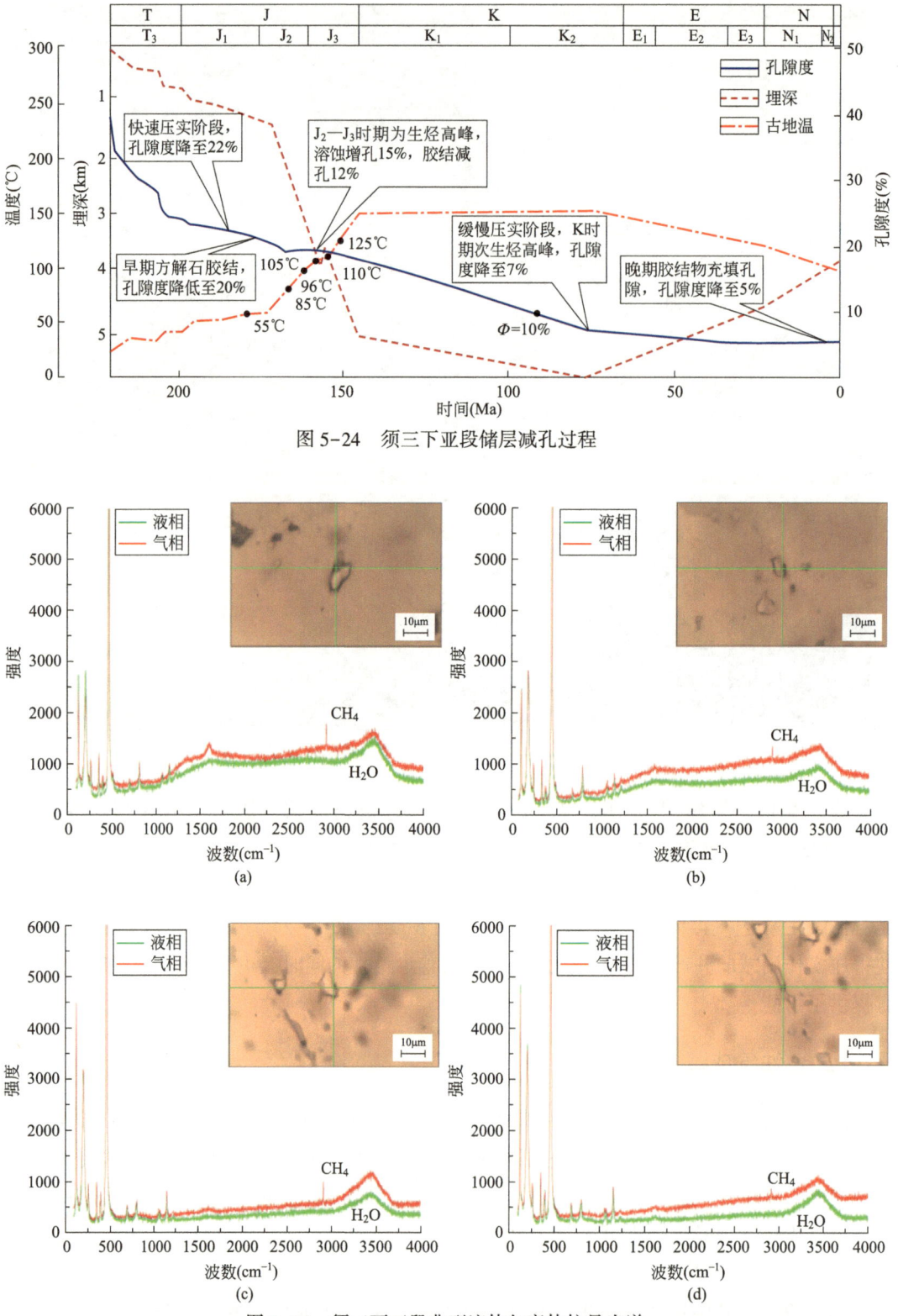

图 5-24 须三下亚段储层减孔过程

图 5-25 须三下亚段典型流体包裹体拉曼光谱

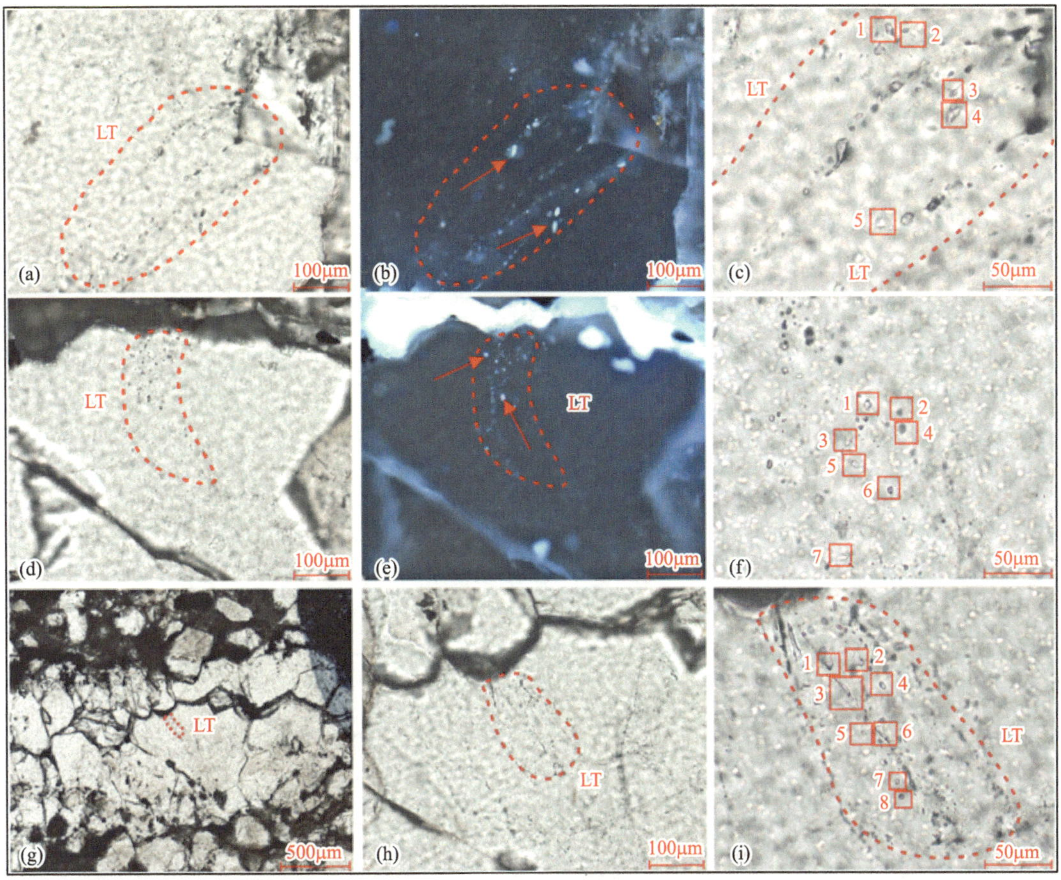

第五章　四川盆地须家河组致密砂岩气藏成藏地质条件

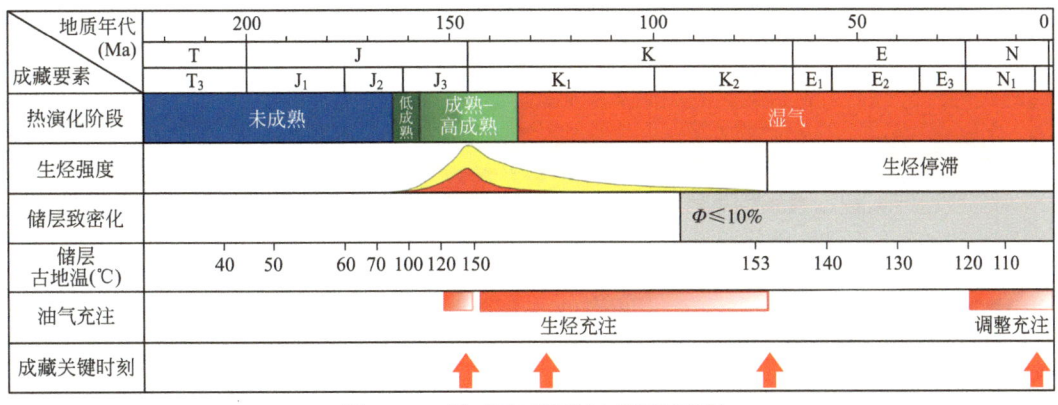

图 5-26　中台 1 井包裹体特征

图 5-27　须三下亚段油气成藏要素图

（四）油气成藏过程剖面模拟

（1）数据支撑：区域构造演化、地震解释剖面、单井资料、测试分析数据等。

（2）运移模型：侵入流运移模型（适用于低渗透砂岩、泥页岩）。

(3)砂体设置：根据空间配置关系（断—砂型、砂体型）。

(4)生储盖：烃源岩——须一段、储层——须三下亚段、盖层——上覆泥页岩地层。

(5)成藏关键时期：晚侏罗世、早白垩世、晚白垩世、新近纪至现今（图5-28）。

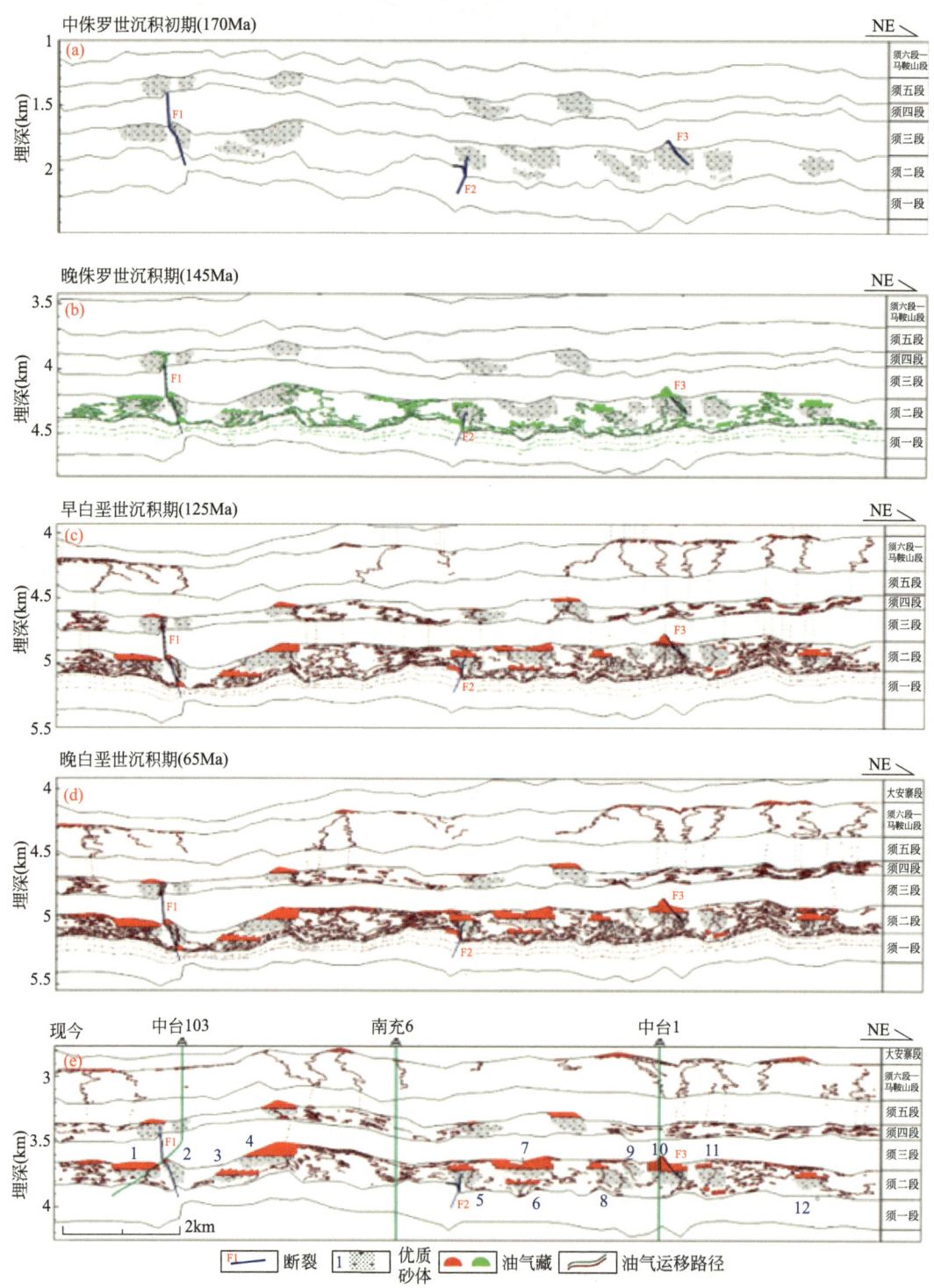

图5-28　中台山地区过中台103井—南充6井—中台1井剖面油气成藏过程模拟

1. 晚侏罗世沉积期（145Ma）[图 5-28(b)]

（1）热演化阶段：生油窗；（2）主要运移动力：生烃增压；（3）输导体系：断裂、孔缝；（4）烃类相态：液态烃、气态烃；（5）运移方向：优质砂体、通源断裂两侧以及局部构造高部位。

2. 早白垩世沉积期（125Ma）[图 5-28(c)]

（1）热演化阶段：湿气阶段；（2）主要运移动力：生烃增压，上覆压力；（3）输导体系：断裂、孔缝；（4）烃类相态：液→气态烃；（5）运移方向：优质砂体、通源断裂两侧以及局部构造高部位，部分向上突破盖层封闭。

3. 晚白垩世沉积期（65Ma）[图 5-28(d)]

埋深达到最大，储层致密，封盖性加强。非优质砂体中滞留部分烃类。油气受浮力作用向须三下亚段顶部富集，开始向高部位的优质砂体进行调整。部分油气沿断穿须三下亚段地层的断裂向上运移。

4. 喜马拉雅期受到抬升剥蚀，生烃停滞

地层压力的释放使得残余油气向上调整，大部分油气调整到高部位的优质砂体或者致密砂岩临近的优质砂体，形成了现今的油气藏分布 [图 5-28(e)]。

（五）油气分配模式探讨

计算依据：假设剖面上砂体形态基本保持不变的情况下，以富集点为中心左右各延伸 500m 长度的标准来计算单位富集量。

油气分配受控于断裂与砂体的空间分布关系。

断—砂型（未断穿砂体）>砂体型（叠置砂体）>断—砂型（断穿砂体及附近）>砂体型（单砂体）（图 5-29、图 5-30）。

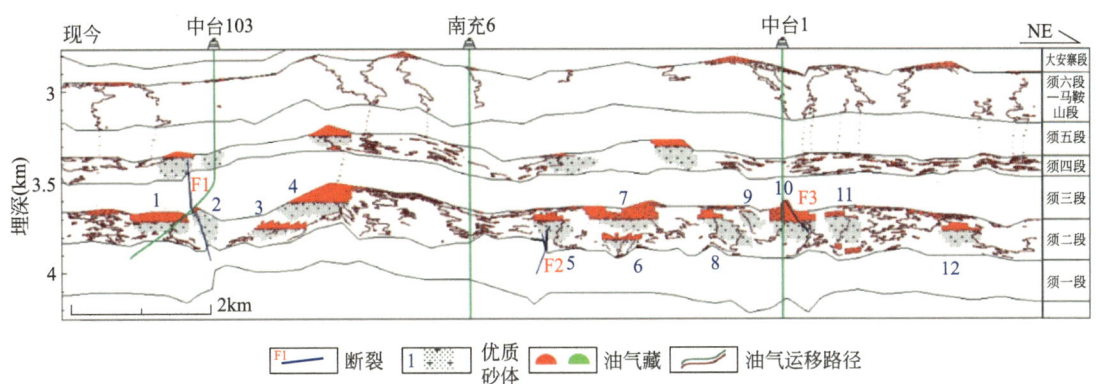

图 5-29 中台山地区过中台 103 井—南充 6 井—中台 1 井剖面不同砂体分布及富集量示意图

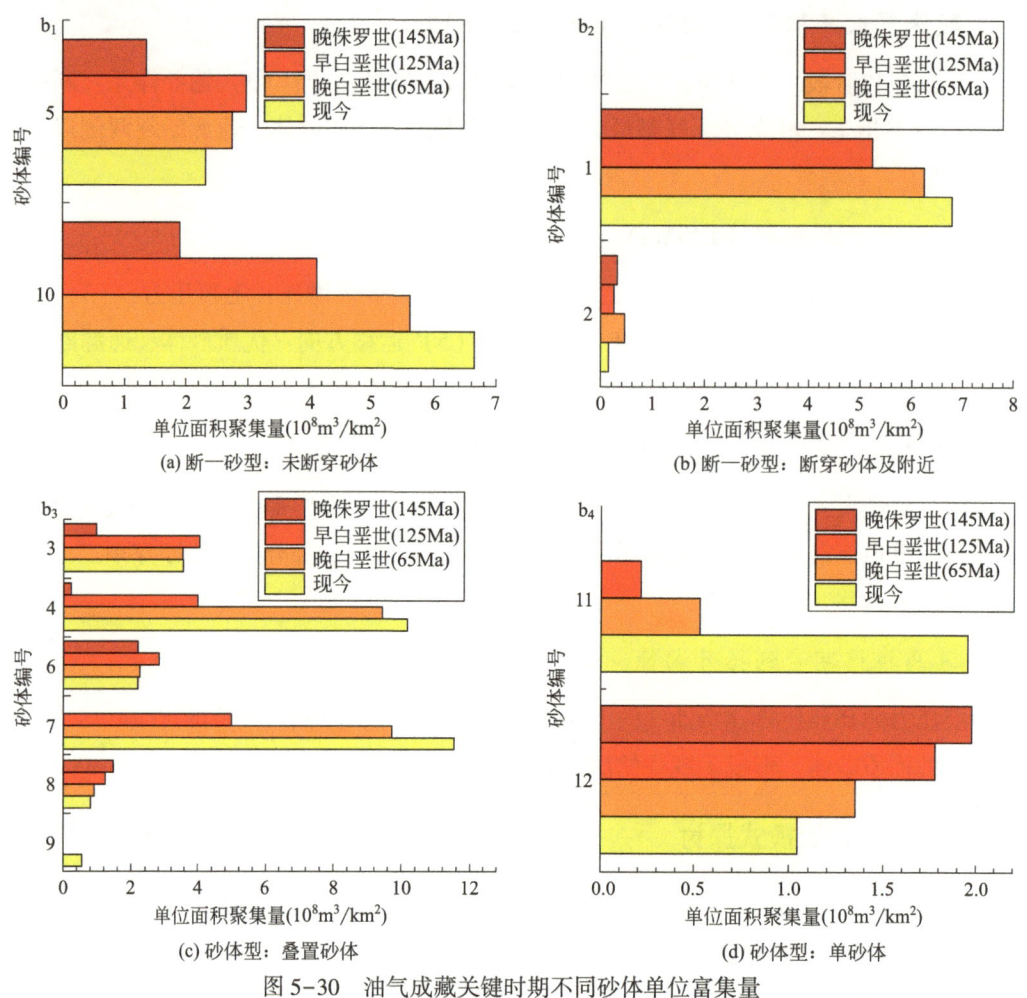

图 5-30 油气成藏关键时期不同砂体单位富集量

二、新场须三下亚段气藏

(一) 地质概况

新场构造带位于四川盆地川西坳陷中北部,在构造上,新场整体为一个东西向长轴背斜,受南北向断裂控制,发育多个构造高点(图 5-31)。

新场构造带须三下亚段段顶面在晚侏罗世之前是一个西倾的构造斜坡;晚侏罗世早期开始发育构造的雏形,具备了形成构造圈闭的条件;晚侏罗世末期古构造圈闭幅度进一步增大,完全具备了形成构造圈闭的条件(图 5-32)。

须三下亚段沉积期,新场地区整体发育一套以辫状河三角洲前缘为主的沉积体系,砂体纵向叠置、横向连片。

(二) 沉积特征

须二段以三角洲前缘水下分流河道沉积为主(发育典型的河道冲刷沉积构造),不同时

第五章 四川盆地须家河组致密砂岩气藏成藏地质条件

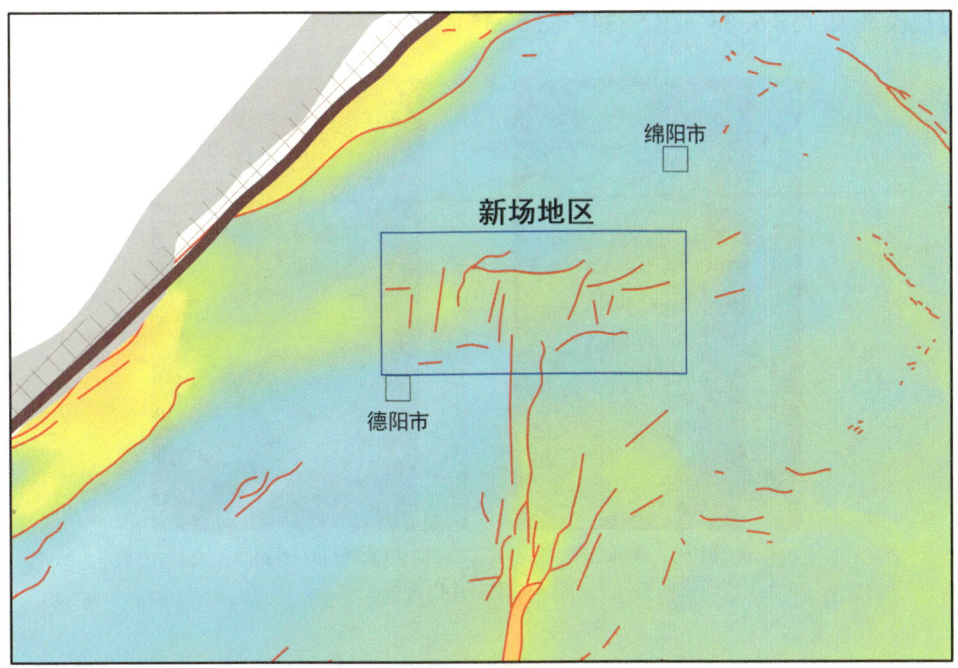

图 5-31 川西坳陷新场构造带区域位置图

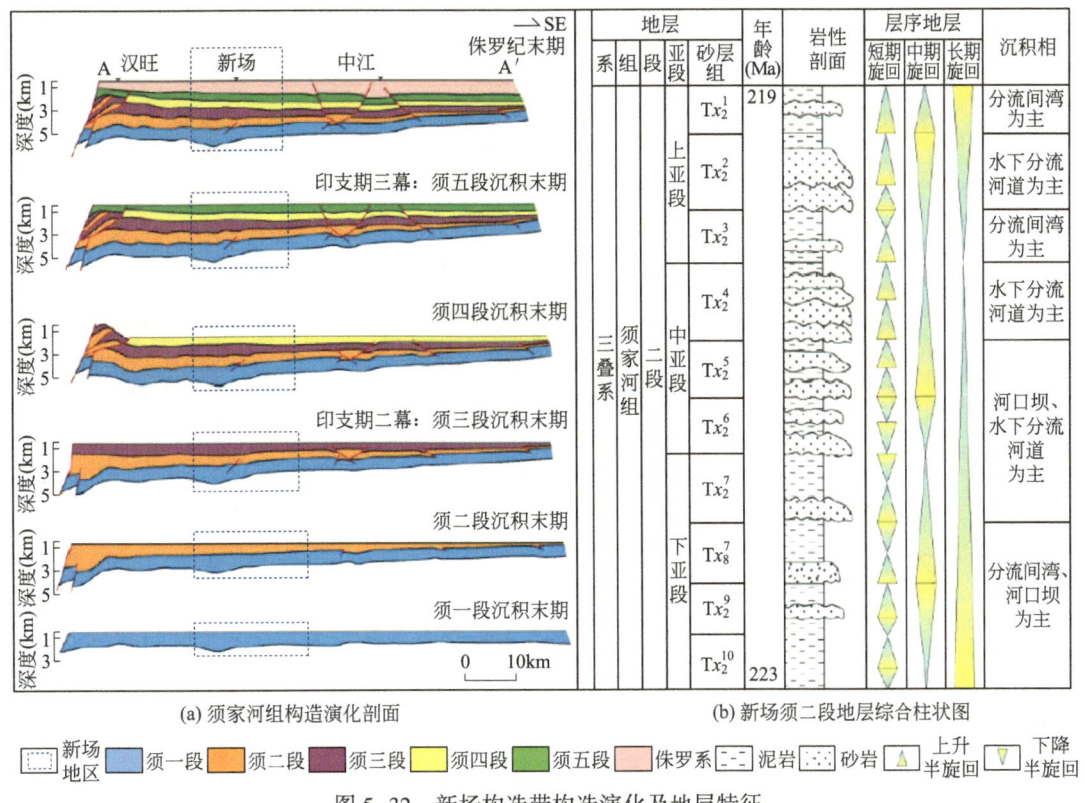

图 5-32 新场构造带构造演化及地层特征

期河道侧向迁移频繁，上亚段为东北物源，中亚段具东北和西北物源，须二段4砂组沉积时期河道规模最大（图5-33、图5-34、图5-35）。

(a) 新10井，冲刷泥砾　　　(b) 新场7井，冲刷面

图5-33　岩心特征

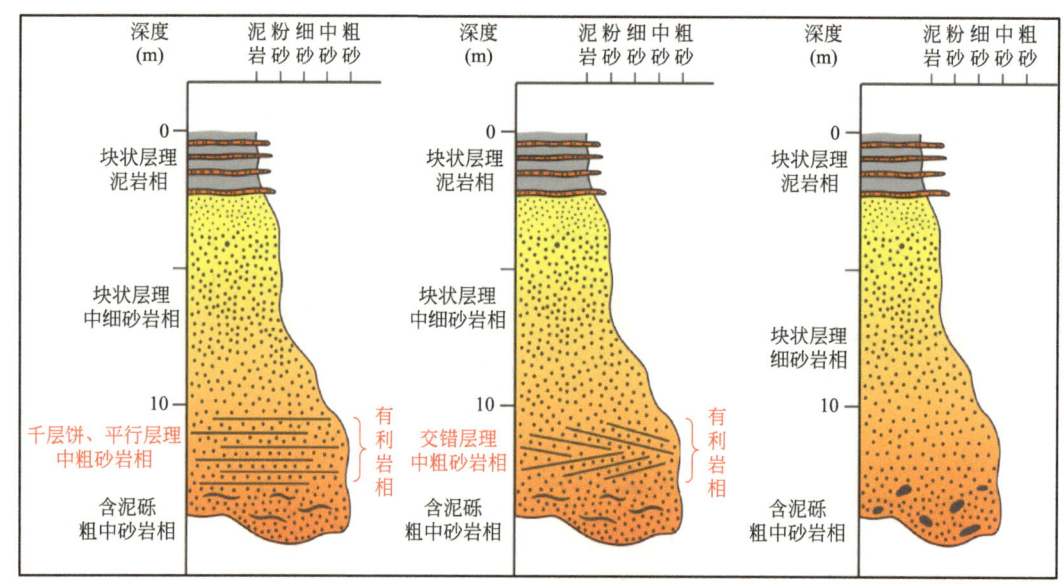

图5-34　新场须三下亚段分流河道微相岩相构型模式

（三）砂体展布情况

新场地区须三下亚段厚近700m，主体部位8套砂岩，其中2砂组、4砂组厚度相对较大。平面上砂体呈条带分布；中亚段砂体最发育，下亚段次之，主要位于西部；东部上亚段砂体发育（图5-36）。

钻井揭示，须三下亚段砂地比普遍在60%以上，砂岩间泥页岩和煤层较为发育，为形成相对优质储层提供了丰富的酸性流体，发育具有一定孔渗性的相对优质储层。

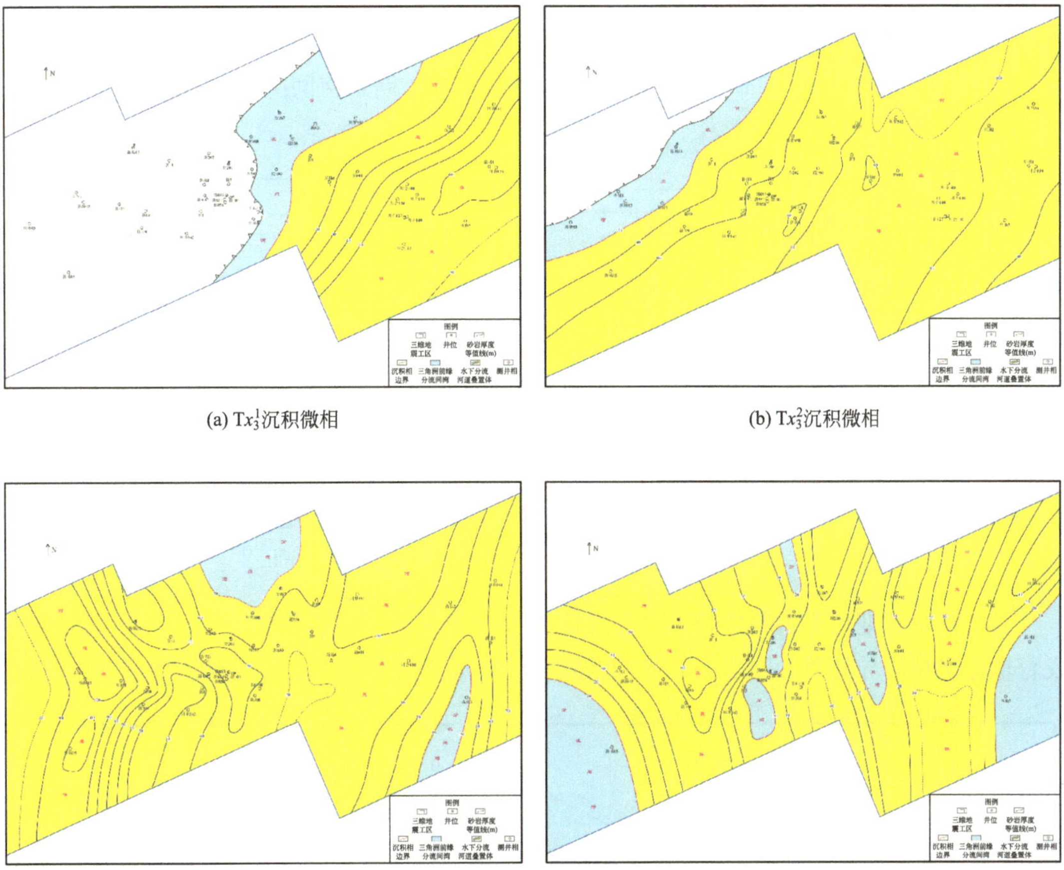

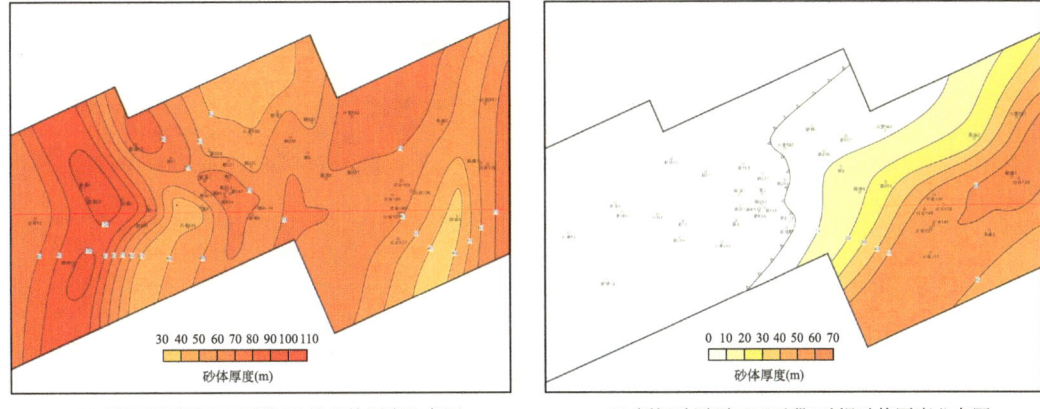

(a) Tx_3^1 沉积微相 (b) Tx_3^2 沉积微相

(c) Tx_3^4 沉积微相 (d) Tx_3^5 沉积微相

图 5-35 新场须三下亚段重点砂组沉积微相图

(a) 新场地区须三下亚段4砂组砂体厚度分布图 (b) 新场地区须三下亚段2砂组砂体厚度分布图

图 5-36 新场地区须三下亚段砂体厚度等值线图

(四) 石油地质条件

烃源岩主要为须一段、须三段、须五段，生烃强度高。须一段生烃强度为 (30~50)×

$10^8 \mathrm{m}^3/\mathrm{km}^2$，须三段生烃强度为 $(90\sim120)\times10^8 \mathrm{m}^3/\mathrm{km}^2$。须三下亚段储层以岩屑砂岩普遍发育为特点，有利岩石相为千层饼与块状层理型中粗粒砂岩。储层平均孔隙度为3.7%，平均基质渗透率 $0.08\times10^{-3}\mu\mathrm{m}^2$，属于特低孔、致密储层。储集空间类型以孔隙型及裂缝—孔隙型为主（图5-37）。

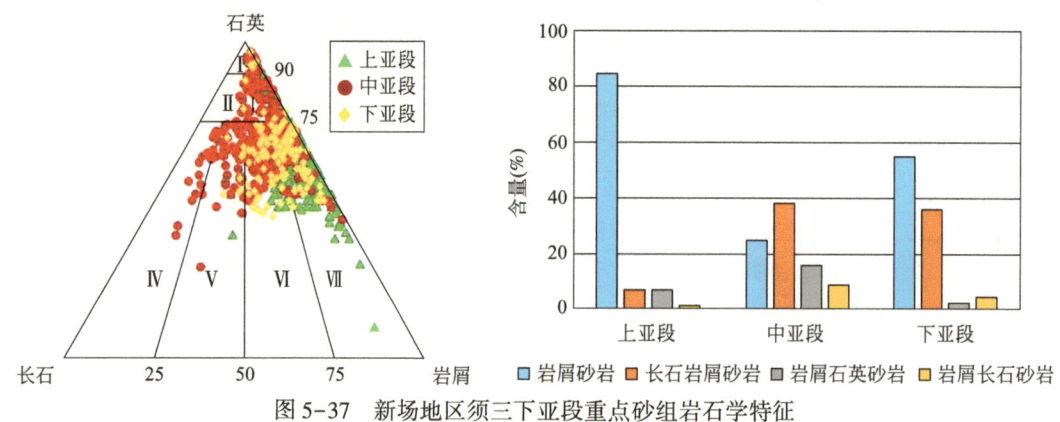

图5-37 新场地区须三下亚段重点砂组岩石学特征

新场构造长期位于古斜坡带上，油气运移有利指向区。砂岩单层厚度大，横向延伸远，发育输导层型输导体系。断裂、裂缝较为发育，形成断裂型、裂缝型输导体系（图5-38）。

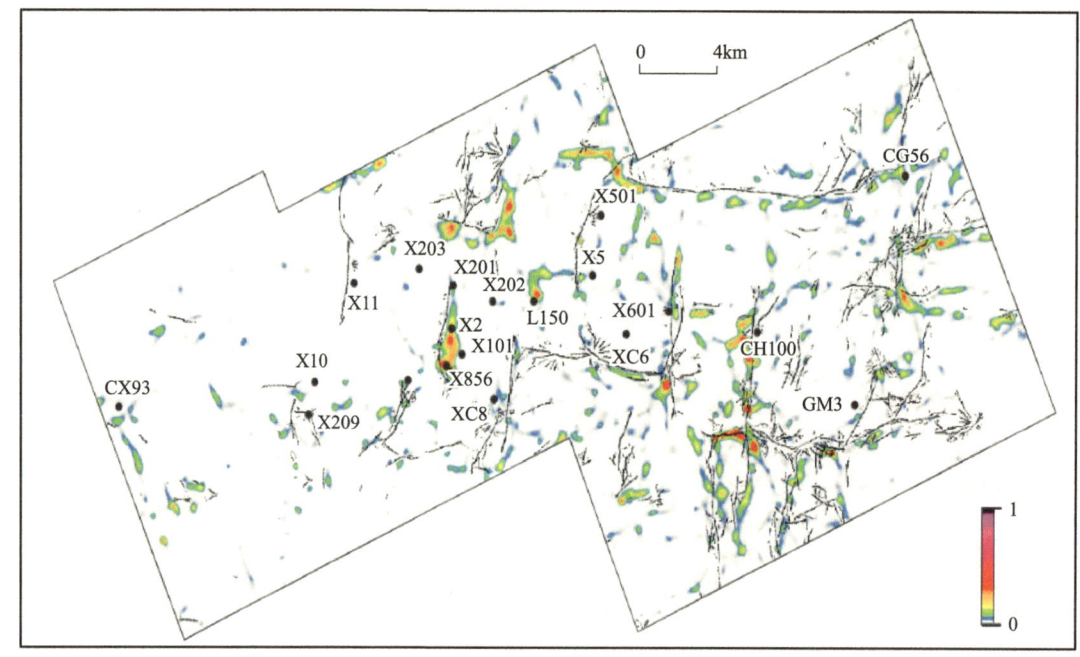

图5-38 新场地区须三下亚段2砂组裂缝发育图

（五）气藏特征与富集因素

气藏具有6大特征：(1) 埋深大（4500~5500m）；(2) 砂体厚（累积厚度300~400m，单层厚40~70m）；(3) 物性差；(4) 压力高（1.7MPa）；(5) 产能差异大；(6) 气水关系复杂（构造高部位存在含水层，低部位亦存在高产气层，断裂带气水同产）。有效缝以斜交及高角度构造缝为主，主要受断层与褶皱控制。

整体表现为构造控藏、断褶富集、裂缝控产、优储控稳，其中喜马拉雅期褶皱、断裂及伴生裂缝改善储层物性和输导条件，气水分异好，高部位断褶裂缝区富集，裂缝与优质储层叠加可高产稳产。成藏期东高西低、晚期断裂活化及构造变形东强西弱叠加导致东部油气更加富集。

第四节 气藏成藏主控因素

晚三叠世的四川盆地是一个前陆盆地。目前的勘探及研究成果表明，前陆盆地不同部位对油气富集成藏有明显的控制作用。依据四川盆地晚三叠世沉积盆地的结构以及深断裂分布情况，将晚三叠世四川盆地划分为前陆冲断带→前陆坳陷带→前陆斜坡带→川东地区等四个结构单元。其中，前陆冲断带与前陆坳陷带之间以彭灌大断裂为界；而前陆坳陷带与前陆斜坡带之间以乐山—中江—巴中断裂为界；前陆斜坡带与川东地区以华蓥山断裂带为界。

通过对新场、中坝、平落坝、黎雅庙、八角场等处于前陆盆地不同部位、不同类型的须家河组气藏的成藏条件剖析，认为四川盆地须家河组气藏的成藏主控因素有：（1）前陆盆地结构；（2）烃源条件；（3）储集条件；（4）裂缝发育程度；（5）古构造背景；（6）保存条件。

一、成藏要素配置

(一) 前陆盆地结构

前陆盆地结构控制四川盆地须家河组油气聚集，主要表现在：（1）控制气藏类型；（2）控制气水分异特征；（3）控制储层发育程度。

1. 前陆盆地结构控制气藏类型

典型气藏解剖和勘探实践表明，前陆盆地结构不同，形成的气藏类型也不同。川西前陆冲断带气藏类型以构造、岩性—构造型气藏为主，如中坝、平落坝、邛西须二段气藏皆为构造圈闭气藏（表5-9）。

表5-9 不同前陆盆地结构气藏类型统计表

前陆盆地结构	气藏类型	典型气藏
前陆冲断带	构造圈闭	中坝、平落坝、邛西
前陆坳陷带	岩性圈闭	白马庙、柘坝场
	构造—裂缝型	魏城、黎雅、合兴场

续表

前陆盆地结构	气藏类型	典型气藏
前陆斜坡带	构造—岩性圈闭	八角场、充西、潼南
	岩性圈闭	广安
川东地区	裂缝型	卧龙河

在川西前陆坳陷带内常形成构造—裂缝型、岩性圈闭气藏。构造—裂缝型气藏主要特征表现为在构造背景下致密砂岩储层内一个或若干个裂缝系统交织成网络形成储集实体，而在实体外缘破裂系统终止或裂缝闭合处形成封堵；如魏城须四段气藏、合兴场须二段气藏等储层均受裂缝控制。川西南部的白马庙须二段气藏为岩性圈闭气藏，气藏形成主要受储层的控制，物性较好的砂岩储层分布边界即为气藏边界。前陆斜坡带常形成构造—岩性复合圈闭气藏和岩性气藏，如八角场、充西须四段气田、广安须六段气藏。

2. 前陆盆地结构控制气水分异特征

前陆冲断带构造变形强烈，构造隆起幅度大，气藏气水分异彻底，气水界面较清楚；如中坝须二段气藏及平落坝、邛西气藏。中坝须二段顶界构造圈闭高点海拔-1665m，最低圈闭线海拔-2425m，闭合度760m，闭合面积约57.1km^2，长轴25km、短轴4km，气水界面-2200m，气藏高度540m，探明含气面积约24.5km^2。

前陆坳陷带气藏类型以岩性圈闭气藏为主，气水分布主要受储集砂体的控制。由于川西坳陷带储层致密化严重，纵向上多套储集砂体相互叠置，储层非均值性强、连通性较差，不同的储集砂体形成不同的含气系统，可能出现下气上水等气水倒置现象，如白马2井区气水分异明显，但在位于构造高部位的大3井、大14井须二段产水。

前陆斜坡带由于构造隆起幅度低缓，气水分异不彻底，气水过渡带较宽，是现今川中—川西过渡带须家河组气藏气水关系复杂、气水过渡带较宽的主要原因之一。如充西须四段气藏由于构造总体平缓，地层倾角1°~5°，水分异不彻底，气水过渡带较宽，没有明显的气水界面；气水分布主要受古今构造、储层物性、断层及裂缝发育程度等多种因素综合制约，整个气藏仍遵循上气下水特征，但气水过渡带较宽，没有明显的气水界面；气水分布与构造海拔有一定的关系，但又不完全受构造海拔高低的控制，由于断层、裂缝的导通作用致使气水关系变得复杂化。

3. 前陆盆地结构控制储层分布

四川盆地须家河组储层发育程度主要受沉积相和成岩的控制，因此前陆盆地结构控制沉积相带和成岩相带分布，进而影响其储层分布情况。前陆冲断带和前陆斜坡带一直处于古今构造的较高位置，沉积相和成岩相均处于有利储层发育地区。须家河组储层致密化程度较坳陷带低得多（表5-10），前陆冲断带须家河组储层孔隙度主要在5%~11%之间，如青林1井须二段储层厚度达48.8m、储层平均孔隙度10.47%；前陆坳陷带储层物性较差，孔隙度一般小于7%；前陆斜坡带储层物性最好，孔隙度一般大于8%，最高达12%。

表 5-10 须家河组储层厚度和孔隙度统计表

前陆盆地结构位置	井号	层位	厚度（m）	孔隙度（%）
前陆冲断带	中 81	须二段	69.8	7.53
	双河 1	须二段	18.4	8.02
	青林 1	须二段	48.8	10.47
	射 1	须二段	2.3	8.64
	邛西 4	须二段	167.7	5.79
前陆坳陷带	黎雅 1	须二段	6.4	6.57
	关 9	须二段	11.4	7.43
	魏城 1	须二段	52.6	5.35
	白龙 1	须二段	35.4	7.28
前陆斜坡带	角 41	须四段	64.3	10.81
	角 45	须四段	16.6	10.20
	西 57 井	须四段	8.5	9.7
	西 62 井	须四段	17.8	10.0

（二）烃源岩条件

丰富的烃源基础是成藏的物质保障。四川盆地上三叠统烃源总的说来比较丰富，主要烃源岩有须一段、须三段、须五段泥页岩，大部分地区生烃强度 $(5 \sim 100) \times 10^8 m^3/km^2$，川西彭县—灌县地区最高可达 $200 \times 10^8 m^3/km^2$ 以上，向东、向北、向南逐渐变低；处于前陆斜坡带的川中、蜀南地区生烃强度中等，为 $(5 \sim 20) \times 10^8 m^3/km^2$；川东地区最低，小于 $5 \times 10^8 m^3/km^2$。通过典型气藏解剖和勘探实践综合分析，表明烃源条件对须家河组气藏成藏影响主要表现在以下两个方面：（1）影响气藏充满度；（2）影响气藏分布。

1. 烃源条件影响气藏充满度

川西前陆冲断带和坳陷带位于上三叠统生烃中心附近，该区具有古构造背景的地区是油气运聚的最有利地区，烃源条件好，油气源相当充足，气藏充满度高；而前陆斜坡带生烃强度相对较低，构造幅度低缓，气藏充注程度相对较低。从前陆冲断带（中坝、邛西）到前陆斜坡带（八角场、充西），地质储量丰度从 $(5 \sim 6) \times 10^8 m^3/km^2$ 下降到 $(1.5 \sim 2.5) \times 10^8 m^3/km^2$，说明气藏充注程度依次降低（表 5-11）。

表 5-11 四川盆地须家河组气藏储量参数表

区带	气藏名称	层位	含气面积（km²）	有效厚度（m）	有效孔隙度（%）	已申报储量（$10^8 m^3$）	地质储量丰度（$10^8 m^3/km^2$）	生烃强度（$10^8 m^3/km^2$）
前陆冲断带	中坝	须二段	18.6			100	5.38	35~40
	平落坝	须二段	55.9	32.1	5.06	145.24	2.60	60~65
	邛西	须二段	25.13	74.5	5.2	152.68	6.08	40~45

续表

区带	气藏名称	层位	含气面积（km²）	有效厚度（m）	有效孔隙度（%）	已申报储量（$10^8 m^3$）	地质储量丰度（$10^8 m^3/km^2$）	生烃强度（$10^8 m^3/km^2$）
前陆斜坡带	八角场	须四段	72.1	25.6	10.2	341.12	4.73	10~15
	充西	须四段	81.44	10.1	9.1	137.73	1.69	5~10
	广安	须六段	195.42	19.2	9.6	480.88	2.46	5~10
	潼南	须二段	118.86	21.3	8.5	250.47	2.11	5

2. 烃源条件影响气藏分布

四川盆地中西部地区烃源条件充足，生烃强度大部分地区在 $(10\sim100)\times10^8 m^3/km^2$ 之间，生储盖匹配好，天然气易于运聚成藏，勘探实践表明，迄今发现的须家河组气藏绝大部分位于该区带，如已发现的中坝、平落坝、邛西、八角场、充西、广安、包界、潼南等储量较大的须家河组气藏。而川东、川东北地区上三叠统烃源岩厚度薄，烃源条件中~差，油气富集性较差，气源不充足而不利于气藏形成，迄今发现的气藏少，仅发现卧龙河须四段气藏。因此从源控论出发，四川盆地中西部是上三叠统勘探的重点地区，也是目前上三叠统发现储量最多的地区。

（三）储集条件

丰富的烃源基础是成藏的物质保障。储集条件是成藏的基本条件之一，有利储层发育的沉积相带和成岩相带发育区为气藏的形成提供了空间保障。典型的须家河组气藏的解剖表明，已发现了各种类型的上三叠统油气藏，但普遍均受到储层发育程度及储集性能的控制。

根据沉积微相与储层物性的关系统计，储层物性以三角洲平原水上分流河道、三角洲前缘水下分流河道、河口坝为最好，孔隙度一般在6%以上，渗透率一般在 $0.10\times10^{-3}\mu m^2$ 以上，是须家河组最主要的储集砂体。从成岩相分布角度，分流河道和河口坝是溶蚀相及绿泥石胶结相发育的有利相带，溶蚀相和绿泥石胶结相分布地区是储层物性较好的地区。四川盆地已知气藏均在三角洲平原水上分流河道、三角洲前缘水下分流河道、河口坝微相砂体发育区和成岩相为溶蚀相、绿泥石胶结相发育区（表5-12）。

表5-12 四川盆地已知须家河组气藏的储集相带和成岩相带统计表

气藏名称	层位	有利储集相带	成岩相带
中坝	须二段	水下分流河道—河口坝微相为主	绿泥石胶结相
平落坝	须二段	以河口坝为主，次为分流河道	溶蚀相
邛西	须二段	水下辫状河道微相、近河口坝微相	溶蚀相
八角场	须四段	分流河道微相	绿泥石胶结相
充西	须四段	分流河道微相	绿泥石胶结相
广安	须六段	分流河道微相	溶蚀相

前陆斜坡带须二段、须四段、须六段砂体发育，但由于沉积微相、成岩相的差异，导致

储层物性变化较大，从而形成"砂中找砂"，即在低孔低渗背景的致密砂岩中找物性较好的优质储层。

(四) 裂缝发育程度

对于四川盆地上三叠统砂岩储层物性普遍具有低孔低渗特征，裂缝因素是天然气成藏和储集性能改善的重要因素。裂缝对天然气成藏的影响主要表现在：（1）影响储层的储集类型，从而影响气藏的储渗体系；（2）影响气井的自然产能。喜马拉雅期形成大量的断裂和裂缝系统，一方面使早期形成的古气藏重新调整形成新气藏，另一方面明显改善了上三叠统低孔低渗储层的渗流能力；发育的裂缝系统是天然气富集部位和气井自然产能高的主要因素之一。上三叠统储层储集类型绝大部分属于裂缝—孔隙型，少数属孔隙型。须家河组储层中发育的裂缝对储层孔隙度的贡献极小，但其对储层渗透性的改善作用十分明显，当储层中发育裂缝时渗透率明显增加，一般可提高10~100倍。如果没有裂缝对储层渗透性的有效改善，须家河组许多储层难以成为有效储层。喜马拉雅期裂缝系统的发育，使须家河组相对致密的储层内"冻结"气藏重新"活动"形成高产。但是，并非裂缝系统发育部位都可获得高产气流（如石泉场构造），只有叠合在有效圈闭上的裂缝系统才是油气高产富集的部位。

勘探实践表明，气井的自然产能在许多情况下与裂缝的发育程度呈正相关关系（表5-13）。例如，中坝和平落坝气田的裂缝发育地区为高产气井集中分布区，测试产能在 $(15~70) \times 10^4 m^3/d$ 之间；在其他裂缝欠发育地区，须二段气井产能明显较低；说明裂缝发育是获得高产的重要因素。充西须四段气藏在未经任何改造措施情况下裂缝发育区就测试获产气，其中西72、西73x、西74井测试自然产能高达 $(19~26) \times 10^4 m^3/d$；而裂缝欠发育区，气井测试自然产能一般低于 $1.0 \times 10^4 m^3/d$，需通过增产改造的工艺技术提高产能。四川盆地经过长期的工艺试验探索和研究，已经具备了气井增产改造的工艺技术和潜力，完全可以期望通过增产措施来解决气井低产的难题，将以前的非工业气井改造为工业气井，如邻区八角场气田、广安须四段气藏通过增产改造均取得了较好的效果。须家河组气藏砂岩储层具有良好的可改造潜力，低产气井通过压裂改造可以使产量增产3~10倍（表5-14）。

表5-13 川西部分构造典型井岩心裂缝线密度与产能数据表

构造名称	井号	层位	统计岩心长度（m）	裂缝条数（条）	裂缝密度（条/m）	产能（$10^4 m^3/d$）
中坝	中3	须二段	18.68	54	2.9	16.37
平落坝	平落1	须二段	97.84	377	3.85	35.03
	平落2	须二段	176.94	1089	6.15	60.77
	平落3	须二段	220.56	686	3.11	13.03
	平落5	须二段	199.31	64	0.32	1.73
	平落2	须四段	22.75	83	3.65	22.6
合兴场	川合127	须二段	66.97	294	4.39	7.823
大兴西	大5	须二段	89.47	189	2.11	2.46

表 5-14 须家河组气藏加砂压裂效果统计表

区块	井号	测试气产量（$10^4 m^3/d$）		增产倍数
		加砂压裂前	加砂压裂后	
充西	西 51	0.25	0.846	3.38
	西 58	0.1118	0.8792	7.86
	西 62	0.23	0.8998	3.35
	西 64	0.34	2.52	7.41
八角场	角 58E	7.09	17.65	2.49
	角 51	0.34	3.60	10.59
广安	兴华 1	0.3003	4.6396	15.45

（五）古构造背景

有利的古构造背景是上三叠统气藏运聚成藏的指向区。通过四川盆地白垩纪前和古近纪前四川盆地须二段顶、须四段顶古构造研究表明，古构造特征主要表现为在大隆大洼背景上的古斜坡和古构造鼻相对发育。勘探实践和研究成果表明，上三叠统烃源岩自晚三叠世中晚期开始排烃，燕山中晚期生、排烃作用达到高峰，储层在喜马拉雅期前尚未完全致密化，因此与之相匹配的印支中晚期和燕山期古构造是天然气最有利的运聚指向区，即成藏有利地区。

通过对已知气藏的局部地区古构造研究表明，有利古构造背景对上三叠统油气富集有较为明显控制作用，如目前前陆冲断带的中坝构造在印支期形成，古背斜构造特征明显，后经燕山、喜马拉雅期构造运动改造而定型。晚侏罗世上三叠统烃源岩开始大量生烃，运聚到须二段砂岩储层中成藏，如位于前陆斜坡带的充西须四段气田，燕山—喜马拉雅运动产生的共兴潜伏构造、漯溪潜伏构造、多扶南潜伏构造、莲深 1 井潜伏构造等构造圈闭、断层或裂缝为油气后期调整、富集成藏起到了至关重要的作用。古今构造具继承性的发展，有利于油气的早期运聚成藏。因此，古今构造高带、断层附近含油气性优于古今构造低带，裂缝发育区及古今构造圈闭叠合区为油气富集成藏的有利区。

因此，有利的古构造背景是上三叠统气藏成藏的主要因素之一。印支期、燕山期的古隆起、古斜坡是油气运聚的最有利指向区。喜马拉雅期构造运动使油气重新调整最终成藏，因而，古今构造圈闭叠合区为油气富集成藏的有利区，是今后四川盆地上三叠统的主要勘探目标。

（六）保存条件

据大量研究和长期的上三叠统油气勘探实践，证实四川盆地大部分地区上三叠统油气的保存和盖层条件良好，压力梯度大于 1.0，利于上三叠统油气藏的形成。仅在前陆冲断带的局部地区因区域断裂和须家河组出露、前陆坳陷带的熊坡断裂带因大型"通天"断层存在、前陆斜坡带的威远背斜核部、华蓥山和川东等地区因须家河组出露，上三叠统保存条件较差，不利于气藏的形成。如海棠铺构造虽然上三叠统地层发育较全，成藏条件与中坝构造较相似，但缺乏侏罗系区域性盖层，保存条件较差，天然气难以富集成藏。

二、成藏空间配置

(一) 前陆冲断带成藏主控因素

前陆冲断带位于彭灌县大断裂与广元大邑隐伏断裂之间，该区为强烈的挤压褶皱及冲断区，构造变形剧烈，冲断块、断背斜、断层相关褶皱背斜等发育，形成了形式多样的构造油气藏，是上三叠统油气的主要富集区，已发现中坝、平落坝、邛西等须家河组气田和莲花山、张家场、火井等油气藏。该区带位于上三叠统烃源岩的生烃中心附近，生烃强度达 $(10\sim80)\times10^8m^3/km^2$，烃源条件好。该区带上三叠统气藏成藏主控因素如下。

1. 有利的古构造背景及现今构造圈闭

印支期、燕山期形成的古构造背景地区为天然气优先聚集成藏地区，如中坝背斜构造在晚三叠世末（印支期）形成，古背斜构造特征明显，后经燕山期、喜马拉雅期构造运动改造而定型，与燕山期生烃高峰期相匹配，具有早期成藏、后期调整的特征。

2. 有利的沉积相带和储层发育区

三角洲分流河道微相、河口坝微相砂体发育地区，储层发育，储集性能较好，构成须二段主要储气层。该区受多期构造活动影响，埋深较小，砂岩致密化程度相对较低，构造裂缝发育，极大地改善了储层的渗透性。

3. 有利的保存区

前陆冲断带构造变形强烈，早期形成的气藏易于被破坏。该区保存条件对于须家河组气藏的形成显得尤其重要，如中坝构造虽然断裂构造发育，但主要是未断开遂宁组（区域盖层）的隐伏断层，未见大型"通天"断层，油气封盖条件良好，形成须二段气藏；而海棠铺构造与中坝构造背景、烃源、储层、圈闭条件相似，但海棠铺缺失直接盖层、区域盖层，还发育"通天"断层，导致油气的保存条件差而未富集成藏。

总之，以前陆冲断带控制上三叠统气藏成藏的关键：一是构造圈闭；二是保存条件。

(二) 前陆坳陷带成藏主控因素

前陆坳陷带位于广元大邑隐伏断裂与乐山—中江—巴中断裂之间，是前陆盆地最大的沉积地区和沉降地区，毗邻生烃中心，烃源岩演化程度高，烃源条件好；但上三叠统埋藏深，储层致密化严重，储集条件较差；盖层和保存条件好。该区构造变形较弱，在川西北部形成地层圈闭（须四段、须五段、须六段尖灭带）、岩性圈闭，该区带已发现魏城、黎雅庙油气藏。川西南部形成岩性圈闭，如白马庙等须家河组气藏。

该区上三叠统气藏成藏主控因素为：(1) 相对有利的构造位置。坳陷带两侧斜坡、洼陷内相对隆起地区有利天然气聚集。（2）储层发育区。由于坳陷带须家河组埋藏深，储层致密化严重，是有利储层发育的沉积相带和成岩相分布区，天然气易于富集成藏。（3）裂缝相对发育带。因为储层致密化严重，喜马拉雅期裂缝系统发育有利于改造储层渗透性，为天然气运移提供通道，使天然气能运移到有效的储渗体系中聚集成藏。同时裂缝发育，在异常高压区如川西北部凹陷内也可形成裂缝型气藏。

此区影响成藏及勘探的关键：一是构造条件即寻找坳中隆；二是寻找储层发育带。

（三）前陆斜坡带成藏主控因素

前陆斜坡带位于乐山—中江—巴中断裂以东地区。前陆斜坡带沉降幅度和隆升幅度均衡，构造变形中等，保存和盖层条件较好，烃源条件类似。常形成构造气藏、构造—岩性复合气藏，是油气富集的主要区带之一。该区带已发现八角场、充西、金华、广安、包界等须家河组气藏。该区带上三叠统气藏成藏主控因素如下。

1. 有利的古今构造位置

该区带离上三叠统烃源岩的生烃中心较远，生烃强度达 $(5\sim20)\times10^8 m^3/km^2$，较前陆冲断带和前陆坳陷带差。古隆起、古斜坡、古构造鼻等具有古构造背景的地区是有利于油气的早期运聚成藏和保存的有利地区。到了喜马拉雅期，古构造被改造，裂缝相对发育，有利于油气重新调整、聚集。因此，古构造鼻叠合地区是前陆斜坡带油气运聚成藏和保存的最有利地区。

2. 有效的生储盖组合匹配

前陆斜坡带烃源条件类似，构造变形中等，天然气聚集成藏的有效生储盖组合匹配良好。相对局限的烃源优先聚集具有古构造背景的三角洲分流河道砂体等有利储集相带。白垩纪—早古近纪为主要聚集成藏期，早期形成的构造圈闭优先捕获油气并聚集成藏。晚新近纪以来为调整成藏期，喜马拉雅运动形成一系列新圈闭，并使古圈闭最终定型。由于构造缝、断层的增加，使已聚集成藏的烃类发生转移、调整和再分配，最终富集成藏。

3. 发育的裂缝是高产的关键

由于该区带构造变形较弱，古构造多处于古斜坡，现今构造较平缓。喜马拉雅期裂缝系统发育使致密化储层活化、渗透性有效改善，同时改善储层连通性，利于大面积"停止"天然气重新调整聚集成藏，气井易获高产，如八角场、充西须四段气藏在裂缝欠发育井，产能一般在 $(0.1\sim1)\times10^4 m^3/d$；岩心、成像测井、钻井等显示裂缝发育的井的产能一般 $(1\sim10)\times10^4 m^3/d$。说明裂缝的发育是前陆隆起带气井高产的重要因素。

四川盆地晚三叠世沉积时前陆斜坡带较宽，其面积相对较大，储层相对较好，是四川盆地储层物性整体较好的地区。目前已发现的气藏也较多，其可供勘探的领域仍较广。其影响成藏最主要的因素及勘探关键：一是储层即寻找优质高孔储层分布规律；二是圈闭即确定圈闭类型及含气范围。

第五章　四川盆地须家河组致密砂岩气藏成藏地质条件

第五节

天然气富集主控因素分析

在储层致密化与成藏、构造演化与储层致密化及成藏关系分析的基础上，结合单井测试产能和含气性与成藏地质要素的关系分析，明确了天然气富集主要受控于烃源灶、古今构造、相对优质储层和断裂。

一、主力烃源灶及次级烃源灶控制气藏空间展布

从已发现近源油气藏分布与烃源岩生烃强度的关系可以看出，主力烃源岩的生烃强度控制了气藏的分布，大中型气田生烃强度均大于 $20×10^8m^3/km^2$。川西坳陷大邑构造、鸭子河构造须二段含气性好，该区马鞍塘—小塘子组（T_3m+t）生烃强度高，达 $60×10^8m^3/km^2$，而须二段自身的生烃强度也达到了 $(10~20)×10^8m^3/km^2$。川西坳陷孝泉—新场—高庙子—丰谷地区的马鞍塘—小塘子组（T_3m+t）生烃强度范围在 $(15~20)×10^8m^3/km^2$ 范围内，须二段自身的生烃强度也达到了 $(10~15)×10^8m^3/km^2$，故含气性也较好。而川西坳陷中江、洛带地区的马鞍塘—小塘子组（T_3m+t）和须二段的生烃强度范围在 $(0~5)×10^8m^3/km^2$ 范围内，生烃强度较小，含气性也相对较差。

二、东西向的通源断裂和古今构造高部位叠合区是天然气富集区

对孝泉—新场—合兴场—丰谷连片及东斜坡地区的构造解释和分析表明，研究区由于受到多期次不同应力方向的挤压影响，发育了不同规模、不同期次、不同级别和不同方向的断裂。根据走向将断裂分为四种类型：东西向、北东—南西向、南北向、北西—南东向；按照断裂的分类标准可以划分为二、三、四、五、六级断裂，其中二、三、四级断裂断距相对较大，向下基本上断至雷口坡组，即二、三、四级断裂基本上断至须二段下伏的马鞍塘—小塘子组主力烃源岩。如果这些断裂形成期早于或同时于烃源岩大规模排烃期，可以作为天然气垂向运移通道，从而对天然气的富集起到控制作用。

根据不同走向断裂之间的切割关系，并结合不同构造时期区域应力场的分布，分析认为东西向断裂形成时间最早（即印支晚期），北东—南西向断裂形成较晚（即燕山中晚期），南北向和北西—南东向断裂形成最晚（喜马拉雅晚期），因此东西向和北东—南西向断裂的形成时间早于或同步于烃源岩大规模排烃期和天然气主成藏期，沟通马鞍塘—小塘子组的东西向断裂和北东—南西向断裂可以作为天然气运移的优势通道，进而对天然气的富集起到控制作用。

同时，由于北侧米仓山向南逆冲推覆，新场—合兴场地区受南北向构造应力的作用，发育东西向区域性断裂，控制东西向主体构造带的形成，进而控制了新场构造带天然气富集的范围，即"早期定型"；随后的燕山中晚期，龙门山（主要为中段）向东南逆冲推覆，新场—合兴场地区受北西—南东向构造应力的作用，发育北东—南西向断裂，并将早期定型的

东西向主体构造带调整为北东东—南西西向展布。喜马拉雅期特别是喜马拉雅晚期青藏高原向东挤出,新场—合兴场地区受东西向构造应力作用,发育南北向断裂,断裂规模较大,并横切主体构造部位,进一步改造局部构造,对有效缝发育和成藏具有重要作用。

因此,从新场构造带构造断裂发育对天然气富集的控制作用可以简单概括为"早期定型、晚期调整"。

早于主成藏期的东西向和北东—南西向断裂作为天然气运移的优势通道,控制了新场构造带的总体格局进而控制了天然气富集的范围,同时主成藏期前形成的古构造对天然气的富集也有控制作用。通过不同地质时期须二段顶面古构造图的恢复,新场构造带须二段顶面在主成藏期之前(中侏罗世末期)总体是个东倾的鼻状构造,但是在局部地区已经初步形成构造圈闭的雏形,为天然气的充注提供了有利的圈闭条件。新场构造带主成藏期古构造和现今构造图对比发现,古、今构造高部位叠合区是天然气的富集区,古构造高、今构造低的叠合区是天然气聚集有利区,而古今构造低部位叠合区是水体分布区(图5-39)。前述须二段气藏主要成藏期的研究成果表明,须二段气藏主成藏期为燕山期,印支期及燕山期形成的构造带或局部构造是与油气成藏时空匹配最有利的地带。川西坳陷中段已发现的油气藏主要分布在孝泉—丰谷古隆起上,在其上发现了孝泉、新场、合兴场、丰谷、高庙子须家河组气藏,充分反映了古隆起对油气富集的控制作用。

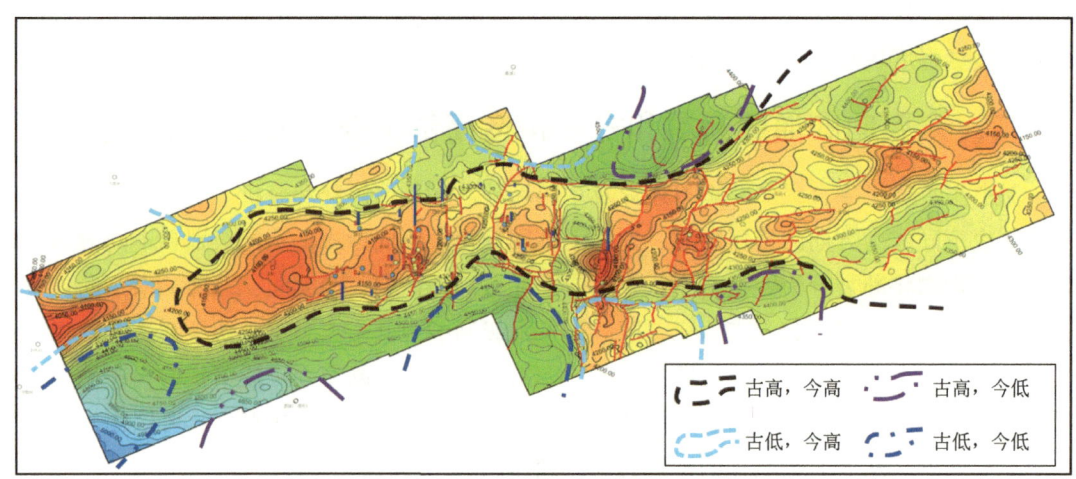

图5-39 新场构造带须二段单井测试产能与古今构造叠合关系图

三、三角洲前缘相带的高能河道砂体和溶蚀成岩相有利于油气富集

(一)三角洲前缘相带的高能河道砂体最有利于油气富集

沉积亚相对川西叠覆型致密砂岩气区油气控制作用十分明显,须二段和须四段三角洲前缘亚相比其他亚相更有利于油气聚集(图5-40),高产井沉积亚相均为三角洲前缘,米产能最高值可达$0.4×10^4m^3/d/m$;前三角洲亚相产能极低。沉积微相控油气作用也很显著,须二段和须四段产能最好的沉积微相为分流河道、河口坝以及水下分流河道,平均米产能可达到$0.2×10^4m^3/d/m$,其中河口坝所在井米产能最高,可到$0.4×10^4m^3/d/m$(图5-41)。

第五章 四川盆地须家河组致密砂岩气藏成藏地质条件

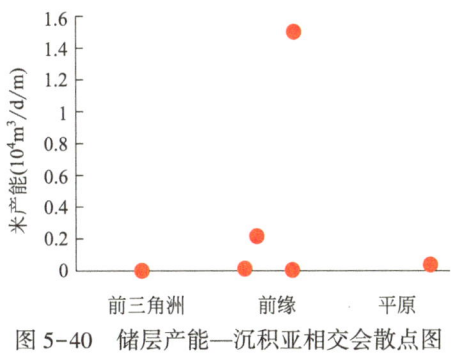

图 5-40 储层产能—沉积亚相交会散点图

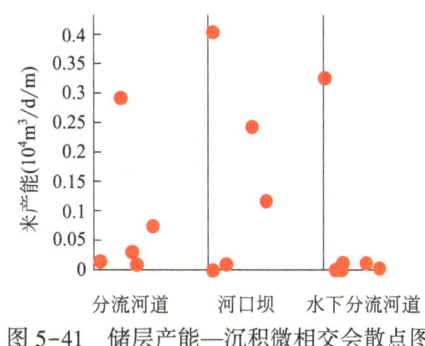

图 5-41 储层产能—沉积微相交会散点图

在相同的沉积微相条件下，有利的岩相对天然气的富集具有控制作用。新场地区须二段自然伽马测井岩性反演和含气性对比结果显示，砂岩粒度越粗有利岩相的厚度越大，含气性越好，即高能河道发育区天然气相对富集（图 5-42、图 5-43）。

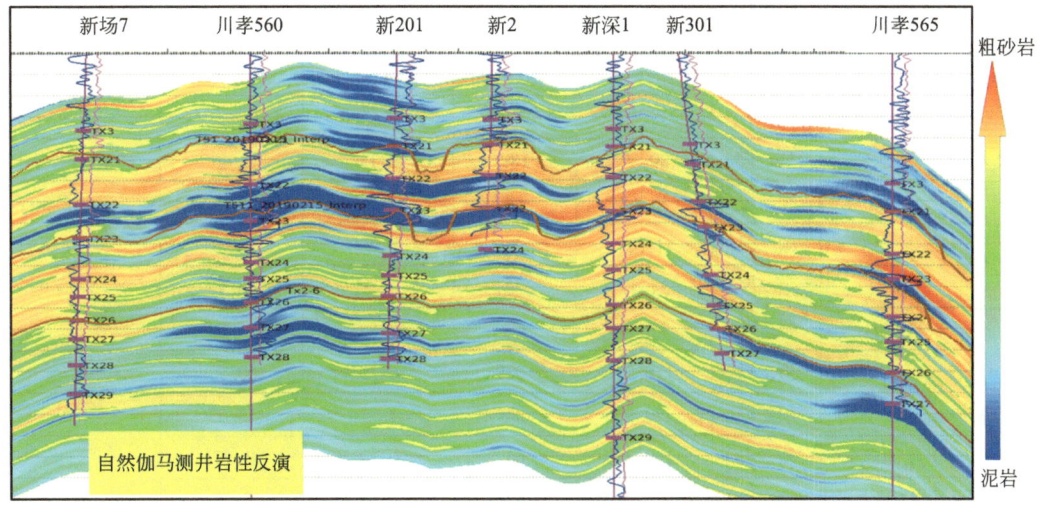

图 5-42 新场地区南北向地震自然伽马测井岩性反演剖面

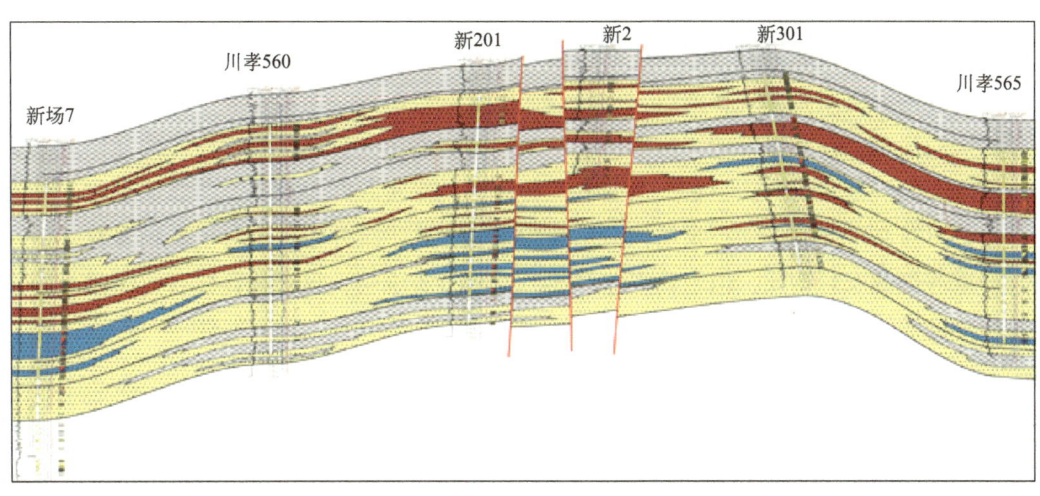

图 5-43 新场地区须二段南北气藏剖面

（二）溶蚀成岩相有利于油气富集

以川西须二段为例，须二段主要发育超强压实成岩相、破裂成岩相、强压实中溶蚀成岩相、强胶结弱溶蚀成岩相、强压实弱溶蚀成岩相和强胶结成岩相等6种成岩相类型。川西孝新合构造带、洛带地区和鸭子河地区须二段均以强压实中溶蚀成岩相、强胶结弱溶蚀成岩相等为主，储层物性好，含气性也较好。而大邑地区储层致密，但裂缝发育，以破裂成岩相为主，含气性也较好。

四、裂缝系统控制高产富集区

首先裂缝系统极大改善了储层渗流能力。对上三叠统超致密砂岩而言，储层具有超低孔渗特征，基质孔隙已基本不具备有效渗滤条件，只有经裂缝改造才能构成工业气层和形成高产。大量的勘探实际资料表明，天然气产能在许多情况下与显裂缝的发育程度呈正相关关系（表5-15），显示了裂缝对改善致密储层储渗性能的重要作用。

表5-15 川西部分构造典型井岩心裂缝线密度与产能数据表

构造部位	井号	层位	统计岩心长（m）	裂缝条数（条）	裂缝密度（条/m）	产能（$10^4 m^3/d$）	备注
大兴西	5	须二段	89.47	189	2.11	2.46	产水63.35m^3/d
中坝	3	须二段	18.68	54	2.9	16.37	产油7.3t/d
九龙山	9	须二段	13.5	8	0.593	4.03	产水9m^3/d
	13	须二段	34.47	72	1.922	15.94	
平落坝	1	须二段	97.84	377	3.85	35.03	
	2	须二段	176.94	1089	6.15	60.77	
	3	须二段	220.56	686	3.11	13.03	—
	5	须二段	199.31	64	0.32	1.73	
	2	须四段	22.75	83	3.65	22.6	
合兴场	127	须二段	66.97	294	4.39	7.823	—

其次，Ⅱ—Ⅲ级断层发育区往往显裂缝系统发育，易于富集高产。断层对深层须家河组气藏建设性的方面主要体现在两点：一是沟通下伏的烃源岩，使须二段、须四段成藏；二是伴随断层的活动，在断层带的两侧形成了一系列的裂缝，改善储层的物性，沟通储集渗滤空间，使得天然气富集高产。但是，川西上三叠统的勘探实践同时表明，并非显裂缝系统发育的部位都可获高产气流，如石泉场构造钻探的多口深井，录井中显示自生矿物发育、钻井液漏失严重等裂缝发育特征，但未获工业产能。这些事实说明，只有叠合在有效圈闭上的显裂缝系统才是油气高产的富集部位。

第六章

四川盆地须家河组有利勘探区带预测

川中地区须家河组油气成藏包括烃源、储集、运移、聚集和保存等内容，只要具备这些条件，就可以形成不同规模的油气藏。有利油气区带的富集条件主要包括有利的储集相带、有效厚度较大的储层、古圈闭背景、盖层良好的圈闭和成藏期。根据储层对比、测井预测和部分地震预测成果，综合油气成藏地质条件分析以及区内勘探现状确定有利勘探区块划分标准，在此基础上讨论各段有利区块的分布。综合考虑沉积微相、成岩相、构造特征、烃源、油气运移指向五方面因素，重点考虑沉积微相因素，划分出两类勘探区。Ⅰ类最有利勘探区：Ⅰ类有利沉积微相区，Ⅰ、Ⅱ类成岩相发育区，构造高部位、局部圈闭、断裂发育带，持续油气运移指向区。Ⅱ类较有利勘探区：Ⅱ类有利沉积微相区，Ⅰ、Ⅱ类溶蚀相带发育区，构造高部位、局部圈闭、断裂发育带，油气运移指向区。根据上述因素，须家河组整体考虑，综合评价出Ⅰ类区1个，Ⅱ类区1个（图6-1、图6-2）。

图6-1 核心建产区须三下亚段有利勘探区带预测图

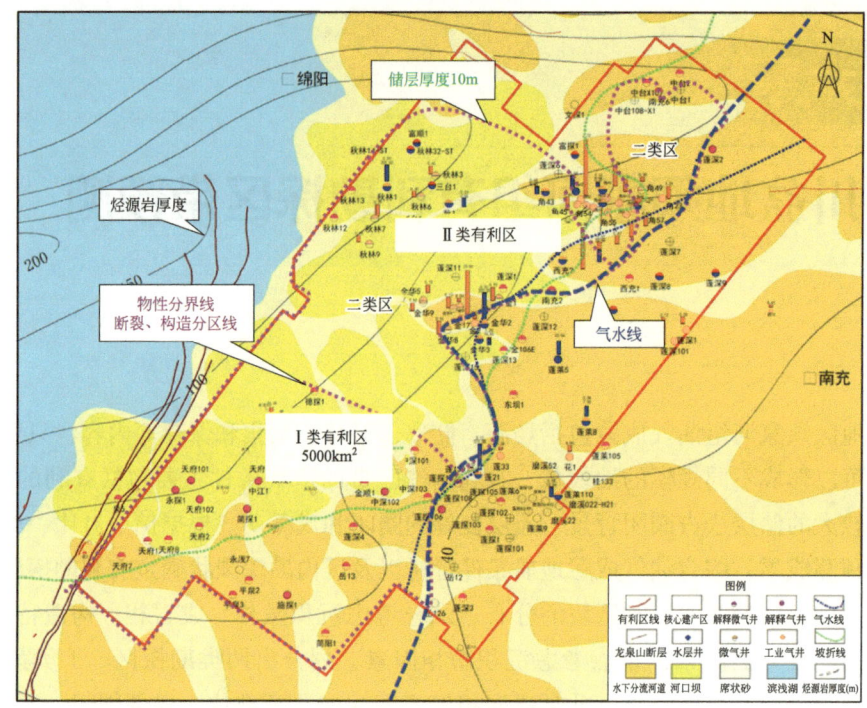

图 6-2　核心建产区须四段有利勘探区带预测图

其中Ⅰ类区主要分布在核心建产区以南的天府地区，其中须三下亚段和须四段为主力目的层系，有利区面积 5000km²，整体含气性好，成藏条件优越，适合立体勘探，探索须三下亚段和须四段坡折之下致密砂岩气勘探潜力及含气性，近期，永浅1井、永浅104井和天府101井等均获得突破，进一步证实了该领域勘探潜力大。川中核心建产区以北综合评价为Ⅱ类有利区，整体勘探程度低，处于构造高部位，油气显示活跃，秋林218-X1井获高产气流，证实该领域也具有较大的勘探潜力，可作为天府地区之后的又一勘探后备区。

在沉积相研究、优质储层研究、成岩相研究基础上，综合考虑储层各类影响因素，结合沉积相平面图、优势储层平面分布图、孔隙度分布图、成岩相平面分布图以及砂体厚度对川中—川西须三下亚段、须四段有利区进行预测。

综合以上基础图件，认为研究区须三下亚段Ⅰ类有利储层有两种组合关系：第一种发育在构造高部位，成岩相为溶蚀相，沉积微相为河口坝或水下分流河道；第二种发育在构造高部位，成岩相为绿泥石胶结相，沉积微相为河口坝或水下分流河道。Ⅱ类储层发育在构造低部位，成岩相为绿泥石胶结相，沉积微相为河口坝或水下分流河道。将以上各类储层特征在平面图上进行叠合，最终确定研究区须三下亚段各类有利区分布范围（图6-3）。

须四段Ⅰ类有利储层有两种组合关系：第一种发育在构造高部位，成岩相为溶蚀相，沉积微相为河口坝或水下分流河道；第二种发育在构造高部位，成岩相为绿泥石胶结相，沉积微相为河口坝或水下分流河道。Ⅱ类储层发育在构造低部位，成岩相为绿泥石胶结相，沉积微相为河口坝或水下分流河道。将以上各类储层特征在平面图上进行叠合，最终确定研究区须四段各类有利区分布情况（图6-4）。

第六章 四川盆地须家河组有利勘探区带预测

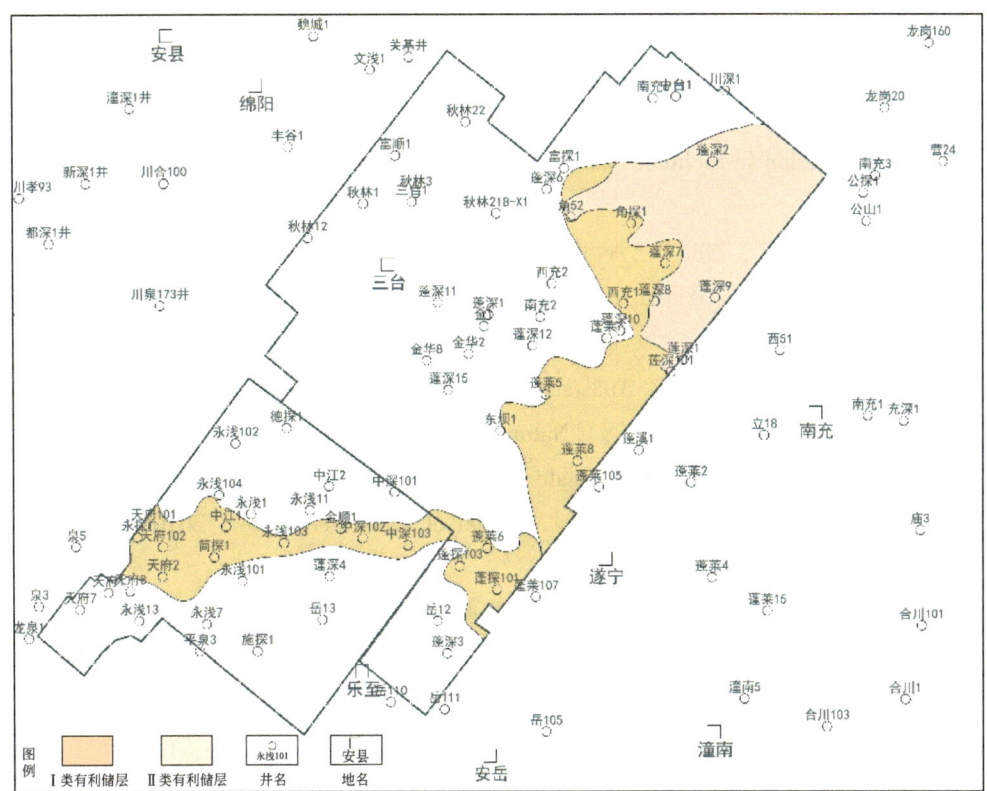

图 6-3 研究区须三下亚段有利区预测

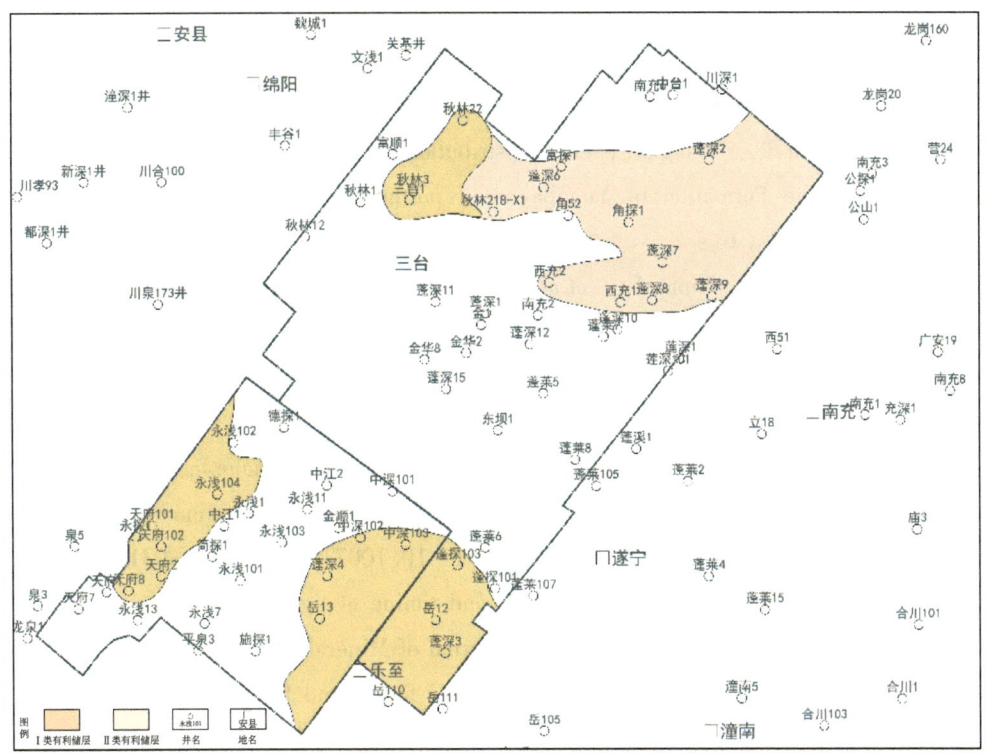

图 6-4 研究区须四段有利区预测

参 考 文 献

[1] Zhu R., Xia Z., Liu L., et al. Depositional system and favorable reservoir distribution of Xujiahe Formation in Sichuan Basin [J]. Petroleum Exploration & Development, 2009, 36 (1): 46-55.

[2] Zheng R., Dai C., Zhu R., et al. Sequence-based Lithofacies and Paleogeographic Characteristics of Upper Triassic Xujiahe Formation in Sichuan Basin [J]. Geological Review, 2009.

[3] Xie J., Guohui LI, Tang D. Analysis of provenance-supply system of Upper Triassic Xujiahe Formation, Sichuan Basin [J]. Natural Gas Exploration & Development, 2006.

[4] Xu Z., Wang Z., Hu S. Paleoclimate during depositional period of the Upper Triassic Xujiahe Formation in Sichuan Basin [J]. Journal of Palaeogeography, 2010, 12 (4): 415-424.

[5] Xie Z., Jian LI, Zhisheng LI, et al. Geochemical Characteristics of the Upper Triassic Xujiahe Formation in Sichuan Basin, China and its Significance for Hydrocarbon Accumulation [J]. Acta Geologica Sinica English Edition, 2017, 91 (5).

[6] Chen, H., Zhu, M., Chen, S., Xiao, A., Jia, D., & Yang, G. (2020). Basin-orogen patterns and the late Triassic foreland basin conversion process in the western Yangtze Block, China. Journal of Asian Earth Sciences, 194, 104311. https://doi.org/10.1016/j.jseaes.2020.104311.

[7] Luo, Liang, JIA, et al. Tectono-sedimentary Evolution of the Late Triassic Xujiahe Formation in the Sichuan Basin [J]. Acta Geologica Sinica-English Edition, 2013.

[8] Huang Y., Lin T., Wang A., et al. Distribution prediction of theglutenite in Member 3 of Triassic Xujiahe Formation in Yuanba area, northern Sichuan Basin [J]. Petroleum research, 2022, 7 (1): 8.

[9] Chen D., Pang X., Xiong L., et al. Porosity evolution in tight gas sands of the Upper Triassic Xujiahe Formation, western Sichuan basin, China [J]. Universidad Nacional Autónoma de México, 2014 (3).

[10] Tan, X., Xia, Q., Chen, J., Li, L., Liu, H., Luo, B., Xia, J., & Yang, J. (2013). Basin-scale sand deposition in the Upper Triassic Xujiahe formation of the Sichuan Basin, Southwest China: Sedimentary framework and conceptual model. Journal of Earth Science, 24 (1), 89-103. https://doi.org/10.1007/s12583-013-0312-7.

[11] Zhang S. N. Discussion on the diagenesis and timing of tight sandstone reservoir inXujiahe Formation, western Sichuan Basin [J]. Journal of Mineralogy and Petrology, 2009.

[12] Guangcheng HU, Bao Z. Sedimentary facies of fourth and fifth members of upper Triassic Xujiahe formation, Sichuan basin [J]. Journal of Liaoning Technical University (Natural Science), 2008.

[13] Li W., Qin S., Hu G. Long-distance lateral migration and accumulation of water-solved natural gas in the Xujiahe Formation, Sichuan Basin [J]. Natural Gas Industry, 2012.

[14] Jin H., Zhang J., Shiyu M. A. Trace fossils and sedimentary environment of the Upper Triassic Xujiahe Formation in Sichuan Basin [J]. Lithologic Reservoirs, 2013.

[15] 李华启. 四川盆地西部上三叠统须家河组层序地层学及沉积体系研究 [D]. 广州: 中科院广州地化所, 2003.

[16] 罗启后. 再论水进型三角洲——兼论四川盆地须家河组巨厚砂层成因 [J]. 沉积学报, 2015, 33 (5): 10.

[17] 朱如凯, 赵霞, 刘柳红, 等. 四川盆地须家河组沉积体系与有利储集层分布 [J]. 石油勘探与开发, 2009 (1): 10.

[18] 张健, 李国辉, 谢继容, 等. 四川盆地上三叠统划分对比研究 [J]. 天然气工业, 2006, 26 (1): 12-15.

[19] 谢继容, 张健, 李国辉, 等. 四川盆地须家河组气藏成藏特点及勘探前景 [J]. 西南石油大学学报: 自然科学版, 2008.

[20] 郑荣才, 戴朝成, 朱如凯, 等. 四川类前陆盆地须家河组层序—岩相古地理特征 [J]. 地质论评, 2009, 55 (4): 484-495.

[21] 谢继容, 李国辉, 唐大海. 四川盆地上三叠统须家河组物源供给体系分析 [J]. 天然气勘探与开发, 2006, 29 (4): 4.

[22] 张响响, 邹才能, 陶士振, 等. 四川盆地广安地区上三叠统须家河组四段低孔渗砂岩成岩相类型划分及半定量评价 [J]. 沉积学报, 2010 (1): 8.

[23] 蒋裕强, 陶艳忠, 沈妍斐, 等. 对川中地区上三叠统须家河组二、四、六段砂岩沉积相的再认识 [J]. 天然气工业, 2011, 31 (9): 39-50.

[24] 郑荣才, 戴朝成, 罗清林, 等. 四川类前陆盆地上三叠统须家河组沉积体系 [J]. 天然气工业, 2011.

[25] 郑荣才, 李国晖, 雷光明, 等. 四川盆地须家河组层序分析与地层对比 [J]. 天然气工业, 2011, 31 (6): 12-20.

[26] 申艳, 谢继容, 唐大海. 四川盆地中西部上三叠统须家河组成岩相划分及展布 [J]. 天然气勘探与开发, 2006, 29 (3): 5.

[27] 施振生, 金惠, 郭长敏, 等. 四川盆地上三叠统须二段测井沉积相研究 [J]. 天然气地球科学, 2008, 19 (3): 8.

[28] 郑荣才, 叶泰然, 翟文亮, 等. 川西坳陷上三叠统须家河组砂体分布预测 [J]. 石油与天然气地质, 2008, 29 (3): 8.

[29] 施振生, 王秀芹, 吴长江. 四川盆地上三叠统须家河组重矿物特征及物源区意义 [J]. 天然气地球科学, 2011, 22 (4).

[30] 徐兆辉, 汪泽成, 胡素云, 等. 四川盆地上三叠统须家河组沉积时期古气候 [J]. 古地理学报, 2010, 12 (4): 10.

[31] 叶泰然, 李书兵, 吕正祥, 等. 四川盆地须家河组层序地层格架及沉积体系分布规

律探讨 [J]. 天然气工业, 2011, 31 (9): 7.

[32] 李雅倩. 晚三叠世川东北盆地须家河组二段沉积物源分析 [D]. 北京: 中国地质大学 (北京), 2020.

[33] 章轩玮. 四川盆地西部地区上三叠统层序地层格架研究 [D]. 北京: 中国地质大学 (北京), 2019.

[34] 地质矿产部西南石油地质局. 四川盆地碎屑岩油气地质图集 [M]. 成都: 四川科学技术出版社, 1996.

[35] 刘宝珺, 李文汉. 层序地层学研究与应用 [M]. 成都: 四川科学技术出版社, 1994.

[36] 田景春, 陈高武, 张翔, 等. 沉积地球化学在层序地层分析中的应用 [J]. 成都理工大学学报 (自然科学版), 2006, 33 (1): 30-35.

[37] 覃建雄, 陈洪德, 田景春. 层序地层作为沉积盆地识别标志的研究 [J]. 古地理学报, 2001, 3 (2): 72-81.

[38] 刘宝珺. 沉积岩石学 [M]. 北京: 地质出版社, 1980: 23-46.

[39] 曾允孚, 夏文杰. 沉积岩石学 [M]. 北京: 地质出版社, 1990: 24-56.

[40] 李爱国, 杨天泉, 易海永, 等. 大巴山前缘地区上三叠统地层划分与对比 [J]. 天然气勘探与开发, 2004: 27 (1): 4-7.

[41] 李华启. 四川盆地西部上三叠统须家河组层序地层学及沉积体系研究 [D]. 广州: 中国科学院广州地球化学研究所, 2003.

[42] 丘东洲. 四川盆地西部坳陷晚三叠—早白垩世地层沉积相 [J]. 四川地质学报, 2000, 20 (3): 161-170.

[43] 徐强, 朱同兴, 牟传龙. 川西晚三叠世—晚侏罗世层序岩相古地理编图 [J]. 西南石油学院学报, 2001, 23 (1): 1-4.

[44] 张健, 李国辉, 谢继容, 等. 四川盆地上三叠统划分对比研究 [J]. 天然气工业, 2006, (1): 12-15.

[45] 刘宝珺, 曾允孚. 岩相古地理基础及工作方法 [M]. 北京: 地质出版社, 1985: 20-45.

[46] 高红灿, 郑荣才, 柯光明, 等. 川东北前陆盆地须家河组层序—岩相古地理特征 [J]. 沉积与特提斯地质, 2005, 25 (3): 38-45.

[47] 李勇, 孙爱珍. 龙门山造山带构造地层学研究 [J]. 地层学杂志, 2000, 24 (3): 201-202.

[48] 林良彪. 川西前陆盆地上三叠统须家河组沉积相及岩相古地理演化 [D]. 成都: 成都理工大学, 2005.

[49] 毛琼, 邹光富, 郑荣才, 等. 四川龙门山前陆盆地上三叠统小塘子组、须家河组高分辨率层序地层学特征 [J]. 资源与产业, 2006, 8 (2): 119-124.

[50] 叶黎明, 陈洪德, 胡晓强, 等. 川西前陆盆地须家河期高分辨率层序格架与古地理演化 [J]. 地层学杂志, 2006, 30 (1): 87-94.

[51] 张贵生, 何鲤. 川西坳陷上三叠统层序地层对比研究 [J]. 天然气工业, 2005, 25

(4).

[52] 张晓鹏，李剑波，姜平，等．四川盆地上三叠统至第三系构造层序岩相古地理研究及编图研究报告［R］．中石化西南分公司，2005．

[53] 邹光富，夏彤，楼雄英．四川广元地区上三叠统小塘子组、须家河组层序地层研究［J］．沉积与特提斯地质，2003，23（3），73-80．

[54] 郑荣才．高分辨率层序地层学（内部教材）［D］．成都：成都理工大学，2005．

[55] 王金琪．龙门山印支运动主幕辨析——再论安县造山运动［J］．四川地质学报，2003，23（2）：1-2．

[56] 田景春，陈洪德，覃建雄，等．层序-岩相古地理图及其编制［J］．地球科学与环境学报，2004，26（1）：6-12．

[57] 刘树根，罗志立，赵锡奎，等．龙门山造山带—川西前陆盆地系统形成的动力学模式及模拟研究［J］．石油实验地质，2003，25（5）：432-438．

[58] 刘树根，徐国盛，李巨初，等．龙门山造山带—川西前陆盆地系统的成山成盆成藏动力学［J］．成都理工大学学报（自然科学版），2003，30（6）：559-566．

[59] 刘树根，徐国盛，徐国强，等．四川盆地天然气成藏动力学初探［J］．天然气地球科学，2004，15（4）：323-330．

[60] 高红灿，郑荣才，叶泰然，等．德阳须家河组四段沉积相特征与砂体分布规律［J］．沉积与特提斯地质，2007，27（2）：71-78．

[61] 陈洪德，田海芹，田景春．中国南方中—新生代构造—层序岩相古地理研究及编图［R］．成都理工大学沉积地质研究院，2006．

[62] 冯增昭．单因素分析综合作图法—岩相古地理学方法论［J］．沉积学报，1992，10（3）：70-77．

[63] 冯增昭，王英华，刘焕杰，沙庆安，王德发．中国沉积学［M］．北京：石油工业出版杜，1994：662-685．

[64] 梁恩宇．四川盆地上三叠统的划分对比及有关几个地壳运动界面的讨论［J］．石油与天然气地质，1980，1（1）：56-68．

[65] 何鲤．四川盆地上三叠统地震地层划分与对比方案［J］．石油与天然气地质，1989，10（4）：439-446．

[66] 朱仕军，黄继详．川中—川南过渡带香溪群地层划分与对比［J］．西南石油学院学报，1996，18（2）：1-7．

[67] 侯中健，陈洪德，田景春，等．层序岩相古地理编图在岩相古地理分析中的应用［J］．成都理工学院学报，2001（28）（4）：376-382．

[68] 王鸿祯．中国古地理图集［M］．北京：地图出版社，1985．

[69] Alpana Bhatt and Hans B. Helle. Porosity, permeability and TOC prediction from well logs using a neural network approach. EAGE, 1999, 5：7-11.

[70] Lorant F., Behar F., Vandenbroucke M. Methane generation from methylated aromatics：kinetic study and carbon isotope modeling［J］. Energy and Fuels, 2000, 14（6）：1143-

1155.

[71] Passey, QR, Creaney, S., Kulla, JB, Moretti, FJ, Stroud, JD. A Practical Model For Organic Richness From Porosity and Resistivity Logs. AAPG, 1990, 174 (12).

[72] Patience R. Where did all the coal gas go [J]. Organic Geochemistry, 2003, 34, 375-387.

[73] Pittman E. D., Larese R. E. Compaction of lithic sands: experimental results and applicatins [J]. AAPG, 1991, 75: 1279-1299.

[74] Read, J. F. Carbonate Platforms Of Passive (Extensional) Continental Margins: Types, Characterics And Evolution [J]. Tectonophys, 1982, 81: 195-212.

[75] 陈建平, 赵长毅. 煤系有机质生烃潜力评价标准探讨 [J]. 石油勘探与开发, 1997, 24 (1): 1-5.

[76] 段勇, 马华灵, 蓝贵, 等. 川西北部地区上三叠统—侏罗系油气富集条件研究与有利勘探目标选择 [R]. 西南油气田分公司西南油田, 2005.

[77] 段勇, 张本健, 张玲玲. 川西地区上三叠统天然气有利勘探区带与目标优选评价研究 [R]. 西南油气田分公司西南油田, 2006.

[78] 张敏, 黄光辉, 李洪波, 等. 四川盆地上三叠统须家河组气源岩分子地球化学特征—海侵事件的证据 [J]. 中国科学: 地球科学, 2013, 43 (1): 72-80.

[79] 周启伟, 李勇, 汪正江, 等. 龙门山前陆盆地南段须家河组页岩有机地球化学特征 [J]. 岩性油气藏, 2016, 28 (6): 45-51.

[80] 冯林杰, 蒋裕强, 曹脊翔, 杨长城, 宋林珂. 川中北部须家河组烃源岩测井解释及评价 [J]. 西南石油大学学报 (自然科学版), 2023, 45 (4): 31-42.

[81] 兰大樵, 李跃纲, 蓝贵, 等. 川西北地区须家河组高压气藏形成机理研究 [R]. 西南油气田分公司西南油田, 2003.

[82] 兰大樵, 蓝贵, 王应蓉, 等. 川西梓潼—九龙山地区上三叠统成藏条件研究 [R]. 西南油气田分公司西南油田, 2007.

[83] 兰大樵, 杨华, 杨毅, 等. 川西北低缓构造带须家河组油气富集条件研究 [R]. 西南油气田分公司西南油田, 2010.

[84] 杜春国, 郝芳, 张树林, 等. 川东北宣汉—达县地区地层剥蚀厚度恢复 [J]. 煤田地质与勘探, 2006, 34 (4): 1-5.

[85] 李军, 郭彤楼, 邹华耀, 等. 四川盆地北部上三叠统须家河组煤系烃源岩生烃史 [J]. 天然气工业, 2012, 32 (3): 25-28.

[86] 王玲辉, 叶素娟, 杨映涛, 等. 川西坳陷须家河组第三段烃源岩再认识及勘探潜力评价 [J]. 成都理工大学学报 (自然科学版), 2022, 49 (6): 709-718.

[87] 秦建中. 中国烃源岩 [M]. 北京: 科学出版社, 2005: 254-300.

[88] 李吉君, 崔会英, 卢双舫, 等. 川中广安地区须家河组煤系烃源岩生气特征 [J]. 吉林大学学报 (地球科学版), 2010, 40 (2): 273-278.

[89] 候强, 李延飞, 周瑶, 等. 川西坳陷须家河组须三段烃源岩地化特征 [J]. 天然气技术与经济, 2014, 8 (2): 5-8.

[90] 张道伟,杨雨.四川盆地陆相致密砂岩气勘探潜力与发展方向[J].天然气工业,2022,42(1):1-11.

[91] 孙少川,国殿斌,李令喜,等.四川盆地大地热流特征及热储系统类型[J].天然气工业,2022,42(4):21-34.

[92] 杨阳,王顺玉,黄羚,等.川中—川南过渡带须家河组烃源岩特征[J].天然气工业,2009,29(6):27-30.

[93] 王世谦,罗启后,张华义,等.四川盆地油气资源评价研究[R].中国石油西南油气田分公司勘探开发研究院,2002.

[94] 王旭丽,裴森奇,杨毅.川西北部地区须家河组气藏类型及勘探目标评选[R].西南油气田分公司西南油田,2012.

[95] 彭金宁,罗开平,刘光祥,等.四川盆地热演化异常成因及热场演化特征分析[J].石油实验地质,2018,40(5):605-612.

[96] 陈东霞,黄小惠,李林涛,等.川西坳陷上三叠统烃源岩排烃特征与排烃史[J].天然气工业,2010,30(5):41-45.

[97] 马立元,周总瑛.川西坳陷中段上三叠统须家河组天然气资源潜力分析[J].天然气地球科学,2009,20(5):730-737.

[98] 李松峰,毕建霞,曾正清,等.普光地区须家河组烃源岩地球物理预测[J].断块油气田,2015,22(6):705-716.

[99] 杨怀,李忠惠.从古热流值和剥蚀量的研究来判断地热的发育——以四川盆地川合100井为例[J].四川地质学报,2004,24(3):180-184.

[100] 郑定业,庞雄奇,张可,等.四川盆地上三叠统须家河组油气资源评价[J].特种油气藏,2017,24(4):67-72.

[101] 吴小奇,陈迎宾,赵国伟,等.四川盆地川西坳陷新场气田上三叠统须家河组五段烃源岩评价[J].天然气地球科学,2017,28(11):1714-1722.

[102] 赵正望,谢继容,李楠,等.四川盆地须家河组须一、三、五段天然气勘探潜力分析[J].天然气工业,2013,33(6):23-28.

[103] 王小娟,王昌勇,陈小二,等.川西川中地区上三叠统地层对比及沉积充填特征[J].沉积学报,2021.8,网络首发.

[104] Jiongfan Wei, Jingong Zhang, Zishu Yong. Characteristics of Tight Gas Reservoirs in the Xujiahe Formation in the Western Sichuan Depression: A Systematic Review[J]. Energies, 2024, Vol. 17(3): 587.

[105] Peng Huang, Mingjie Liu, Bo Cao, Yin Ren, Xiucheng Tan, Wei Zeng, Chengbo Lian. Formation mechanism of carbonate cement in tight sandstone reservoirs in the depression zone of foreland basin and its impact on reservoir heterogeneity: The upper Triassic Xujiahe Formation in Western Sichuan foreland basin, China[J]. Marine and Petroleum Geology, 2024, Vol. 167: 106971.

[106] Wang Jianchao, Yu Yu, Lin Liangbiao, Deng Yuwei, Nan Fanchi. Influencing Factors of

Mobile Fluid Saturation in the Tight Sandstone Reservoir in the 4th Member of Xujiahe Formation (T_3jc^4), Western Sichuan Basin [J]. Kuangwu Yanshi/Journal of Mineralogy and Petrology, 2023, Vol. 43 (2): 95-107.

[107] Zhao Zhengwang, Zhang Hang, Zhang Xiaoli, Zeng Lingping. Geological characteristics and gas accumulation pattern of tight gas reservoirs in the Upper Triassic Xujiahe Formation in northeastern Sichuan Basin [J]. China Petroleum Exploration, 2023, Vol. 28 (3): 121-131.

[108] 郑超, 金值民, 曹正林, 刘敏, 赵正望, 白桦, 袁纯, 杨强, 王宇峰, 林良彪, 余瑜, 南凡驰. 川中—川西过渡带须家河组致密砂岩储层特征差异及优质储层形成机制 [J]. 矿物岩石, 2024, 44 (3): 152-164.

[109] 叶素娟, 杨映涛, 张玲. 四川盆地川西坳陷上三叠统须家河组三段和五段"甜点"储层特征及分布 [J]. 石油与天然气地质, 2021, 42 (4): 829-840, 862.

[110] 李王鹏, 刘忠群, 胡宗全, 金武军, 李朋威, 刘君龙, 徐士林, 马安来. 四川盆地川西坳陷新场须家河组二段致密砂岩储层裂缝发育特征及主控因素 [J]. 石油与天然气地质, 2021, 42 (4): 884-897, 1010.

[111] 林良彪, 余瑜, 南红丽, 陈洪德, 刘磊, 吴冬, 王志康. 四川盆地川西坳陷上三叠统须家河组四段储层致密化过程及其与油气成藏的耦合关系 [J]. 石油与天然气地质, 2021, 42 (4): 816-828.

[112] 雷越, 黄嵌, 王旭丽, 杨涛, 田云英, 李洪林, 汤潇, 刘柏. 川西北地区须家河组二段致密砂岩储层特征及其主控因素 [J]. 特种油气藏, 2023, 30 (5): 50-57, 66.

[113] 唐大海, 谭秀成, 涂罗乐, 曾青高, 刘四兵, 刘海亮, 刘文. 川中—川西过渡带沙溪庙组第二段致密砂岩储层物性控制因素及孔隙演化 [J]. 成都理工大学学报 (自然科学版), 2020, 47 (4): 460-471.

[114] 王亚男, 林良彪, 余瑜, 李晔寒, 郭炎, 邓小亮. 川西坳陷须家河组第四段致密砂岩高岭石及其对储层物性的影响 [J]. 成都理工大学学报 (自然科学版), 2019, 46 (3): 354-362.

[115] 罗龙, 高先志, 孟万斌, 谭先锋, 冯明石, 邵恒博. 深埋藏致密砂岩中相对优质储层形成机理——以川西坳陷新场构造带须家河组为例 [J]. 地球学报, 2017, 38 (6): 930-944.

[116] 林小兵, 刘莉萍, 田景春, 彭顺风, 杨辰雨, 苏林. 川西坳陷中部须家河组五段致密砂岩储层特征及主控因素 [J]. 石油与天然气地质, 2014, 35 (2): 224-230.

[117] 王剑超, 林良彪, 余瑜, 南凡驰, 刘冯斌, 郑见超, 苏加亮, 刘思雨. 川西坳陷上三叠统须家河组致密砂岩储层沥青Re-Os同位素年龄及其地质意义 [A]. 第十七届全国古地理学及沉积学学术会议 [C], 2023-08-11.

[118] 苏加亮, 林良彪, 余瑜, 王志康, 李晔寒. 川西新场地区上三叠统须家河组二、四段物源及储层特征差异对比研究 [J]. 沉积学报, 2023, 41 (5): 1451-1467.

[119] 苏亦晴，杨威，金惠，王志宏，崔俊峰，朱秋影，武雪琼，白壮壮．川西北地区三叠系须家河组深层储层特征及主控因素［J］．岩性油气藏，2022，34（5）：86-99．

[120] 岳亮，孟庆强，刘自亮，杨威，金惠，沈芳，张军建，刘四兵．致密砂岩储层物性及非均质性特征——以四川盆地中部广安地区上三叠统须家河组六段为例［J］．石油与天然气地质，2022，43（3）：597-609．

[121] 库丽曼，刘树根，朱平，等．成岩作用对致密砂岩储层物性的影响［J］．天然气工业，2007，27（1）．

[122] 蒋裕强，郭贵安，陈义才，等．川中地区须家河组天然气成藏机制研究［J］．天然气工业，2006，26（11）．

[123] 孙红杰，刘树根，朱平，等．川中上三叠统须家河组二段和四段成岩作用对孔隙发育的控制作用［J］．中国西部油气地质，2006，2（3）．

[124] 刘晓旭，胡勇，朱斌，等．低渗砂岩气藏储层物性与孔喉结构分析［J］．中外能源，2006，11（6）．

[125] 徐伟，杨洪志，陈中华．广安地区须六段气藏特征及开发策略［J］．天然气工业，2007，27（6）．

[126] 关文均，郭新江，智慧文．四川盆地新场气田须家河组二段储层评价［J］．矿物岩石，2007，27（4）．

[127] 张莉，舒志国，何生，陈绵琨，伍宁南，杨锐．川东建南地区须家河组储层特征及其差异演化过程［J］．地球科学，2021，46：3139-3156．

[128] 孙海涛，钟大康，王威，王爱，杨烁，杜红权，唐自成，周志恒．四川盆地马路背地区上三叠统须家河组致密砂岩储层成因分析［J］．沉积学报，2021，39（5）：1057-1067．

[129] 蒋有录，李明阳，王良军，刘景东，曾韬，赵承锦．川东北巴中—通南巴地区须家河组致密砂岩储层裂缝发育特征及控制因素［J］．地质学报，2020，94（5）：1525-1537．

[130] 曹正林，张本健，杨荣军，马华灵，钟海，胡欣，邱玉超，郑超，邓宾．川西地区上三叠统须家河组全油气系统成藏模式新认识［J］．天然气工业，2023，43（11）：40-53．

[131] 唐大海，谭秀成，王小娟，梁菁，涂罗乐，吴长江．四川盆地须家河组致密气藏成藏要素及有利区带评价［J］．特种油气藏，2020，27（3）：40-46．

[132] 赵正望，张航，张晓丽，曾令平．川东北地区上三叠统须家河组致密气成藏地质特征及成藏模式［J］．中国石油勘探，2023，28（3）：121-131．

[133] 黄澜，代宗仰．致密砂岩气藏成藏机理及主控因素——以五宝场—黄龙场地区须家河组为例［J］．化工设计通讯，2023，49（3）：149-151．

[134] 李军，胡东风，邹华耀，李平平．四川盆地元坝—通南巴地区须家河组致密砂岩储层成岩—成藏耦合关系［J］．天然气地球科学，2016，27（7）：1164-1178．

[135] 尚长健，朱振宏，欧光习，王君，楼章华．川西坳陷中段须家河组致密砂岩气藏成

藏模式探讨[J]. 浙江大学学报（理学版），2016，43（5）：580-586.

[136] 赵文智，卞从胜，徐春春，王红军，王铜山，施振生. 四川盆地须家河组须一、三和五段天然气源内成藏潜力与有利区评价[J]. 石油勘探与开发，2011，38（4）：385-393.

[137] 李伟，秦胜飞，胡国艺，公言杰. 水溶气脱溶成藏——四川盆地须家河组天然气大面积成藏的重要机理之一[J]. 石油勘探与开发，2011，38（6）：662-670.

[138] 张水昌，米敬奎，刘柳红，陶士振. 中国致密砂岩煤成气藏地质特征及成藏过程——以鄂尔多斯盆地上古生界与四川盆地须家河组气藏为例[J]. 石油勘探与开发，2009，36（3）：320-330.

[139] 唐立章，张贵生，张晓鹏，安凤山. 川西须家河组致密砂岩成藏主控因素[J]. 天然气工业，2004，24（9）：5-7.

[140] 谢继容，张健，李国辉，唐大海，彭军. 四川盆地须家河组气藏成藏特点及勘探前景[J]. 西南石油大学学报（自然科学版），2008，（6）：40-44，205.

[141] 吴铬，李华昌. 川西坳陷孝泉—丰谷构造带须家河组气藏成藏机制研究[J]. 成都理工学院学报，2002，（2）：161-167.

[142] 王威，凡睿，黎承银，屈大鹏，张腊梅，苏克露. 川东北地区须家河组"断缝体"气藏有利勘探目标和预测技术[J]. 石油与天然气地质，2021，42（4）：992-1001.

[143] 李伟，王雪柯，赵容容，唐大海，尹宏，裴森奇. 川西前陆盆地上三叠统须家河组致密砂岩气藏超压体系形成演化与天然气聚集关系[J]. 天然气工业，2022，42（1）：25-39.

[144] 刘君龙，胡宗全，刘忠群，金武军，肖开华，毕有益，李吉通. 四川盆地川西坳陷新场须家河组二段气藏甜点模式及形成机理[J]. 石油与天然气地质，2021，42（4）：852-862.

[145] 刘殊，任兴国，姚声贤，刘子平，甯濛，王信，黄小惠. 四川盆地上三叠统须家河组气藏分布与构造体系的关系[J]. 天然气工业，2018，38（11）：1-14.

[146] 郑和荣，刘忠群，徐士林，刘振峰，刘君龙，黄志文，黄彦庆，石志良，武清钊，范凌霄，高金慧. 四川盆地中国石化探区须家河组致密砂岩气勘探开发进展与攻关方向[J]. 石油与天然气地质，2021，42（4）：765-783.

[147] 谢增业，杨春龙，李剑，金惠，王小娟，郝翠果，张璐，国建英，郝爱胜. 致密砂岩气藏充注模拟实验及气藏特征——以川中地区上三叠统须家河组砂岩气藏为例[J]. 天然气工业，2020，40（11）：31-40.

[148] 田杨，朱宏权，叶素娟，卓俊驰，谢锐杰，熊剑文. 川西坳陷源内油气成藏主控因素及模式：以孝泉—丰谷构造带须家河组五段为例[J]. 地球科学，2021，46：2494-2506.

[149] 赵正望，唐大海，王小娟，陈双玲. 致密砂岩气藏天然气富集高产主控因素探讨——以四川盆地须家河组为例[J]. 天然气地球科学，2019，30（7）：963-972.

[150] 谢增业，杨春龙，李剑，张璐，国建英，金惠，郝翠果．四川盆地致密砂岩天然气成藏特征及规模富集机制——以川中地区上三叠统须家河组气藏为例［J］．天然气地球科学，2021，32（8）：1201-1211．

[151] 秦胜飞，李金珊，李伟，周国晓，李永新．川中地区须家河组水溶气形成及脱气成藏有利地质条件分析［J］．天然气地球科学，2018，29（8）：1151-1162．

[152] 王霄，徐昉昊，车国琼，王家树，李正勇．川中地区营山构造须家河组第二段致密砂岩气藏成藏主控因素［J］．成都理工大学学报（自然科学版），2014，（1）：18-26．

[153] 谢继容，张健，唐大海等，四川盆地上三叠统天然气有利勘探区带与目标优选评价研究［R］．中国石油西南油气田分公司勘探开发研究院，2006．

[154] 冉隆辉，等．川西前陆盆地天然气富集规律研究与勘探目标评选［R］．中国石油西南油气田分公司勘探开发研究院，2003．

[155] 王世谦，罗启后，等．四川盆地中西部上三叠统沉积相与生油条件研究［R］．四川石油管理局地质勘探开发研究院，1994．

[156] 蔚远江，杨涛，郭彬程，许小溪，詹路锋，杨超．前陆冲断带油气资源潜力、勘探领域分析与有利区带优选［J］．中国石油勘探，2019，24（1）：46-59．

[157] 何曼如，陈飞，徐国盛，袁海锋．四川盆地须家河组致密砂岩天然气富集规律［J］．成都理工大学学报（自然科学版），2014，41（6）：743-751．

[158] 李国辉，李楠，谢继容，杨家静，唐大海．四川盆地上三叠统须家河组前陆大气区基本特征及勘探有利区［J］．天然气工业，2012，（3）：15-21，122-123．

[159] 胡素云，李建忠，王铜山，汪泽成，杨涛，李欣，侯连华，袁选俊，朱如凯，白斌，卓勤功．中国石油油气资源潜力分析与勘探选区思考［J］．石油实验地质，2020，42（5）：813-823．